黑方台黄土滑坡成因机理、早期识别与监测预警

许 强 彭大雷 亓 星 朱 星 董秀军 等著

U0157938

科学出版社

北 京

内 容 简 介

本书研究围绕国家防灾减灾的紧迫需求，拟重点回答和解决地质灾害"隐患点在哪里"和"什么时间可能发生"这两个关键问题。通过现场调查、无人机影像以及大量监测设备获取了丰富的黑方台滑坡基础资料，针对黄土滑坡的隐蔽性、突发性和成灾演化过程的复杂性，重点对黄土滑坡成灾模式、形成机理、早期识别、监测预警和危害范围预测方法展开系统的研究，逐渐形成黄土滑坡成因机理、早期识别与监测预警的理论认识和科学实践。本书有助于增进人们对黑方台黄土滑坡变形破坏机制、早期识别和监测预警方法的认识，有利于对已具有潜在隐患特征的斜坡体进行提前发现、持续监测和早期预警，为黄土滑坡防灾减灾和综合防控提供重要的理论依据。

本书可供工程地质方向科研、教学工作者；水文地质、工程地质、环境地质方向生产工作者；自然资源和应急管理等相关行政部门工作者参考使用。

审图号：GS(2020)2197 号

图书在版编目(CIP)数据

黑方台黄土滑坡成因机理、早期识别与监测预警 / 许强等著. —北京：科学出版社，2020.7
ISBN 978-7-03-064988-1

Ⅰ. ①黑… Ⅱ. ①许… Ⅲ. ①黄土区–滑坡–研究–永靖县
Ⅳ. ①P642.22

中国版本图书馆 CIP 数据核字（2020）第 073678 号

责任编辑：罗 莉 / 责任校对：彭 映
责任印制：罗 科 / 封面设计：墨创文化

科 学 出 版 社 出版
北京东黄城根北街16 号
邮政编码：100717
http://www.sciencep.com

四川煤田地质制图印刷厂 印刷

科学出版社发行 各地新华书店经销

*

2020 年 7 月第 一 版 开本：787×1092 1/16
2020 年 7 月第一次印刷 印张：25 3/4
字数：607 620
定价：368.00 元
（如有印装质量问题，我社负责调换）

本项研究得到以下项目资助和支持：

——国家自然科学基金创新研究群体科学基金"西部地区重大地质灾害潜在隐患早期识别与监测预警"（41521002）

——国家重点基础研究发展计划课题"黄土重大灾害超前判别、临灾预警和风险控制"（2014CB744703）

——国家自然科学基金重点项目"溃散性滑坡成因机理、监测预警与定量风险评价"（41630640）

前　言

我国是一个地质灾害发生十分频繁且灾害损失极为严重的国家,滑坡地质灾害一直是社会高度关注的问题之一。近年来多地发生了由地震、降雨、灌溉、水库运行和工程建设等因素诱发的边坡变形过大事件,甚至酿成灾难性事故。我国黄土高原面积只占全国的10%,却发育了全国三分之一的地质灾害。位于黄土高原西部的黑方台,是一个典型的灌溉诱发大量静态液化型黄土滑坡的地区。这类滑坡具有突发性、滑动速度快、运动距离远、堆积规模大、治理难度高等特点,被称为黄土高原上最具危害性的黄土滑坡,如不能对滑坡的变形演化行为做出准确的预警预报并采取有针对性的应急处置措施,将会造成不可估量的生命财产损失和巨大的社会影响。

面对异常严峻的防灾减灾形势,自20世纪80年代起,我国就逐步建立起了一套具有中国特色的地质灾害防治尤其是群测群防体系,并在防灾减灾中发挥了重要作用,取得显著的成效。但是,时至如今,我们每年仍会发生数千处地质灾害,造成数百人死亡和数十亿元的直接经济损失,防灾减灾任务依然十分繁重。我国政府和相关管理部门高度重视地质灾害防治工作。2018年10月10日习近平总书记主持召开中央财经委员会第三次会议,会议强调大力提高我国自然灾害防治能力,并指出要"实施自然灾害监测预警信息化工程,提高多灾种和灾害链综合监测、风险早期识别和预报预警能力"。2019年11月29日,中共中央政治局就我国应急管理体系和能力建设进行集体学习,习近平总书记在主持学习时强调,要充分发挥我国应急管理体系特色和优势,积极推进我国应急管理体系和能力现代化,并指出"提升多灾种和灾害链综合监测、风险早期识别和预报预警能力"。2018年,新组建的自然资源部和应急管理部先后多次召开专题会议,讨论地质灾害防治问题。会议明确地质灾害防治工作的四大任务,即研究原理、发现隐患、监测隐患、发布预警。同时陆昊部长强调,当前防范地质灾害的核心需求是要搞清楚"隐患点在哪里?""什么时间可能发生?"

成都理工大学许强教授及其领导的研究团队长期从事地质灾害的早期识别和监测预警研究。在国家自然科学基金创新研究群体科学基金和国家重点基础研究发展计划资助基础上,结合"一带一路"国家战略和"实施自然灾害监测预警信息化工程,提高多灾种和灾害链综合监测、风险早期识别和预报预警能力"的国家重大需求,选取"黄土重大灾害超前判识、预警预报与风险控制的理论及技术方法体系"这一热点问题作为攻关课题。从2014年开始,历时近6年,在大量扎实的野外工作和丰富的室内试验基础上,针对黄土滑坡的隐蔽性、突发性和成灾演化过程的复杂性,重点对黄土滑坡成灾模式、形成机理、早期识别和监测预警方法展开系统的研究,对提高我国乃至国际上对灌溉诱发黄土滑坡的黄土滑坡成因机理、早期识别与监测预警的认识水平和为我国黄土高原地区城镇化建设、防灾减灾、人居安保、重大工程安全运营和经济可持续发展提供科技支撑。本书研究围绕国家防灾减灾的紧迫需求，拟重点回答和解决地质灾害"隐患点在哪里？""什么时间可能发生？"这两个关键问题。

本书主要取得以下 5 个方面研究成果：

(1)根据黑方台黄土滑坡空间分布规律和发育特征，将黑方台黄土滑坡分为"两区七段"和四类成灾模式(根据成灾模式可将黄土滑坡类型分为黄土基岩型、滑移崩塌型、黄土泥流型和静态液化型)。地下水位上升是滑坡的主要促发因素，地层岩性控制黄土滑坡的发育类型，地下水控制黄土滑坡的成灾模式。通过现场灌溉试验、高密度电法水文地质调查和有限元软件模拟揭示了黑方台灌溉水以活塞流模式入渗为主。

(2)地下水长期作用对黄土的物理化学和力学特性影响显著；黄土的湿陷、软化系数都随着土体深度的增加呈先增加后减小的趋势；黑方台地区黄土强度弱化的浸水时效特征-抗剪强度及内摩擦角随浸水天数变化的曲线呈"勺"形；在临界土力学与砂土静态液化理论研究的基础上，综合本书中所有原状黄土与重塑黄土的试验数据，提出一套判别黄土静态液化特性的修正状态参数 ψ_m 标准，并引用前人研究数据进行验证，证明了该套标准的合理性。黄土滑坡失稳破坏主要是坡体中地下水产生的孔隙水压力达到一定程度后的扰动所引起，而孔隙水压力的扰动则可能是斜坡前期的蠕动变形导致，两者相互促进使斜坡迅速失稳破坏；

(3)对黄土地区不同类型黄土滑坡的形成条件、发育特征、致灾因子和临灾前兆进行深入研究，将黄土滑坡归纳为十一类成灾模式，并结合其动态发展演化过程，建立了各类黄土滑坡的识别图谱和对应的判识标志。充分利用高分辨率卫星影像解译+InSAR 识别、无人机摄影测量和地面探(监)测技术，通过"地质判识"和"技术识别"相融合的潜在滑坡识别(判识)的技术方法和构建"天-空-地"一体化的"三查"体系，对重大地质灾害隐患进行早期识别，以此破解"隐患点在哪里"的科学难题。

(4)探索出适宜于突发性黄土滑坡监测新技术，构建了"天-空-地"一体化的监测技术方法，建立了具有针对性的速率阈值预警和改进切线角过程预警的综合预警模型；研发了地质灾害实时监测预警系统，通过专业监测手段，在掌握地质灾害动态发展规律和特征的基础上，对地质灾害的实时监测，成功实现了突发型黄土滑坡的超前预警；以此破解"什么时间可能发生"这一地质灾害防治领域的难题，满足国家急切需求。

(5)建立了基于速度倒数法模型和斋藤模型的短期临滑时间预报方法。对于突发型滑坡来说，斋藤模型预报时间更为精确。探索了基于地貌数据深度挖掘和离散元数值计算的黄土滑坡危害范围预测预报方法，并结合新滑坡进行有效验证，后期有比较大的完善空间。

本书共十六章，具体包括四大部分：第 1 章至第 6 章重点阐述黑方台地质环境、黄土滑坡成灾模式、灌溉水入渗过程和黄土斜坡失稳机理；第 7 章至第 11 章主要阐述黄土滑坡潜在隐患早期识别方法；第 12 章至第 14 章主要阐述黄土滑坡监测预警方法；第 15 章和第 16 章主要阐述黄土危害范围预测评价方法。

本书第 1 章由彭大雷执笔撰写；第 2 章由许强和彭大雷执笔撰写，董秀军、刘方洲和赵宽耀等参与部分研究工作；第 3 章和第 4 章由许强、彭大雷和张先林执笔撰写，亓星、刘方洲、巨袁臻、赵宽耀、曹从伍参与了相关研究；第 5 章和第 6 章由许强、李姝、张一希和亓星执笔撰写，刘方洲、彭大雷、周飞和巨袁臻参与其中相关研究；第 7 章由许强、李为乐、董秀军、汤明高、彭大雷执笔撰写，武汉大学张路教授团队提供 InSAR 研究成果；第 8 章至第 11 章由许强和彭大雷执笔撰写，巨袁臻、郭鹏、亓星、董秀军、郝利娜、张先林和赵宽耀参与部分研究工作，武汉大学张路教授团队参与 InSAR 部分内容研究；第 12 至第 14 章由许强、亓星和彭大雷执笔撰写，朱星、何朝阳、修德皓、巨袁臻、赵宽耀、李骅锦参与部分工作研究；第 15 章由许强和李骅锦执笔撰写；第 16 章由许强和周小棚执笔撰写。最后，由许强和彭大雷负责统稿。

在本书撰写过程中，范宣梅、胡伟、李斌、郭晨、陶叶青、杨琴、李志强、任敬、任晓虎、邹锡云、周琪等人也做了不少工作，并得到了相关单位的大力支持与帮助；在此，向他们表示感谢。

限于作者的知识面和学术水平，书中难免出现疏漏之处，敬请读者朋友批评指正。

作 者
2019 年 12 月于成都

目　　录

第一篇　黑方台黄土滑坡成灾模式与成因机理研究

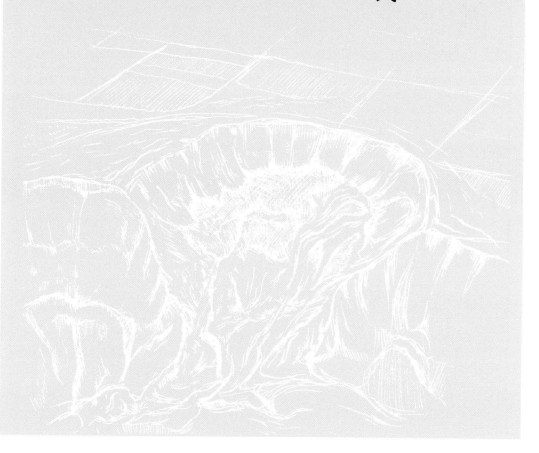

黑方台

DIYIPIAN 第一篇

黄土滑坡成灾模式与成因机理研究

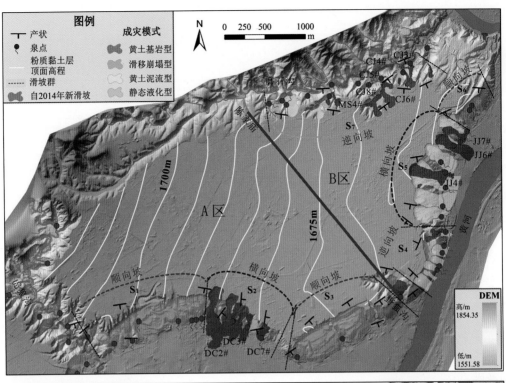

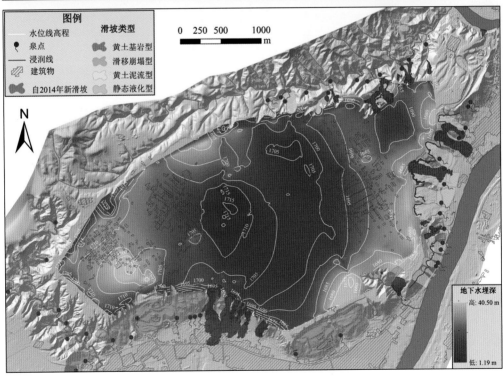

第 1 章 黑方台地质环境概况

黑方台位于甘肃省临夏回族自治州永靖县，这个地方不仅有黄河流域的"塞上江南"和"兰州市的蔬菜基地"的美誉，还是黄河阶地上黄土滑坡和地质环境研究的天然试验场。黑方台因这独特的地质灾害博物馆属性，被国内外大量科研机构和学者所熟知。在黄土阶地上，如此频发的黄土滑坡并不多见，究竟是什么原因让黑方台拥有"黄土滑坡天然实验室"的称号？

黑方台黄土滑坡灾害的发生不仅与特殊的地质环境(包括气象水文、地形地貌、地层岩性、斜坡构造和区域地质构造)和岩土体的工程性质有关，还与人类活动等因素有着密切的关系，如台塬顶面农业灌溉造成水文地质环境改变，公路开挖导致崩塌，人工采砂导致崩塌和削方治理改变黄土斜坡原有地貌等。在收集和整理已经公开发表成果的基础之上，课题组于 2014～2019 年对黑方台研究区黄土滑坡地质背景开展翔实的研究，为后期开展黄土滑坡成因机理、潜在黄土滑坡隐患早期识别和监测预警研究打下了坚实的基础。

1.1 自然地理概况

1.1.1 黑方台位置

黑方台位于我国黄土高原的西端(图 1.1 和图 1.2)，在行政区划上隶属甘肃省临夏回族自治州永靖县盐锅峡镇，地理坐标为东经 103°16′40″～103°20′50″，北纬 36°04′10″～36°07′20″，距兰州市城关区约 45km，距永靖县县政府约 20km(图 1.3)。研究区主要由黑台和方台组成，西起山城沟，东至湟水河，南至黄河，北至磨石沟，地处黄河与湟水河交汇处的西南部位，属于黄河Ⅳ级阶地，是兰州附近黄河阶地保存最完整的阶地之一(图 1.4)。黑方台台面地势平坦，坡度为 0.2°～0.5°，非常有利于农业耕种。研究区东西长 7.7km，南北宽 2.5km，面积为 13.7km^2，台塬中部的虎狼沟将黑方台分割为黑台和方台两个水文系统相对独立的部分。研究区内主要有 8 个行政村，包括方台村、盐集村、新塬村、朱王村、党川村、黄茨村、陈家村和焦家村(图 1.4)，区内有 4 条高等级公路、1 条专用铁路和 1 条规划兰合一级铁路，公路包括国道 309、兰永一级公路、盐兰公路(已经废弃)和折达公路，研究区整体的交通条件较好(图 1.3)(彭大雷，2018)。

图 1.1　中国黄土分布和研究区在黄土高原的位置(刘东生，1985)

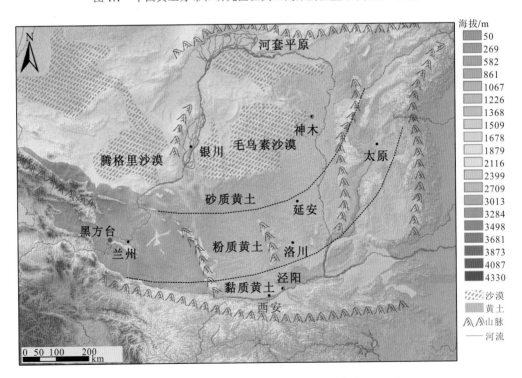

图 1.2　黄土高原黄土分布及研究区位置(刘东生，1985)

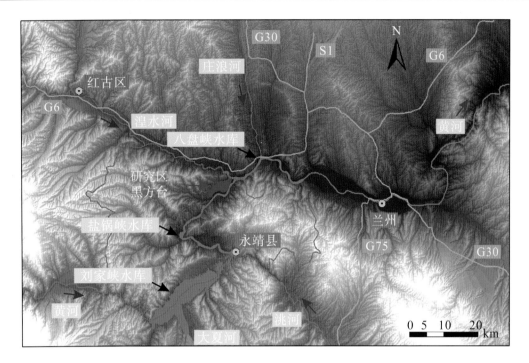

图 1.3　黑方台区域水系及交通条件

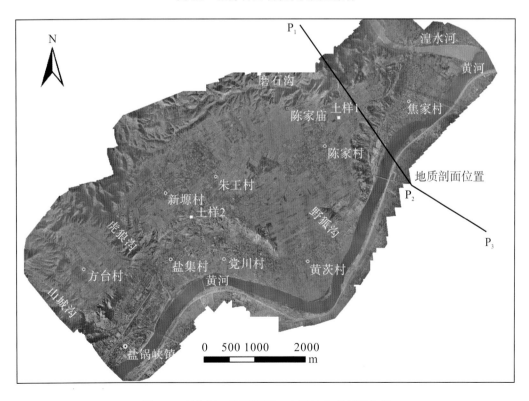

图 1.4　研究区三维影像图、土样及典型剖面位置

（P_1，P_2，P_3 表示剖面折点，在图 1.8 中体现）

1.1.2　气象状况

黑方台位于西北内陆干旱、半干旱地区，从我国自然地理分区来分类，属于温带大陆性气候，其气候特征主要表现为：①降雨量少，蒸发量大；②四季分明、昼夜温差大；③降雨时间过于集中。研究区日照充足，全年日照时数 2564.6h，昼夜温差大。其季节变化亦十分显著，春季多风，夏季炎热，秋季凉爽，冬季严寒，严寒期达 180d，12 月下旬开始冰冻，2 月下旬开始解冻，最大冻结深度达 0.92m。研究区气象见图 1.5 和图 1.6 所示，区内年平均气温为 9.9℃，年平均蒸发量为 1593.4mm，年降雨量较少，最大降雨量为 431.9mm/a，最小降雨量为 178.8mm/a，其平均数为 287.6mm/a，全年降雨主要在 7～9 月，以短历时、集中降雨为主。研究区南邻黄河，属于黄河水系，黄河从台塬南边流过，湟水河从台塬东北部绕过。除此之外，黑台中部的野狐沟、黑方台之间的虎狼沟以及后缘的磨石沟均存在季节性流水（张茂省等，2017）。气候指标如表 1.1 所示。

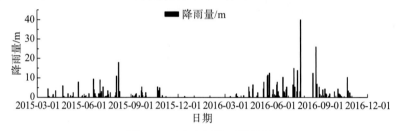

图 1.5　黑方台日降雨量数据

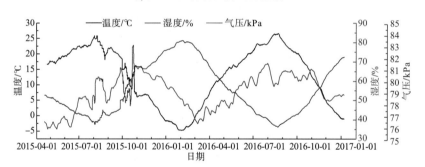

图 1.6　黑方台温度、湿度、气压变化特征

表 1.1　研究区年气候特征简略表（马建全，2012）

指标	年降雨量/mm	年蒸发量	气温/℃	年日照时数/h	无霜期/d
最大值	431.9	—	36.8	—	—
最小值	178.8	—	-18.2	—	—
平均值	287.6	1593	9.9	2564.6	181

由黑方台的温度、湿度和气压数据监测发现（图 1.6），随着季节变化，气象数据具有明显的波动特征，平均温度较高的夏季气压较低，湿度较大；平均温度较低的冬季气压较高，湿度较小，而平均气温的上下波动反映了黑方台具有明显的冻融循环特征。

1.2　工程地质条件

1.2.1　地层岩性

出露的地层剖面和钻孔剖面揭示了研究区地层岩性,自上到下大体可以分为四层:顶层是马兰黄土(Q_3^{eol}),厚度为 30~50m,主要由粉质黄土组成,孔隙率高,润湿时易崩塌。垂直和次垂直裂缝在黄土层中广泛发育,为地下水补给提供管道。第二层是黏土层(上更新世)(Q_2^{al}),从出露的地层来看,从西北至东南方向厚度为 3~20m 不等,由于其低渗透特性($K \approx 1.6 \times 10^{-8}$m/s),它常被认为是不透水层;第三层是厚度为 2~10m 的砂卵石层(Q_2^{al}),由变质岩、石英砂岩和花岗岩组成;第四层为砂泥岩互层(下白垩系河口组)(K_1^{hk}),其主地层面的产状为 135°∠11°,出露的岩层厚度为 60~80m(王志荣等,2004b)。沿着露台边缘的基岩斜坡可以看到明显的水位线。同时,在这些基岩表面覆盖了很多滑坡堆积物(Q_4^{2del}),这些堆积物主要由马兰黄土组成,含有少量的建筑垃圾、粉质黏土和砂卵石(张茂省等,2017)。其出露的地层如图 1.7 所示,研究区典型的地质剖面如图 1.8 所示(位置见图 1.4 所示)。

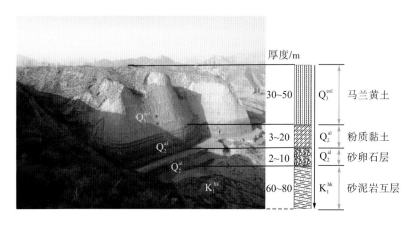

图 1.7　研究区典型出露地质剖面图

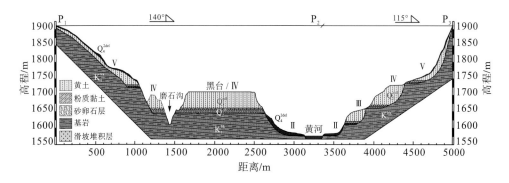

图 1.8　研究区周围区域典型地质结构图(位置如图 1.4 所示)

一般所说的黄土是指原生黄土，原生黄土是由风搬运堆积而成，以粉砂堆积为主，质地均一，含钙质结核，无层理，大孔隙，有显著的垂直节理，是未固结的黄色堆积物。黄土形成后，受地面流水等的改造（侵蚀、搬运和再沉积等），形成略具层理的次生黄土，次生黄土也叫作黄土状土（loessal soil）或黄土状岩石（loess like sediment）（刘东生，1985）。《工程地质手册》（第五版）中指出，我国黄土状土颜色为褐黄和黄褐色，特征及包含物具有大孔、虫孔和植物根孔，含少量小的钙质结核或小砾石；有时有人类活动遗物，土质较均匀；底部有深褐色黑泸土；沉积环境位于河流阶地的上部。其颗粒组成以粉粒为主，少见有粒径大于 0.25mm 的颗粒，其孔隙比约为 1.0，肉眼可见大孔隙，并且富含碳酸盐类，发育垂直节理（刘东生，1985）。

黄土中目前已发现的矿物高达 60 多种，碎屑矿物主要为石英、长石、云母，重矿物成分多为赤铁矿、角闪石、石榴子石、绿帘石等，黏土矿物主要为高岭石、伊利石、蒙脱石、水云母等。颗粒构成了黄土的基本结构，大于 0.25mm 粒级的颗粒含量很少，0.05～0.01mm 粗粉砂粒级含量超过 40%，一般为 45%～60%，构成了黄土的基本粒组，0.01～0.005mm 细粉砂粒级含量约为 10%（刘东生，1985）。

王永焱等认为黄土中的基本骨架颗粒是由矿物颗粒（>0.01mm）和团粒构成的。团粒又称为集粒，由微晶碳酸盐将土体中大量的细粒碎屑和少量的黏粒胶结而成。集粒大小不一，其粒径可小于 0.007mm，亦可大于 0.2mm，通常为 0.02～0.09mm（王永焱，1987）。集粒的形态结构复杂，王永焱（1987）和张宗祜（2000）将集粒按结构特征分为角砾型、网格型、镶嵌型、附着型、基底型、复合型六类。集粒多呈零星分布，亦出现成群聚集，有的集粒甚至彼此连接而成凝块状。

为了研究黄土物理特性，分别对灌溉区（土样 1）和非灌溉区（土样 2）的黄土取样进行分析，位置如图 1.4 所示。在灌溉区，开挖一个直径为 1m、深度为 10m 的探井来描述现场的黄土物理特性。在开挖探井期间，每隔 0.25m 间距采集土样，至探井底部（深度约10m）。首先测定黄土的物理力学参数，主要包括马兰黄土的质量含水率、干密度和密度、粒径分布和相对密度，然后依据物理参数相关关系公式，计算出其他相关参数，结果如图 1.9 所示。测试结果表明：相对密度为 2.71～2.73；质量含水率为 12.50%～23.30%；干密度为 1.37～1.54g/cm³；密度为 1.54～1.82g/cm³；体积含水率为 17.92%～33.46%；孔隙比为 0.752～0.960；孔隙率为 0.429～0.488；饱和度为 36.44%～71.20%；理论饱和质量含水率为 27.87%～35.04%；理论饱和体积含水率为 42.94%～49.54%。Malvern 激光粒度分析仪 2000 测量的黄土样品的粒度分布如图 1.10 所示，不同深度的粒径差别不大。

非灌溉区的土样取于党川段盘山公路上部，该处高程为 1713m，距台塬顶面 10m 左右。其各项物理指标测定方法如下：变水头渗透法测量渗透系数；密度瓶法测定相对密度；环刀法测量密度；液、塑限联合测定法测量阿太堡界限，黑方台地区黄土的各项物理性质指标见表 1.2。采用 Malvern 激光粒度分析仪测定颗粒分布（图 1.11），显示黄土颗粒组成以粉粒为主，黏粒含量较少。

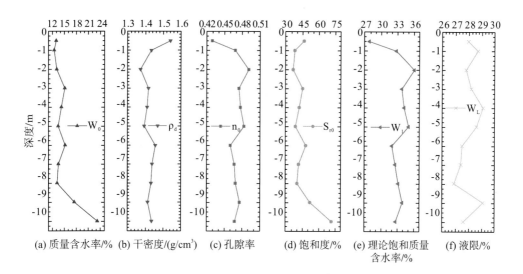

图 1.9　灌溉区黄土物理性质特征随深度的变化情况

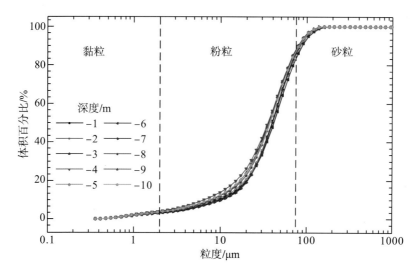

图 1.10　灌溉区黄土粒径随深度的变化特征

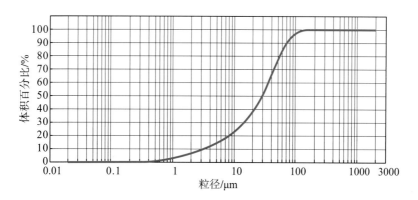

图 1.11　非灌溉区黄土颗粒组成累计曲线

表 1.2 非灌溉区黄土的物理性质

天然密度 /(g/cm³)	质量 含水率/%	相对 密度	渗透系数 /(cm/s)	塑限/%	液限/%	颗粒分布/%		
						<0.005mm (黏粒)	0.005～0.075mm (粉粒)	>0.075mm (砂粒)
1.38	3.78	2.71	4.09×10⁻⁴	18.1	26.8	13.91	77.43	8.66

采用 DX-2700 衍射仪对研究区黄土进行矿物成分分析，测试结果(图 1.12、表 1.3)表明，研究区黄土以黏土矿物为主，石英次之，含有少量的长石、方解石、白云石等。

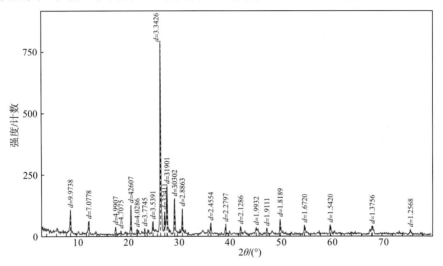

图 1.12 非灌溉区黄土的 X 射线粉晶衍射图谱

表 1.3 非灌溉区黄土的 X 射线粉晶衍射分析

矿物成分	百分比/%	矿物成分	百分比/%
伊利石	31	斜长石	11
绿泥石	14	方解石	9
石英	22	白云石	6
钾长石	5	闪石	2

1.2.2 区域地质构造

研究区位于盐锅峡凹陷北部，中祁连与拉脊山—雾宿山褶皱带的东段，属于河口—民和盆地(陈吉锋，2010)。区内地质构造复杂，在燕山期构造的基础上，新近纪末的喜马拉雅运动是本区地质历史中一次重要的事件，使中、新生代陆相河口—民和盆地消亡，以断块构造堆叠形式抬升、造山，形成隆起与凹陷(盆地)相间的构造格局，沿北西西—北北西方向展布。区域内新构造活动强烈，以差异性上升为主；黄河下切侵蚀作用强烈，在黄河两侧，形成了多级阶地地貌(吴玮江等，2006)(图 1.8 和图 1.13)。黄河左岸Ⅱ级、Ⅳ级阶地较为发育，在黄河侧蚀作用下，Ⅲ级阶地缺失；黄河右岸局部的地层保存得相对比较完整, 局部褶皱构造发育, 白垩系的砂泥岩地层产状变化较大(马建全, 2012; Peng et al., 2016; 张茂省等, 2017)。

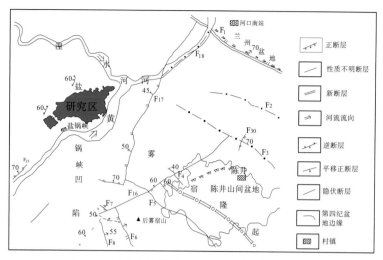

图 1.13 黑方台地区地质构造简图(马建全, 2012)

1.2.3 地形地貌

研究区属于黄河Ⅳ级阶地, 地貌以黄土台塬、河谷地貌为主, 研究区沟壑发育强烈, 发育了大小冲沟 50 多条, 潜蚀台塬顶面, 也为滑坡地质灾害创造条件。

2015 年利用无人机(unmanned aerial vehicle, UAV)低空摄影测量和 3D 激光扫描的结果计算出研究区第一幅水平精度为 2cm 的高分辨率正射影像(图 1.4)和高程精度为 10cm 的三维点云数据, 用该结果创建了研究区分辨率为 0.5m 的数字高程模型(digital elevation model, DEM), 如图 1.14 所示。

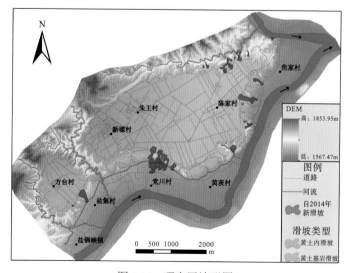

图 1.14 研究区地形图

DEM 结果显示，研究区最高区域位于台塬西北侧，高程为 1853.95m；最低区域位于黄河与湟水河的交汇处，高程约为 1567.47m；研究区内发育了三条比较大的沟壑，分别为山城沟、虎狼沟和磨石沟(图 1.4)。磨石沟位于研究区北侧，发育于第四系，它将黑台和后面的山体隔开；沟壑在入河口与台塬顶面的高程差约为 150m，在沟壑两侧形成独特的河流地貌，一边沟壑纵深一边平坦如画，这在黄河流域都是比较罕见的，正是这条支沟的存在，使得黑方台保持相对完整的台塬。虎狼沟将研究区分为黑台和方台，沟底到台塬顶面高差约为 160m。研究区南侧相对于其他的几个方向，地形坡度相对较缓，这与南侧发生较多的滑坡有很大的关系，南侧塬面与沟底高差约为 120m，地形坡度为 35°~55°，局域地形坡度高达 75°，如图 1.15 所示。

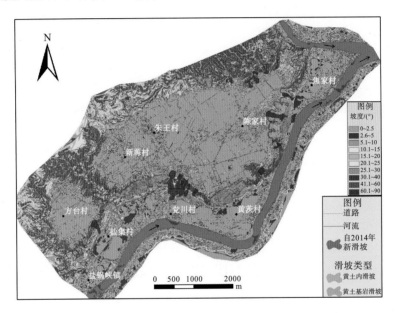

图 1.15　研究区地形坡度图

依据孙建中建议的黄土地貌分类原则，研究区地貌按黄土成因分为黄土堆积地貌、黄土侵蚀地貌、黄土湿陷地貌、黄土潜蚀地貌和黄土重力地貌 5 类(Sun, 1988)，如图 1.16 所示。

(a)黄土堆积地貌；(b)黄土侵蚀地貌；(c)黄土潜蚀地貌；

(d)黄土湿陷地貌；(e)黄土重力地貌(黄土基岩滑坡)；(f)黄土重力地貌(黄土内滑坡)

图 1.16　研究区黄土地貌

(1)黄土堆积地貌。主要包括黄土台塬和黄土阶地[图 1.16(a)]。黄土台塬是研究区内的主要地貌单元(图 1.4)。台塬均发育在黄河基座阶地之上，其下部为白垩系河口群组的砂泥岩，中间为冲积卵石层，上部为风积的黄土层。由于八盘峡库区蓄水，研究区内黄河和湟水河的 I 级阶地已被淹没，III 级阶地缺失，II 级阶地宽度为 100～300m，阶地高出水面约 8～30m，村民主要居住在 II 级阶地和 IV 级阶地上。该台塬总体地形表现为西北高东南低，四周台缘相对较高，而台面中间低的特点。

(2)黄土侵蚀地貌。由于黄土大孔隙且垂直节理发育丰富，在降雨、灌溉等水动力作用下，砂性土和黏性土被水带走[图 1.16(b)]。侵蚀地貌表观上有细沟、冲沟和支沟之分。细沟是黄土坡面上的面流初步汇集构成细流把黄土坡面划出许多平行的小沟；细沟进一步向塬侵蚀延伸，汇水面积增大，冲刷力加大，加之黄土垂直节理发育，谷底加深，细沟慢慢演变为支沟；在支沟两侧又会发育一些细沟，支沟不断增多就成了主沟。侵蚀下切形成的虎狼沟、磨石沟及野狐沟等较大型的沟谷都是研究区的主沟[图 1.16(b)]。

(3)黄土潜蚀地貌。主要包括黄土漏斗和黄土落水洞[图 1.16(c)]等。通过野外工程地质调查发现，在台塬边缘由于前缘临空条件好，地下水活动强烈，加之黄土本身具有很强的结构性和湿陷性，使得地表水在顺着裂缝下渗的过程中，黄土发生崩解和湿陷，从而在塬边形成大量的落水洞。

(4) 黄土湿陷地貌。主要包括黄土结构破坏造成的湿陷坑[图 1.16(d)]和黄土原有节理面拉张形成的湿陷裂缝。由于黄土本身的湿陷性,台塬在农业灌溉水的作用下整体下沉 2～3m,同时形成 4～10m 的湿陷坑,湿陷坑的四周及台塬前缘发育了较多的湿陷裂缝。

(5) 黄土重力地貌。黄土重力地貌主要包括塬边的崩滑堆积地貌。黑方台台塬边上发育有大量的小型或大型的崩滑堆积体。这些崩滑堆积体的来源主要是黄土基岩滑坡[图 1.16(e)]和黄土内滑坡[图 1.16(f)]。据不完全统计,台塬四周大大小小的滑坡超过 77 个,形成了一个接着一个的圈椅状地貌(Peng et al.,2019a)。

1.2.4 水文地质条件

研究区四面和中部发育了磨石沟(近南东-北西向)、山城沟(近北-南向)、虎狼沟(近北-南向)、湟水河谷(近北东-南西向)和黄河河流阶地(近南西-北东向),深切至基岩层(基岩层出露 70～100m),形成高差达 130～160m 沟谷,长度约为 4.3km 的斜坡地形,地形坡度为 50°～60°,使研究区保持的相对独立的水文系统,地下水补给主要靠降雨和人工灌溉(图 1.4);上部存在厚 26～50m 的黄土,研究区内降雨较少,蒸发量大,从而说明研究区的地下水主要来自地表的农业灌溉;黄土地区的现场降雨入渗试验显示,入渗深度约为 2～4m,很难达到 6m(Tu et al.,2009; Li et al.,2016a)。依据 2015～2017 年地下水调查,研究区台塬坡脚下共有 63 处泉水,它们主要分布在黄土和粉质黏土接触带、卵石层和基岩层。同时监测统计出泉水的体积为 82.15 万 m^3/a,同期的灌溉水量为 680 万 m^3/a,是泉水的 8.25 倍,说明大量的灌溉水被储蓄到黄土层内(赵宽耀等,2018)。在黄土基岩滑坡中,主要表现为基岩渗水,黄土内滑坡主要表现为黄土层内渗水(张茂省等,2017)。

何蕾等采用去离子水代替黄河水对风化泥岩进行多次"洗盐",本书对天然黄河水的化学成分进行了测试,其结果与何蕾的测试结果相似(何蕾等,2014)(表 1.4)。考虑到研究区黄河水溶解性总体极低、pH 接近中性,而去离子水几乎不含离子,水土作用不显著,但采集的天然黄河水量有限,本书采用各离子浓度稍低于黄河水的成都理工大学地下水(自来水)进行替代,对黄土进行浸泡,研究其强度弱化的时效性(详细的研究成果见第 6 章)。

表 1.4 试验中水样的化学成分及 pH

样品	化学成分(mg/L)								pH
	K^+	Na^+	Ca^{2+}	Mg^{2+}	Cl^-	SO_4^{2-}	NO_3^-	HCO_3^-	
黄河水(何蕾)	1.10	26.36	67.93	18.78	18.00	52.48	2.94	271.72	7.41
黄河水(本书测试)	1.73	21.97	55.69	19.71	17.88	45.93	4.76	186.89	8.33
自来水(本书)	2.24	4.52	43.15	10.05	12.17	23.97	2.37	114.01	7.70

根据地下水的赋存环境和出水点的位置，研究区的地下水可以分为黄土层孔隙裂隙水、砂卵石层孔隙水和基岩裂隙水(张茂省等，2017)(图 1.17)。

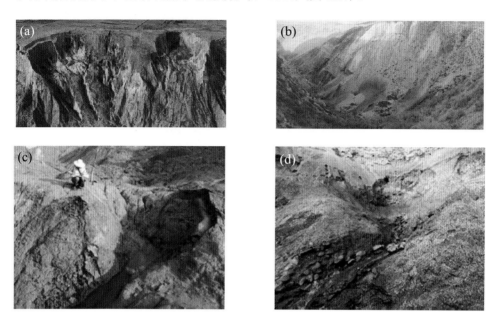

(a)黄土层孔隙裂隙水；(b)砂卵石层孔隙水；(c)和(d)基岩裂隙水

图 1.17　研究区地下水系统

(1)黄土层孔隙裂隙水。主要赋存于全新统滑坡堆积体(Q_4^{del})中和上更新统的黄土(Q_3^{eol})中，厚度为 22～43.6m。由于黄土垂直裂隙、节理的存在，使得黄土的竖直渗透系数大于水平渗透系数，久而久之，形成大量的落水洞和大裂隙，加快了地表水的渗流；由于此地气候的原因，降水少，而且主要集中在夏季，因此大部分地下水的来源为灌溉水，但是大气降雨的影响也不容忽视；大气降雨和人工灌溉水顺着黄土的垂直裂隙，可以快速渗透到下部的粉质黏土隔水层中，地下水沿着粉质黏土层的表面发生流动，一部分在台塬的斜坡地段通过粉质黏土和黄土的分界线以泉的形式发生线状排泄，一部分沿着粉质黏土层的快速通道入渗到卵石层中。同时，由于黄土滑坡堆积于斜坡的中下部，使得黄土层中的潜水排泄受阻，在堆积体中赋存了大量的黄土孔隙水，孔隙水主要透过滑坡堆积体呈点或线状向滑坡前缘排泄[图 1.17(a)]。

(2)砂卵石层孔隙水。黑方台地区的砂卵石层分布于中更新黄土和白垩系河口群组的砂泥岩之间，为黄河Ⅳ级阶地的冲积物。据地下水在斜坡的露头情况和已有资料可知，砂卵石层地下水埋深约为 50m，厚度为 4～6m，距上部粉质黏土的距离有 1～4m，卵砾石孔隙水主要来源为上部粉质黏土层节理裂隙等快速通道的入渗，由于砾石层并不能完全保水，因此它不具有承压水的特性，还是属于潜水。卵砾石孔隙水受基岩顶板高程所控制，以泉点的形式从卵石层中排泄，年排泄量约为 14.6 万 m³，还有部分地下水透过卵石层向下伏砂泥岩的裂隙排泄［图 1.17(b)］。

（3）基岩裂隙水。基岩裂隙水分布于黑方台下伏白垩系河口群上段地层的风化裂隙带中，主要补给来源为上部卵石层中的潜水沿基岩顶面的风化裂隙，原生的一些节理、裂隙下渗，无统一的地下水位［图 1.17(c)、(d)］。根据前人的研究成果，基岩风化带的厚度一般不超过 4m，在 4m 以下的砂泥岩中，主要发育结构裂隙和原生节理，边坡地段基岩出露部位风化裂隙发育程度高，基岩成碎块状。基岩裂隙水最终在泥岩厚度较厚处或在斜坡的坡脚处以泉点的形式排泄，年排泄量约为 34.31 万 m^3。

1.3　人类工程经济活动

由于受黑方台所处地质环境和地理位置的限制，研究区主要的工程经济活动为农业灌溉、地质灾害防治工程、公路工程开挖及人为采砂等，具体如下。

1.3.1　农业灌溉

黑方台位于黄河Ⅳ级阶地上，原本为人口稀少的台塬，虽有小的沟壑发育，但是地势整体上较平坦。随着刘家峡水电站和盐锅峡水电站的建设发展，大量移民被安置在黄河周边的台塬上，黑方台也不例外。自 1968 年开始，为了解决移民的生计问题，在黑方台台塬上进行了大量的农业水利工程建设，人类活动逐渐增强。截至 1969 年 6 月，台塬共建成 3 处提水灌溉工程，分别为党川、野狐沟和焦家抽水泵站，3 处工程设计提水量为 1.22m³/s，实际提水量为 2.125m³/s，设计灌溉面积(1.0574 万亩)小于其实际有效灌溉面积(1.134 万亩)(张茂省，2013)。自 1968 年农业灌溉以来，灌区一般每年提灌 5～7 次，4 月为春灌，12 月为冬灌，期间还有 3～5 次苗灌。1981～1989 年年平均提水量为 722 万 m^3，1990～1999 年年平均提水量为 576 万 m^3，2014～2016 年灌溉量为 625.62 万 m^3。1981～2016 年灌溉量变化趋势如图 1.18 所示。到 2016 年，黑方台地区成了兰州地区重要的农业种植基地，并已经进行了产业调整，不仅种植了传统的小麦、玉米等农作物，还加大了草莓、果树、蔬菜等经济作物的种植，使得农业灌溉量进一步提升(图 1.18)(张茂省等，2017)。

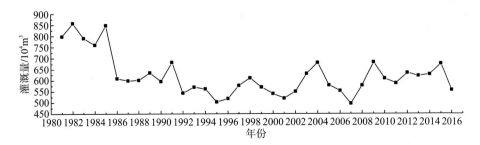

图 1.18　1981～2016 年黑方台地区灌溉量变化图

1.3.2　地质灾害防治工程

黑方台频繁的滑坡地质灾害，严重威胁到当地经济发展和人民的生命安全，已经引起了当地政府的重视。当地主管部门组织专业技术人员对当地的地质灾害情况进行详细勘察和评估，制定了详细的治理方案，其中削方减载是一种重要的减灾措施，代表性工程有党川村罗家坡段、焦家崖头和陈家沟兰新高铁出口等(图 1.19)。

(a)焦家崖头；(b)陈家沟

图 1.19　黑方台焦家崖头和陈家沟削方治理工程

1.3.3　公路工程开挖

随着当地经济的发展，政府部门投入更多的资金改善交通条件。修建翻越台塬陡峭边坡的道路改变了原始地貌，开挖工程主要集中在黄土层上，公路修建后形成坡度较大的边坡，加上卸荷作用，边坡很容易发生破坏。野外调查发现，短短 3km 的二级折达公路就发生了 10 多处新滑坡(蔺晓燕，2013)(图 1.20)，说明人类的工程活动在改变原始环境的同时，也极易诱发滑坡地质灾害。

（a)折达公路开挖边坡崩塌；(b)支护边坡崩塌

图 1.20　黑方台折达公路边坡开挖诱发崩塌(蔺晓燕，2013)

1.3.4　人为采砂

黑方台地层中的砂卵石层包含了丰富的砂卵石资源，砂卵石是良好的天然建筑材料。

由于砂卵石层的开采多由农户承包，无序开采导致开采完后不仅在阶面上留下高约 10～30m 不等的陡峭的黄土边坡，同时还破坏大量原有的斜坡结构，诱发新的滑移崩塌型黄土滑坡地质灾害(图 1.21)。黑方台主要的采砂点位于山城沟两侧、虎狼沟两侧、焦家盘山公路两侧和磨石沟的沟口。

(a)方台西侧；(b)湟水河黑方台岸坡

图 1.21   黑方台人为采砂

1.4   本 章 小 结

通过对黑方台地区地质环境条件的调查研究，基本查明了黑方台滑坡群的孕灾地质环境，主要得到以下几点认识：

(1)黑方台处于西北内陆半干旱地区，年降雨量少，降雨集中，蒸发量大，黑方台地下水的主要补给来源于台塬上的农业灌溉水。

(2)黑方台台塬地形呈西高东低的特点，台塬黄土厚度为西薄东厚，粉质黏土顶面高程为西高东低，地下水整体上向东径流，在台塬东部以泉点或沿着粉质黏土顶部和砂卵石层线状排泄。

(3)黑方台坡体结构上存在两种弱透水层(粉质黏土和砂泥岩)，使得地下水下渗受阻，地下水位上升。

(4)台塬整体较为平坦，台塬前缘上陡下缓，临空条件较好。

第 2 章　黄土滑坡空间分布规律和发育特征

第 1 章主要介绍了黑方台地区的基本地质环境概况。本章将依据黑方台基本的地质背景，基于 2015 年 1 月获取的三维地貌数据和高精度的影像，结合黄土滑坡发育类型和空间分布规律，认识黑方台地区黄土滑坡的成灾模式，为后续章节的黄土滑坡潜在隐患早期识别和监测预警的研究奠定基础(彭大雷，2018)。

2.1　黄土滑坡类型与编录

在 2015 年 1 月的无人机航测中，进行了 35 次航测，现场航测工作持续了一周，拍摄了将近 2000 张航片，航测面积约为 36km^2。为了提高研究区的 DEM 精度，在航测区及周边布置了 14 个基准控制点和 146 个地面相控点(ground control point，GCP)。这些航片以高精度三维点云的形式进行处理，航片中典型地物和地面相控点，由载波相位差分技术(real-time kinematic，RTK)测量的三维坐标点进行校核；这些点云的投影坐标系采用西安 80 坐标系，这样方便与历史地形数据进行对比分析，为后期的滑坡地貌演化提供重要的技术支持。

通过使用研究区的高分辨率数字高程模型重建并编录黄土滑坡。根据已有黄土滑坡分类标准和国际通用 Hungr 滑坡分类方法(Hungr et al.，2014)，将研究区的滑坡分为 4 类，其定义和特征描述如表 2.1 所示。

表 2.1　黄土滑坡基本定义

类型编号	滑坡类型		特征描述
	岩性	运动形式	
1	黄土基岩滑坡	黄土基岩型	具有较大的体积规模，滑动距离短，后缘内凹程度低，明显的地貌错动迹象，堆积体有大量的裂缝和错台
2		滑移崩塌型	具有较小体积规模，滑动距离短，堆积体堆积于坡脚，堆积体呈鲜黄色且干燥，后缘有较小的凹陷，多发生于凸形坡
3	黄土内滑坡	黄土泥流型	具有较小体积规模，有人工削方的迹象，坡脚有出水迹象，黄土厚度小，堆积体流通呈带状
4		静态液化型	具有较大的体积规模，坡脚有出水迹象，滑动距离远，具有圈椅状滑坡后壁，堆积体有细小水沟且呈浅黑色

根据 2015 年 1 月和 2016 年 5 月无人机低空摄影测量解译的黄土滑坡发育的结果及其滑坡发育类型如图 2.1 所示。截至 2016 年 5 月，研究区共发育 75 处黄土滑坡，方台发育 7 处滑坡，黑台发育 68 处滑坡，其中野狐沟发育 7 处滑坡，黑台塬边发育 61 处滑坡(彭大雷等，2017a)，解译结果如表 2.2 所示。这一结果有别于后期多期的高分辨率卫星影像

解译结果(详细研究成果见第 10 章),主要是历史滑坡地貌发生变化,从一期影像中很难解译所有的滑坡。

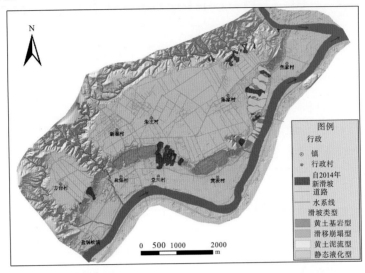

图 2.1　研究区黄土滑坡和自 2014 年新发生滑坡分布图

　　为了探究黄土滑坡的发育特征,利用遥感解译、三维激光扫描和无人机低空摄影测量,获取整个研究区的高精度三维 DEM,也做了大量的现场地质调查工作。本章用延伸角(Φ_1)、滑坡壁倾角(Φ_2)、滑坡阴影角(Φ_3)和内凹程度($K=L_3/W_1$)等几何参数来描述黄土滑坡发育特征(Legros,2002)(图 2.2)。

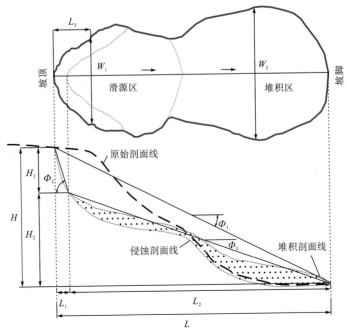

图 2.2　滑坡特征描述示意图

表 2.2　黑台滑坡统计（截至 2016 年 5 月）（Peng et al.，2018a）

区段	编号	L/m	H/m	V/万 m^3	Φ_1/(°)	Φ_2/(°)	Φ_3/(°)	K/(°)	θ_1/(°)	θ_2/(°)	类型
S_1	XY1#	173.96	43	73.02	13.88	62.23	10.48	0.01	123.82	140	1
	XY2#	282.75	85	223.73	16.73	58.68	13.51	0.01	149.48	187	
	XY3#	345.55	70	523.68	11.45	53.85	10.62	0.04	155.56	172	
S_2	DC1#	318.9	111	531.61	19.19	51.64	18.12	0.03	170.04	190	4
	DC2#	346.09	106	32.03	17.03	32.65	14.78	0.29	165.52	135	
	DC3#	293.48	104	77.32	19.51	51.84	17.25	0.31	195.45	96	
	DC4#	99.48	75	3.11	37.01	32.13	37.33	0.05	220.83	170	2
	DC5#	61.14	43	2.73	35.12	57.62	33.25	0.17	213.85	170	
	DC6#	156.37	101	19.15	32.86	46.78	31.88	0.12	209.26	135	
	DC7#	204.03	97	19.11	25.43	25.26	25.44	0.03	212.14	100	
	DC8#	132.26	90	7.9	34.23	58.09	31.18	0.13	208.79	100	
S_3	HC1#	244.32	101	77.04	22.46	32.44	19.92	0.13	149.5	140	1
	HC2#	386.18	104	553.05	15.07	32.83	11.96	0.05	153.06	165	
	HC3#	376.44	101	610.36	15.02	23.5	12.57	0.11	147.45	160	
	HC4#	130.4	58.7	6.2	24.24	41.07	22.29	0.14	164.03	170	
	HC5#	212.16	107	18.24	26.76	37.38	25.23	0.19	176.83	155	
S_4	JY1#	226.15	132	28.68	30.27	30.01	30.39	0.1	126.21	164	3
	JY2#	181.41	121	7.05	33.7	35.48	33.15	0.2	123.28	270	
	JY3#	217.7	133	8.16	31.42	37.57	29.23	0.15	116.09	270	
	JY4#	163.31	108	5.26	33.48	41.95	32.55	0.14	106.51	270	
	JY5#	201.36	92	7.32	24.56	26.8	24.51	0.32	96.56	295	
	JY6#	342.2	113	8.69	18.27	65.63	16.96	0.54	78.75	217	
	JY7#	56.58	43	0.41	37.23	38.83	36.99	0.19	104.03	217	
	JY8#	88.26	57	0.94	32.86	56.74	28.17	0.19	109.93	217	
S_5	JJ1#	353.43	121	34.38	18.9	55.64	16.18	0.09	76.45	217	4
	JJ2#	425.66	120	88.99	15.74	42.85	13.4	0.24	88.7	190	
	JJ3#	515.48	124	92.88	13.53	52.44	10.32	0.32	101.13	190	
	JJ4#	609.55	119	333.81	11.05	35.22	9.3	0.28	105.54	172	
	JJ5#	468.73	120	152.65	14.36	41.89	12.53	0.42	129.51	172	
	JJ6#	326.17	108	33.2	18.32	42.36	15.02	0.22	116.86	172	
	JJ7#	322.83	100	10.55	17.21	46.39	14.89	0.31	105.61	165	
	JJ8#	390.97	101	52.86	14.48	37.48	12.52	0.35	112.85	165	
	JJ9#	98.81	53	2.43	28.21	44.56	13.3	0.13	167.96	165	2
S_6	JJ10#	190.56	91	6.89	25.53	42.58	24.79	0.33	143.04	1	1
	*JJ11#	178.63	70	6.17	21.4	48.77	19.66	0.09	135.02	166	—
	JJ12#	175.27	91	7.55	27.44	60.1	25.34	0.27	175.91	185	1
	JJ13#	45	50	2.08	48.01	44.22	49.04	0.06	120.25	195	2

续表

区段	编号	L/m	H/m	V/万 m³	Φ_1/(°)	Φ_2/(°)	Φ_3/(°)	K/(°)	θ_1/(°)	θ_2/(°)	类型
S_7	CJ1#	175.02	72	2.34	22.36	55.52	20.46	0.07	12.28	155	2
	CJ2#	91.13	52	1.77	29.71	46.03	28.81	0.11	303.3	155	
	CJ3#	283.86	104	55.65	20.12	48.1	17.1	0.33	350.39	166	4
	CJ4#	164.11	99	17.75	31.1	64.36	28.99	0.28	354.94	166	2
	CJ5#	207.58	79	15.77	20.84	52.65	18.66	0.1	273.82	155	
	CJ6#	199.53	64	29.92	17.78	48.11	14.53	0.49	317.12	155	4
	CJ7#	129.12	54	5.99	22.69	72.59	16.25	0.13	336.4	155	2
	CJ8#	154.97	40	15.91	14.47	59.27	7.96	0.21	328.87	145	4
	CJ9#	80.23	31	3.36	21.13	35.09	16.26	0.13	275.73	145	2
	CJ10#	—	—	—	—	—	—	—	50.68	145	
	CJ11#	62.43	38	0.82	31.33	49.1	13.56	0.23	114.46	166	
	CJ12#	57.28	39	0.55	34.25	34.94	33.87	0.49	118.74	166	
	CJ13#	40.84	40	0.16	44.4	54.38	39.72	0.22	120.07	166	
	MS1#	41.18	36	0.69	41.16	57.11	39.66	0.13	226.43	165	
	MS2#	21.43	12	0.36	29.24	61.93	20.46	0.19	304.64	165	4
	MS3#	57.57	28	1.59	25.94	74.2	17.34	0.16	11.03	166	
	MS4#	32.93	13	0.24	21.54	38.44	18.93	0.05	12.75	177	
	MS5#	48.3	21	0.94	23.5	55.48	14.87	0.14	35.45	177	2
	MS6#	78.69	43	2.78	28.65	53.91	26.07	0.08	330.92	177	
	MS7#	81.66	33	3.67	22	50.7	16.85	0.12	322.88	177	
	MS8#	185.66	34	8.46	10.38	49.44	5.67	0.28	334.44	177	4
	MS9#	250.81	59	25.87	13.24	48.4	10.69	0.25	355.34	188	
	MS10#	76.99	43	4.05	29.18	73.77	19.21	0.17	15.02	188	2
	MS11#	22.8	25	0.81	47.64	54.89	45.19	0.06	67.51	188	

注：类型：1. 黄土基岩型；2. 滑移崩塌型；3. 黄土泥流型；4. 静态液化型。*JJ11#是黄土基岩接触面滑坡。θ_1是滑坡所处的坡面倾向，θ_2是滑坡所处的基岩倾向。

2.2　黄土滑坡空间分布规律

黑方台黄土滑坡具有典型的群体性分布特征，这些滑坡左右镶嵌，彼此相连，从而形成了典型的黄土滑坡群景观。在黑台黄土滑坡空间分布上，以野狐沟和陈家庙为分界线划分为"两区"：A 区主要以体积相对较大的黄土基岩滑坡为主，一般体积为数十万立方米，最大达 600 万 m³，同时发育较少的黄土内滑坡；B 区则以黄土内滑坡为主，受地下水的影响较大，体积相对较小，一般为 0.1 万~12 万 m³。根据成灾特点，又可将滑坡细分为七个区段，即新塬段(S_1)、党川段(S_2)、黄茨段(S_3)、焦家崖段(S_4)、焦家南段(S_5)、焦家北段(S_6)和磨石沟段(S_7)(图 2.3)。S_1、S_3 和 S_6 以大型黄土基岩型滑坡为主，S_2 以滑移崩塌型滑坡为主，S_4 以黄土泥流型滑坡为主，S_5 和 S_7 以静态液化型滑坡为主(图 2.3)。

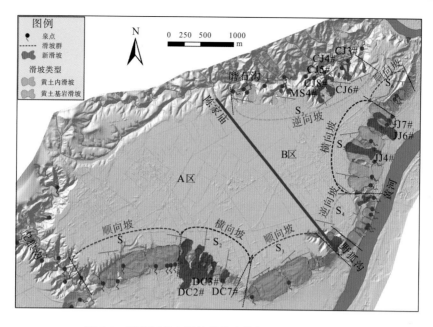

图 2.3 研究区黄土滑坡的发育特征及空间分布规律

2.3 黄土滑坡发育特征与成灾模式

依据研究区滑坡的发育分布规律和成灾特点，将研究区滑坡归纳为黄土基岩型滑坡、滑移崩塌型滑坡、黄土泥流型滑坡和静态液化型滑坡 4 种滑坡类型 (彭大雷，2018; Peng et al.，2018a)。在系统研究这 4 类滑坡发育特征的基础上，对这 4 类滑坡的主要成灾模式进行总结，其发育特征如表 2.3。

表 2.3 滑坡发育特征

滑坡类型	平均指标	体积 V/万 m³	延伸角 Φ_1/(°)	壁倾角 Φ_2/(°)	阴影角 Φ_3/(°)	内凹程度 K
黄土基岩型	最大值	610.36	27.44	62.23	25.34	0.33
	最小值	6.17	11.45	23.50	10.48	0.01
	平均值	219.79	19.93	45.43	17.87	0.11
滑移崩塌型	最大值	77.32	48.01	73.77	49.04	0.49
	最小值	0.16	17.03	25.26	13.30	0.03
	平均值	23.05	28.74	43.48	27.30	0.16
黄土泥流型	最大值	28.68	37.23	65.63	36.99	0.54
	最小值	0.41	18.27	26.80	16.96	0.10
	平均值	8.31	30.22	41.62	28.99	0.23
静态液化型	最大值	333.81	29.24	74.20	20.46	0.49
	最小值	0.24	10.38	35.22	5.67	0.05
	平均值	58.58	17.27	48.88	13.55	0.26

2.3.1 黄土基岩型

在黑方台地区，A 区共发育 12 处黄土基岩型滑坡，S_1 新塬段(产状 190°∠11°)［图 2.4(a)］和 S_3 黄茨段(产状 160°∠10°)［图 2.4(b)］处于顺坡段(图 2.3)，其基岩为白垩系泥岩，坡体为黄河Ⅳ级阶地和Ⅱ级阶地，高差达 120m，临空条件较好，滑坡主滑方向与泥岩岩层倾向方向相差小于 30°，滑动面位于基岩层内，其规模一般为数十万立方米至 600 万 m^3，最大为 610 万 m^3，具有滑动历时时间长、速度慢、滑距短、伤亡小的特点。

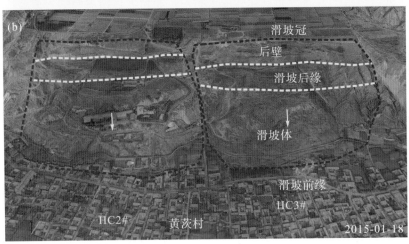

(a) S_1 新塬段；(b) S_3 黄茨段

图 2.4 S_1 新塬段和 S_3 黄茨段黄土基岩型黄土滑坡

黄土基岩型滑坡的延伸角 (Φ_1) 为 11°～27°，平均值为 19.93°；滑坡壁倾角 Φ_2 为 23°～62°，平均值为 45.43°；滑坡内凹程度 K 为 0.07～0.26，平均值为 0.115。如图 2.4 所示，HC3#滑坡于 1995 年 1 月 30 日首次滑动后，于 2006 年 5 月 14 日再次滑动，第一次滑动体积约为 600 万 m^3，第二次滑动体积约为 300 万 m^3，滑坡堆积体后部形成多级错动台阶。

　　此类滑坡在泥岩内形成渗水层，泥岩渗水层在长期的浸水条件下发生软化，形成下伏软弱面，坡体沿软弱面向临空方向变形，裂缝在泥岩内沿裂隙向外扩展延伸，黄土垂直节理发育，裂缝在黄土体内垂直迅速扩展延伸，形成潜在滑动面；坡体继续沿软弱面变形，裂缝延伸贯通，形成潜在滑动面，坡体发生破坏。由于黄土基岩滑坡方量大，其滑动使台塬边缘产生扰动，基岩松弛开裂，地下水易沿裂隙下渗至泥岩层面，形成软弱层面，饱和软化，可能再次发生滑坡，形成具有多次滑动特点的黄土基岩型滑坡，主要成灾模式为滑移-拉裂(图 2.5)。

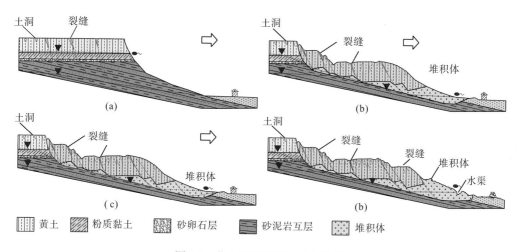

图 2.5　黄土基岩型滑坡成灾模式

2.3.2　滑移崩塌型

　　A 区 S_2 党川段(图 2.6)处于横坡段(图 2.3)，基岩倾向与坡面走向近于正交，故基岩较稳定，很难发生基岩滑坡。由于坡面介于黄河 II 级阶地与 IV 级阶地之间，两级阶地的高程相差约 120m，为黄土滑坡提供了较好的临空条件。此类滑坡和灌溉水关系不大，多发生在台塬边缘有裂缝和内部存在软弱面的 Q_3 黄土中。滑坡体积与静态液化型相比较小，滑动距离为 100～200m，体积为 0.16 万～77 万 m^3。滑坡发生后，滑坡堆积体主要以散状堆积在坡脚，同时滑坡后缘留下大量的裂缝，为下一期黄土滑坡创造条件。在降雨和自重的作用下，滑移崩塌型滑坡会在同一个地方多期发生。此类滑坡发生后多会使坡脚下灌溉水渠堵塞改道并掩埋黄河 II 级阶地上的耕地。此类滑坡滑移距离较小，居民点与坡脚保持一定的距离，对农户的生命财产安全威胁不大。滑移崩塌型滑坡的延伸角(Φ_1)为 22°～48°，平均值为 33.23°；滑坡壁倾角(Φ_2)为 32°～55°，平均值为 49.55°；滑坡内凹程度 K 为 0.02～0.16，平均值为 0.101。

　　1968 年以来，研究区共发生滑移崩塌型滑坡 103 处，其中 2014～2017 年期间发生滑移崩塌型滑坡 19 处，如 2014 年 11 月 1 日发生的 DC7#滑坡，其特征为突发性变形、运动距离短及体积较小[图 2.6(a)]。一些静态液化型滑坡可以观察到明显的浸润线，但是滑移崩塌型滑坡滑动前后并没有明显的变化(Peng et al., 2018a)。但是,如图 2.6(a)所示,发生于以前老滑坡位置处的滑动,如 DC2#滑坡(2015 年 4 月 29 日)、DC3#滑坡(2014 年 3 月 5 日和 2017 年 2 月 19 日),在突发性破坏和高速运动过程中,表现出了流滑和液化特征,这些都是静态液化型滑坡的特征(图 2.6)。特别是 2017 年 10 月 1 日,黑台同时发生了 3 处静态液化型黄土滑坡,即 DC4#滑坡,DC5#滑坡和 DC9#滑坡。

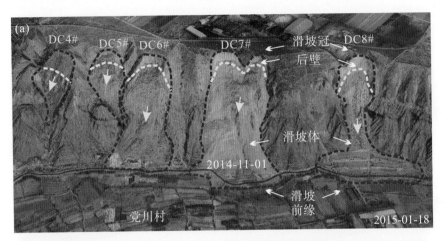

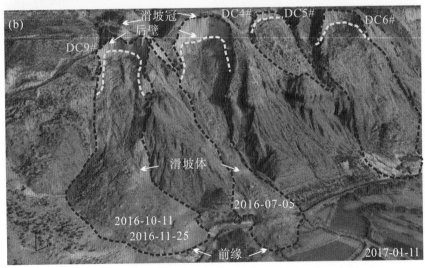

(a) S_2 党川段 2015-01-18 侧视影像图;(b) S_2 党川段 2017-01-11 侧视影像图

图 2.6 　S_2 党川段滑移崩塌型黄土滑坡

　　黄土坡体在自身重力条件下向临空面发生变形,黄土体发生不均匀沉降和变形,在坡体后缘出现拉裂缝和错台。大气降水沿裂缝下渗至黄土体内,在增加坡体重力的同时,降低黄土内在的强度,对坡体的变形起到积极的作用,裂缝继续向黄土内部扩展延伸,形成潜在滑动面,故滑移崩塌型黄土滑坡主要成灾模式如图 2.7 所示。

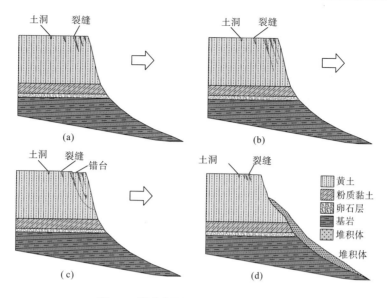

图 2.7 滑移崩塌型黄土滑坡成灾模式

2.3.3 黄土泥流型

B 区 S_4 焦家崖段(图 2.8)处在逆坡段(图 2.3),下伏基岩稳定。焦家崖段以前多以静态液化型黄土滑坡为主,但从 2012 年开始进行人工削方工程,使该段黄土变薄,目前焦家崖段主要以黄土塑性流动变形为主。黄土泥流滑距较长,规模较小,一年四季都在发生,致灾能力小。同时,CJ3#以前是静态液化型黄土滑坡,为了减轻黄土滑坡对高速铁路的影响,2017 年进行削方开挖工程,此地的静态液化型黄土滑坡转变为黄土泥流型黄土滑坡(位置如图 2.3)。黄土泥流型滑坡的延伸角($\varPhi_1$)为 24°~33°,平均值为 30.22°;滑坡壁倾角($\varPhi_2$)为 26°~56°,平均值为 41.62°;滑坡内凹程度 K 为 0.10~0.54,平均值为 0.229。

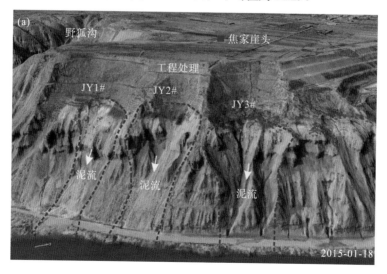

(a) S₄焦家崖段 JY1#~JY3#侧视影像图；(b) S₄焦家崖段 JY4#~JY8#侧视影像图

图 2.8　S₄焦家崖段黄土泥流型黄土滑坡

　　受研究区台塬多年漫灌方式的影响，地下水位不断抬升，在黄土底部形成了饱水黄土层。黄土具有湿陷性，水敏性较强，饱和黄土的强度降低，当土体质量含水率较高时，饱和黄土层易发生塑流，故饱和黄土层在黄土底部形成软基。滑体由饱和黄土层和上覆黄土组成，由于削方后，黄土厚度大大减小，不具备静态液化发生的条件，故黄土泥流型黄土滑坡主要成灾模式为塑流-拉裂(图 2.9)。

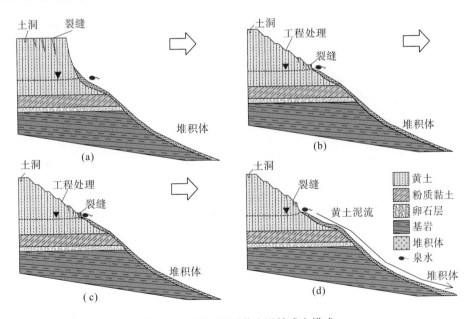

图 2.9　黄土泥流型黄土滑坡成灾模式

2.3.4 静态液化型

静态液化型黄土滑坡是研究区最有影响力的滑坡之一,从 2014 年起共有 14 起这类滑坡发生在 S_5 焦家南段和 S_7 磨石沟段(图 2.10),随着近年来黄土内地下水位的不断上升,研究区开始不断产生因底部饱和导致的"软弱基座型"滑坡。这两段马兰黄土(Q_3^{eol})厚度达 40m 以上,近年来滑坡发生频繁。静态液化型主要的滑面发育于均质的 Q_3^{eol} 黄土层内,剪出口位于 Q_3^{eol} 黄土和 Q_2^{al} 粉质黏土接触处。该类滑坡整体呈座椅状,且底部有泉水出露,该类滑坡凹向台塬内部,形成汇水的优势地貌,在塬边较大的水力梯度作用下,渗流强度加大。相对于塬边的边坡和其他类型的滑坡后壁,这类滑坡后壁更陡峭,平均高差为 30~35m,坡度达 50°~70°,体积为 0.2 万~300 万 m^3,平均体积为 60 万 m^3。滑坡启动后即转化成高速、远程、规模大的泥流,它的破坏力相对于其他滑坡来说更强、危险性更大。该滑坡的延伸角(Φ_1)为 10°~31°,平均值为 18.95°;滑坡壁倾角(Φ_2)为 37°~59°,平均值为 55.36°;滑坡内凹程度 K 为 0.12~0.35,平均值为 0.257。

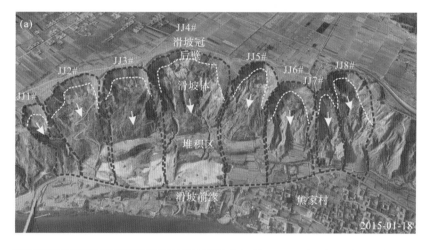

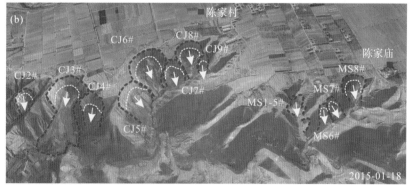

(a)S_5 焦家南段; (b)S_7 磨石沟段

图 2.10 S_5 焦家南段和 S_7 磨石沟段静态液化型黄土滑坡

静态液化型滑坡相对于其他滑坡来说具有以下特征(许强等, 2016a):

(1)静态液化型滑坡具有明显的突发性。通过现场调查、当地人员的描述和地表位移监测表明,在很长时间范围内处于微弱的匀速变形阶段,其滑坡前的地表位移总量甚至仅有几毫米,而加速阶段持续时间非常短,坡体进入加速变形阶段后产生突发性失稳破坏。

(2)静态液化型滑坡发生频率高,具有渐进后退的特征。调查发现目前滑坡频率高达每年 3～7 次,新发生的静态液化型黄土滑坡总是在已有滑坡的后方产生,特别是滑坡底部地下水局部富集的区域最容易产生新的滑动,具有显著的渐进后退式特征(Qi et al., 2018)。

(3)静态液化型滑坡滑动速度快且运动距离远。从平面上看,滑坡的滑源区物质滑动非常彻底,具有整体性失稳特征。同时堆积距离较远,坡高与滑距比值为 0.2～0.3。

由于黄土具较强的水敏性,遇到水后强度降低。研究区长期的提水漫灌改变了台塬原有水文地质条件,黄土层地下水位逐年上升,并在黄土底部形成饱水层。当饱和的黄土在黄土底部形成软基,为坡体的破坏提供了先决条件。下伏软基在上覆黄土的重力和地下水的作用下,向临空面发生蠕动。同时,上覆黄土发生不均匀沉降和拉裂,塬边裂缝向深部扩展延伸,形成潜在滑动面。土体继续蠕动使孔隙水压力逐渐增大,形成超孔隙水压力,饱和黄土层丧失强度,最终使底部黄土液化而发生整体滑动,发生静态液化型黄土滑坡。由于滑坡体在坡脚堆积,造成地下水的局部壅高,饱和黄土层形成软基,继续发生挤压蠕变,容易再次发生静态液化型黄土滑坡。周而复始,形成了研究区的逐级后退式静态液化型黄土滑坡,其成灾模式如图 2.11 所示。

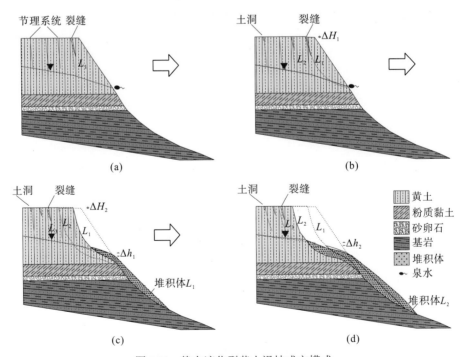

图 2.11 静态液化型黄土滑坡成灾模式

该滑坡机制可以用土壤液化的概念(一种描述应力条件变化下强度和刚度损失的现象)来解释突然发生的黄土泥流滑动。斜坡后面的地下水对黄土结构进行了分解破坏,减少了黄土的孔隙,影响了孔隙分布。伴随应变软化、孔隙率降低及孔隙水压力上升,可以将黄土结构从稳定状态转变为具有高液化能力的流动系统。由于灌溉引起的地下水位上升及黄土与水的相互作用,随着灌溉行为的持续进行,研究区的滑坡可能会更加频发(Qi et al.,2018; Peng et al.,2018a)。

2.4　黄土滑坡致灾因素

从区域地质的角度来分析,滑坡空间分布受区域构造、地质背景和人类活动所控制,主要因素包括地层结构、基岩产状和农业灌溉(图 2.3)。

2.4.1　地层岩性控制滑坡类型

在分析滑坡空间分布特点的基础上,利用反分析的思想,研究滑坡的滑动方向与其基岩产状的关系(图 2.3)。根据黑台滑坡的滑向和基岩倾向的夹角 α,定义:①$\alpha<30°$为顺坡段,②$30°\leqslant\alpha\leqslant90°$为横坡段,③$\alpha>90°$为逆坡段。新塬段、黄茨段和焦家北段为顺坡段,党川段和焦家南段为横坡段,焦家崖段和磨石沟段为逆坡段。在 63 个滑坡中,顺坡段主要发生基岩型滑坡,横坡段和逆坡段主要发生黄土内滑坡(图 2.3)。

将滑坡的主滑方向按照 30°为一个区间,分为 345°~15°、15°~45°、…、165°~195°、…、285°~315°、315°~345°,共 12 个主滑区间。其中,黄土基岩型滑坡的基岩产状分布如图 2.12(a),黄土内滑坡的基岩产状分布如图 2.12(b)。通过对比黄土基

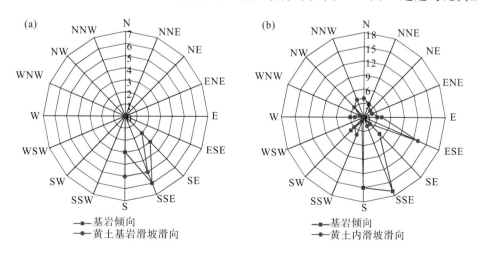

(a)黄土基岩滑坡基岩产状倾向与滑向之间的关系；(b)黄土内滑坡基岩产状倾向与滑向之间的关系

图 2.12　滑坡所处的基岩产状倾向与滑坡滑向之间的关系

岩型滑坡基岩产状玫瑰花图和黄土基岩型滑坡的主滑方向玫瑰花统计图[图 2.12(a)]可以发现，研究区黄土基岩型滑坡基岩产状和滑坡主滑方向集中在方位角 135°～180°，二者的夹角小于 30°。然而，通过对比黄土内滑坡的基岩产状玫瑰花和黄土内滑坡的主滑方向玫瑰花统计图 2.12(b)可以发现，二者存在较大的差别，由此可知滑坡受研究区的地形地貌和地层产状控制。

2.4.2　地下水控制成灾模式

水是黄土地区地质灾害的"元凶"，是诱发研究区黄土滑坡的一个非常关键因素(Zhang et al.，2010; Xu et al.，2011a; 亓星等，2017; Peng et al.，2018c)。研究区塬面西高东低(图 2.13)，最大高差达 40m，粉质黏土层也是西高东低(图 2.14)，根据图 1.7 可以看出，黑台从剖面上主要由 4 层组成，顶层为马兰黄土(Q_3^{eol})，第二层为相对隔水的粉质黏土层，第三层为砂卵石层，底层为基岩基底。由于马兰黄土透水特性比粉质黏土强，从而在粉质黏土层形成一层相对的隔水层，由于粉质黏土层和出水泉点的位置都从西向东依次降低，可以得出黑台的水主要是从西向东流(图 2.15)。在粉质黏土等厚的位置(图 2.16)，表现为水向台塬两边的临空面流动，在台塬中间形成水位线峰值。

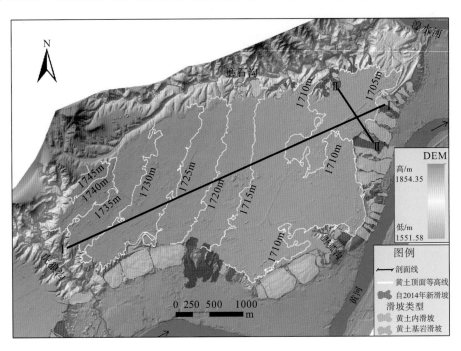

图 2.13　黄土顶面高程和两个典型地质剖面的位置

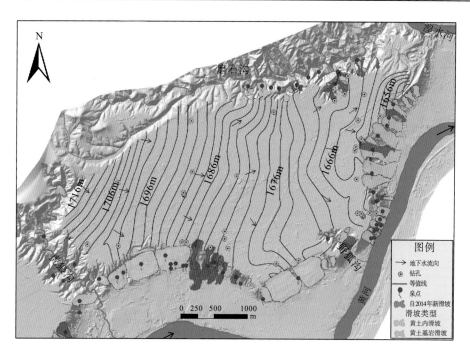

图 2.14　研究区粉质黏土顶面高程（马建全，2012）

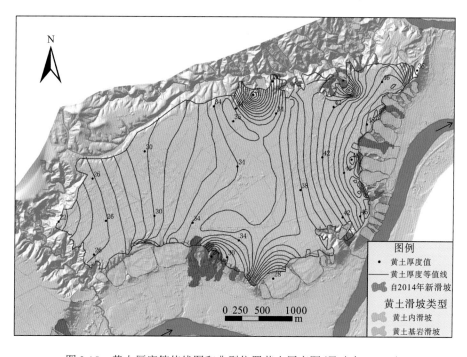

图 2.15　黄土厚度等值线图和典型位置黄土厚度图（马建全，2012）

黑台作为黄河三峡库区移民安置点，现有新塬村、朱王村、陈家村和焦家村 4 个村。在 1966 年 7 月至 1969 年 6 月 3 年间先后建成党川水管所、野狐沟水管所和焦家水管所 3 处高扬程提灌工程。从 1981 年到 2016 年，长期灌溉提高了地下水位，每年发生滑坡 1～18

次(图 2.17)。随着黑方台每年灌溉量的变化,滑坡次数也随之变化,滑坡的发生与台塬灌溉量之间存在一定程度的时滞关系(图 2.17)。黑方台 1968 年开始灌溉,1980 年开始出现黄土滑坡,延后了将近 13 年。根据灌溉量,侯晓坤等模拟了 7 种不同灌溉方式下年径流量对稳定含水率和地下水位的影响(Hou et al., 2018)。模拟结果表明,稳定含水率的响应通常发生在一年内,这有助于理解滑坡的增加往往滞后于总灌溉量的增加。

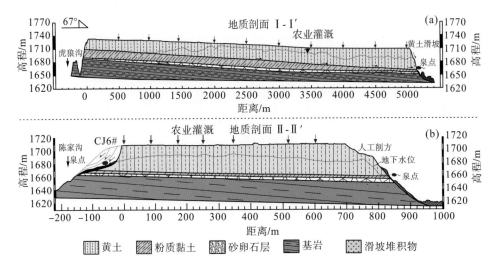

(a)地质剖面 I-I′; (b)地质剖面 II-II′(剖面位移见图 2.13)

图 2.16   黑台典型地质剖面

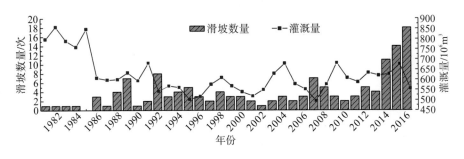

图 2.17   1981~2016 年研究区灌溉量与年滑坡发生数量的趋势图

2.5   本 章 小 结

本章基于现场工程地质调查、三维激光扫描、现场工程地质测绘、无人机低空摄影测量和现场地球物理勘探等方法,首先查明研究区的工程地质条件并绘制了研究区高精度的数字高程模型;然后厘清黄土滑坡类型,并编制了黄土滑坡发育现状数据库;之后分析了黄土滑坡空间分布规律和发育特征;接下来总结了黄土滑坡致灾因素;最后揭示了研究区黄土滑坡的成灾模式。主要得到以下几点认识:

(1) 黑方台黄土滑坡类型主要有黄土基岩型、滑移崩塌型、黄土泥流型和静态液化型。

(2) 黑方台黄土滑坡以野狐沟和陈家庙为分界线划分为 A、B 两个区，A 区主要分布体积相对较大的黄土基岩滑坡，B 区则以黄土内滑坡为主，可将滑坡细分为 7 个段，即新塬段、党川段、黄茨段、焦家崖段、焦家南段、焦家北段和磨石沟段。

(3) 基于台塬地质结构、黄土底部基岩产状分布及台塬边出水点位置，揭示了黄土滑坡分区分段出露的原因和特点：A 区的新塬段（产状 190°∠11°）和黄茨段（产状 160°∠10°）下伏基岩倾向与滑坡滑向夹角小于 30°，黄土滑坡顺层发育，地下水出水点也主要分布在基岩内，因此此段主要产生规模相对较大的黄土基岩滑坡。其中，党川段基岩倾向与坡面倾向夹角为 30°～90°，多发生滑移崩塌型滑坡。随近年来黄土内地下水位不断上升，B 区开始不断产生因底部饱和而导致的"软弱基座型"滑坡，这类滑坡具有突发性的特点，以静态液化型为主。尤以焦家段和磨石沟段最为发育和典型，这两段近年来不断有滑坡发生。其中，焦家崖段通过人工削方的治理措施，使该段黄土厚度变薄，目前主要以黄土塑性流动变形为主。

(4) 地下水位上升是滑坡的主要促发因素，这也是引起黑方台塬边滑坡的主要原因。地下水位上升促使顺向坡段发生大型黄土基岩滑坡，横向和逆向坡段发生黄土内滑坡。

(5) 河流阶地临空条件较好，为滑坡的变形运动提供了良好的临空条件。地层岩性控制黄土滑坡的类型，地下水控制黄土滑坡的成灾模式。

第 3 章　灌溉引起地下水响应

由于半干旱气候和黄土结构的原因，常采用提水灌溉的方式来漫灌农作物以增加其产量，引起地下水位升高，导致台塬边出现了大量黄土滑坡。根据前文所述，研究区内黄土层中的地下水主要来源于地表农业灌溉。高密度电阻率法可以通过土体的视电阻率特性，揭示土体的体积含水率及饱和度变化(本章研究整个台塬水文地质条件，忽略黄土孔隙率的空间差异性，用质量含水率替代体积含水率来表征土壤饱和度现状和地下水位动态变化规律)，由于只需要在地表布设一定数量的电极，不会对原始地层造成扰动，因此具有较好的实践利用价值。本章在对黄土滑坡状况进行全面的研究和探讨的基础上，结合遥感图像、无人机正射影像、高密度电阻率成像法探测、现场试验及室内实验，通过对电阻率数据和地下水位钻孔监测数据的分析，研究黑方台地下水埋深及水位高程和地下水对过量灌溉的响应，得出黄土层地下水位的变化特征，并进一步探索地下水位的后续演化，加深对黄土台塬过量灌溉条件下黄土滑坡形成机理的认识。

3.1　高密度电阻率成像法基本原理

3.1.1　二维高密度电阻率成像法基本原理

高密度电阻率成像法，简称高密度电法(multi-electrode resistivity method，ERT)，是一种以地下目标地质体与周围介质间的电性差异为基础而进行探测的地球物理探测方法。高密度电法可以一次性布设多个测量电极，并按照一定的排列同时进行测量。与传统直流电法相比，其数据采集过程自动化、智能化，测点密度大，观测精度高，能够获得大量的地电信息，工作效率高，一次布设的测线测点可以完成纵、横两个方向的二维探测过程，可反映地下岩土体沿垂向及水平向的电性变化，同时具备传统的直流电测深法和电剖面法的综合探测能力等优点(张先林等，2017)。

测量时，由供电电极 A 及供电电极 B 向大地输入电流强度为 I 的供电电流，随后获取测量电极 M 与测量电极 N 在介质(地下地质体)中产生的测量电流 I 及电位差 ΔV，并通过式(3.1)计算地下介质中测量电极 M 与 N 之间的电阻率 ρ。

$$\rho = K \frac{\Delta V}{I} \tag{3.1}$$

式中，K 为电极装置系数；ΔV 为电位差；I 为电流。

式(3.1)应用的理论条件：地面为无限大的水平面，且地下地质体为各向均质同性介质。

　　然而，实际情况并不能完全满足该理论条件，不仅地形存在一定起伏，且地下介质很难达到各向均质同性。其次，实际探测过程中，仪器设备的差异以及电极的接地条件等都会对所采集的数据造成一定程度影响。因此，在此条件下测得的电阻率值，并不是岩土体的真实电阻率，我们称其为视电阻率 ρ_s，其表达式为

$$\rho_{\mathrm{s}} = K \frac{\Delta V}{I} \tag{3.2}$$

$$K = \cfrac{2\pi}{\cfrac{1}{AM} - \cfrac{1}{AN} - \cfrac{1}{BM} + \cfrac{1}{BN}} \tag{3.3}$$

式中，K 为电极装置系数，它的值与该剖面的电极间距及电极的排列方式有关，$AM=MN=NB=a$，其中 a 为电极间距。

　　高密度电法有多种电极排列方式，常用的装置包括温纳四极排列(α 排列)、偶极排列(β 排列)及微分排列(γ 排列)等。根据大量研究及实际应用的反馈，温纳四级排列装置在垂向上分辨率较高，具有较好的水平分层能力，较适用于地层结构的划分及稳定含水层的探测；微分排列装置的在水平向分辨率较高，较适用于裂隙等竖向发育地质体的探测。

　　以常用的温纳四级排列装置为例，测量时，A、M、N、B 逐点同时向剖面的终点方向移动，并分别测量 M、N 电极之间的视电阻率，并最终得到第一层视电阻率数据；随后，AM、MN、NB 均增大一个电极间距，A、M、N、B 逐点同时向剖面的终点方向移动，得到第二层视电阻率数据；随着测量的进行，最终形成一个"倒梯形"样式的断面(图 3.1)。

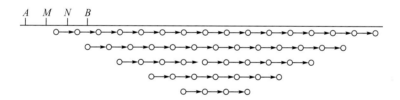

图 3.1　温纳四极排列装置数据采集示意图

　　将 $AM=MN=NB=a$ 代入式(3.3)，可得出温纳四级排列装置系数 K 的关系式为

$$K = 2\pi a \tag{3.4}$$

即利用温纳四级排列装置进行二维高密度电法探测时，电极装置系数与电极间距属于倍数关系，野外探测时，若实际电极间距与设计电极间距有所偏差，则会影响真实视电阻率数据。

　　本次研究工作中，因黄土非饱和入渗方式试验采用三维探测方式，其探测装置为二级装置，其余电法工作以稳定地下水位探测为主，温纳四级排列装置探测效果较好，实际探测过程均采用温纳四级排列装置，故在此不再阐述其余二维探测排列装置的探测原理及方式。

3.1.2　三维高密度电阻率法基本原理

　　在实际的地质模型中，理论上皆为三度体，而二维探测仅仅能代表某条剖面，不能整

体反映某个区域的三维地质情况，且容易受旁侧效应干扰。三维高密度电法探测就是从二维探测中优化发展而来的一种数据量更大的直流电阻率方法。通常而言，三维高密度电法主要分为"真三维"及"假三维"。"真三维"即通过蛇形布设等方式，将电缆、电极布设于一个区域，并利用三维数据采集软件进行数据采集，而"假三维"就是将一系列二维探测剖面，以三维可视化软件进行组架、拼接而形成的类似于三维探测成果的一种方式。

　　在真三维高密度电法探测中，不仅其电缆、电极的布设方式与二维探测装置有所区别，其数据采集程序及理论均有别于常规二维探测。三维高密度电法探测中，其数据采集模式一般主要包括全测量模式、十字交叉测量模式以及 L 形测量模式(图 3.2)(李昊，2012)。

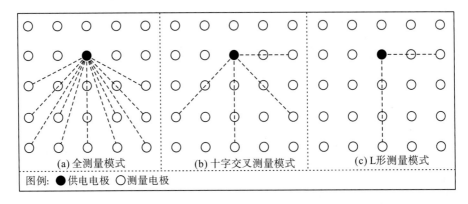

图 3.2　三维高密度电法探测中二级测量装置的数据测量模式

　　全测量模式中，每个电极依次作为供电电极，其余电极依次作为测量电极进行扫描探测，该数据测量模式所获取的数据点多、信息量大，具有较高的分辨率及准确度。

　　十字交叉测量模式中，每个电极依次作为供电电极，而测量电极则包括以该供电电极作为原点沿 X、Y 方向的电极，以及与 X、Y 方向呈 45°夹角方向的电极作为测量电极进行数据采集，该模式数据量相对全测量模式较少，当精度要求不高时可采用。

　　L 形测量模式中，每个电极依次作为供电电极，分别沿 X、Y 两个方向的电极作为测量电极进行数据采集。与前两种测量模式相比，其数据量较少，分辨率相对较低。

3.2　地下水分布调查方法

3.2.1　现场调查

　　为了研究地下水的分布特征和对地下水位变化进行监测，在黑台台塬进行了全面的水文地质调查和探测(图 3.3)。在 2010~2016 年，不同研究单位共计完成了大约 43 个钻孔，其中 35 个钻孔底部位于黄土层，8 个钻孔底部位于基岩层。孔隙水压力传感器安装在 25 个黄土层钻孔和 6 个基岩层钻孔中，对地下水位的变化提供实时反馈。监测仪器所积累的水文地质资料为验证电阻率成像结果提供了重要依据。2016 年 11 月完成了 14 个手工钻孔(洛阳铲 T)，其中 13 个手工钻孔用于测量台塬中部的土壤质量含水率(编号为 T1～T13)，1 个手工钻孔用于测量斜坡坡体土壤质量含水率(T14)(图 3.3)。

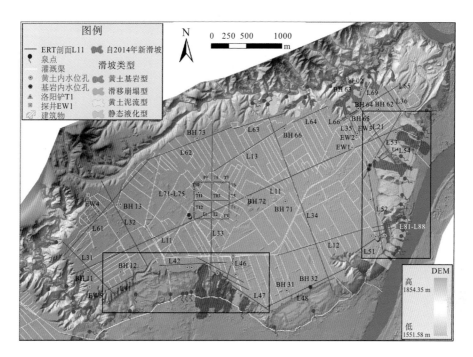

图 3.3　黑台台塬水文地质综合调查及地球物理探测现场布置

　　基于土壤质量含水率的二维电阻率图像是通过多条段长 200～300m 的探测剖面形成的，该测线电极间距为 5m，所用电极均为导电性能良好的不锈钢电极。考虑到测线的总长度(0.25～5km)、有效探测深度和结果的准确性，对于长度超过 300m 的剖面，将测线划为多个分段，每个分段均重叠 100～200m，然后将数据合并以获得完整的长剖面。

　　地下水位的分布和动态变化是了解黑台黄土滑坡分布和形成机理的关键因素。基于无人机正射影像、黄土滑坡特征、ERT 仪器设备规格、野外地形和建筑物分布情况，在黑台台塬利用剖面分段叠加拼接的方式完成了 51 个 ERT 探测剖面，剖面合计长度为40km。其中，共进行了 239 个剖面分段，共计 13600 个电极测点(表 3.1)。于 2016 年 7月进行了 3 次 ERT 试验剖面探测(编号为 L01，L02，L03)，以确认数据采集方式，评估数据准确性并建立研究区域的电阻率和土体质量含水率之间的关系。利用 26 个 ERT剖面对地下水位分布进行了探测。另外，布置了一条固定监测剖面(编号为 L21)，并进行了 5 次 ERT 探测，用以监测该剖面地下水位变化情况。在台塬塬边共布置了 20 个ERT 剖面，以研究黄土滑坡对地下水的响应(图 3.4)。电极的坐标由地面 RTK 测量校准，以确保测线在同一直线上，并获取整条剖面的真实高程以作地形校正。

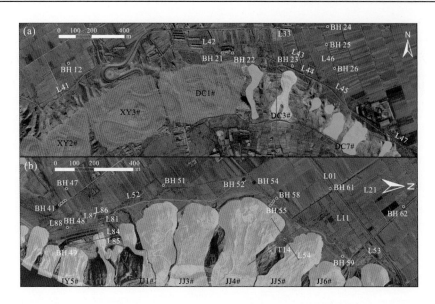

(a)黄土基岩型和滑移崩塌型滑坡周围钻孔及 ERT 剖面分布；(b)黄土泥流型和静态液化型周围钻孔、洛阳铲及 ERT 剖面分布

图 3.4   黑台典型区段水文地质综合调查及地球物理探测现场布置(图例如图 3.3)

表 3.1   ERT 调查黑方台地区详细情况表

序号	ERT 编号	测次/次	电极数目/个	长度/m	电极间距/m	目的	位置	反演 RMS	日期
1	L01	1	60	150	2.5	测试	钻孔 BH61	5.6	2016-07-06
2	L02	1	50	250	5	测试	钻孔 BH63	10.1	2016-07-18
3	L03	1	40	80	2	测试	探井 3#	0.054	2016-07-07
4	L11	46	2760	5000	5	地下水	黑方台横剖面	17	2016-07-26 至 2016-07-30
5	L12	6	360	1250	5	地下水	黄茨村至 JJYT	5.5	2017-08-01
6	L13	7	420	1200	5	地下水	朱王村至陈家庙	12.4	2017-08-03
7	L21	5	300	1000	5	地下水	CJ6#至 JJ4/5#	11.4	2016-07-15
8	L22	5	300	1000	5	地下水	CJ6#至 JJ4/5#	15.8	2016-12-01
9	L23	5	300	1000	5	地下水	CJ6#至 JJ4/5#	12.8	2017-03-01
10	L24	4	240	750	5	地下水	CJ6#至 JJ4/5#	10.8	2017-08-15
11	L25	5	300	1000	5	地下水	CJ6#至 JJ4/5#	9.3	2017-11-15
12	L31	5	300	1000	5	地下水	新塬村西边	15.4	2017-08-06
13	L32	10	500	1350	5	地下水	朱王村至 DC1#	9.5	2016-12-04
14	L33	12	720	2450	5	地下水	磨石沟至 DC2/3#	9.6	2016-11-29 至 2016-11-30
15	L34	23	920	2550	5	地下水	MS9#至 HC3#	21.1	2016-11-02 至 2016-11-03
16	L35	4	160	500	5	滑坡	CJ8#	14.3	2016-12-05
17	L36	2	120	400	5	地下水	JJ8#至 CJ3#	3	2017-08-09
18	L41	2	120	400	5	地下水	新塬村南边	10.6	2017-08-09

序号	ERT 编号	测次/次	电极数目/个	长度/m	电极间距/m	目的	位置	反演 RMS	日期
19	L42	7	420	950	5	滑坡	DC1#至 DC3#	13.5	2017-03-03
20	L43	5	300	750	5	滑坡	DC2#至 DC5#	10.2	2017-03-02
21	L44	1	50	250	5	滑坡	DC3#	9.2	2016-07-09
22	L45	2	120	400	5	滑坡	DC3#至 DC6#	14	2017-03-02
23	L46	2	120	400	5	滑坡	折达公路至 DC6#	16.7	2017-03-03
24	L47	2	120	600	5	滑坡	DC5#至黄茨村	11.2	2017-11-13
25	L48	7	420	1250	5	地下水	黄茨村至野狐沟	17.3	2017-08-02
26	L51	2	120	450	5	地下水	野狐沟至 JJYT	6.4	2017-08-03
27	L52	7	420	1250	5	地下水	JJYT 至 JJ4#	13.1	2017-08-04
28	L53	6	360	1050	5	地下水	JJ4#至 JJ8#	10.3	2017-08-12
29	L54	1	50	250	5	地下水	JJ4#至 JJ5#	12.2	2016-11-01
30	L61	10	600	1800	5	地下水	新塬村北边	12.1	2017-08-08
31	L62	7	420	1300	5	地下水	朱王村至磨石沟	11.7	2017-08-07
32	L63	4	240	750	5	地下水	陈家庙至陈家沟	10.4	2017-08-10
33	L64	3	180	550	5	地下水	磨石沟至陈家庙	7	2017-08-01
34	L65	2	120	450	5	滑坡	CJ8#至 CJ1#	9.4	2017-08-13
35	L66	6	360	950	5	滑坡	CJ8#至 CJ6#	18.9	2017-03-04
36	L67	1	50	250	5	滑坡	CJ8#	14.9	2016-08-01
37	L68	1	50	250	5	滑坡	CJ8#	6.6	2016-08-01
38	L69	1	50	250	5	滑坡	CJ4/3#	5.5	2016-08-01
39	L71	2	120	500	5	地下水	朱王村	10.6	2016-11-27
40	L72	2	120	500	5	地下水	朱王村	7.3	2016-11-27
41	L73	2	120	500	5	地下水	朱王村	10.6	2016-11-28
42	L74	2	120	500	5	地下水	朱王村	11	2016-11-28
43	L75	2	120	500	5	地下水	朱王村	8.4	2016-11-28
44	L81	1	60	300	5	滑坡	JJYT 第一马道	12.2	2016-07-16
45	L82	1	60	300	5	滑坡	JJYT 第二马道	5.3	2016-07-14
46	L83	1	60	300	5	滑坡	JJYT 第三马道	3.9	2016-07-14
47	L84	1	60	300	5	滑坡	JJYT 第四马道	3	2016-07-14
48	L85	1	60	300	5	滑坡	JJYT 第五马道	4.4	2016-07-17
49	L86	1	50	250	5	滑坡	JJYT1#纵剖面	3.6	2016-07-16
50	L87	1	60	300	5	滑坡	JJYT2#纵剖面	5.9	2016-07-17
51	L88	1	50	250	5	滑坡	JJYT3#纵剖面	7	2016-07-17
合计	—	239	13600	40050	—	—	—	—	—

注：JJ4/5#表示 JJ4#与 JJ5#之间，以此类推。

3.2.2　高密度电阻率法的方法与流程

黄土电阻率的主要影响因素包括黄土的组成和结构、黄土质量含水率和矿物含量、温度和外部荷载等。研究区年降雨量较少，地下水的主要来源是农业灌溉。黑台台塬黄土厚度范围为28～48m，地层结构较为均匀，土层中温度变化深度约为1m或更少。因此，在研究区黄土台塬利用电阻率层析成像研究地下水含量是可行的。高密度电阻率法(ERT)理论模型为各向同性均质地质体，视电阻率值是电极间距的函数。

对于任何一种地球物理探测手段，要想取得可靠、满意的探测结果，首先就必须要保证野外原始数据采集过程的规范性及有效性，而后期的数据处理就决定了所获取的数据能否转换为相应可视化的成果。

目前，国内外推出了多种电法数据处理软件，而运用最广泛的主要是Res2Dinv软件、Res3Dinv软件及美国AGI公司研发的Earthimage系列软件。在国内，目前对于高密度电法数据的处理，使用最多的就是Res2Dinv软件，该软件理论成熟，操作简单，成图效果较好，故本章中的二维探测数据即采用该软件进行处理分析。而Res3Dinv软件是在二维Res2Dinv软件的基础上发展而来的三维反演软件，该软件通过采用扭曲的有限元网格模拟表面网格实现地形的校正，可以对反演得到的结果进行任意方向的切片，从而可以较好地揭露地质体的三维视电阻率分布情况(张亚伟等，2015)。本研究野外采集所使用的仪器为WDA-1型多功能电法采集系统，数据采集方式为温纳四极排列装置，数据反演处理软件为Res2Dinv软件。同时利用三维高密度电法对灌溉水在非饱和黄土层中的入渗方式进行了连续监测，数据采集模式采用前文所述的全测量模式，而数据处理则采用Res3Dinv软件进行地球物理反演计算。

对于野外采集得到的原始电法数据，利用Res系列软件处理时，主要包括数据读入及格式转换、坏点剔除、地形校正、反演参数选取、反演并成图等步骤。

(1)数据读入及格式转换。这是数据处理的第一步工作，将野外采集得到的原始数据，通过专用数据转换软件，转换为该反演软件可识别的数据格式。

(2)坏点剔除。在野外数据采集过程中，如遇个别电极接地不良或地表积水等特殊情况，会对数据质量造成很大的影响，因此现场应予以及时处理并做记录。若后期数据处理过程中，该位置仍有部分数据点与旁侧相差较大，则应手动剔除数据采集过程中形成的坏点，以确保后续反演的准确性。

(3)地形校正。由3.1节中高密度电法原理可知，视电阻率的大小取决于电极装置系数K，而K则是电极间距的函数。从原理上来讲，温纳四极排列装置中每个电极之间应该是等间距的，从而得到固定的K值。但在实际探测过程中，难免会遇到地形起伏的情况，此时的电极间距往往会存在差异，电极装置系数K将与理论条件不一致。因此，通过地形校正使电极装置系数K符合实际情况是非常有必要的。

(4)反演参数选取。地球物理反演,是通过实际采集得到的数据,运用相关高密度电法探测理论公式,反推地质模型的过程。由于地球物理探测具有多解性,且受限于仪器设备条件,通过默认反演参数对数据进行自动化反演往往与实际地质情况有所差异。因此,在数据处理时,一般可根据通过钻孔的剖面,结合钻孔资料,不断尝试不同的反演参数,选取适合的反演参数,以获取较好的反演效果(即地球物理约束反演)。

(5)反演、成图。Res2Dinv 软件与 Res3Dinv 软件的主要反演方法为最小二乘法,其大致过程为:建立一个初始的电阻率预测模型,并针对该模型进行地球物理正演计算,得到与之对应的预测电阻率数据,将其与实际测量的电阻率在最小二乘方法下构造一个拟合函数进行比较,并通过不断地修正预测模型参数,使拟合函数的误差逐渐缩小,修正后的模型就近似符合地下介质真实的电阻率分布(张亚伟等,2015)。反演过程中,不同的迭代次数往往会形成不同的反演结果与拟合误差均方根(root mean square,RMS),一般而言,在一定的范围内,迭代次数越多,RMS 越小,但不应将 RMS 值作为参考标准而选择 RMS 最小的反演结果。因为在迭代过程中,迭代次数的增加,主要是突出孤立的特殊异常体,而对于层状地质模型,虽然 RMS 随着迭代次数的增加而急剧减少,但反演结果往往与实际情况不符。根据笔者经验,对于 RMS 不再发生明显变化时的反演结果,比较接近于真实条件,一般情况下,层状模型中迭代 2～3 次即可,相对误差小于 2%,每次测量时间为90min。对于反演结果的选择,应该结合电阻率原始数据断面以及正演断面进行对比分析。最终,通过视电阻率等值线图推测划分地下水位。

3.3　地下水位划定依据

当数据处理完成后,得到的是一条呈倒梯形的视电阻率剖面,剖面图代表的是该测线下部的电阻率特征,由于本书需要解决的是地质问题,如研究区地层结构、地下水分布等,故应将视电阻率信息转换为对应的地质信息。本书主要研究台塬黄土层水位分布特征,根据研究区钻孔揭示的黄土层含水特征可知,研究区黄土层底部为厚层状的饱水层,上部为非饱和带,除浅表因灌溉渗流等作用下含水率变化较大外,黄土层中下部含水率呈现渐变的趋势,即越往下含水率越高,直至饱水层。

为了通过视电阻率剖面得到较为准确的地下水位数据,本节通过黄土质量含水率与电阻率关系特性实验、水位孔标定及理论模型正反演 3 种方式,为地下水位的划分提供参考依据。

3.3.1　实验室测定黄土质量含水率与电阻率关系特性

据前文所述,研究区内黄土层形成原因为风力搬运沉积,在沉积过程受区域气候及人文影响极小,导致该区域内的黄土层介质均匀。一般而言,土体的电阻率是其导电性的反映,主要受土体中矿物质成分、土体结构、土体质量含水率等因素影响。研究区黄土层中的矿物质成分以及物质结构均具有比较好的一致性,因而土体质量含水率就成为影响其电阻率的主要因素。

为分析研究区黄土电阻率与质量含水率的关系特性,于现场黄土层深部取回无树根等杂物的原生黄土,随后充分碾碎并用98℃烤箱连续烘烤8h至土样完全松散变干。其后,分别配备三组不同质量含水率为 7%～34%的重塑土样于特制的有机玻璃管中(有机玻璃管为非导体,不会对测量结果产生影响,且属于透明容器,便于制样,如图 3.5 所示),并用四极排列法分别测量各土样的电阻率,每个质量含水率所对应的三组试样的电阻率取平均值,作为该质量含水率条件下的电阻率值。根据现场实测数据,该区域黄土干密度主要为 1.38～1.43g/cm³,为使本次实验的变量仅为质量含水率,因此所有试样均按照1.40g/cm³ 的干密度配备。由于研究区含水层中矿化度较高,且矿化度对于电阻率的影响较大,为避免出现误差,实验中配备试样用的水取自开挖的 EW3 竖井(图 3.6)。

图 3.5　配制完成的黄土样　　　　　　图 3.6　取自竖井 EW3 中的地下水样

实验所使用的数据采集仪器为 Solartron 公司的 SI-1260 分析仪(图 3.7),该仪器测量精度为 0.1%,可准确地测量岩土样的电阻值,并根据式(3.5)计算岩土样的电阻率。为准确构建四极排列装置测量模型,获取土样的真实电性特征,特别自制一套四极排列装置模型(图 3.8)。在该装置中,导电介质由硫酸铜液体混合食用面粉制成,硫酸铜的超导电性与面粉黏稠性的良好结合,使得该导电介质较为理想,对测量结果的影响极小。

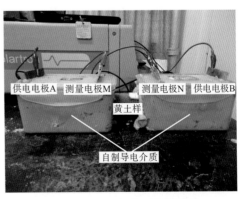

图 3.7　实验装置系统　　　　　　图 3.8　自制四极排列装置模型

$$\rho = R\frac{S}{L} \tag{3.5}$$

式中，R 为土样实测电阻，S 为土样横截面积，L 为土样长度。

　　实验完成后，通过研究区黄土质量含水率与电阻率的关系特征曲线可以看出，本研究区黄土电阻率对质量含水率的变化较为敏感，当质量含水率低于黄土液限时，曲线形态呈一阶指数衰减。当土体质量含水率非常低时，小幅度质量含水率的增加便会迅速降低试样的电阻率。这是由于天然黄土中孔隙度较大，黄土孔隙的存在，使电流的传导遇到了阻碍，因此电阻率较高。然而，当试样中质量含水率增加时，黄土中较大的孔隙迅速被水分填充，由于研究区地下水中矿化度较高，导电性能大幅提升，试样的电阻率会呈现急剧下降的特征。随着质量含水率的持续增大，土体孔隙中水分子面积增大，吸附的电流变大，电阻率随着衰减，但衰减速率逐渐变低。当土体的质量含水率达到 28.25%时（该研究区黄土液限），质量含水率的增大将不会再导致电阻率的降低。此时，黄土中饱和度较高，黄土颗粒间的孔隙已经基本被水分填充，说明此时土体质量含水率的增加对于试样的导电性已经没有改善作用，同时地下水中的矿化度成为视电阻率的主要控制因素。根据研究区黄土质量含水率与电阻率的关系特性曲线可知，当达到黄土液限后，电阻率值基本稳定，其值为 14Ω·m（图 3.9）。

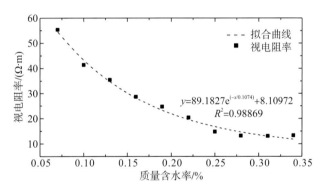

图 3.9　研究区黄土视电阻率与质量含水率的关系特性曲线

3.3.2　研究区黄土质量含水率与电阻率关系特性

　　3 个 ERT 试验剖面跨越正在持续进行水位监测的两个地质钻孔和一个勘探竖井，并通过原位测试测量每 0.5～2m 高度的土层质量含水率。如图 3.10 所示，经过两次迭代计算，三个试验剖面的反演拟合误差均方根位于 5.4 到 10.1 之间。由于 L02 地形起伏较大，其迭代误差大于其他两条地形平坦的剖面[图 3.10（b）]。剖面有效探测深度与最大电极间距（单次剖面总长度）有关，即当电极数量一定时，有效探测深度取决于电极间距。在本次工作中，当电极间距为 2m、2.5m 和 5m 时，有效测量深度分别为 14m、25m 和 45m［图 3.10（c），图 3.10（a）和图 3.10（b）］。当土体质量含水率为 5%～20%时，较小的质量含水率增加就可导致视电阻率的明显下降。当质量含水率大于 20%时，黄土视电阻率下降幅度远小于质量含水率上升幅度。总而言之，黄土视电阻率的降低与质量含水率的增大呈较高的幂函数关系（R^2 值为 0.9285）（图 3.11）。

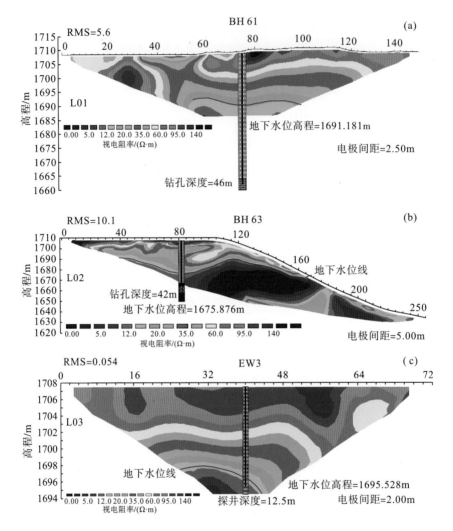

(a)ERT 试验剖面 L01 和钻孔 BH61 地下水位监测结果的对比分析；(b)ERT 试验剖面 L02 和钻孔 BH63 地下水位监测结果的对比分析；(c)ERT 试验剖面 L03 和探井 EW3 地下水位监测结果的对比分析

图 3.10　黑台台塬 3 个 ERT 试验剖面结果

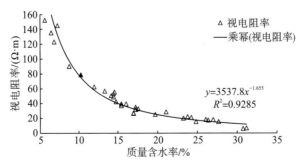

图 3.11　视电阻率与质量含水率的关系

3.3.3　钻孔水位标定

为了验证 ERT 的结果，在靠近 ERT 剖面的 22 个钻孔的基础上，对对应于钻孔地下水位的视电阻率进行了统计分析。统计结果表明，不同地质钻孔地下水位处视电阻率的最大值、最小值、平均值和中值分别为 16.5Ω·m、12.3Ω·m、14.52Ω·m、14.25Ω·m(图 3.12)。根据视电阻率与土体质量含水率的关系特征曲线(图 3.11)，由于黄土完全饱和状态与液限状态的质量含水率分别为 34.20%和 28.25%，因此其对应视电阻率为分别 10.23Ω·m 及 15.23Ω·m，这与 22 个地质钻孔的地下水位所对应的视电阻率基本一致。因此，研究区黄土液限对应的视电阻率更接近于钻孔地下水位对应的视电阻率。故研究区黄土层地下水位所对应的视电阻率约为 14Ω·m。

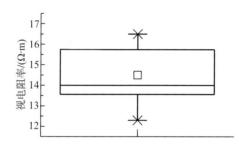

图 3.12　22 个水位线所对应的视电阻率统计分析

3.3.4　理论地质模型正反演分析

通过上文分析，拟将本研究区地下水位对应电阻率确定为 14Ω·m。为了验证反演软件 Res2Dinv 与选取的反演参数计算结果的可靠性，为地下水位划分提供有效支撑，本小节建立一个较为简单的理论地质模型，通过 Res2Dinv 软件进行反演计算，并由此验证数据处理软件与反演参数的可靠性(图 3.13)。该模型中，假设剖面长度为 50m，深度为 10m，深度 0～4m 的电阻率为 100Ω·m，深度 4～4.5m 的电阻率为 20Ω·m，深度 4.5～5m 的电阻率为 17Ω·m，深度 5～10m 的电阻率为 14Ω·m，即地下水位埋深为 5m，电阻率模型建立软件为 Res2Dmod。

建模完成后，导入 Res2Dinv 软件进行反演计算。其反演结果显示，剖面电阻率分层较为明显，剖面深度 4～5m 范围与理论模型较为一致，表明在该反演软件、反演方法、反演参数情况下，反演结果可代表实际地层情况(图 3.14)。但深度 0～4m 范围内，电阻率剖面分层效果虽然明显，但与原始模型并非一致，可能是由于模型中地层界限上下差异较大，反演计算过程中产生误差所致(图 3.15)。另外，在反演剖面的最下部，两侧均呈现局部相对高电阻率误差，是由于该部分数据量较少，反演计算后成图过程中产生插值误差所致，根据笔者经验，此特征在实际探测剖面中较为多见，实际应用时需具体分析。

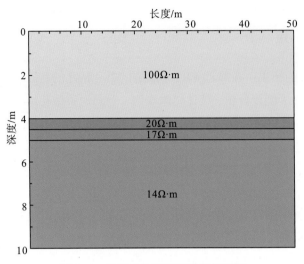

图 3.13　地下水位正反演地质模型图

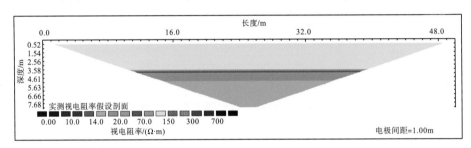

图 3.14　模型原始数据图

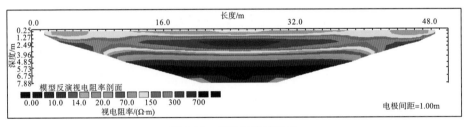

图 3.15　模型反演结果图

3.4　灌溉引起地下水位响应特征

3.4.1　黑台台塬地下水位分布

当上述 50 余条 ERT 剖面数据处理完成后，按照统一色标图例，对所有剖面进行统一成图。随后，以 $14\Omega\cdot m$ 作为研究区黄土层地下水位所对应的视电阻率，并分别读取所有剖面中以该电阻率划定的地下水位高程及坐标位置，因此就形成了整个台塬地下水位 X、Y、Z 三个方向的数值，并导入 ArcGIS 软件进行插值计算，最终形成该研究区的黄土层地下水宏观分布特征(图 3.16)。

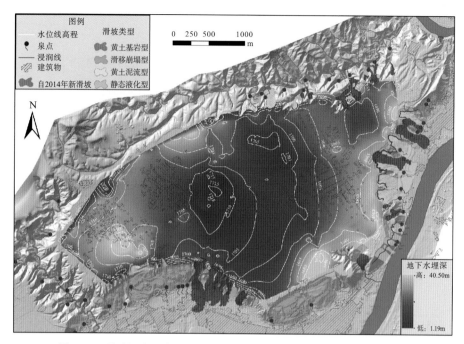

图 3.16 通过视电阻率、钻孔数据和浸润线得出的地下水埋深和高程

从 ERT 结果和对地下水位的监测数据来看，地下水位在黄土层中的埋深存在较大差异，从 1.19m 到 40.50m 不等(图 3.16)。地下水位高程从 1675m 到 1715m 不等，最大高差为 40m。地下水位埋深小于 10m 的区域主要位于灌溉区，其中不到 2m 的区域位于农田。伴随着大规模的灌溉，黑台台塬中部和东部汇集形成了 3 个地下水位穹顶(图 3.16)，其中朱王村地下水位分布如图 3.17 所示，两个典型的 ERT 剖面 L11 和 L33 分别通过台塬的横向中心(从南西到北东)和纵向中心(从北到南)(图 3.3)。随着黑台台塬西部到东部黄土层海拔降低和厚度增加(图 3.18)，由此产生的水力梯度促使台塬中心的地下水渗透到东部和南部边缘，进而在黄土层中形成明显的排泄泉眼及地表盐渍富集(图 3.16)。

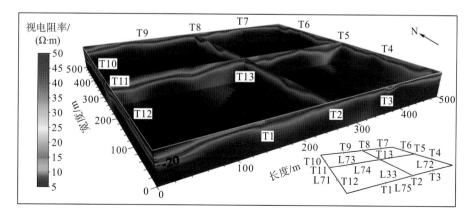

图 3.17 台塬中部的朱王村地下水位拱顶(13 个手工钻孔的位置见图 3.3)

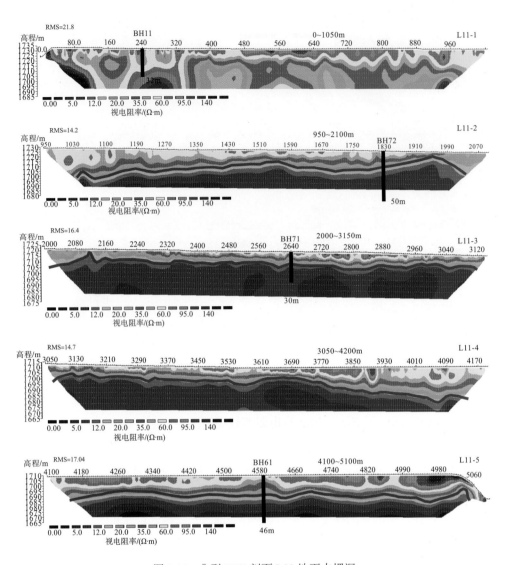

图 3.18　典型 ERT 剖面 L11 地下水埋深

许领等 2019 年通过监测数据，利用软件模拟了台塬地下水的变化。模拟结果显示，近年来，黑方台的黄土层中地下水位正在逐渐抬升，且台塬东侧的水位上升速率高于台塬西侧（Xu et al.，2019）。董英等也对黑方台进行了数值模拟，分析了黑方台水位变化趋势，认为在当前灌溉条件下，台塬水位将持续上涨，且台塬东侧水位上涨幅度最大，这是由于台塬东侧地下水的补给，不仅来自上部灌溉及降雨，还来自台塬西侧的侧向渗流（Dong et al.，2014）。

3.4.2　塬边黄土层地下水分布特征

剖面 L65 位于黑台台塬东北侧磨石沟滑坡段，剖面起点位于 CJ8#滑坡左侧，剖面从 CJ8#滑坡与 CJ6#滑坡后侧通过，结束于东侧塬边。剖面 L65 的 0～350m 范围距塬边较近，由于裂隙发育较多难以有效蓄水，故近两年来并无较多农作物种植，灌溉量极小。剖面 L65 的 350～900m 范围距源边较远，裂隙发育相对较少，有大面积农作物种植，以小麦、蔬菜为主，灌溉量稍大。剖面 L65 的 900～950m 范围位于黄土台塬东侧，以坟地为主，并未进行农业灌溉(图 3.19)。

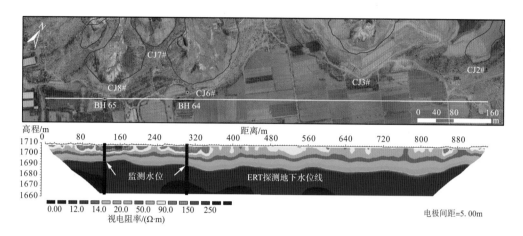

图 3.19 L65 剖面位置及视电阻率断面图

通过该条剖面可以得出以下结论：

(1)剖面 0～350m 段浅部 0～10m 视电阻率较高，主要是由于该段近期基本未进行农业灌溉，浅部 0～10m 无水源补给，质量含水率较低所致。剖面 350～900m 段浅部视电阻率明显低于 0～350m 段，这是因为该段地表灌溉水渗入，浅部质量含水率较高所致。

(2)剖面前段地下水位高于剖面后段，由于先前的大量灌溉，剖面前段饱水层厚度较大，水位较浅，导致发生了几起较大的黄土滑坡，如 CJ6#滑坡及 CJ8#滑坡。自 2015 年来，因 CJ6#滑坡及 CJ8#滑坡的发生，为地下水的排泄提供了良好的通道，滑坡后缘出现了较多贯通的张拉裂缝，且滑坡后壁陡倾，具有较好的临空条件，局部地方反倾，比较容易发生小规模崩塌。

鉴于该剖面经过两个地下水位监测钻孔，为了对比两个位置地下水位差异，并从中发掘一定规律，将两个地下水位监测数据进行对比分析。地下水位监测曲线(图 3.20)表明：位于 CJ8#滑坡后侧的 BH65 地下水位比位于 CJ6#滑坡后侧的 BH64 同期地下水位高 1.2～2m，这与 ERT 剖面获取的结果是基本一致的，说明沿该剖面方向，BH65 与 BH64 之间的地下水渗流方向为 BH65 至 BH64。由该监测曲线还可以看出，在 2016 年 6 月至 2019 年 4 月的监测周期内，BH65 与 BH64 监测钻孔的地下水位均表现为持续上升的趋势，且 BH65 曲线的斜率大于 BH64 曲线，说明 BH65 钻孔的地下水位抬升速率更快，据统计，BH65 处地下水位涨幅约为 1.2m/a，BH64 处地下水位涨幅约为 0.7m/a。

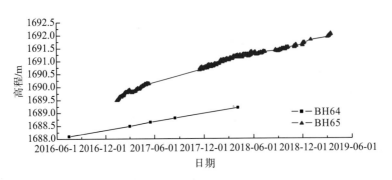

图 3.20   塬边地下水位监测曲线

对于上述现象，笔者通过无人机影像，发现可以从水位监测钻孔的位置来解释。由无人机影像可以看出，BH65 距 CJ8#滑坡后壁临空面水平距离约为 8m，而 BH64 距 CJ6#滑坡后壁临空面水平距离达到 25m（图 3.21）。让人难以理解的是，BH65 监测钻孔离灌溉区距离较远，且灌溉面积较小，但 BH64 监测钻孔刚好位于大面积灌溉区的边缘。按照常理，BH65 监测钻孔的水位上升速率应该更慢，那么为何会出现这种现象？随后，笔者通过现场调查以及 ERT 剖面，揭示了该现象的原因，即该类型滑坡后缘具有较为明显的地下水局部壅高现象。

(a)钻孔 BH64 空间位置；(b)钻孔 BH65 空间位置

图 3.21   水位监测钻孔空间位置

通过该剖面中距起点 70m（灌溉区）及 260m（非灌溉区）所测得的视电阻率对比分析，距剖面起点 70m 处的地下水位埋深约为 12.6m，而距剖面起点 260m 处的地下水位埋深约 16m。在地下水位以上，非灌溉区的视电阻率相较于同一深度的灌溉区视电阻率高，这是由灌溉区的质量含水率相对较高所致。然而由图 3.22 可知，在地下水位以下时，在一定深度以内（本剖面两测点位于地表以下 20m），灌溉区的视电阻率仍然低于非灌溉区，由于此时质量含水率已经不再具有明显差异，说明此深度范围内，地下水中的矿化度存在差异。也就是说，在地下水位以下的一定深度范围，灌溉区下部的地下水中矿化度高于非灌溉区，这是因为灌溉水在向下渗透的过程中，黄土中的矿物成分也随之被逐渐迁移至黄土深部。

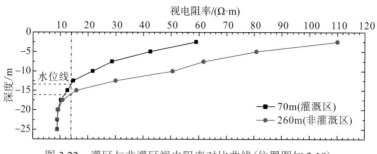

图 3.22   灌区与非灌区视电阻率对比曲线(位置图如 3.19)

通过沿 CJ8#滑坡滑动方向布设的一条 ERT 剖面探测结果(图 3.23)可以看出,剖面前段 0~220m 以蔬菜地、小麦地为主,属于台塬中部长期灌溉区,浅表 5m 内视电阻率值为 50~120Ω·m,且地下水埋深较浅,位于地表以下 12~15m 深度。而剖面中段 220~300m,位于塬边非灌区,土体质量含水率较低,因此表层 0~15m 内视电阻率值较高,为 100~300Ω·m,而地下水位则从进入非灌区后逐渐降低,但至距塬边滑坡后壁仅 10~30m 时出现一定幅度上升现象,即塬边地下水局部壅高。距滑坡后壁 10m 以内时,地下水位再次出现下降现象,而地下水排泄口位置的局部小幅度"隆起",则应是黄土表层毛细作用所致。张茂省等通过对黑方台的地下水模拟,认为黑方台地区存在比较明显的冻结滞水现象,该过程会加大塬边的地下水位局部壅高幅度,且其水平影响距离达到 30m 以上(张茂省等,2013)。

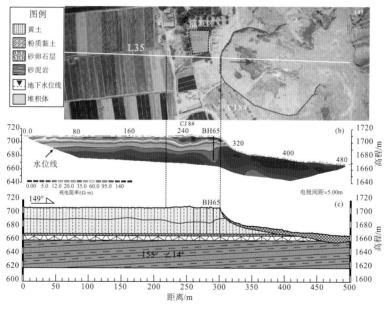

(a)典型 ERT 剖面平面分布图;(b)ERT 剖面;(c)地下水位在地质剖面中的位置

图 3.23   CJ8#滑坡 ERT 剖面及地下水位分布特征

据现场调查,黑方台的众多黄土滑坡中,并非所有滑坡都表现有地下水局部壅高现象,这也为该区域黄土滑坡的分类提供了依据。在台塬南侧党川段的 DC2#、DC3#滑坡,台塬东北侧磨石沟段的 CJ6#、CJ8#滑坡，以及台塬东侧焦家段的 CJ4#滑坡均具有这一明显现象。

3.4.3　灌溉引起土壤质量含水率和地下水位动态变化

为了探讨过量灌溉与地下水位上升之间的关系，在黑台台塬东部布置了一条长度为 850m 的二维 ERT 监测剖面 L21，并且进行了 5 次监测测量(图 3.24 和图 3.3)。固定剖面测量时间分别为 2016 年 7 月 15 日、2016 年 12 月 1 日、2017 年 3 月 1 日、2017 年 8 月 15 日和 2017 年 11 月 15 日，每次测量时，每个电极的位置分别相同，如图 3.24 所示。测量得到的视电阻率的结果显示，在灌溉区和非灌溉区具有明显的差异，其中非灌溉区表现出高视电阻率，视电阻率值大于 140Ω·m，灌溉区呈现为低视电阻率，其值范围为 0~95Ω·m。很明显，非灌溉区的视电阻率远高于灌溉区。

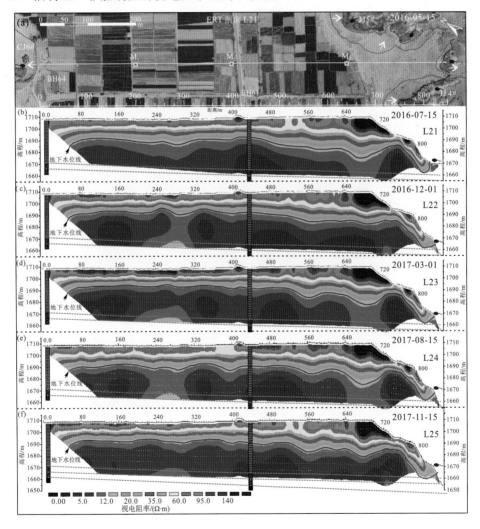

(a)ERT 剖面 L21 的正射影像图和黄土滑坡浸润线的分布；(b)~(e)固定监测剖面的不同时间的视电阻率剖面

图 3.24　利用 ERT 技术监测地下水位变化

如图 3.25(a)所示，根据视电阻率和土体质量含水率之间的关系式，M_1，M_2 和 M_3 点的地下水位在 2016 年 7 月 15 日至 2017 年 11 月 15 日期间分别逐渐上升 1.89m、2.00m 和 1.91m[图 3.25(b)、图 3.25(c)和图 3.25(d)]，通过对钻孔 BH61 的地下水位变化的实时反馈也可以看出这一点[图 3.25(a)]。从整体剖面分析可知，农业灌溉对视电阻率的影响深度小于 6m，视电阻率随深度的增加逐渐减小[图 3.25(e)、图 3.25(f)和图 3.25(g)]。根据黄土的塑限和液限，可以将视电阻率值线图划分为 3 个层位。第一个深度小于 10m 的层位具有中等高的视电阻率，范围为 37～170Ω·m，质量含水率相对较低(<15.8%)。通过多次监测可以看出，随着灌溉的持续，视电阻率逐渐变小。深度为 10～17.5m 的第二个层位具有较低的视电阻率(14～36Ω·m)和较高的质量含水率(15.8%<w<28.5%)。深度超过 17.5m 的第三个层位具有最低的视电阻率和最高的质量含水率(w>28.5%)。随着灌溉的持续，第二个层位和第三个层位的视电阻率变化极小。

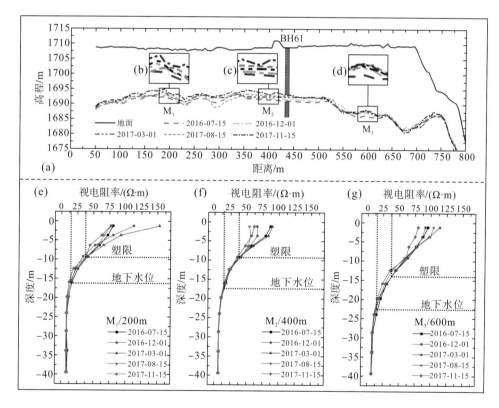

(a)2016 年 7 月 15 日至 2017 年 11 月 15 日在剖面 L21 地下水位监测；(b)～(d)地下水位在代表性位置 M_1、M_2 和 M_3 点随时间的变化；(e)～(g)二维电阻率成像结果分别在 M_1、M_2、M_3 点提取的视电阻率随深度的变化

图 3.25　ERT 剖面 L21 上地下水位监测结果和不同深度视电阻率的变化

在底部粉质黏土相对隔水的条件下，长期使用漫灌的方式对台塬的农作物进行灌溉，引水灌溉改变了研究区原始水文地质条件，导致沿其顶面之上的黄土含水层地下水位不断上升，平均升幅达 0.18m/a(Xu et al.，2014)，使地下水位不断抬升。自 2015 年 3 月以来，

通过黑台台塬的两个钻孔 BH61 和 BH63 获得了地下水位特征(图 3.26)。研究发现,长期灌溉在黏土层上方形成了厚度 20~30m 的地下水位。在 2015 年 3 月至 2017 年 10 月期间,地下水位分别缓慢上升 1.4m 和 0.7m,两个钻孔处的地下水位具有相同的变化趋势。台塬中东部地区的年均增长率为 0.509m,是台塬东北地区的 2 倍。台塬边缘没有直接的农业灌溉,其地下水补给仅来自台塬中部的水平地下水补给。因此,BH63 的响应幅度小于BH61。同时,两个钻孔处的地下水位变化呈现出缓慢上升和稳定的交替状态,变化周期约为一年。台塬灌溉时间主要集中在每年的 4 月至 12 月,但地下水位上升的时间主要集中在 8 月至次年的 3 月(图 3.26),可以推断出灌溉水从台塬表面渗透到饱水层大约需要 4 个月的时间。结合 1981 年到 2016 年间每年滑坡次数情况,长期大量的引水灌溉是该区地质灾害频发多发的重要的诱发因素(图 3.26)。

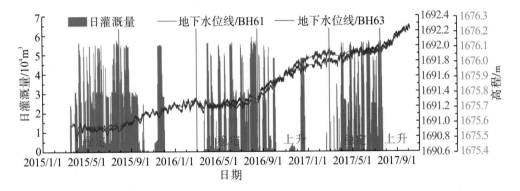

图 3.26 钻孔 BH61 和钻孔 BH63 中地下水位的变化及灌溉与地下水变化的关系(钻孔位置见图 3.3)

由于灌溉的持续进行,黑方台黄土底部的地下水位逐渐上涨,使得台塬边黄土底部逐渐饱和软化,形成了大量的黄土滑坡。通过在黑台台塬东侧和台塬北侧布设的两个水位孔,获取了自 2015 年 3 月以来的地下水位,将其与黑方台同期日灌溉量数据进行对比,发现两者之间具有较强的响应规律。图 3.26 为台塬边和台塬中部地下水高程变化特征。可见地下水整体上呈缓慢上升的趋势,这与台塬持续灌溉相对应,两者的年平均上涨速率分别为 0.197m/a和 0.455m/a,而台塬中部的地下水上涨速率更大,地下水的上升呈现快速上涨和略有下降相互交替的状态。一个上涨和下降周期大约为 1 年,这与每年灌溉和非灌溉总持续时间大致相当。同时,台塬边的地下水波动幅度更小,这是由于台塬边并没有直接的农业灌溉,塬边地下水的补给只能来源于台塬中部地下水的横向补给,因此响应波动幅度更小。

黑方台地下水监测主要包括对台塬整体地下水位的变化特征进行监测和对典型滑坡变形破坏期间地下水位的响应规律进行监测。自 1960 年开始,由于当地水电移民规划,大量人员移民至台塬上,并建立了多个村庄定居,随之而来的是长期的农业灌溉,年平均灌溉量为 600 万 m³ 左右,主要集中在 4~11 月(图 3.27),12 月也常常有冬灌用水。由于黄土底部的粉质黏土渗透性小,大量灌溉水入渗至黄土底部后在此富集,经过近 50 年的灌溉,在台塬黄土底部形成了数十米厚的饱水黄土层(亓星等,2018)。

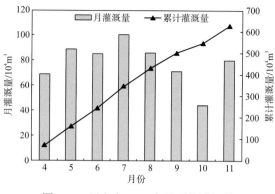

图 3.27　黑方台 2014 年月平均灌溉量

为量化地下水与灌溉间的响应规律,对受直接灌溉影响的台塬中部地下水位和累计灌溉量进行平滑归一化处理,并对水位和累计灌溉量进行相关性分析,发现地下水的上涨与灌溉具有较好的相关性,且地下水位相对于灌溉具有明显的滞后特征,其在滞后 133d 时相关性最好,说明台塬地下水上涨相对于灌溉有 133d 的滞后性。据此结论,利用黑台已有的钻孔 BH57 地下水位数据(西安地调中心张茂省教授团队提供)(图 3.28),将其与当年月平均灌溉量进行对比(图 3.28),发现 BH57 地下水位与同期灌溉也存在 4 个月的滞后特征,可见地下水相对于灌溉确实有明显的滞后特征,且滞后时间在 133d 左右。

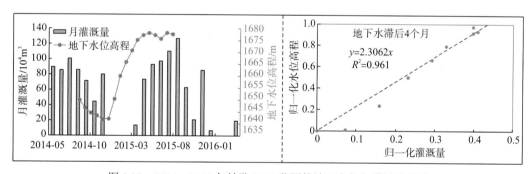

图 3.28　2014~2015 年钻孔 BH5 监测的地下水位与灌溉量关系

灌溉引起的地下水上涨与日灌溉量具有显著的相关性,地表水通过约 15m 厚的黄土补给地下水并引起地下水的缓慢上涨,整个入渗时间的响应为 4 个月左右,而一般情况下地表水通过快速通道直接穿过 15m 左右的黄土补给地下水可能仅需数小时,说明黑方台地下水的上涨可能主要通过地表水的水汽运移作用引起。

通过分析前人研究成果发现,对于其他黄土高原地区,仅有降雨入渗条件下,地表水通过水汽运移方式入渗至地下水位的时间可长达数百年,黑方台的水入渗速率与一般黄土地区降雨入渗响应时间呈几个数量级的差异。对比黑方台与前人研究区的差异(表 3.2),发现黄土粒径、黄土厚度和灌溉量可能是影响地表水入渗的因素,而这也是黑方台地表水入渗时间仅 4 个月的原因。

表 3.2　黑方台与其他地区地层特征差异(Huang et al.，2011, 2013；亓星，2017)

地点	平均中值粒径/μm	地层岩性	地下水位上方黄土厚度/m	年平均降雨量/mm	灌溉量/万 m³
固原	18.7	Q_3^{eol} 马兰黄土	约 80	450	0
西凤	16.7	Q_3^{eol} 马兰黄土和 Q_2^{al} 离石黄土，并夹古土壤层	约 100	523	0
黑方台	28～32	Q_3^{eol} 马兰黄土	15～20	287.6	600

由表 3.2 可见，黑方台黄土中值粒径明显大于固原地区和西凤地区的黄土，前人对砂性土的研究发现，中值粒径越大，渗透性越强，且中值粒径的变化可导致渗透系数量级上的差异(苏立君等，2014)，粒径的差异会对土体渗透性产生较大的影响。黑方台的黄土中值粒径更大，其整体渗透系数远大于前人研究的区域，地表水渗透速率也更大。黑方台地下水位上方黄土厚度仅为 15～20m。较薄的黄土使得地表水入渗所需时间更少，同时每年 600 万 m³ 的农业用水浇灌在约 10km² 的台塬上，远大于区域内的年平均降雨量，大量的灌溉使表层数米厚的黄土在灌溉期间质量含水率明显增大，土体质量含水率增大后，过水断面增大、水汽运动阻力减小，非饱和黄土渗透性也会迅速增大(赵彦旭等，2010)。因此，灌溉的差异性和黄土中值粒径的差异使得地表水在黑方台的渗透速率远大于一般降雨区域；同时，由于黄土厚度相对较小，地表水入渗时间短，最终地表水仅需 100 余天即到达黑方台地下水位面。

3.5　地下水分布影响因素

3.5.1　地下水位与建筑物、果树的分布密切相关

影响台塬地下水位分布的主要因素有：①黑方台台塬的土地利用类型可分为建筑物和道路、农田、果园、林地和荒地。不同的土地类型消耗了不同的水量，建筑物和荒地基本上不需要水，农田比果园和林地消耗更多的水；与此同时，果园灌溉量大于林地灌溉量(图 3.29)。两个典型的 ERT 剖面 L11 和 L33 分别通过台塬的横向中心和纵向中心(图 3.30)，显示地下水位分布与土地利用条件有着密切的关系(图 3.30 和图 3.31)。②黄土层垂直渗透系数(K_v)与水平渗透系数(K_h)的差值。台塬灌溉区黄土的平均垂直渗透系数(K_{v1})为 $2.520×10^{-6}$m/s，平均水平渗透系数(K_{h1})为 $1.783×10^{-6}$m/s，垂直渗透系数是水平渗透系数的 1.413 倍。在非灌溉区，黄土的平均垂直渗透系数(K_{v2})为 $4.830×10^{-6}$m/s，平均水平渗透系数(K_{h2})为 $3.618×10^{-6}$m/s，垂直渗透系数是水平渗透系数的 1.335 倍(表 3.3)。此外，非灌溉区 K_{v2} 的值和 K_{h2} 的值几乎是灌溉区域 K_{v1} 和 K_{h1} 的两倍(李保雄等，1991)。③冲积黏土层渗透性低。冲积黏土层(粉质黏土)的平均垂直渗透系数(K_{v3})和水平渗透系数(K_{h3})分别为 $7.29×10^{-8}$m/s 和 $2.55×10^{-8}$m/s(表 3.3)，远低于上覆黄土的渗透能力(Peng et al.，2019a)。因此，冲积黏土层被认为是相对的隔水层，并由此在覆盖的黄土层中形成饱和含水层。④灌溉强度。在 2016 年，63 个泉点主要分布在黄土和砾石层之间的接触带(图 2.3)。当年灌溉量为 680 万 m³，泉水排泄量为 82.15 万 m³，灌溉量

是泉水排泄量的 8.28 倍。因此可以推断，大量的灌溉水汇聚到了地下含水层。

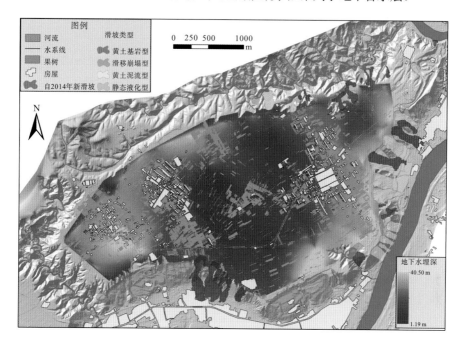

图 3.29　地下水位分布与土地利用类型空间分布的关系

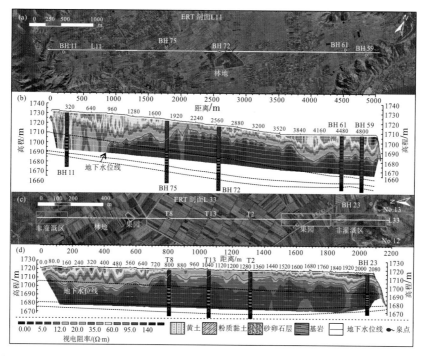

(a)横穿台塬中心的 L11 剖面的正射影像图(由南西至北东)；(b)L11 剖面探测结果和地下水位变化；(c)纵向跨越台塬的 L33 剖面的

正射影像图(从北到南)；(d)L33 剖面的探测结果和地下水位变化(位置见图 3.3)

图 3.30　典型的 ERT 剖面和地下水位特征

表 3.3　黄土和粉质黏土的渗透系数

序号	土样	垂直渗透系数 K_v/(m/s)	水平渗透系数 K_h(m/s)	K_v/K_h
1	灌溉区黄土	$2.520×10^{-6}$	$1.783×10^{-6}$	1.413
2	非灌溉区黄土	$4.830×10^{-6}$	$3.618×10^{-6}$	1.335
3	粉质黏土	$7.29×10^{-8}$	$2.55×10^{-8}$	2.859

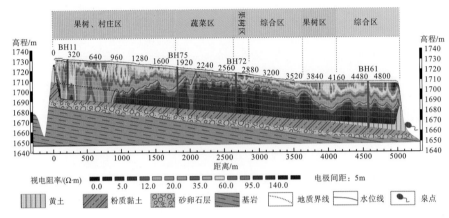

图 3.31　典型剖面上地下水位分布与土地利用类型分布的关系

3.5.2　地下水位分布与断层分布无关

通过现场调查断层分布，主要集中在黑方台的东部和西南部，台塬中部无断层分布，地下水分布与断层分布无明显的关系(图 3.32)。

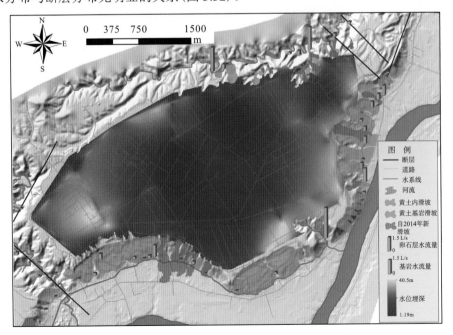

图 3.32　黑方台地下水位分布与断层发育的关系

3.6　本　章　小　结

通过翔实的 ERT 调查得到以下主要结论：

(1)利用黑方台的黄土试样，进行了黑方台黄土质量含水率与视电阻率关系特征实验。实验结果表明，在其他条件如密实度、矿化度等一致的情况下，当质量含水率低于黄土液限时，其视电阻率随质量含水率的增大而呈一阶指数衰减，而当达到液限后，视电阻率几乎不再变化。根据黑方台黄土质量含水率与视电阻率的关系特征，结合台塬 22 个钻孔地下水位数据，对该仪器设备与工作方法在黑方台工作中的地下水位划定依据进行了标定，将黄土层地下水位对应的视电阻率确定为 14Ω·m。

(2)利用二维高密度电法研究黑方台黄土层地下水分布特征，由分别位于台塬中部灌溉区及塬边的三个钻孔验证，电法探测获取的地下水位与真实水位误差 0.02～1.11m，平均误差约为 0.7m，说明该方法应用效果较好。

(3)通过 51 条分布于台塬中部及台塬边的二维高密度电法剖面(长度共计 40km)的探测后的插值结果及 22 个水位孔的验证，得出了黑方台的地下水位空间分布特征。根据该结果可知，黑方台地下水位高程为 1675～1715m，相差 40m，在黑方台台塬中部和东部分布了 3 个地下水穹顶；地下水位埋深较浅，仅为 1～12m，地表土体具有盐渍化现象。据调查，该三处区域均为大面积农田，常年灌溉量较大。黑方台地下水从上述三处穹顶向四周渗流，但主要渗流方向为台塬西侧至台塬南侧与东侧，且横向渗流速率极慢，致使常年灌溉区域地下水富集。

(4)通过二维剖面加时间维的高密度电法对灌溉区固定剖面的监测结果可知，周期性的地表灌溉会使浅表的土体质量含水率产生明显变化，影响深度约为 7.5～10m。在 21 个月的监测周期内，灌溉区地下水位浮动较大，最大抬升幅度约为 2～3m。位于该剖面附近的钻孔监测数据显示，在高密度电法监测周期内，该处水位上涨幅度约为 2m，与电法剖面监测结果基本一致。

(6)在短时间内，ERT 检测到的非饱和黄土入渗深度小于 6m。同时，台塬中部地下水位上升速率是台塬边缘地下水位上升速率的两倍。露台中心的灌溉水从顶面渗透到饱和层大约需要 4 个月。

(7)地下穹顶产生的水力梯度促使地下水从中心向东和南部边缘渗出。塬边的主陡坎易发生新的滑坡，其堆积物可能堵塞地下水的排泄通道，增大局部水力梯度，导致台塬边缘局部地下水位进一步上升。

第 4 章　灌溉水入渗模式

通过前人对黄土灌溉水入渗的研究，其入渗方式主要包括两种模式：优势通道流和活塞流(庞忠和等，2018)。优势通道流是指灌溉水沿着黄土内部的裂缝、落水洞等运移的一种模式，根据现场调查以及前人的现场试验结果，短期内的地表灌溉或降雨并不能对地下水位形成有效补给，黄土层内地下水位的抬升，主要是由于裂隙发育较少的台塬中部的大区域、大方量的地表灌溉，但裂缝的存在会加速地下水位的抬升。由此可推断，优势通道流是研究区灌溉水入渗的一种基本模式，但不是主要的运移方式(Xu et al.，2011b；Zhou et al.，2014)。中国科学院地质与地球物理研究所庞忠和教授团队利用多种环境示踪技术，对黄土内部层状均匀的土壤质地特征和相对较老的地下水年龄进行测定，揭示的均匀活塞流入渗是黄土塬区浅层地下水补给的主要方式(庞忠和等，2018)。根据对黑方台现场地质调查，台塬中部没有断层发育，台塬边缘分布大量的裂缝和土洞，未种植作物，台塬中部没有裂缝或裂缝较少。同时，台地边缘的地下水以泉水方式从台地中部渗出。由此推断，大量的农业灌溉水也可能渗入黄土底部，活塞流是地表水进入饱和带和地下水位的重要和主要通道。

对于农业灌溉水在非饱和黄土层中的入渗方式和过程，相关学者已经做了大量研究，如室内土柱实验和数值模拟等。但上述研究方法，不是在现场原始地质条件下进行的，难免会与实际情况存在一定的出入。高密度电法可以通过土体的视电阻率特性，揭示土体的体积含水率及饱和度变化，只需要在地表布设一定数量的电极，不会对原始地层造成扰动，因此具有较好的实践利用价值。

在本研究中，应用地球物理手段对现场地质条件进行探测，评估工程地质条件，通过野外模拟灌溉试验，并采用三维高密度电法连续监测土体视电阻率变化，采用电阻率层析成像系统，跟踪黄土饱和度在现场试验中的变化，并根据现场实测体积含水率及饱和度数据进行对比分析，获取灌溉水在浅层非饱和黄土中的入渗规律。此外，通过有限元PANDAS 软件，对影响地表水入渗过程的 4 个主要影响因素(①渗透方式，②初始饱和度，③土壤物理性质，④边界条件)进行了模拟分析。本研究的现场试验结合数值模拟结果，有助于更好地了解黄土地区农业灌溉水的入渗方式和渗流过程，加强了对灌溉诱发黄土滑坡机理的认识(张先林，2019)。

4.1　优势通道流

通过研究区历史遥感影像分析可知，早些年研究区台塬边农田是可以耕种的，自从滑坡发生后，这些地方大量的优质农田慢慢被废弃，特别是黄土滑坡后缘。每一次新的滑坡，伴随着新的撂荒的继续。土地是农村赖以永久发展的基础，为了研究塬边土地撂荒和滑坡发育的机理，特此在台塬边裂缝发育区域设计一个现场灌溉试验，探究裂缝发育地质背景下的地表水入渗过程，揭露裂缝和土洞的孕育机理(亓星等，2017；邹锡云等，2018)。用高密度电法和地质雷达等间接的方式探测地下裂缝和土洞的发育情况，最后通过开挖探槽来验证地质雷达的结果，并在现场做好探槽和结构面编录。

4.1.1　现场灌溉试验方案

本次现场灌溉试验位于研究区 CJ8#滑坡后缘，灌溉区域距滑坡后缘 40m，开展时间为2014 年 10 月 4 日至 7 日。场地北侧为滑坡发育区，南侧为农田分布区，向南东和北西向延伸均为陈家沟滑坡区(亓星等，2016) (图 4.1)。本灌溉试验大致可概括为如下几个步骤：

图 4.1　CJ8#原位灌溉试验现场布置图

(1)场地概况：场地地势平坦，灌溉农田中土洞暗穴不发育，地表无明显裂缝和节理。灌溉范围为图 4.1 中所示的区域，综合考虑对滑坡稳定性的影响及试验基本要求等问题，灌溉区域为长 30.5m、宽 29.2m 的近矩形区，距离 CJ8#滑坡后壁 40m 左右(图 4.2)。

(2)灌溉前：通过地质雷达和 ERT 测背景体积含水率(图 4.3)。

(3)灌溉持续时间：采用水渠引水方式进行两次灌溉，时间为 2014 年 10 月 5 日 18时和 10 月 6 日 17 时，总灌溉量约为 105.6m³。

(4)灌溉水入渗过程：时间为 2014 年 10 月 5 日 18 时至 10 月 7 日 10 时。

(5)灌溉结束后 ERT 测定视电阻率变化(图 4.3)。

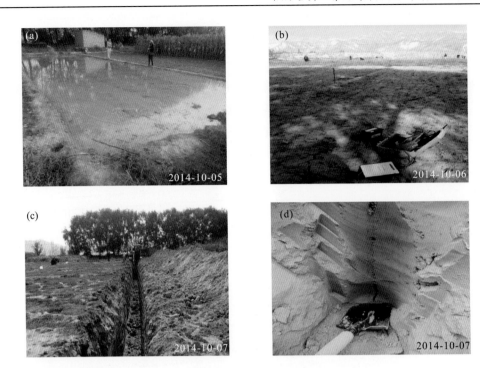

(a)现场灌溉试验；(b)物探调查裂缝和地下水发育；(c)探槽揭露裂缝发育特征；(d)裂缝发育证据

图 4.2　CJ8#原位灌溉试验揭露裂缝发育机理

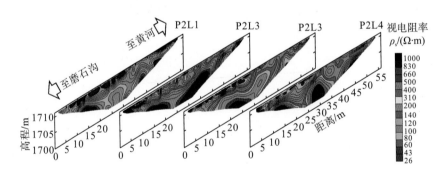

图 4.3　现场灌溉试验区域高密度电法三维切面图

（6）探槽开挖：2014 年 10 月 7 日 10 时开始开挖探槽，探槽规格为 40m×1m×3.5m（长×宽×高），探槽纵向穿过灌水区域，北侧边界为 CJ8#滑坡后壁，因此仅有 3 个侧壁和 1 个底（图 4.4）。

（7）探槽结构面编录，绘制展示图（图 4.5）。

（8）填埋、场地平整：将荒地表层 1m 的土地进行重新整理，开发新的耕地便于农民耕种，同时跟踪调查新的裂缝发育情况。

通过物探解译发现黄土内部发育有多条裂隙，数量多，分布密集，宽度小，垂直发育，部分发育至深部的裂隙超出了物探有效探测深度。探槽开挖后可见探槽侧壁分布有多条裂隙，贯穿整个探槽，中间还分布有数条不足 1m 的浅部裂隙，解译结果与探槽开挖后获得的裂隙分布位置和深度大致吻合,可根据物探数据对台塬其他位置解译获得的裂隙分布大致得到研究区黄土中裂隙发育的特征。通过台塬中部的物探解译发现,研究区黄土中裂隙发育呈台塬中间少、浅部裂隙密集、深部裂隙也较发育、连通性较好的特征。

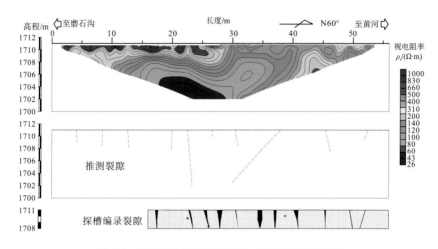

图 4.4   高密度电阻率法解译与探槽开挖裂隙对比

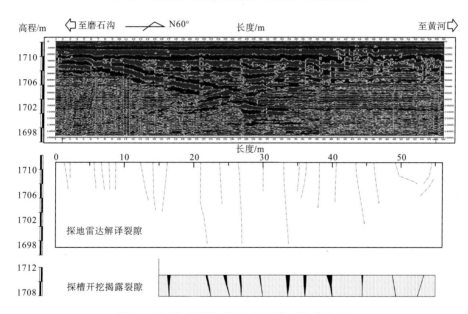

图 4.5   探地雷达剖面解译与探槽开挖裂隙对比

4.1.2   塬边区域裂缝和土洞是地表水入渗的优势通道

为了研究滑坡后缘裂缝和土洞区对地表水入渗的影响,现场测试沿着探槽方向离灌溉区域 0m、10m 和裂缝区测试 4 条质量含水率剖面,采样位置为探井侧壁,剖面上的采样间距为 0.5m,采样位置从地面到探井底部分别位于 1.0m、1.5m、2.0m、2.5m、3.0m、3.5m处。测试结果如图 4.6 所示。

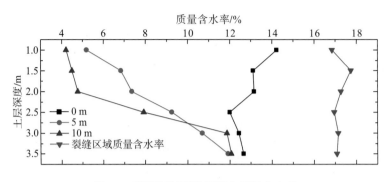

图 4.6   灌溉区域旁边探槽内质量含水率

从图 4.6 可以发现:①在 0m、5m 和 10m 三条剖面中,距地面 2.5m 以内离灌溉区越远对质量含水率影响越小,距地面 2.5m 以上区域质量含水率受灌溉入渗的影响较小,慢慢接近所在深度的天然质量含水率。②裂缝区域的质量含水率剖面比其他三条剖面的质量含水率都要大,特别是距地面 2.5m 以上;同时,从上到下质量含水率变化较小,说明裂隙的导水深度远大于 3.5m 的探槽深度。在裂隙区域,双环试验测得的黄土入渗速率为 1.27m/d(赵宽耀等,2018),间接说明在裂隙发育区存在优势入渗通道,裂隙的导水作用非常明显。反之,在没有裂隙的区域,黄土渗透入渗速率非常缓慢,而现场由于表层有较多的浅部裂隙,地表水渗入超过 2m 后土体质量含水率才明显减小。开挖后可见耕地下方数条裂隙由于水流的作用较旁边黄土颜色深,质量含水率明显大于裂隙周边土体,并沿闭合裂隙延伸至探槽底部(图 4.7),水迹带宽度约 1~3cm,这一宽度与地表裂缝宽度接近。此外,在试验过程中发现,黄土浅表层所发育的植物根须枯萎干缩形成的空腔可充当媒介作用,将地表水引入下部的节理裂隙中,对暗穴的发育产生积极影响,如图 4.7(a)所示。对土洞进行现场调查时也有类似发现,如图 4.7(c)所示,同时在灌溉区发育有新的土洞(图 4.8)。

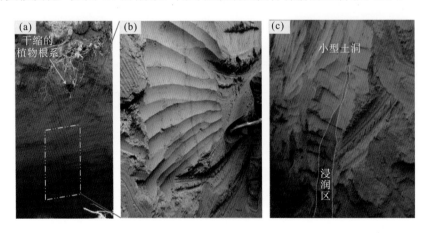

(a)探井揭露裂隙发育;(b)水入渗痕迹和优势通道;(c)水入渗通道及土洞演化证据

图 4.7   水沿着裂隙渗流的过程

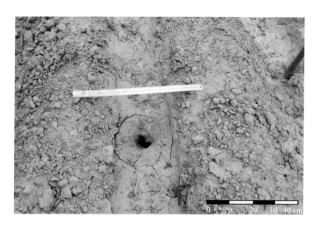

图 4.8　现场灌溉试验后形成的小土洞

对整理后的农田进行灌溉后，在原有的隐伏裂缝位置产生大量的串珠状土洞和裂缝（图 4.9），尽管在整理农田的时候把表层裂缝比较发育的区域进行剔除，但是隐伏裂缝发育在较深的位置，这是不能通过简单的地表土壤置换进行处理的，从而间接地说明这些裂隙发育比较深，是原来滑坡发育过程中产生的张拉裂隙或者黄土底部饱和度差异沉降形成的剪切裂隙。

图 4.9　平整农田灌溉后形成的串珠状土洞和裂缝

4.2　活　塞　流

现场调查发现，在塑料大棚遮挡下，傍晚 5 时 42 分灌溉的水，在没有太阳照射蒸发影响的情况下，第二天早上 10 时 10 分农田中的水保留较少，在黑方台台塬的塑料温室大棚中，灌溉水可以在 16.5h 内渗透完（图 4.10），这些农业灌溉水是怎么入渗下去的呢？

虽然近几十年来对地下水入渗过程的研究一直比较活跃，但在农业灌溉区进行大规模野外试验的研究却相对较少。各种研究表明，灌溉用水仍然可以渗透到饱和区。本研究首先在黑方台台塬遮蔽条件下进行现场试验，探讨灌溉水在非饱和黄土带的入渗过程。使用孔隙水压力计、体积含水率传感器和 ERT，监测体积含水率在非饱和黄土区的空间和时间变化。其次，利用有限元软件 PANDAS（Xing，2014；Li et al.，2016c；Yi et al.，2017）进一步分析湿润锋和孔隙水压力的变化，建立不同条件下灌溉区黄土非饱和渗流模型。本研究的新颖之处在于通过野外试验和数值模拟相结合的方法对灌溉水入渗过程进行研究，对于认识黄土滑坡的机理具有重要意义。野外研究试验点位于中国黄土高原西侧黄河Ⅳ级阶地的黑方台黄土台塬(图 4.11)。

(a)2017 年 5 月 17 日下午 5:42 完成农业灌溉；(b)2017 年 5 月 18 日上午 10:10 未发现明水

图 4.10　农业灌溉水入渗现象

(a)黑方台影像；(b)黑方台东部区域

图 4.11　现场入渗试验位置

4.2.1　现场入渗试验步骤及描述

4.2.1.1　现场入渗试验方案设计

在黄土台塬东部选择了一个田间试验场地，黄土层约为 50m，地下水位埋深约为 12.5m(图 4.12)。灌溉区的长度(x 方向)和宽度(y 方向)分别为 10m 和 5m。现场灌溉试验于 2016 年 7 月 6 日开始，2016 年 8 月 5 日结束，为期 31d(张先林等，2019)(表 4.1)。

(a)现场入渗试验布置图和入渗过程监测设备；(b)现场入渗试验实景图

图 4.12　原位入渗试验工作场景

表 4.1　2016 年 7 月 6 日至 2016 年 8 月 5 日期间的野外灌溉试验

日期		目标		
7 月 6 日～7 月 10 日		选择合适的试验场地和地质条件评价		
7 月 11 日～7 月 20 日		开挖 W_1 井、测定背景值和安装地质设备		
7 月 21 日～7 月 28 日		农田灌溉和监测详情		
		时间	灌溉量/m³	灌溉方式
(1)	7 月 21 日	17:05～17:09	7.5	渠道
(2)	7 月 22 日	17:32～17:36	7.5	渠道
(3)	7 月 23 日	16:55～16:59	7.5	渠道
(4)	7 月 24 日	17:12～17:17	7.5	渠道
(5)	7 月 25 日	19:37～19:42	7.5	卡车
(6)	7 月 26 日	18:41～18:46	7.5	卡车
(7)	7 月 27 日	18:19～18:24	7.5	卡车
(8)	7 月 28 日	20:03～20:08	7.5	渠道
7 月 29 日～7 月 30 日		继续监测		
7 月 31 日～8 月 1 日		持续监测：从井 W_2、井 W_3 和井 W_4 对比和验证 ERT 结果		
8 月 2 日～8 月 5 日		持续监测		

全面灌溉试验主要包括以下程序(表4.1)：

(1)采用探地雷达(ground penetrating radar，GPR)调查场地工程地质条件，以避开地下洞穴和裂缝区域；利用二维高密度电法(ERT)测量初始体积含水率；并进行了瞬态瑞雷面波探测，以研究地质结构。

(2)在灌溉之前，在距灌溉区边1m的地方开挖一处直径为1m、深度为12m的竖井(W_1)，测量和记录最初的饱和度S_{r1-1}，并在井壁安装监测仪器，以便监测现场入渗试验期间的地下水位和孔隙水压力变化。

(3)通过ERT、孔隙水压力计和体积含水率传感器观测试验区灌溉的动态入渗过程。ERT监测区的宽度和长度分别为16m和36m，灌溉区域位于ERT区的中心[图4.13(b)]。

(4)灌溉工作从2017年7月21日至2017年7月28日，每天灌一次，每次7.5m^3，其单次灌溉量及灌溉次数参照当地实际农业灌溉情况。同时，通过竖井W_1，使用酒精燃烧法在现场连续测定土体质量含水率，使用环刀测定土体密度。

(5)灌溉区域使用密封的防水篷布遮盖以避免和减少蒸发、降雨和温度变化的影响。

(6)停止灌溉3天后，在试验区开挖三处竖井(W_2、W_3和W_4)，深度分别为10m、2m和2m，灌溉停止3天后4个竖井中测得饱和度分别为S_{r1-2}、S_{r2}、S_{r3}和S_{r4}，位置如图4.13(b)所示。同时，通过对比饱和度S_{r1-1}与S_{r1-2}和饱和度S_{r1-1}与S_{r2}，可以推测灌溉11天后，罐水区域及周边区域饱和度变化情况。比较竖井与ERT之间的饱和度的差异，可以验证三维ERT的监测结果(图4.13)。

(7)采用有限元软件PANDAS模拟分析试验区的非饱和入渗过程。

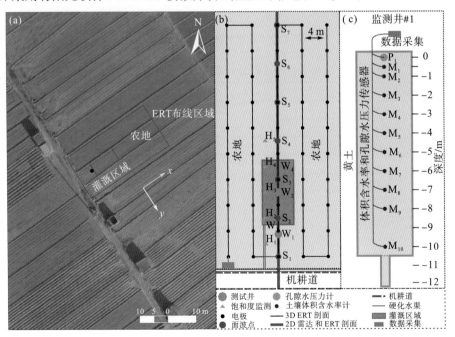

(a)ERT布线在正射影像上的位置；(b)ERT测线布置方案简图；(c)压力计和湿度探头布置示意图

图4.13　用于灌溉试验的地球物理调查、竖井、监测系统以及ERT系统测线布置方案

4.2.1.2　现场地质条件

地球物理调查的主要结果如下(图 4.14)：①根据二维 ERT 剖面图[图 4.14(a)]，黄土层的视电阻率从地表以下 8m 处急剧减小，并且从 8m 至 10m 的深度持续变化。②从探地雷达剖面看，未发现裂缝和落水洞，黄土分层现象明显[图 4.14(b)]。③通过由 7 个面波测点反演而成的多道面波波速(multi-channel analysis of surface wave，MASW)剖面图，可以看出波速随深度的变化。即面波波速呈近似线性分布，从 150m/s 到 450m/s 不等[图4.14(c)]。根据典型的 MASW 剖面的结果[S_2，其位置如图 4.14(c)所示]，面波速度相对于从 0m 到 37m 的深度从 165m/s 变化到 450m/s。波速逐渐增大，表明密度随深度逐渐增加[图 4.14(d)]。

为了表征黄土的天然特性，在竖井开挖过程中，采集地面以下 0.25～10m 深度土样进行室内实验。在实验室中测试相对密度和粒度分布，并测试相关物理性质，主要包括：①质量含水率、②干密度、③天然密度。随后，根据土壤三相指标关系公式计算推导出其他物理性质。除此之外，利用洛阳铲在 10～12m 的深度范围内间隔 0.2～0.3m 取出现场土样并测量其质量含水率。土壤性质测试结果如图 1.9 所示。由 Malvern 激光粒度分析仪 2000 测量系统测量的土样粒度分布如图 1.10 所示，可见粒径沿深度无较大差异。

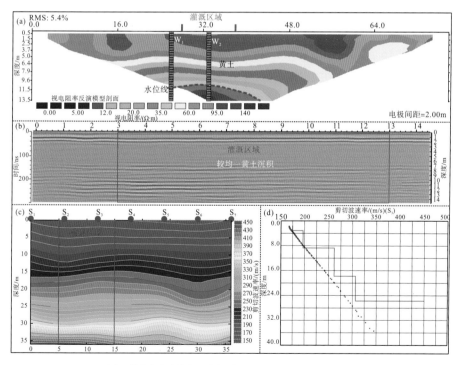

(a)二维高密度电法(ERT)剖面；(b)探地雷达(GPR)剖面；

(c)多道面波波速(MASW)剖面；(d)面波单点波速图

图 4.14　应用 GPR、ERT 和 MASW 技术扫描和探测灌溉试验区域

为了确定土壤饱和度与实际视电阻率之间的关系，停止灌溉 3 天后(7 月 31 日)，在渗流区开挖 3 处竖井(W_2、W_3 和 W_4)[图 4.13(b)]。同时，在 3 个竖井中间隔 0.5m 测量土体质量含水率。随后，通过测量的土壤体积含水率与在相应点测量的视电阻率拟合幂函数，其 R^2 值为 0.8729(图 4.15)。

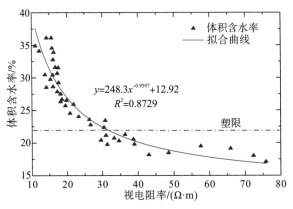

图 4.15　视电阻率与体积含水率拟合曲线

4.2.1.3　现场监测系统

在现场试验前，在实验室或野外现场对所有测量方案进行校核和校准。孔隙水压力计和 ERT 系统于 2016 年 7 月 20 日布置完成，体积含水率传感器于 2016 年 7 月 23 日安装，整个监测时间为 16 天。试验过程中，采用土壤湿度计和孔隙水压力计分别测定了黄土的体积含水率和孔隙水压力，并利用 ERT 连续监测试验过程中体积含水率的变化。同时，通过酒精燃烧法测定一定时间内的土体质量含水率。

1. 测量方案及仪器安装细节

在竖井 W_1 中，将 10 个 ECHO 10 HS 土壤湿度传感器插入不同深度的井壁，精确测量不同位置的体积含水率。如图 4.13(c)所示，土壤湿度传感器($M_1 \sim M_{10}$)的安装位置分别为地表以下 0.5m、1m、2m、3m、4m、5m、6m、7m、8m 和 10m。

同时，利用 1 个型号为 4500AL(V)标准压力计 P_1 测量土体中的孔隙水压力。如图 4.13(c)所示，压力计(P_1)的安装深度位置位于灌溉区域的地表。其中，P_1 压力计用于记录渗流区域表面水位的变化。

如图 4.13(b)所示，试验过程采用测线电缆总长度为 60m 的 WDA-1 仪器装置[中地装(重庆)地质仪器有限公司(原重庆地质仪器厂)]进行三维 ERT 测量，电极间距为 4m。

2. 数据处理

由于传感器类型不同，监测现场安装了 3 个数据采集仪进行数据采集：①ECHO Em 50；②ERT 测量装置；③XS18-V。数据采集仪的系统时间由同一台计算机校准以保证时间同步。

土壤湿度传感器、孔隙水压力计、ERT 系统分别由太阳能板、锂电池及可充电电瓶供电。为防止数据丢失，每间隔 1d 下载读取一次监测数据。鉴于监测持续时间较长，土壤湿度传感器、孔隙水压力计和 ERT 的采集数据间隔时间分别设定为 5s、10s 和 6h。Em 50 是一款 5 通道独立数据采集仪，可用于任一 ECH2O 传感器，该传感器可根据附带软件中配置的测量间隔返回每分钟的平均数据。现场 ERT 测量采用三维方式，并使用 Res3Dinv 软件对所采集到的视电阻率数据进行反演（Loke et al.，1996；Ling et al.，2016；张先林等，2019）。

4.2.2　现场试验结果分析

4.2.2.1　灌溉前后黄土饱和度的变化

2016 年 7 月 21 日至 7 月 28 日，每次灌溉量为 7.5m^3。井 W_1 初始体积含水率和 7 月 31 日四个竖井的体积含水率曲线如图 4.16 所示，并由此可以看出：①井 W_1 中的黄土初始饱和度（S_{r1-1}）不均匀，最大饱和度和最小饱和度分别为 83.25% 和 31.49%，其中最小饱和度位于黄土层的上部；②7 月 31 日润湿锋位于台塬地表下方 5.5m 处；③7 月 31 日井 W_2 中深度 1～3m 的饱和度 S_{r2} 比井 W_1 中饱和度 S_{r1-2} 大 0.1，井 W_2 中同样深度的饱和度 S_{r2} 比初始饱和度 S_{r1-1} 大 0.1；④在深度 3～5m，井 W_2 中的饱和度 S_{r2} 比井 W_1 的饱和度 S_{r1-1} 和 S_{r1-2} 中的大 0.2；⑤井 W_2、W_3 和 W_4 中在深度 0～1m 的饱和度 S_{r2}、S_{r3}、S_{r4} 和井 W_2 在深度 6～11m 的饱和度 S_{r2} 大约等于井 W_1 在相同深度的饱和度 S_{r1-2}；⑥在深度 0～5m 处，饱和度沿渗流运动方向呈下降趋势，说明平均垂直渗透系数是水平渗透系数的 2.5 倍，湿润锋在短时间内到达 5.5m。

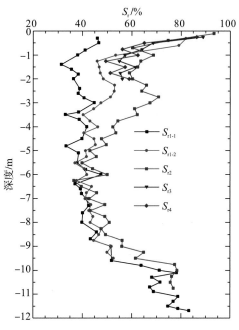

S_{r1-1} 为井 W_1 灌溉前测试结果；S_{r1-2}、S_{r2}、S_{r3} 和 S_{r4} 是停止灌溉后 3d 在井 W_1、W_2、W_3 和 W_4 中的测试结果

图 4.16　四个竖井中不同深度的饱和度结果

4.2.2.2 黄土饱和度随时间的变化

1. 竖井 W_1 中黄土饱和度随时间的变化

图 4.17 为灌溉区域传感器 P_1 的孔隙水压力及竖井 W_1 中土壤饱和度随时间的变化，从图 4.17 可以看出：

（1）在 2016 年 7 月 21 日至 7 月 28 日的灌溉过程中，随着地表水的入渗过程，孔隙水压力随着灌溉开始从 1.5kPa 降至 0.1kPa，前 5 次降低的速度比后面的 3 次快[图 4.17(a)]。平均入渗速率可以根据孔隙水压力的变化和入渗时间粗略计算[4.17(b)]。一般来说，渗透系数随灌溉频率的增加而降低，其中第一次渗透系数大于后期 7 次的渗透系数。

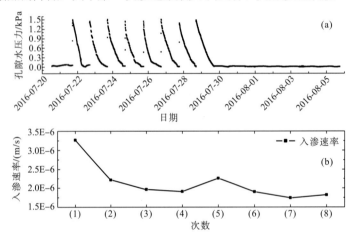

(a)由标准孔隙水压力计监测的渗流区顶部的孔隙水压力变化；(b)根据孔隙水压力的变化计算入渗速率

图 4.17　灌溉区域孔隙水压力和入渗速率的变化

（2）当每次灌溉量为 7.5m³，连续灌溉 8d 时，非灌区入渗深度小于 3m（图 4.18）。与其他土壤湿度传感器相比，地表以下 0.5m 处的饱和度迅速从背景值 46.15%上升到 7 月 29 日的 78.39%。相反，7 月 28 日最后一次灌溉后，饱和度 S_r 在 7 月 29 日开始迅速从 78.39% 降至 7 月 30 日的 70.43%，随后 8 月 1 日至 8 月 5 日略有下降。深度 1m（M_2）、2m（M_3）、3m（M_4）的饱和度 S_{r1} 比初始值 S_{r1-1} 缓慢增加约 5%～8%，且在 8 月 4 日以后保持相对稳定。入渗至地面以下 1m、2m、3m 处的时间约为 4d、8d、12d，平均入渗速率均为 0.25m/d。在灌溉过程中，4m 以下的饱和度没有明显增加。

（3）图 4.19 为井 W_1 饱和度 S_{r1} 与时间的关系。入渗深度小于 3m，且随着井 W_1 深度变化，饱和度 S_{r1} 在不同的深度上变化很大。在深度 0～1m 处，饱和度迅速增加，1 次灌溉 1 天后（7 月 21 日）其饱和度达到 40%～80%，然后在接下来的 7 次灌溉中（7 月 22 日到 7 月 28 日），饱和度缓慢增加，其值从 70%增加到 81%。在灌溉过程中，沿着井 W_1 深度方向，饱和度上升到 63.5%～77.3%。在停止灌溉后的 8d 中，饱和度在深度 1～3m 处逐渐缓慢增加，从 35%增加到 52%。在深度 3m 以下变化较小；最终，饱和度逐渐下降到稳定值。

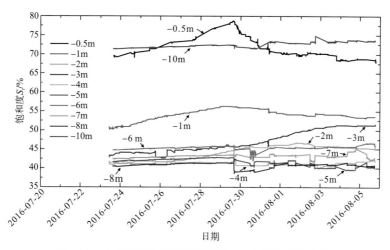

图 4.18　土壤湿度传感器监测竖井 W_1 中饱和度的变化

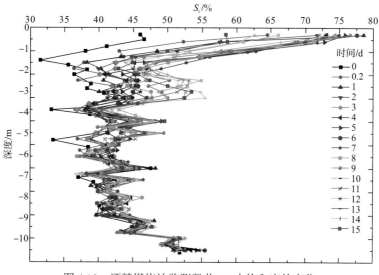

图 4.19　酒精燃烧法监测竖井 W_1 中饱和度的变化

基于以上分析，两种方法对饱和度的监测结果相似，非灌区第一次灌溉 1 天后(7 月 21 日～7 月 22 日)平均入渗率基本一致，这比后面 7 次灌溉后(7 月 22 日～7 月 28 日)的平均入渗率高出 0.05～0.1m/d。

2. ERT 监测结果

使用 Res3Dinv 软件对现场测量的 ERT 数据进行反演，所得到的三维等值线图结果如图 4.20 所示。其中图 4.20(a)为试验场地背景值，图 4.20(b)～(l)分别显示开始灌溉 0.2d、1d、2d、3d、…、10d 的视电阻率色谱图。随后，通过不同深度和时间的视电阻率与饱和度之间的关系式即可得到渗流区饱和度的变化。灌溉区域 y 方向中轴二维切片如图 4.21 所示，从这 12 张图中，我们可以得到它们在渗流区渗流的动态过程，特别是在无裂缝和无落水洞黄土层的饱和度变化，并可得到以下几点结论：

（1）灌溉前渗水区视电阻率背景值大于灌溉后视电阻率值。视电阻率沿 x 和 y 方向均匀分布，沿 z 方向（深度方向）逐渐减小。

（2）浅层黄土在灌溉前期的入渗速率快于灌溉后期，且灌溉前期垂直入渗速率远大于水平入渗速率；随着灌溉的持续进行，渗透速率逐渐降低，但垂直入渗速率仍远远大于水平入渗速率。这可能是由于随着土壤饱和度的增加，土壤的空气流通能力降低，导致浅层黄土渗流速度减慢。

（3）停止灌溉后（7 月 28 日），水入渗深度为 6m。灌溉开始后 16d（8 月 5 日），灌溉水入渗深度为 6.5m，视电阻率在 7m 以下变化不明显。由此可见，在 8d 的农业灌溉强度下，7m 以下土壤的饱和度在短时间内未发生显著升高。

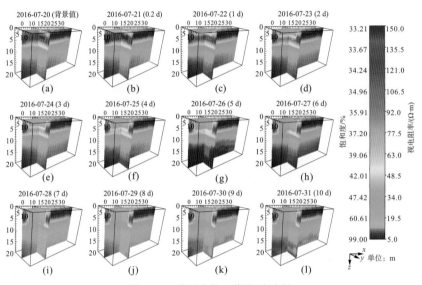

图 4.20　灌溉水的三维渗透过程

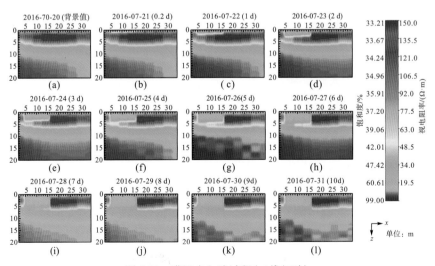

图 4.21　灌溉水入渗过程（二维切片）

3. 湿润锋推进

2016 年 7 月 20 日、7 月 30 日和 7 月 31 日 ERT 测得背景值和视电阻率与竖井 W_1 初始值和 7 月 31 日竖井 W_1 和竖井 W_2 现场测得的饱和度相比，差异值为 1%～5%，这可能与 ERT 精度和酒精燃烧法的误差有关[图 4.22(a)]。因此，由 ERT 表征的饱和度结果可以定量描述灌溉的渗透过程。

通过 ERT 得到的不同深度和时间的灌溉区中心典型饱和度剖面如图 4.22(b)所示。可以得到如下结论：①在灌溉的前期 8d 内(7 月 21 日～7 月 28 日)，湿润锋随着时间逐渐向下移动，并在灌溉开始后 0.2d、4d 和 8d 分别到达地表以下 0.5m、3.75m 和 5.75m。②在停止灌溉的随后的 8d 内(7 月 29 日～8 月 5 日)，湿润锋仅到达地表以下 6.25m。在深度 0～4m，土壤饱和度从 90% 逐渐下降到 60%。在深度 4～6m，土壤饱和度先减小然后逐渐增加，随后逐渐稳定，并保持在 50%～70%。

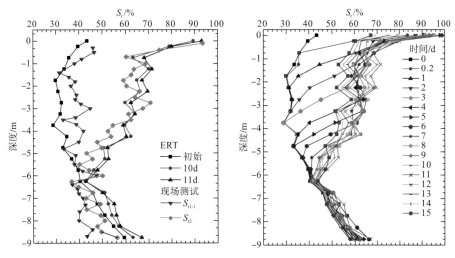

(a) 竖井 W_1 及竖井 W_2 中饱和度初始值与第 10 天、第 11 天的对比;

(b) 灌溉区中心(竖井 W_2)中黄土饱和度的变化[剖面图见图 4.13(b)]

图 4.22　灌溉渗流区的湿润锋运移

图 4.23 为灌溉区域 x 方向中轴上的 5 个特征点，在深度 0.25m、3.75m 和 5.75m 处，饱和度随着时间变化的剖面。点 H_1、H_5 位于非灌溉区域，点 H_2、H_3 及 H_4 位于灌溉渗流区。可以认为，非饱和黄土沉积物是非均质的，灌溉渗流区饱和度的变化远大于非灌溉区。同时，渗流区不同点的饱和度的变化并不具有明显的差异性。

通过孔隙水压力、饱和度和酒精燃烧法数据，证明了湿润锋的饱和度比地表灌溉区低，湿润锋逐渐向下移动。在整个渗透过程中，湿润锋在浅部黄土层中迅速向下移动，随着深度的增加，其运移速率逐渐减小，这与以往文献报道的结果一致(Wang et al.，2017a；Hou et al.，2018)。灌溉水主要是向下入渗迁移，在非饱和区域内体积含水率恒定。然而，由于该台塬具有相对独立的水文系统，因此黄土层的地下水位上升必然来自黄土台塬地表的灌溉水的持续补给。可以看出，当灌溉水渗透达到一定深度时，其运移模式可能发生改变。以往的研究结果表明，黄土包气带的水分运移主要方式为水汽运移，其渗透速率很慢。

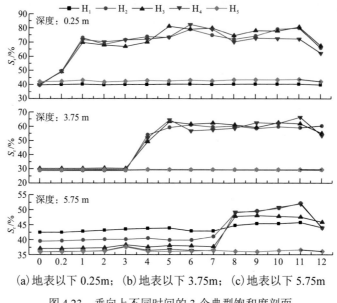

(a) 地表以下 0.25m；(b) 地表以下 3.75m；(c) 地表以下 5.75m

图 4.23   垂向上不同时间的 3 个典型饱和度剖面

4.2.3   数值模拟分析

由于观测时间和深度的限制，采用数值模拟的方法，在现场试验的基础上，对不同灌溉方式和较长时间的灌溉水入渗过程进行了进一步的研究和预测。应用 PANDAS 有限元软件分析了不同灌溉时间和强度下土壤饱和度变化和孔隙水压力变化的情况 (Xing, 2014)。

4.2.3.1   基本控制方程

土的非饱和渗流计算至少需要三个基本函数：①孔隙气压力函数；②土水特征曲线；③渗透系数函数。

1. 模型方程

现有的研究已经为非饱和和饱和达西流对水渗透的响应建立了一个更完整的理论框架 (Fredlund et al.，1994；Leong et al.，1997；沈珠江等，2004；周跃峰等，2013)。非饱和黄土渗流形式的控制方程与饱和黄土的控制方程完全相同，但参数性质不同。黄土的三维流动方程如下：

$$\frac{\partial}{\partial x}\left(\frac{k_{wx}}{\rho_w g}\frac{\partial u_w}{\partial x}\right) + \frac{\partial}{\partial y}\left(\frac{k_{wy}}{\rho_w g}\frac{\partial u_w}{\partial y}\right) + \frac{\partial}{\partial z}\left(\frac{k_{wz}}{\rho_w g}\frac{\partial u_w}{\partial z}\right) = -m_w\frac{\partial u_w}{\partial t} \qquad (4.1)$$

式中，k_{wx}、k_{wy} 和 k_{wz} 分别是 x、y 和 z 方向基质吸力 ψ 下的渗透系数；m_w 表示根据土水特征曲线中黄土中水的解吸速率；u_w 是孔隙水压力。

2. 孔隙气压力

常用的孔隙空气比方程如下 (沈珠江等，2004)：

$$n_{\mathrm{a}} = \left[1 - \left(1 - c_{\mathrm{h}}\right) S_{\mathrm{r}}\right] n \tag{4.2}$$

式中，n_{a} 为孔隙空气比；n 为初始土壤孔隙率；S_{r} 为黄土饱和度；c_{h} 为亨利溶液参数，在 20℃下大多数情况下为 0.02。

$$u_{\mathrm{a}} = \left[\left(\frac{n_{\mathrm{a}0}}{n_{\mathrm{a}}}\right)^{(1-\xi)} - 1\right] p_{\mathrm{a}} \tag{4.3}$$

式中，u_{a} 为孔隙气压力；$n_{\mathrm{a}0}$ 为初始孔隙空气比；ξ 为空气排气率，与深度呈线性关系，其中台塬表面最大值为 0.95，地下水位最小值为 0.60；p_{a} 是一个标准大气压，其值为 101.325kPa。

3. 土水特征曲线

目前，有几种经验公式可以用来描述土水特征曲线。利用一个封闭式方程推导了黄土的土水特征曲线 (van Genuchten，1980)：

$$S_{\mathrm{r}} = S_{\mathrm{rr}} + \left(S_{\mathrm{rs}} - S_{\mathrm{rr}}\right) \left\{1 + \left[\alpha\left(u_{\mathrm{a}} - u_{\mathrm{w}}\right)\right]^{n_{\mathrm{f}}}\right\}^{-m_{\mathrm{f}}} \tag{4.4}$$

$$\psi = u_{\mathrm{a}} - u_{\mathrm{w}} \tag{4.5}$$

式中，S_{r} 为满足 $S_{\mathrm{r}} = \theta_{\mathrm{w}}/n$ 的黄土饱和度，θ_{w} 为体积含水率；S_{rr} 为最小吸力下的饱和度；S_{rs} 为理论最大饱和度；ψ 为基质吸力；α、n_{f}、m_{f} 为拟合参数，满足 $m_{\mathrm{f}} = 1 - 1/n_{\mathrm{f}}$。

4. 渗透方程

依据常用的案例，非饱和导水渗透方程可以表达为 (van Genuchten，1980；Tu et al.，2009；Wu et al.，2017；Hou et al.，2018)：

$$\Theta = \frac{S_{\mathrm{r}} - S_{\mathrm{rr}}}{S_{\mathrm{rs}} - S_{\mathrm{rr}}} \tag{4.6}$$

$$\frac{S_{\mathrm{r}} - S_{\mathrm{rr}}}{S_{\mathrm{rs}} - S_{\mathrm{rr}}} = \frac{1}{\left[1 + (\alpha\psi)^n\right]^m} \tag{4.7}$$

$$k_{\mathrm{w}}\left(S_{\mathrm{r}}\right) = k_{\mathrm{ws}} \Theta^{0.5} \left[1 - (1 - \Theta^{1/m})^m\right]^2 \tag{4.8}$$

式中，k_{w} 为非饱和渗透系数；k_{ws} 为饱和渗透系数。

4.2.3.2　模型的建立

1. 建模区域

如图 4.24(a) 所示，建立了基于笛卡儿坐标系的三维有限元网格，由一系列六面体组成。整个网格在 X、Y 和 Z 方向分别为 20m、15m 和 25m，包括 100800 个元素和 107559 个节点。Z 方向的网格尺寸为 0.5m，渗流区和非渗流区 X 和 Y 方向的网格尺寸分别为 0.25m 和 0.4~0.8m。

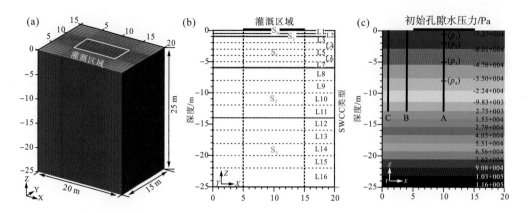

(a)建模域的三维网格；(b)16 种初始体积含水率和 4 种土水特征曲线类型；

(c)针对深度的初始孔隙水压力和 3 种典型饱和度剖面以及剖面 A 上的 4 个典型节点

图 4.24   模型的建立

2. 有效参数估计

实验室试验和现场监测的前期研究表明，渗流过程受现场土壤固有的非均质水力特性的影响(Blackburn，1976；Gvirtzman et al.，2008)。因此，根据现场地球物理调查和室内试验的场地地质条件，将 25m 的黄土沉积层划分为 16 个初始体积含水率类型和 4 个导水性土水特征曲线(Jiang et al.，2017；Hou et al.，2018)[图 4.24(b)]。采用的参数汇总在表 4.2 和表 4.3 中。

表 4.2   黄土在不同干密度下的数值模拟水力参数(Jiang et al.，2017)

灌溉区域	干密度/(g/cm³)	体积含水率		V-G 模型拟合参数		
		θ_r/%	θ_s/%	α	n_f	m_f
S1	1.38~1.41	8.90	46.90	0.045	2.312	0.567
S2	1.41~1.45	9.10	45.35	0.044	2.185	0.542
S3	1.45~1.50	9.50	43.70	0.046	2.029	0.507
S4	1.50~1.55	9.60	41.30	0.042	1.792	0.442

注：θ_r 为最小吸力下的黄土体积含水率，θ_s 为理论最大黄土体积含水率。

表 4.3   初始孔隙率、空气排气率和不同深度水平和垂直方向的饱和渗透性

黄土层	深度/m	干密度/(g/cm³)	孔隙率 n	空气排气率 ξ	饱和渗透系数	
					k_v(m/s)	k_h(m/s)
L1	0~0.5	1.541	0.429	0.943	2.62×10⁻⁶	1.05×10⁻⁶
L2	0.5~1	1.434	0.471	0.930	4.77×10⁻⁶	1.91×10⁻⁶
L3	1~2	1.380	0.493	0.910	6.41×10⁻⁶	2.56×10⁻⁶
L4	2~3	1.395	0.488	0.883	6.41×10⁻⁶	2.56×10⁻⁶
L5	3~4	1.383	0.493	0.856	6.41×10⁻⁶	2.56×10⁻⁶
L6	4~5	1.410	0.482	0.829	6.60×10⁻⁶	2.64×10⁻⁶
L7	5~6	1.427	0.477	0.802	6.60×10⁻⁶	2.64×10⁻⁶
L8	6~8	1.435	0.470	0.775	5.43×10⁻⁶	2.17×10⁻⁶

黄土层	深度/m	干密度/(g/cm³)	孔隙率 n	空气排气率 ξ	饱和渗透系数	
					k_v/(m/s)	k_h/(m/s)
L9	8～10	1.443	0.472	0.735	5.43×10^{-6}	2.17×10^{-6}
L10	10～12	1.445	0.468	0.681	4.67×10^{-6}	1.87×10^{-6}
L11	12～14	1.466	0.459	0.627	4.67×10^{-6}	1.87×10^{-6}
L12	14～16	1.469	0.458	0.600	4.12×10^{-6}	1.65×10^{-6}
L13	16～18	1.474	0.456	0.600	4.12×10^{-6}	1.65×10^{-6}
L14	18～20	1.485	0.452	0.600	3.62×10^{-6}	1.45×10^{-6}
L15	20～22	1.493	0.449	0.600	3.12×10^{-6}	1.25×10^{-6}
L16	22～25	1.501	0.446	0.600	2.62×10^{-6}	1.05×10^{-6}

3. 初始条件和边界条件

本书采用增量迭代法进行计算，初始含水率是计算模型中的一个基本未知量。根据现场监测，地下水位深度在距台塬顶部-12.5m 处，可以推测黄土在-12.5m 以上处于非饱和状态，根据已知的初始体积含水率条件和场地土的孔隙率及高程，用不同的土水特征曲线计算基质吸力。式(4.9)和初始孔隙气压力均来自式(4.2)。初始孔隙水压力由式(4.5)和每个节点上的荷载计算得出。利用 PANDAS 软件在重力作用下获得初始压水压力的平衡状态。

$$\psi = \frac{1}{\alpha}\left(\varTheta^{-\frac{1}{m}}-1\right)^{\frac{1}{n}} \tag{4.9}$$

图 4.24(a)为评价灌溉入渗到非饱和层状黄土沉积物的地表边界条件，数值模型的长度、宽度和面积分别为 10m、5m 和 50m²，其大小与现场试验相同。边界的底部和侧面是不透水的边界。模拟了两种渗透方式、两种初始条件、两种土壤质地、两种灌溉强度，并对入渗过程进行了研究。案例 1 模拟了平均压力边界值为 450Pa，导水率为非饱和入渗，通过现场试验加载初始条件，根据孔隙率和初始饱和度，土壤质地包括 16 个黄土层，其余 4 个案例为对比分析，表 4.4 列出了渗透方式、初始含水率、土壤质地和边界条件。在所有模型中，黄土侵蚀、渗透变形和蒸发都被忽略。整个数值模拟的时间周期为 100d。

表 4.4　5 种模拟情况下的不同边界和初始条件

案例	渗透方式	初始含水率	土壤质地	上边界条件
案例 1	非饱和	现场状况	多层	450Pa
案例 2	饱和	现场状况	多层	450Pa
案例 3	非饱和	线性变化	多层	450Pa
案例 4	非饱和	线性变化	单层	450Pa
案例 5	非饱和	现场状况	多层	600Pa

4.2.3.3　数值模拟结果

1. 黄土饱和度模拟

从灌溉开始到下一个 100d 的不同阶段，案例 1 的饱和度分布最佳拟合数值模拟如

图 4.25 所示。这清楚地揭示了灌溉水在垂直和水平方向的渗透和扩散过程。灌溉期间，试验区顶部出现了一个短暂的饱和带，湿润锋随时间逐渐向下移动。在停止灌溉期间，浅层黄土中的瞬态饱和带消失，饱和度减小，深层的饱和度随时间略有增加。

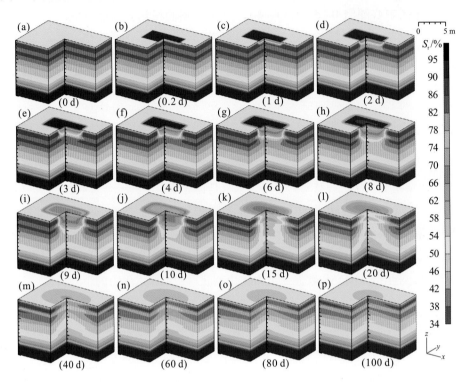

(a) 初始值；(b)~(h) 灌溉期间 1d 至 8d；(i)~(p) 停止灌溉期间 9d 至 100d

图 4.25　饱和度的三维分布显示了 16 个不同时间的渗水和扩散过程

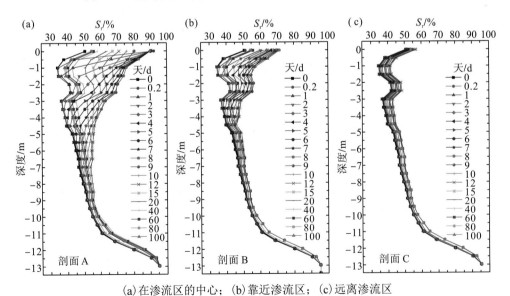

(a) 在渗流区的中心；(b) 靠近渗流区；(c) 远离渗流区

图 4.26　随着时间和深度变化，垂直方向上三个典型的饱和度变化情况

　　图 4.25 总结了案例 1 的三个典型饱和度剖面的深度和时间的详细信息，通过沿剖面[图 4.24(c)]A、B 和 C 提取数据，如图 4.26 所示。从这些结果可以推断：①渗流区中心的渗透深度高于非灌溉区。同时，渗流区附近的渗透深度大于远离渗流区的渗透深度。②在渗流区中心灌溉 0.1d、1.5d、6d、9d 后，湿润锋达到深度 0.5m、2m、5m、8m[图 4.26(a)和图 4.27]。同时，在渗流带附近灌溉 1d、3d、7d、12d，渗透深度分别达到 0.2m、2m、5m、8m。③灌溉期间，饱和度值每天增加约 5%～10%，补给量随渗流带深度的增加而减少。④供水停止期间，渗流带中心和浅层(在−5m 范围内)的饱和度值逐渐减小，同时最终饱和度值略大于初始值，湿润锋略向下移动到 7m，经过 20d 的灌溉，湿润锋达到第二个稳定过程。

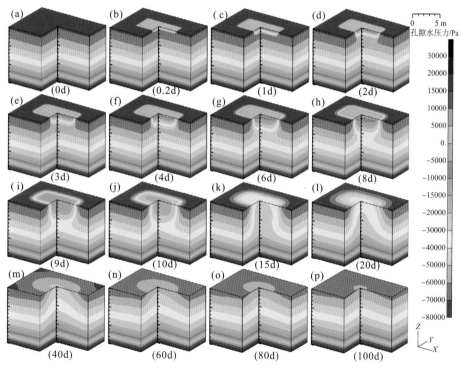

(a)初始值；(b)～(h)灌溉阶段分别为 $t=0.2$～8d；(i)～(p)停止灌溉时间阶段分别为 $t=9$～100d

图 4.27　孔隙水压力值的三维变化显示了 16 个不同步骤的渗水和扩散过程

2. 孔隙水压力变化

　　案例 1 孔隙水压力随时间发展的最佳拟合数值模拟计算结果以及详细的润湿过程如图 4.27 所示。由这些结果可以推断：①灌溉前孔隙水压力值为负值，分布均匀；②灌溉期间，孔隙水压力上升较快，浅层(在深度 0～1m 内)出现了孔隙水压力瞬变正值，并扩散到负孔隙水压力区，以垂直渗透为主；③当停止灌溉后，在基质吸力和重力作用下，正孔隙水压力消失，增大的孔隙水压力逐渐向饱和区扩散，说明水力条件达到了新的平衡，同时处于非饱和状态。

案例 1 有关不同深度的饱和度的各种特征、渗透速率、孔隙水压力(pore water pressure, PWP)、孔隙气压力(pore air pressure, PAP)和基质吸力随时间变化的详细信息如图 4.28 所示, 这是从剖面 A 深度 0.5m、2.0m、5.0m 和 8.0m 处的 4 个典型节点提取的数据。可以推断: ① 灌溉初期, 深度 0.5m 的土壤饱和度迅速从 38%增加到 70%。在灌溉活动持续下, 土壤饱和度从 70%缓慢增加到 82%。同时, 停水后 16d 内饱和度迅速下降, 在深度 0.5m 和 2.0m 下 60d 后达到稳定状态; 饱和度的变化相对于深度 5m 和 8m 的灌溉活动具有延迟的趋势。②饱和度和入渗速率的变化呈现相同的变化趋势。因此, 基质吸力和入渗速率的变化呈现相反的变化趋势。③在灌溉活动的前 3d, 孔隙水压力表现出浅层的快速上升, 在 4～14d 保持相对稳定值。15d 后, 孔隙水压力缓慢降低。随着深度的增加, 孔隙水压力的变化量显著减少, 孔隙水压力在深度 8m 处的变化量较少, 渗透速率和基质吸力受孔隙水压力影响较大。④在渗水过程中, 孔隙气压力略有上升。渗透速率越快, 孔隙气压力增加越快。

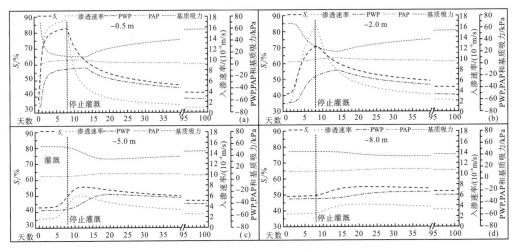

(a)深度 0.5m 处; (b)深度 2.0m 处; (c)深度 5.0m 处; (d)深度 8.0m 处

图 4.28　在 4 个不同深度节点饱和度、渗透速率、孔隙水压力、孔隙气压力和基质吸力随时间的变化情况

通过以上模拟分析, 可以得出湿润锋在渗流区可达 7m, 渗流区的水压力和饱和度比非灌溉区的变化大, 并以垂直渗流为主。还可以推断非饱和黄土在不同深度和时间上经历了 4 个阶段(Wang et al., 2017b): ①灌溉前, 黄土处于天然非饱和状态; ②湿润锋通过时黄土处于非饱和渗流状态; ③湿润锋通过后, 黄土处于非饱和渗流状态; ④黄土经过一段时间的断水后, 土壤恢复到新的自然非饱和状态。在 4 个阶段, 饱和度、渗透速率、孔隙气压力、孔隙水压力和基质吸力的变化呈现出不同的特征。

4.2.4　ERT 监测结果与数值模拟对比分析

对深度方向剖面 A 和剖面 B 四个时期的 ERT 和数值模拟的结果进行比较, 以评估数值模拟的有效性, 如图 4.29 所示。数值模拟结果表明, 灌溉开始后 1d 和 15d, 特别是在黄土浅层，渗流区的饱和度变化与 ERT 基本一致。同时，在灌溉开始后的 8d 和 11d 内，灌溉区深度 6m 范围内数值模拟的饱和度变化比 ERT 小 0.05～0.2。因此，ERT 信号能更好地显示塑性指数(体积含水率 24%)以下饱和度的变化(图 4.15)。此外，由于天然黄土固有的不均匀性，特别是在这样一个大规模的试验中，不可能像我们期望的那样，获得很完美的模拟结果。例如实际结果和模拟结果之间的饱和度变化[图 4.29 和图 4.30(a)]。如预期的那样，数值模拟可以更好地描述农业灌溉的渗透和扩散过程，特别是在黄土塑限界线和液限界线之间。

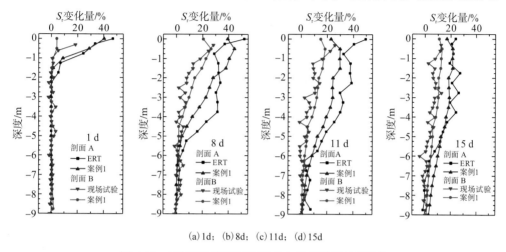

(a)1d；(b)8d；(c)11d；(d)15d

图 4.29　4 种不同状态下的 ERT 与数值模拟结果比较

　　黑方台是黄土高原典型的黄土台地，气候半干旱，水分蒸发量大于年降水量，因此当地多采用漫灌方式，增加耕地产量。在黄土地区，现场监测试验得出的典型湿润锋深度小于 6m(Tu et al.，2009；Zhang et al.，2014；Li et al.，2016b)。然而，根据现场调查和现场监测，黄土滑坡后缘底部有大量泉水，而台塬边缘无灌溉行为，地下水位平均每年上升 0.18m(Xu et al.，2014；Qi et al.，2018；Peng et al.，2018a)。现场试验和数值模拟的结果可能改变传统的认识，即灌溉行为对一定深度的饱和度变化影响很小，非饱和黄土的入渗深度有限。根据上述分析和模拟结果(图 4.26 和图 4.28)，台塬顶部的农业灌溉水通过 20～40m 深的非饱和黄土层达到天然地下水位，揭示了黑方台台塬过度灌溉诱发黄土滑坡的机理。

4.2.5　非饱和入渗影响因素

　　许多研究人员已经讨论了饱和度、孔隙水压力和渗透的影响因素(Blackburn，1976；Indrawan et al.，2012；Bayat et al.，2015；Li et al.，2016c)。其中，重要因素主要为：①土壤和渗透特性；②流动条件；③土壤表面的人类活动。本书从渗流方式(案例 1 和案例 2)、初始体积含水率(案例 1 和案例 3)、土壤质地和结构(案例 3 和案例 4)以及灌溉强度(案例 1 和案例 5)等方面进行渗透的讨论。初始饱和度和预测饱和度相对于深度的多期变化如图 4.30 所示。在没有加载上边界的条件下，初始孔隙水压力的平衡状态表明，案例 1 的初始饱和度与现场试验结果一致性最好[图 4.30(a)]。通过对比案例 1 和案例 2，发现渗流过程受流速和导水率的影响较大，说明渗透过程为非饱和渗流。通过对比案例 1、案例 3 和案例 4，发现简单的确定性模型能够充分预测入渗过程中湿润锋在土壤中的整体运动，但由于土壤的空间变异性，它们对湿润锋的预测效果较差。通过对比案例 1 和案例 5，得出上边界水头的大小对渗透速率和湿润锋运动影响不大。但灌溉量越大，台塬顶部入渗时间越长，对地下水位上升的贡献越大。根据以上分析，为使实际结果与模拟结果更好地吻合，有必要考虑各种因素。

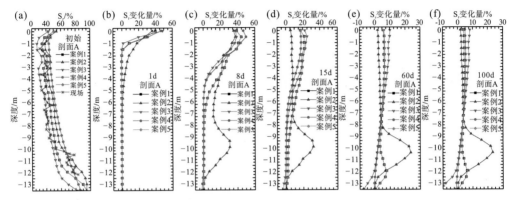

(a) 现场试验和模拟的初始饱和度；(b) 1d 后的饱和度变化；(c) 8d 后的饱和度变化；

(d) 15d 后的饱和度变化；(e) 60d 后的饱和度变化；(f) 100d 后的饱和度变化

图 4.30　5 种情况下初始条件和饱和度变化的比较分析

4.3　本　章　小　结

本章开展两个不同场地的现场原位试验，通过现场监测、开挖探井及探槽、三维 ERT 试验进行了量化验证，揭示灌溉水的渗流和扩散过程。主要结论总结如下：

(1) 黄土地区灌溉水入渗主要存在两种模式：优势通道流和活塞流；活塞流是地表水入渗到地下水位的重要渠道，其入渗过程受多种因素的影响。

(2) 在裂缝发育的区域，灌溉水会沿着裂缝快速入渗，隐伏裂隙为土洞发育提供良好地质基础。

(3) 在田间灌溉试验研究中，灌溉区域黄土饱和度较小的湿润锋在 10d 内达到 5.5m 深度，并呈现出水平和垂直方向渗透能力的各向异性特征。浅层黄土的入渗速率较快，随深度的增加而逐渐减小。停止灌溉后，随着深度增加，黄土饱和度会逐渐降低。

(4) 由于天然黄土的内在不均匀性，野外试验与数值模拟的黄土饱和度变化结果具有一定的差异。PANDAS 有限元软件可以较好地模拟农业灌溉的渗流和扩散过程，通过非饱和黄土层，湿润峰可以达到天然地下水位。

(5) 渗流区孔隙水压力和黄土饱和度的变化量大于非灌溉区，入渗过程以垂直渗透为主；从灌溉开始到停止灌溉，灌溉水在黄土中的非饱和入渗过程经历了四个阶段；黄土的饱和度和孔隙水压力可以达到一个新的平衡状态。

第5章　灌溉对黄土物理化学性质的影响

黑方台地区因灌溉水下渗，导致地下水位上升，深部土体长期处于饱和状态，黄土中起胶结作用的可溶盐溶解，破坏土体微结构的同时，孔隙水溶液中的化学成分也发生了改变，现场调查和水化学测试结果(表 5.1)证实了该区易溶盐含量较高，微结构的破坏经过长时间的累积将产生裂隙和孔洞(图 5.1)(李姝，2016；李志强等，2017)。

表 5.1　黑方台地下水化学成分及 pH 分析结果

取样位置	化学成分/(mg/L)									pH
	Na^+	K^+	Ca^{2+}	Mg^{2+}	Cl^-	NO^{3-}	SO_4^{2-}	CO_3^{2-}	HCO_3^-	
黄河水	21.97	1.73	55.69	19.71	17.88	4.76	45.93	11.86	186.89	8.33
野狐沟水样	14350	35	1021	2130	6402.98	502.86	8225.43	5.93	108.52	7.87
方台(泥岩)	17880	47.9	1181.5	2772	10564.58	745.44	10836.9	5.93	114.55	7.7
CJ4#滑坡(泥岩)	24895	80.8	1557.5	3909	36392.8	2106.21	8894.96	5.93	114.55	7.71
JJ11#滑坡(泥岩)	13415	39.45	873.5	1662.5	18600.75	1375.01	9205.25	5.93	120.58	7.87
JJ5#滑坡(黄土)	8580	27.7	801.5	1236.5	13799.9	996.12	9451.41	0	132.63	7.92
JJ4#滑坡(黄土)	15650	40.65	1074	2400	18340.54	1291.58	9150.47	5.93	120.58	7.63
JJ6#滑坡(泥岩)	17455	58.8	1210	2718	15393.98	1147.6	9497.44	11.86	114.55	7.54

图 5.1　滑坡后缘发育的裂隙和土洞

胶结物质的成分和性质决定着黄土的强度。粗颗粒矿物在黄土结构中起着骨架作用，较细小的颗粒往往充填于粗颗粒之间，黏土矿物、水溶盐、碳酸钙和有机腐殖质等胶结物又充填于粗细颗粒之间，起着胶结作用。黏粒具有高活动性和聚集能力，有助于集粒的形成，亦可吸附在粗颗粒表面，形成具有一定厚度的黏土薄膜。碳酸钙在黄土中的含量较高

(10.75%～15.8%)，张永双等认为黄土中呈粗颗粒的碳酸钙起着骨架作用，而细分散超细的碳酸钙起着胶结作用。当孔隙水溶液中二氧化碳含量增加时，碳酸钙便开始溶解，钙离子进入孔隙溶液中，使带有负电荷的黏粒发生凝聚，就地沉淀成微晶粉末，将周围已凝聚的黏粒群进一步胶结成集粒(张永双等，2005)。王家鼎等将胶结物在黄土中的赋存状态分为 4 类：分散粒状、薄膜状、填隙状、聚集状(块状) (王家鼎等，1999)。

黄土的微观结构形成于沉积时以及沉积后的成土过程中，黄土具有水敏性，遇水后其结构发生破坏，粗颗粒分散解体，细颗粒含量增加，导致黄土强度迅速降低。地下水对黄土强度的弱化是长期性的，浸泡黄土后的水溶液化学成分的变化与黄土中盐类溶解、离子交换作用、水敏性矿物的水解等有关。黄土浸水后易溶盐迅速溶解，其浸泡液中必然含有相应的阴阳离子，介质环境随着黄土浸水时间不断变化，而黏土矿物颗粒表面在一定的介质条件下，具有双电层结构，当介质中的离子成分和浓度发生变化时，自由介质和反离子层中阳离子的原有平衡状态随即遭到破坏，二者之间的阳离子发生离子交换作用，以达到新的平衡。可通过离子色谱仪、光谱仪测量浸泡过黄土后的上层清液中各离子浓度，分析水溶液中化学成分变化情况，找到其与强度随浸水时间变化规律之间的内在联系。

本章在现场调查的基础上，结合激光粒度分析仪、Zeta 电位仪、电感耦合等离子体发射光谱仪、离子色谱仪等装置，从物理性质和水化学的角度开展研究，分析黄土强度变化具有这一特殊时效性的原因。通过扫描电镜观察其微观结构的变化，并采用激光粒度分析仪测定黏粒含量的变化，这一系列物理化学试验选择黄河水(灌溉水)对黄土进行浸泡，以更好地反映水土相互作用规律。

5.1　地下水长期作用对黄土微结构的影响

准备 8 个塑料瓶，将 100g 黄土和 100g 灌溉水混合装入每个塑料瓶中，静置，分别于浸泡的第 1d、3d、5d、7d、10d、15d、20d、37d 时，将其中 1 瓶水土混合物全部倒入不锈钢碗里，放置于温度为 108°C 的烘箱中 24h，烘干冷却后，用碾磨棒碾磨为细碎颗粒，再过 2mm 筛，用导电胶带固定于样品台上，采用 E-1010 离子溅射仪(图 5.2)对样品表面进行镀膜处理(材料为金钯合金)，该设备以待镀样品为阳极，金属靶为阴极，在低电压作用下，阴阳两极之间形成辉光放电，使两极间气体电离，产生阳离子。受电场力影响，正离子撞向金属靶，溅出金属粒子，这些金属粒子在与气体分子随机碰撞的过程中，均匀地沉积于样品表面(李姝等，2017)。

将制备好的样品(图 5.3)放置于 S-3000N 扫描电子显微镜(日立公司生产，见图 5.4)下进行观察。扫描电子显微镜的工作原理见图 5.5，电子枪发出直径约为 50μm 的电子束，经加速电压的作用，由电磁透镜聚光而汇聚成约 5nm 的电子探针，受扫描线圈影响，对样品表面进行光栅式扫描。电子探针与样品之间发生相互作用，产生如俄歇电子、背散射电子、透射电子、二次电子、X 射线等信息，被探测器所接收，再通过光电转换、信号放大处理，从而将样品的特征可视化。

图 5.2　E-1010 离子溅射仪

图 5.3　制备好的样品

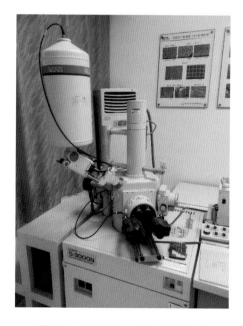

图 5.4　S-3000N 扫描电子显微镜

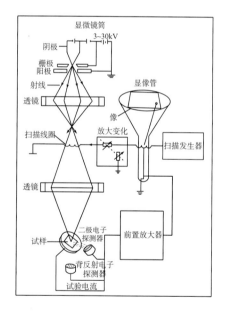

图 5.5　扫描电子显微镜工作原理图

　　放大倍数为 500 倍时，不同浸水天数下黄土(含原样)微结构见图 5.6。原样 1 中呈片状的物质很可能为云母类矿物或伊利石，表面附着大量的白色絮状物质(即易溶盐)，对比浸水 1d 试样，试样在浸水的过程中，易溶盐迅速溶解；而原样 2 表明，颗粒与颗粒间因各类胶结物的胶结作用而形成架空结构，对比其他浸水天数试样，长期浸水的过程中，黄土颗粒之间由点点接触逐渐转变为点面接触或面面接触，排列杂乱无章，并产生细粒化。

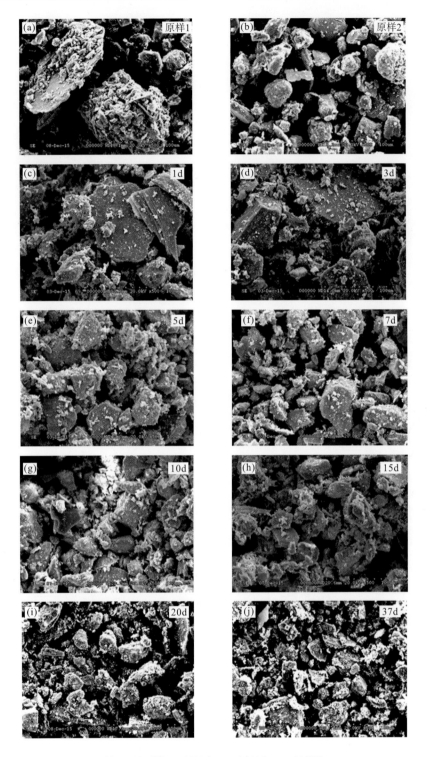

(a)原样 1；(b)原样 2；(c)浸泡 1d；(d)浸泡 3d；(e)浸泡 5d；

(f)浸泡 7d；(g)浸泡 10d；(h)浸泡 15d；(i)浸泡 20d；(j)浸泡 37d

图 5.6　原样(不同位置)和不同浸水天数黄土的微观结构

5.2 地下水长期作用对黄土物理性质的影响

5.2.1 黏粒含量随浸水天数变化规律

5.2.1.1 试验方案

准备 7 个塑料瓶，将 100g 黄土和 100g 灌溉水混合装入每个塑料瓶中，静置，分别于浸泡的第 1d、3d、5d、7d、10d、20d、37d 时，将其中 1 瓶水土混合物全部倒入不锈钢碗里，放置于温度为 108℃ 的烘箱中 24h，烘干冷却后，用碾磨棒碾磨为细碎颗粒，再过 2mm 筛，制备好的样品保存于保鲜袋中，等待测试。试验采用 MS2000 激光粒度测试仪(图 5.7)测定其颗粒分布，该设备由 Malvern 公司生产，可在较宽的粒度范围内对细颗粒砂土、黄土、黏土等材料进行测试，具有干法、湿法等多种控制模式，本次试验采用湿法，全程计算机控制，自动数据采集及处理，操作灵活，模块化，高度集成化，其粒度测量范围为 0.02μm～2mm。根据《土的工程分类标准》(GB/T 50145—2007)关于粒组的划分(表 5.2)，当粒径小于或等于 0.005mm 时，为黏粒组。

图 5.7 MS2000 激光粒度测试仪

表 5.2 粒组划分

粒组	颗粒名称		粒径 d/mm
巨粒	漂石(块石)		$d>200$
	卵石(碎石)		$60<d\leqslant200$
粗粒	砾粒	粗砾	$20<d\leqslant60$
		中砾	$5<d\leqslant20$
		细砾	$2<d\leqslant5$
	砂粒	粗砂	$0.5<d\leqslant2$
		中砂	$0.25<d\leqslant0.5$
		细砂	$0.075<d\leqslant0.25$
细粒	粉粒		$0.005<d\leqslant0.075$
	黏粒		$d\leqslant0.005$

5.2.1.2 试验结果分析

颗粒分布、黏粒含量随浸水天数的变化曲线见图 5.8，黄土一旦浸水，其结构被破坏，粗颗粒分散解体，细颗粒含量增多，然而浸水初期(前 3d)，其黏粒含量并未增加反而迅速从 14%降到了 8.5%左右，很可能是由于易溶盐的溶解改变了水溶液中化学成分，而黏粒带负电，在其所处的介质中发生了凝聚现象，导致黏粒含量减少；随着浸水天数的增加，粗颗粒进一步分散解体，黏粒含量逐渐增多(表 5.3)。

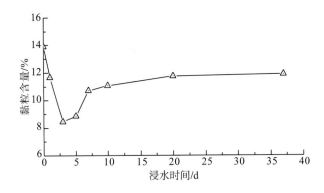

图 5.8 黏粒含量随浸水天数的变化曲线

表 5.3 不同浸水天数试样的颗粒级配变化情况

浸水天数/d	粒径/μm		
	0~5	5~75	75~2000
0	13.9	77.4	8.7
1	11.7	78.9	9.4
3	8.5	85.0	6.5
5	8.9	84.8	6.3
7	10.7	80.4	8.9
10	11.1	80.3	8.6
20	11.8	79.8	8.4
37	11.9	80.9	7.2

5.2.2 Zeta 电位随浸水天数变化规律

由于黏粒具有负电性，其周围产生负电场，必将吸附介质中的阳离子以平衡其负电荷，这样就形成了双电层，即双电层由结构负电荷构成的内层和反离子构成的外层(或称反离子层、吸附层)组成。反离子层按离子的活动能力可分为固定层和扩散。固定层中的离子不能完全平衡热力电位，只能中和一部分，其外缘所剩余的电位称为动电电位(或 Zeta 电位)。Zeta 电位由扩散层离子平衡，电位升高则扩散层增厚，而扩散层厚度与弱结合水膜厚度相近。可通过直接测量 Zeta 电位值间接知道水膜的厚度，当 Zeta 电位降低，表明双电层厚度减小，结合水膜厚度亦减小。

5.2.2.1　试验方案

将 20g 黄土和 500g 灌溉水混合装入 1 个塑料瓶中，分别浸泡到 1d、5d、10d、15d、20d 时，将塑料瓶中水土混合物全部倒入测试杯中，采用美国 Colloidal Dynamics 公司生产的 ZetaProbe 电位仪（图 5.9）进行测试，转速设置为 250 r/min，测试完毕后，将测试杯中的水土混合物全部装回塑料瓶中，静置，等待下次测试。

图 5.9　ZetaProbe 电位仪

5.2.2.2　试验结果分析

Zeta 电位随浸水天数的变化曲线见图 5.10。Zeta 电位为负值，表明黏土颗粒周围具有负电场，随着浸水天数的增加，Zeta 电位的绝对值先减小再增大，最后趋于缓慢增大。Zeta 电位随浸水天数的变化可间接表明在长期浸水的情况下，黄土中黏土颗粒表面结合水膜厚度的变化情况：浸水初期，结合水膜厚度减小，随浸水时间的增加，结合水膜厚度又逐渐增大。

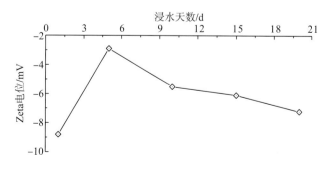

图 5.10　Zeta 电位随浸水天数的变化曲线

5.3　地下水长期作用对黄土化学性质的影响

5.3.1　黄土矿物成分随浸水天数变化规律

5.3.1.1　试验方案

准备 8 个塑料瓶，将 100g 黄土和 100g 灌溉水混合装入每个塑料瓶中，静置，分别于浸泡的 1d、3d、5d、7d、10d、15d、20d、37d 时，将其中 1 瓶水土混合物全部倒入不锈钢碗里，放置于温度为 108℃的烘箱中 24h，烘干冷却后，用碾磨棒碾磨为细碎颗粒，过 2mm 筛后，将土样装于载物片上，用玻璃片压实后等待测试(图 5.11)。

试验所用仪器为 DX-2700 衍射仪(图 5.12)，该设备为高精度全自动化粉末衍射仪，采用 ARM+CPLD 系统完成 X 射线发生器、测角控制及数据采集，可进行事物相的定性定量分析、结晶度分析、衍射数据指标化和晶胞参数的测定。样品测试时，发射源和 X 射线接收器同时旋转，避免了传统 X 射线衍射仪因样品台旋转而引起的样品散落问题。

图 5.11　待测样品　　　　　　　　　　图 5.12　DX-2700 衍射仪

5.3.1.2　试验结果分析

XRD 衍射试验测试结果见图 5.13 和表 5.4，黄土中矿物成分随浸水天数的增加均有不同程度的变化，主要表现为伊利石含量减少，石英含量增加。广泛分布的铝硅酸盐(如长石、辉石、角闪石、云母)构成弱酸盐，它们与水反应形成各种碱以及次生矿物(如黏土矿物)，在长期浸水过程中含量有所减少，其水解反应见式(5.1)和式(5.2)，该反应会生成 SiO_2(硅胶)，导致石英含量增加。黏土矿物(高岭石、伊利石、叶蜡石)在酸性条件下的溶解组分主要为 Al^{3+}、$Al(OH)^{2+}$、$Al(OH)_2^+$，而在碱性条件下为负离子组分 $Al(OH)_4^-$、$H_3SiO_4^-$、

$H_2SiO_4^{2-}$、$H_2(H_2SiO_4^{2-})_2^{2-}$。浸泡液 pH 测试结果大于 8，表明溶液呈碱性，黏土矿物溶解于碱性溶液中，从而导致其含量随浸水天数增加而降低。

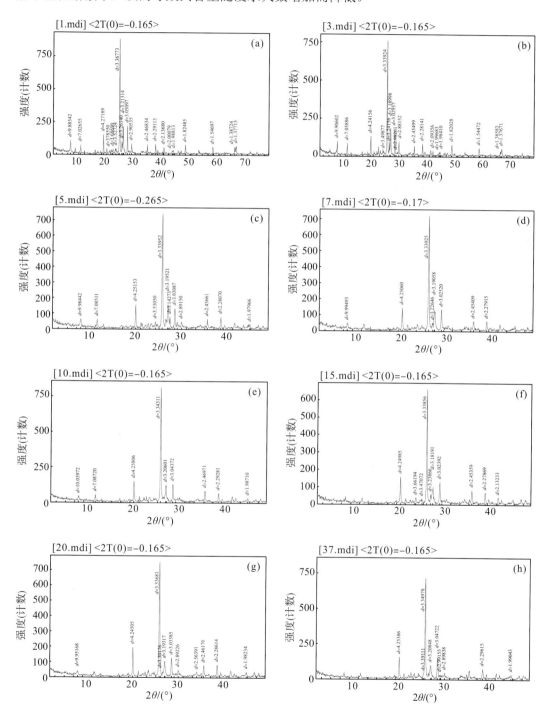

(a)浸水 1d；(b)浸水 3d；(c)浸水 5d；(d)浸水 7d；(e)浸水 10d；(f)浸水 15d；(g)浸水 20d；(h)浸水 37d

图 5.13　不同浸水天数下黄土 X 射线衍射图谱

表 5.4   不同浸水天数下黄土(含原样)中各类矿物含量

浸水天数/d	伊利石/%	绿泥石/%	石英/%	钾长石/%	斜长石/%	方解石/%	白云石/%	其他/%
0	30.76	14.49	22.18	4.95	11.25	8.88	5.61	1.88
1	26.25	14.11	28.60	4.85	12.25	10.18	3.75	0.01
3	26.93	14.72	28.14	4.72	11.63	9.10	4.75	0.01
5	21.94	15.54	34.70	3.65	13.20	8.64	2.32	0.01
7	16.21	9.62	41.55	4.22	14.80	11.03	2.56	0.01
10	16.49	13.15	46.47	—	12.15	11.74	—	0.00
15	11.99	11.11	47.60	4.52	10.78	11.50	2.50	0.00
20	14.41	9.18	49.43	3.28	9.92	10.40	3.37	0.01
37	11.70	11.91	46.83	2.28	11.78	12.80	2.69	0.01

$$4K[AlSi_3O_8](钾长石)+6H_2O \longrightarrow 4KOH+Al_4[Si_4O_{10}][OH]_8(高岭石)+8SiO_2(硅胶) \quad (5.1)$$

$$4Na[AlSi_3O_8](钠长石)+6H_2O \longrightarrow 4NaOH+Al_4[Si_4O_{10}][OH]_8(高岭石)+8SiO_2(硅胶) \quad (5.2)$$

黄土浸水的过程中,易溶盐迅速溶解,从而导致黄土长期浸泡于盐溶液中。闫志为等关于氯化物、硫酸根对白云石矿物溶解度影响的研究指出,随着氯化物或硫酸盐溶液浓度的增大,溶液的离子强度 I 也增大,从而降低了各溶解组分的活度系数 r 和活度,提高了各离子的浓度(即矿物的溶解度),表现出盐效应,而硫酸盐的盐效应大于氯化物,即硫酸盐溶液中的白云石溶解度大于氯化物溶液大于纯水(闫志为,2008;闫志为等,2009)。基于此,可以合理地解释随着浸水天数的增加,黄土中白云石含量有所减少的现象。

5.3.2   浸泡液离子浓度随浸水天数变化规律

5.3.2.1   试验方案

准备 8 个塑料瓶,将 100g 黄土和 200g 灌溉水混合装入每个塑料瓶中,静置,分别于浸泡的第 1d、3d、5d、7d、10d、15d、20d、37d,用注射器抽取其中 1 瓶里的上层清液,过 0.45μm 水相滤头后,保存于新塑料瓶中,采用 PHS-2C 型酸度计(图 5.14)测溶液 pH;电导率仪(图 5.15)测溶液电导率;电感耦合等离子体原子发射光谱仪(图 5.16)测试金属元素含量,该仪器为美国 PE 公司 optima 系列 ICP-OES5300V 全谱直读型电感耦合等离子体原子发射光谱仪,具有多种元素同步检测、选择性好、检出限较低、检测速度快、准确度高、所需试样量少等特点;离子色谱仪(图 5.17)测试阴离子含量,761Compact Ic 离子色谱仪由计算机控制,配有独创的化学抑制系统,其优点是:分析速度快、检测灵敏度高、选择性好、可多离子同时分析、离子色谱柱的稳定性高、使用寿命长。阴离子中的 CO_3^{2-} 和 HCO_3^- 含量采用滴定法(图 5.18)测量。

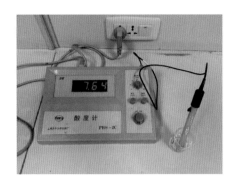

图 5.14　PHS-2C 型酸度计

图 5.15　电导率仪

图 5.16　电感耦合等离子体原子发射光谱仪

图 5.17　761CompactIc 离子色谱仪

图 5.18　滴定法试验器材

5.3.2.2　试验结果分析

水化学测试结果汇总于表 5.5。测试结果显示有少量的铝元素、铁元素与硅元素，因黏土矿物的晶体具有层状结构，由硅氧四面体层和氢氧八面体层按不同数量和方式叠置而成，八面体顶端由 6 个氧和氢氧离子占据，中心常为铝、镁、铁等元素，由此可以推测上层清液中含有少量的黏土矿物；硅元素含量随着浸水天数的增加略有增多，很可能是水敏性矿物(长石、方解石)经水解作用而形成了新的黏土矿物和硅胶状的二氧化硅，而黏土矿物进一步溶解于碱溶液。

表 5.5　黄土不同浸水天数下上层清液化学成分测试结果

浸水天数/d	0	1	3	5	7	10	15	20	37
Na^+/(mg/L)	21.97	448.9	447.4	498.3	467.9	471.2	505.5	506.5	519.7
K^+/(mg/L)	1.73	10.05	9.29	10.41	10.09	11	12.21	12.55	13.14
Ca^{2+}/(mg/L)	55.69	40.77	29.16	32.8	33.42	39.62	43.23	51.82	77.05
Mg^{2+}/(mg/L)	19.71	30.7	25.33	29.11	28.2	32.86	37.25	42.32	53.74
Al^{3+}/(mg/L)	0.03	0.05	0.03	0.03	0.03	0.04	0.03	0.03	0.04
Fe^{3+}/(mg/L)	0	0	0.01	0	0.01	0	0.01	0	0
Sr^{2+}/(mg/L)	0.5	0.58	0.51	0.96	0.78	0.98	1.44	1.83	2.84
$H_3SO_4^-$/(mg/L)	2.52	2.94	2.89	3.14	3.08	3.26	3.49	3.53	3.92
Cl^-/(mg/L)	17.88	369.97	346.47	386.21	368.6	375.64	385.8	391.67	394.63
NO_3^-/(mg/L)	4.76	43.85	43.82	44.47	42.33	42.97	46.37	47.26	48.6
SO_4^{2-}/(mg/L)	45.93	483.64	407.34	482.46	457.05	541.87	582.82	667.18	760.05
CO_3^{2-}/(mg/L)	11.86	11.86	11.86	11.86	5.93	5.93	5.93	5.93	5.93
HCO_3^-/(mg/L)	186.89	162.78	174.83	162.78	180.86	180.86	186.89	186.89	186.89
pH	8.33	8.3	8.37	8.22	8.18	8.15	8.12	8.21	8.22
电导率/(μS/cm)	428	2310	2260	2410	2330	2490	2560	2630	2760

采用 SPSS 软件进行相关性分析，通过浸泡液离子浓度随浸水天数的变化规律，近似得出可溶盐成分，主要为氯化钠、硝酸钠、硫酸钠、氯化钾、硝酸钾、硫酸钾、硫酸镁、硫酸钙，其相关性分析结果见表 5.6。

表 5.6　阴阳离子浓度随浸水天数变化的相关性分析

阳离子	相关性	阴离子				
		Cl^-	NO_3^-	SO_4^{2-}	CO_3^{2-}	HCO_3^-
Na^+	Pearson 相关性	0.997**	0.995**	0.900**	-0.473	-0.212
	显著性（双侧）	0	0	0.001	0.198	0.583
K^+	Pearson 相关性	0.957**	0.964**	0.976**	-0.613	-0.02
	显著性（双侧）	0	0	0	0.079	0.96
Mg^{2+}	Pearson 相关性	0.581	0.616	0.890**	-0.662	0.359
	显著性（双侧）	0.101	0.078	0.001	0.052	0.343
Ca^{2+} (0~37d)	Pearson 相关性	-0.191	-0.146	0.272	-0.334	0.57
	显著性（双侧）	0.623	0.707	0.479	0.38	0.109
Ca^{2+} (3~37d)	Pearson 相关性	0.687	0.850*	0.957**	-0.534	0.611
	显著性（双侧）	0.088	0.016	0.001	0.217	0.145

注：**表示在 0.01 水平（双侧）上显著相关。

盐渍土所含盐的性质，主要以土中所含阴离子的氯根、硫酸根、碳酸根、重碳酸根的含量(每 100g 土中的毫摩尔数)的比值来表示，其分类见表 5.7(工程地质手册编委会，2007)。表 5.5 显示，浸水 20d 后，浸泡液中各离子含量逐渐趋于稳定，表明易溶盐已近乎全溶解于水中，采用浸水 37d 时浸泡液中的阴离子浓度参与计算，阴离子浓度比值结果为 0.7，可近似认为黑方台地区黄土类型为亚硫酸盐渍土。

表 5.7　盐渍土按含盐化学成分分类

盐渍土名称	$c(Cl^-)/2c(SO_4^{2-})$	$[2c(CO_3^{2-})+c(HCO_3^-)]/[c(Cl^-)+2c(SO_4^{2-})]$
氯盐渍土	>2	—
亚氯盐渍土	1～2	—
亚硫酸盐渍土	0.3～1	—
硫酸盐渍土	<0.3	—
碱性盐渍土	—	>0.3

郭玉文等(2004，2008)研究指出，黄土中的团粒是由原生矿物、黏土矿物以及碳酸钙构成的集合体，黑方台地区黄土团粒中钙元素几乎以 $CaCO_3$ 的形式存在；在黄土发生湿陷时，$CaCO_3$ 主要因移动而损失，淋溶损失则相对较少(郭玉文等，2004，2008)。本试验水土混合体系装于盖紧的塑料瓶中，$CaCO_3$ 与水、二氧化碳反应生成碳酸氢钙的化学作用极其微弱，并且滴定法测出的碳酸氢根离子含量也并未像钙离子含量一样随着浸水天数的增加而迅速增加。黄土中的中溶盐主要是石膏，虽然 XRD 试验并未测出其值，但其在氯化钠溶液中的溶解不容忽视，导致 SO_4^{2-} 离子含量随浸水天数的增加而显著增加，与钙离子浓度的变化规律相似。

地下水对黄土的物理化学作用是个复杂的过程，本书将主要阳离子浓度随浸水天数的变化(图 5.19)分为 5 个阶段，并结合 Zeta 电位随浸水天数的变化规律，对各阶段进行分析：

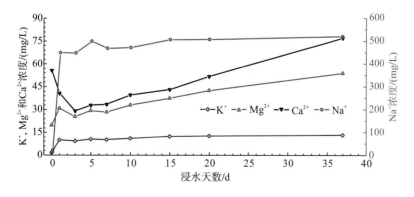

图 5.19　主要阳离子浓度随浸水天数的变化曲线

(注：因钠离子浓度远大于其他离子，故将其浓度对应于右边的纵坐标，其他离子浓度对应于左边的纵坐标)

第Ⅰ阶段(浸水 0～1d)：起胶结作用的易溶盐迅速溶解，代表性物质是硫酸钠、氯化钠、氯化钾等，钠离子浓度飙升至 448.90mg/L；钙离子含量却在降低。高国瑞(1979)研究指出，被钙离子饱和的孔隙溶液，黏土矿物将迅速发生凝聚，使得钙离子浓度降低(高国瑞，1979)。张永双等关于陕北晋西砂黄土的胶结物与胶结作用的研究认为，黄土中存在钙镁型强-中溶解性盐类时，可促进黏土矿物发生凝聚作用，并决定了其交换阳离子以钙、镁离子为主，溶液中浓度相对较高的钙离子因扩散作用进入黏土矿物的反离子层，置换反离子层中的阳离子，也会降低溶液中钙离子的含量(张永双等，2005)。

第Ⅱ阶段(浸水 1～3d)：类似于浸水 1d，由于溶液中易溶盐的溶解，钠离子、钾离子、镁离子浓度略微有所减少，因参与平衡黏土矿物表面的负电荷，与反离子层发生离子交换作用，致使其浓度有所降低。

第Ⅲ阶段(浸水 3～5d)：黄土中盐类的进一步溶解以及原生矿物的水解，使得溶液中相应的阳离子含量增加，溶液的浓度决定着黏土矿物扩散层的厚度，扩散层厚度与弱结合水膜厚度相近。溶液浓度愈高，黏土矿物扩散层厚度愈薄，其结合水膜厚度愈薄。而 Zeta 电位仪测试结果显示其绝对值在浸水初期减小，证明结合水膜厚度确实变薄。

第Ⅳ阶段(浸水 5～15d)：盐类胶结物的减少，导致黄土颗粒之间排列发生变化，散粒在静置的溶液中缓慢固结，溶液微弱地溶蚀剩余的盐类，溶液中氯化钠、硝酸钾浓度缓慢增加；黄土中原生矿物的水解，使得溶液中相应的阳离子含量增加；黄土里中溶盐是石膏(硫酸钙)，硫酸钙微溶于水，但可溶于氯化钠溶液。在一定浓度的氯化钠溶液中，硫酸钙的溶解度随着氯化钠浓度的增大而增大(颜亚盟等，2014)。相关性分析中，浸水 3d 后溶液里的钙离子与硫酸根呈线性相关，表明中溶盐石膏在氯化钠含量较高的溶液中开始逐渐溶解，增加的钙离子将置换黏土矿物反离子层中的镁离子，那么钙、镁离子含量随浸水天数的增加均逐渐增加。

第Ⅴ阶段(浸水 15～37d)：易溶盐溶解殆尽，原生矿物的水解作用也已完成，钠离子、钾离子含量趋于稳定。在氯化钠含量较高的溶液中，石膏晶体随着浸水天数的增加而持续溶解，钙离子含量逐渐增加，由于其交换能力较强，将置换反离子层中的镁离子，镁离子含量随浸水天数的增多也逐渐增加。浸水后期，土体粗颗粒进一步分散解体，黏粒含量增加，比表面积增大，双电层的总厚度也变大，这与 Zeta 电位测试结果(显示在浸水后期，其电位绝对值随浸水天数稍有增加)相一致。

5.4　本章小结

(1)黄河水样的离子浓度明显较地下水低得多，说明灌溉水流经岩土体后，携带岩土体中的大量易溶物质进入地下水，导致地下水化学性质与黄河水相比发生显著的变化。

(2)地下水对黄土的长期物理化学作用显著：扫描电镜图像显示黄土一旦浸水，易溶盐迅速溶解，长期浸水的过程中，黄土颗粒之间由点点接触逐渐转变为点面接触或面面接触，排列杂乱无章，并细粒化；颗粒分布测试结果表明，黏粒含量随着浸水天数的增加先减少后增多；Zeta 电位测试结果表明，随着浸水天数的增加，结合水膜厚度先减小后增大；XRD 衍射试验发现黄土中各矿物成分随浸水天数的增加均有不同程度的变化，主要表现为伊利石含量减少，石英含量增加；水化学试验揭示了浸泡液离子浓度随浸水天数的变化规律，通过相关性分析，近似得出可溶盐成分主要为氯化钠、硝酸钠、硫酸钠、氯化钾、硝酸钾、硫酸钾、硫酸镁、硫酸钙，依据盐渍土按含盐化学成分分类，将黑方台地区黄土类型归为亚硫酸盐渍土，并将浸泡液中主要阳离子浓度随浸水天数的变化划分为 5 个阶段，从地下水长期作用对黄土物理化学性质影响的角度对其进行综合分析。

第 6 章　灌溉诱发黄土斜坡失稳机理

地下水长期作用下，不断溶解黄土中的易溶盐、中溶盐，并通过溶滤作用带走其中的难溶盐，从而影响黄土的强度。然而，地下水长期作用带走黄土中大量盐分，破坏黄土微结构的同时，也改变着孔隙水溶液中的化学成分，黄土中黏土矿物的双电层厚度亦随之发生改变，从而影响黄土的抗剪强度。本章主要研究地下水长期作用对黄土强度和变形的影响，从水土相互作用的角度，深入分析黄土强度弱化的浸水时效特征，探讨黄土中可溶盐含量对其强度影响的规律和原因，并开展关于黄土湿陷和溶滤(软化)变形的相关研究(李姝，2016)。

6.1　黄土软化的时效性

6.1.1　环剪试验

为了研究地下水长期作用对黄土强度的影响，采用环剪仪装置开展了不同浸水天数(1d、3d、5d、7d、10d、15d、20d)重塑黄土的强度试验研究(李姝等，2015)。

环剪仪是用来研究土体受到大剪切位移时力学特性的土工试验设备，其结构和工作原理见图 6.1，这一独特的结构和功能使其能够在试验过程中保持剪切面固定，允许试件沿着同一方向连续剪切，一方面能够动态控制剪切速率、剪切力以及竖直应力，另一方面还能够静态保持剪切面上的应力处于均匀状态。这些优点使得环剪仪能够较好地模拟滑坡大位移条件(强菲等，2014)。

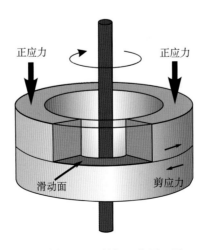

图 6.1　环剪仪工作原理图

本试验研究采用德国 Wille Geotechnik 公司生产的 ARS 型全自动闭合回路控制环剪仪（图 6.2），该环剪仪内、外环直径分别为 50mm、100mm，有效高度为 25mm，剪切面积为 5890.5mm²。试样由加压系统下部的刀刃以及下剪切盒上部的刀刃固定在剪切盒中，通过计算机精密控制轴向压力、剪切力、剪切速率、剪切位移等条件。剪切时，上剪切盒保持固定不动，下剪切盒转动，从而实现对试样的剪切过程(李姝等，2017)。

图 6.2 ARS 型全自动闭合回路控制环剪仪

6.1.1.1 试样制备

将土样过 2mm 筛后，放于恒温 108℃的烘箱里 24h，然后加水将土样调成 5%的质量含水率，静置至少 24h，使水分分布均匀。倒入定制的直径为 100mm、高度为 25mm 的环刀中，采用分层击实的方法夯实成密度为 1.5g/cm³ 的土样(现场取样测量，深度 30m 处黄土密度约为 1.5g/cm³)，接着在土样上、下表面各放 1 张滤纸(直径为 110mm)，两张滤纸外再各紧贴 1 块透水石(直径为 110mm、厚度为 10mm)，并用橡皮筋箍紧，如图 6.3 所示。本试验共需 8 组样品，每组 3 个(图 6.4)。其中，1 组不饱和，另外 7 组分别浸水 1d、3d、5d、7d、10d、15d、20d。对于需要饱和的试样，使用 ZK-270 型真空饱和缸进行真空抽气法饱和。试验开始时，使用配套的推土工具，将试样装入剪切盒，并用直径为 50mm 的取土器切除中心部分，制成试验所需尺寸的圆环状试样，将剪切盒安装于环剪仪底座上即可开始试验。取土器切下来的中心部分用于测定质量含水率，其结果为 30%～33%，计算出其饱和度为 97%～102%，饱和效果良好。

图 6.3　重塑土样　　　　　　　　　图 6.4　饱和土样

6.1.1.2　试验方案

每组中的 3 个试样,均以 20kPa/min 的变化率施加固结应力至 500kPa,然后以 100kPa/min 的变化率降压至所需施加的正应力(分别为 300kPa、375kPa、450kPa,黄土密度为 1.5g/cm³, 黄土层厚度为 30～40m,地下水位埋深约为 20m),固结稳定后进入剪切阶段。由于国内没有与环剪试验相对应的规范,而剪切速率对强度的影响复杂,目前已有的剪切速率对土体峰值强度的影响规律较为统一,即剪切速率越高,获得的峰值强度也越大,然而剪切速率对残余强度的影响比较复杂(Kamai,1998)。王炜等(2014)选定剪切速率 0.5mm/min、1.0mm/min、5.0mm/min 进行环剪试验,其对超固结重塑黄土的峰值强度、残余强度的影响不大(王炜等,2014)。孙涛等(2009)采取 0.01cm/s、0.1cm/s、1cm/s 剪切速率,对超固结黏土的抗剪强度特性进行环剪试验的研究指出,剪切速率越大,峰值强度随之增大,达到稳定残余强度时的剪切位移也越大,但对残余强度的值几乎没影响(孙涛等,2009)。考虑到饱水时间是主要控制因素,且需在一天内做完一组试样,据此设定剪切速率 v 为 5mm/min,剪切位移为 300mm,采用单级排水剪的方式进行剪切,采集仪每 2s 记录一次数据。

6.1.2　黄土强度随浸水天数变化规律

6.1.2.1　峰值强度和残余强度

环剪试验共 8 组,8 组试验的剪应力-剪切位移曲线形状类似,这里以浸水 3d 试样的试验结果为例进行说明(图 6.5)。黄土试样在剪切前处于超固结状态,曲线出现了明显的峰值,可准确地确定出土体的峰值强度。浸水 3d 的重塑黄土试样在 300kPa 正应力作用下,剪切位移为 7.3mm 时达到峰值强度 177.7kPa;375kPa 正应力作用下,剪切位移为 7.6mm 时达到峰值强度 212.7kPa;450kPa 正应力作用下,剪切位移为 9.8mm 时达到峰值强度 260.2kPa。这一现象表明峰值强度和其对应的剪切位移均随着正应力的增大而增大;在剪切位移为 250mm 左右时剪应力趋于稳定,取 250～300mm 剪应力均值作为残余强度,则在 300kPa、375kPa、450kPa 正应力作用下,其残余强度分别为 180.7kPa、220.4kPa、263.4kPa,与正应力成正比。

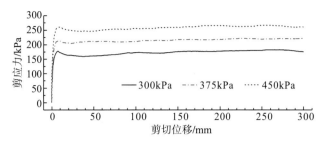

图 6.5　浸水 3d 试样的剪应力随剪切位移的变化曲线

值得注意的是，剪应力从峰值下降到某一值后，开始逐渐缓慢增加，直至稳定达到残余强度。关于该现象的解释，本书认为，饱和重塑黄土在剪应力达到峰值后，剪切带逐渐贯通，强度迅速降低，但是由于正应力的存在，使得剪切缝闭合，以粉粒为主的黄土颗粒之间咬合得更加紧密，颗粒发生一定的定向排列，从而使得剪应力有所增大，最终形成残余强度，并且有可能会略大于峰值强度（王顺等，2012；王炜，2014）。

试验结果见表 6.1，浸水天数相同的试样，其峰值强度与残余强度在数值上接近，这与强菲等（2014）研究得出的结论是一致的，即二次固结应力大于 300kPa 时，峰值强度与残余强度近似相等（强菲等，2014）。从抗剪强度随浸水天数变化的散点图连线（图 6.6）可以看出，随着浸水天数的增加，抗剪强度的变化具有阶段性：浸水初期强度衰减显著，正应力越大，其衰减越明显，在浸水第 3d 时达到最低值，当浸水时间继续增加，抗剪强度变化具有波动性，但总体上表现为以较低的幅度继续衰减，曲线整体形似"勺"形。

表 6.1　不同浸水天数下的黄土抗剪强度

浸水天数/d	抗剪强度/kPa	正应力 σ/kPa		
		300	375	450
0	峰值强度	210.081	271.762	316.559
	残余强度	207.600	266.815	330.426
1	峰值强度	197.356	258.744	290.884
	残余强度	191.282	250.307	287.966
3	峰值强度	177.695	212.446	260.194
	残余强度	180.672	220.433	263.401
5	峰值强度	181.820	226.688	276.552
	残余强度	183.379	233.435	275.605
7	峰值强度	176.659	219.692	271.383
	残余强度	185.721	229.680	265.240
10	峰值强度	184.649	231.838	264.773
	残余强度	180.107	228.150	272.051
15	峰值强度	178.733	225.533	272.332
	残余强度	179.145	222.543	265.934
20	峰值强度	179.901	227.193	267.651
	残余强度	177.168	222.904	269.607

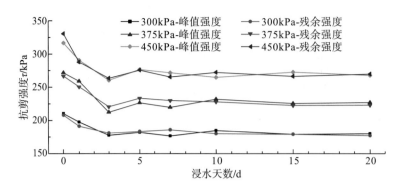

图 6.6　抗剪强度随浸水天数的变化曲线

6.1.2.2　内摩擦角

刘祖典等研究认为，土体强度弱化的实质是土的结构部分或者全部发生破坏，在这个过程中，黏聚力减小，内摩擦角发挥作用(刘祖典等，1994)。水的长期作用以及一定的剪切位移是土体达到完全软化状态(黏聚力 c 值很小或者接近于 0)的必要条件。那么，土体软化强度的研究重点就是当土体处于饱和状态下，其内摩擦角的变化，黏聚力默认为 0。

以浸水 3d 试样为例，将所施加的三个不同的正应力为横坐标，相应的峰值强度或残余强度为纵坐标，绘制剪应力-正应力关系曲线，并进行线性拟合，如图 6.7 所示。拟合得出的直线斜率即为内摩擦角的正切值，据此求得浸水 3d 试样的峰值内摩擦角为 29.998°，残余内摩擦角为 30.528°(如前文所述，残余强度略大于峰值强度)。同理可求得其他浸水天数下的内摩擦角(表 6.2)，绘制内摩擦角随浸水天数的变化曲线(图 6.8)。

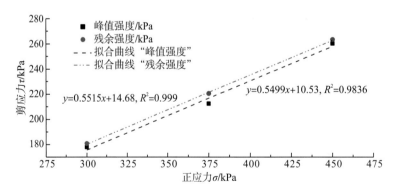

图 6.7　浸水 3d 试样的剪应力-正应力关系曲线

表 6.2　不同浸水天数下的黄土内摩擦角

浸水天数/d	0	1	3	5	7	10	15	20
峰值内摩擦角/(°)	35.363	33.145	29.998	31.362	30.731	31.119	31.061	30.938
残余内摩擦角/(°)	35.682	32.959	30.528	31.612	31.094	31.170	30.664	30.786

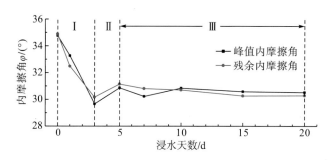

图 6.8　内摩擦角随浸水天数的变化曲线

对比图 6.6 和图 6.8 曲线的变化特征可以看出，内摩擦角随浸水天数的变化与抗剪强度随浸水天数的变化有一定的相似性，其"勺"形特点更加明显。内摩擦角-浸水天数变化具有明显的 3 个阶段：第 Ⅰ 阶段：浸水初期(0～3d)，内摩擦角迅速下降了 5°左右；第 Ⅱ 阶段(3～5d)：内摩擦角略有上升；第Ⅲ阶段(5～20d)：随着浸水天数继续增加，内摩擦角缓慢减小。饱和重塑黄土的内摩擦角对抗剪强度起着控制性的作用，内摩擦角变化的原因可在一定程度上解释抗剪强度随浸水时间的变化规律。

本节基于环剪试验对饱和重塑黄土抗剪强度随浸水时间的变化进行研究，得到黑方台地区黄土强度弱化的浸水时效特征，本书认为水与黄土之间的物理化学反应并不是瞬时完成的，因此在宏观整体上表现出黄土抗剪强度随着浸水时间的增加呈逐渐衰减的趋势。

6.1.3　水土相互作用对黄土强度弱化的时效性分析

本书认为黄土内摩擦角随浸水天数变化(图 6.8)与主要阳离子含量随浸水天数变化(图 5.19)之间有一定的对应关系。

图 6.8 的第 Ⅰ 阶段(0～3d)对应图 5.19 的第 Ⅰ 、Ⅱ阶段。浸水初期，随着水对黄土颗粒之间胶结物(易溶盐)的持续作用，颗粒接触部位的易溶盐迅速溶解，最显著的指标为钠离子浓度飙升，值得注意的是，钙离子参与离子交换作用和黏粒的凝聚反应，其含量反而在该阶段有所降低，黏粒含量也相应减少。易溶盐溶解导致黄土的结构遭到破坏，内摩擦角迅速降低。

图 6.8 的第 Ⅱ 阶段(3～5d)对应图 5.19 的第Ⅲ阶段。随着黄土中盐类的进一步溶解以及原生矿物的水解，孔隙水中离子浓度增加，与黄土中黏土颗粒反离子层发生离子交换作用，导致黏土颗粒结合水膜厚度减小(Zeta 电位绝对值减小)，从而使得颗粒之间的摩擦阻力增大，内摩擦角稍有增大。

图 6.8 的第Ⅲ阶段(5～20d)对应图 5.19 的第 Ⅳ、Ⅴ 阶段。浸水后期，一方面，由于盐类胶结物的减少，黄土结构发生更彻底的破坏，颗粒之间排列发生变化，散粒在静置的溶液中缓慢固结，地下水对黄土的化学作用缓慢；另一方面，随着易溶盐溶解殆尽以及原生矿物水解作用完成，钠盐、钾盐的溶解趋于稳定，与此同时，黄土颗粒间石膏晶体逐渐

溶解于氯化钠溶液中，粗颗粒进一步分散解体，黏粒含量增加，双电层总厚度有所增大（Zeta 电位绝对值增大），内摩擦角稍有降低，但不如刚开始浸水时那么显著。

综上所述，地下水对黄土长期的物理化学作用在宏观上表现出黄土抗剪强度及内摩擦角随着浸水时间的增加呈"勺"形变化的趋势。黄土强度弱化的浸水时效机制简述如下：浸水初期，胶结物（易溶盐）迅速溶解，黄土微结构破坏，内摩擦角显著减小；孔隙水离子浓度增大，与黏粒反离子层发生离子交换作用，黏粒结合水膜厚度变小，致使内摩擦角稍有增大；随着浸水时间的增加，中溶盐石膏逐渐溶解于氯化钠溶液中，黄土中粗颗粒进一步分散解体，黏粒含量增加，双电层总厚度有所增大，内摩擦角稍有减小。

6.2 黄土中可溶盐含量对其强度的影响

环剪试验结果表明，黄土强度及内摩擦角随浸水天数的变化规律总体呈下降趋势，本书认为可溶盐溶解导致黄土结构发生破坏，弱化了黄土的强度，于是开展了不同"洗盐"次数下，黄土强度变化规律的研究（郏慧等，2011；李姝等，2017）。

采用蒸馏水对黄土进行多次"洗盐"，以充分溶解黄土中的可溶盐，"洗盐"按照已有文献中所述方法（Tiwari et al., 2005；Wen et al., 2012），共制备了 4 组试样，即"洗盐"1 次、"洗盐"2 次、"洗盐"3 次和"洗盐"4 次的黄土试样，其具体"洗盐"步骤如下。

(1)把黄土和蒸馏水以 1∶2 的比例混合（图 6.9）配成 4 桶水土混合物，考虑到试验过程样品的需求量，黄土宜为 400g，蒸馏水为 800g。将土水混合物静置 24h 后，用注射器抽取其中 1 桶水土混合物中的上层清液存于塑料瓶中以测试其离子浓度，该桶中剩下的水土混合物倒入不锈钢碗里，放入烘箱（108℃）烘烤 24h，用碾磨棒锤击成细小颗粒后过 2mm 筛，配置成 7%质量含水率的土样，静置 48h，待水土混合均匀后，制成密度为 1.5g/cm³ 的三轴试样，此为"洗盐"1 次过程。为了避免不同固结压力后，黄土试样密实度不同而增加变量，本次采用 SJ-1A.G 型三轴剪力仪（图 6.10）进行不固结不排水剪试验。

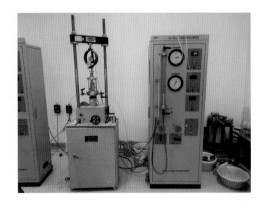

图 6.9　黄土"洗盐"处理　　　　　　　图 6.10　SJ-1A.G 型三轴剪力仪及 SJ-1A.G 型测控柜

(2)另外 3 桶水土混合物待上层清液抽取殆尽后，继续向桶里掺入与之前相同量的蒸馏水(800g)，再按照步骤(1)中描述的方式制备接下来的 3 组试样，直到"洗盐"4 次结束。

6.2.1　"洗盐"前后黄土强度变化规律

剪切破坏试样见图 6.11，将试验数据以轴向应变为横坐标，主应力差为纵坐标，绘制不同"洗盐"次数下黄土试样的应力-应变关系曲线(图 6.12)，其抗剪强度参数见表 6.3 和图 6.13。

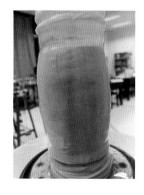

图 6.11　剪切破坏试样

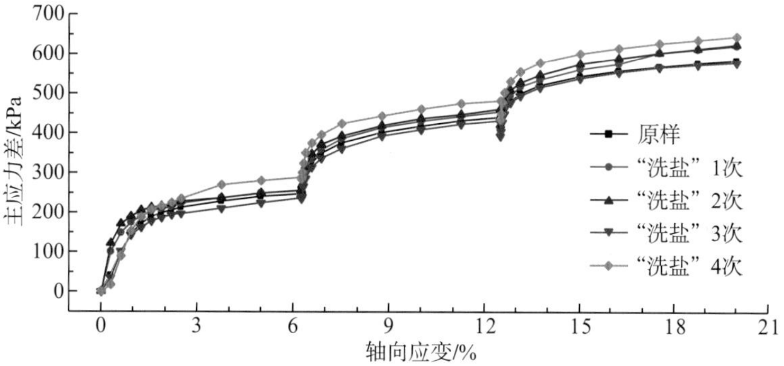

图 6.12　主应力差与轴向应变关系曲线

表 6.3　不同"洗盐"次数下，黄土试样的抗剪强度参数

试样	内摩擦角 $\varphi/(°)$	黏聚力 c/kPa
原样	27.20	26.74
"洗盐"1 次	28.45	23.76
"洗盐"2 次	28.66	23.39
"洗盐"3 次	27.44	22.57
"洗盐"4 次	28.06	35.20

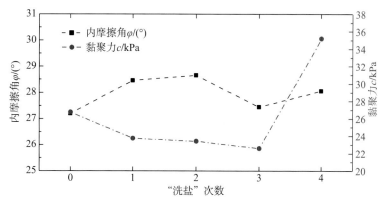

图 6.13　抗剪强度参数随"洗盐"次数的变化趋势(含原样)

(注：图中横坐标 0、1、2、3、4 分别代表原样、"洗盐"1 次、

"洗盐"2 次、"洗盐"3 次、"洗盐"4 次)

抗剪强度参数随"洗盐"次数的变化规律如下：随着"洗盐"次数的增加，内摩擦角 φ 值在 27°～29°波动，呈小幅上升的趋势，其对内摩擦角的影响较小；"洗盐"处理对黄土黏聚力 c 值的影响分为两个阶段："洗盐"前 3 次，黏聚力降低约 4kPa，继续"洗盐"，黄土黏聚力反而升高了 10kPa 左右。

6.2.2　可溶盐溶解对黄土强度的影响

采用注射器抽取桶里水土混合物中的上层清液存于塑料瓶中(图 6.14)以用于可溶盐含量的测试，黄土中易溶盐溶解于水中，近似于浸泡液中离子含量，通过测试浸泡液中离子浓度即可知黄土中易溶盐含量的变化。

图 6.14　"洗盐"后所取上层清液

采用 PHS-2C 型酸度计测溶液 pH；电导率仪测溶液电导率；ICP-OES 5300V 全谱直读型电感耦合等离子体原子发射光谱仪测试金属元素含量；离子色谱仪测试阴离子含量，阴离子中的 CO_3^{2-} 和 HCO_3^- 含量采用滴定法测量，其测试结果见表 6.4。"洗盐"1 次到 4 次的上层清液中主要阳离子成分为 Na^+、Ca^{2+}、Mg^{2+}、K^+，主要阴离子成分为 SO_4^{2-}、Cl^-、HCO_3^-、CO_3^{2-}，浸泡液中化学成分以 Na_2SO_4 为主、NaCl 为辅。

表 6.4　黄土不同"洗盐"次数下上层清液化学成分测试结果

"洗盐"次数	离子浓度/(mg/L)									电导率/(μS/cm)
	Na^+	K^+	Ca^{2+}	Mg^{2+}	CO_3^{2-}	HCO_3^-	Cl^-	SO_4^{2-}	pH	
1	240.10	4.47	44.70	14.27	5.93	48.23	184.61	335.52	7.64	1357
2	41.07	1.48	21.42	4.40	5.93	18.09	25.00	87.24	7.40	321
3	23.26	1.14	19.96	3.46	0.00	30.14	11.63	77.47	7.38	244
4	15.20	1.19	17.97	2.77	0.00	24.12	5.86	58.86	7.31	186

水的电导率是水传导电流的能力,电导率是综合衡量水中离子浓度的指标,其随着"洗盐"次数增加而变化的曲线见图 6.15。从图中可以看出,浸泡液的离子浓度随"洗盐"次数的增加而减小。当对黄土进行第 1 次"洗盐"处理时,黄土中易溶盐迅速溶解,电导率测试值大于 1000μS/cm,然而在对黄土进行第 2 次"洗盐"处理后,电导率迅速降低至 321μS/cm,表明黄土中的可溶盐含量急剧减少,随着"洗盐"次数的继续增加,浸泡液中的离子浓度呈逐渐下降的趋势。

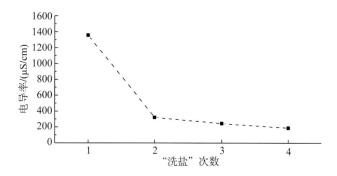

图 6.15　电导率随"洗盐"次数变化规律

采用 MS2000 激光粒度测试仪测定不同"洗盐"次数下试样的颗粒分布,其粒组含量随"洗盐"次数的变化曲线见图 6.16,"洗盐"次数增加,含量最多的粉粒含量减少,部分颗粒细化为黏粒,从而使得黏粒含量有所增加,由于各粒组含量具有相对性,粉粒含量的减少,将导致砂粒含量相对增加。

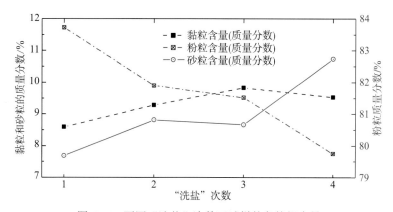

图 6.16　不同"洗盐"次数下试样的各粒组含量

结合"洗盐"处理后黄土抗剪强度参数的变化曲线(图 6.13)可知,易溶盐的溶解对其抗剪强度有影响,体现于抗剪强度参数(φ、c)的变化规律:

(1)随着"洗盐"次数的增加,内摩擦角 φ 值在 27°~29°波动,呈小幅上升的趋势。本书认为易溶盐溶解后,黄土结构破坏,大孔隙塌缩,颗粒与颗粒之间发生重新排列,结合得更加紧密,造成内摩擦角有所增大,但对内摩擦角的影响比较小。

(2)"洗盐"处理对黄土黏聚力 c 值的影响分为两个阶段:"洗盐"前 3 次,黏聚力降低约 4kPa,本书认为由于可溶盐在黄土中起着胶结作用,水溶解了其中的易溶盐,导致胶结作用减弱,黏聚力减小;继续"洗盐",黄土黏聚力反而升高了 10kPa 左右,很可能是因为"洗盐",土体的粉粒性和富盐性都发生了改变,土颗粒的几何排列以及颗粒与颗粒之间的内部联结也发生了变化,黏粒含量增加,黏聚力增大。

6.3　黄土湿陷、溶滤(软化)变形

黄土湿陷性是指黄土与水作用时,土体发生收缩,结构变密实的特性,用湿陷系数来衡量,依据《公路土工试验规程》(JTG E40—2007),当湿陷系数大于或等于 0.015 时,为湿陷性黄土,否则为非湿陷性黄土。不同成因、不同形成年代的黄土,其湿陷性有较大差异,总体规律为老黄土的湿陷性微弱或者不具备湿陷性,而新黄土的湿陷性则较强。湿陷变形是黄土的重要特征,是指在荷载和浸水的联合作用下,由于黄土的结构被破坏而产生明显的变形。渗透溶滤变形实际上是湿陷变形的继续,是指黄土在荷载及渗透水长期作用下,由于可溶盐被溶滤以及黄土中的孔隙被压密而产生的垂直变形。本书制备质量含水率为 7%、密度为 1.5g/cm^3 的黄土试样(ϕ61.8mm×20mm),采用杠杆三连高压固结仪(图 6.17),开展不同固结压力下,黄土湿陷系数和溶滤(软化)系数变化规律的研究(王念秦等,2005;孙萍萍等,2013)。

图 6.17　杠杆三连高压固结仪

6.3.1　黄土变形曲线

以 400kPa 固结压力下的黄土试样变形曲线为例(图 6.18),该曲线具有明显的阶段性,前 4 次陡降为分级加载所引起的试样压缩变形,第 1 次向水槽里加水后,试样轻微沉降,第 2 次从试样上方加水,水对黄土的溶滤作用更加显著,试样发生了剧烈的湿陷变形,随着试样浸水时间的延长，黄土中可溶盐溶解殆尽，黄土变形亦趋于稳定。为了更清晰直观地反映不同固结压力下黄土的变形特征，将 50kPa、100kPa、200kPa、300kPa 和 400kPa 固结压力下的试样变形曲线绘制于同一图中（图 6.19），可以看出：固结压力越大，黄土试样在溶滤变形达到稳定时的总变形量越大。

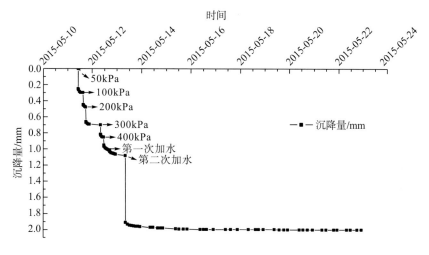

图 6.18　400kPa 固结压力下黄土试样的变形曲线

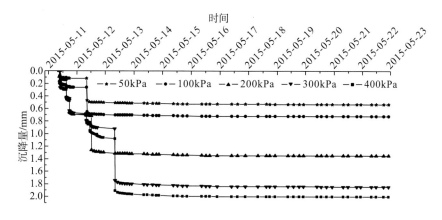

图 6.19　不同固结压力下黄土试样的变形曲线

6.3.2　固结压力对黄土湿陷系数、软化系数的影响

需要指出的是，该试验过程中，第 1 次注水是向水槽里加水，第 2 次加水是卸载后，从试样顶部加水，本书将第 1 次加水所产生的压缩变形，以及第 2 次加水后前 20min（依据变形观测，20min 内黄土的变形开始逐渐趋于稳定）所产生压缩变形的总和作为黄土湿陷变形量。在随后相当长的一段时间内，黄土试样长期处于浸水状态，本书将湿陷变形后期浸水状态下压缩变形量视为水对土体软化作用的量化体现，并将其与初始高度的比值定义为软化系数。

黄土在不同固结压力下的孔隙比、湿陷系数和软化系数值见表 6.5，关系曲线见图 6.20、图 6.21，浸水前后的孔隙比与固结压力之间均呈线性关系，即固结压力越大，孔隙比越小，黄土试样愈密实；浸水后试样的孔隙比明显小于浸水前，说明黄土的水敏性显著；大孔隙比呈现先增大后减小的趋势，说明当固结压力较大时，湿陷前后黄土孔隙比变化小于固结压力较小时湿陷前后黄土孔隙比变化，湿陷系数变化特征也能较好地说明该现象。

表 6.5 不同固结压力下的孔隙比、湿陷系数和软化系数

固结压力/kPa	浸水前孔隙比	浸水后孔隙比	大孔隙比	湿陷系数	软化系数
50	0.925	0.89	0.035	0.018	0.0032
100	0.912	0.874	0.039	0.0201	0.0034
200	0.878	0.823	0.054	0.0283	0.0045
300	0.871	0.783	0.089	0.0461	0.005
400	0.855	0.769	0.087	0.0449	0.0046

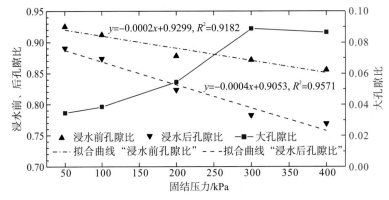

图 6.20 黄土试样孔隙比与固结压力的关系曲线

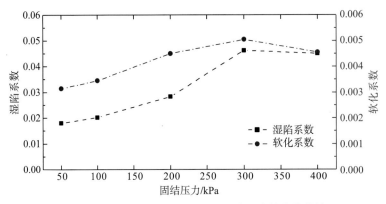

图 6.21 湿陷系数与软化系数随固结压力的变化曲线

分别对 50～300kPa 固结压力下的湿陷系数和软化系数进行拟合(图 6.22)，湿陷系数与固结压力之间满足指数关系，即 $y=0.01346e^{0.00405x}$，软化系数与固结压力之间呈线性关系，即 $y = 7.949 \times 10^{-6}x + 0.00275$。指数增长大于线性增长，也能在一定程度上反映黄土的

水敏性特征,尤其是黄土从干燥状态到浸水状态时,结构迅速破坏,产生显著的湿陷变形,当黄土长期处于浸水状态时,水缓慢地溶蚀黄土中的可溶盐,改变土体微结构,宏观上表现为轻微的压缩变形。

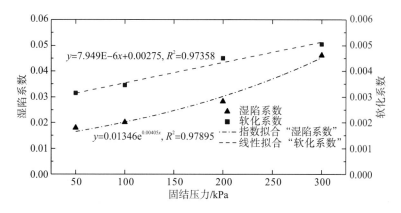

图 6.22　湿陷系数、软化系数与固结压力间的拟合关系曲线

　　根据固结试验结果,黄土的湿陷、软化系数都随着土体深度的增加呈先增大后减小的趋势。本书认为,当黄土所受的固结压力较小时,浸水后,随着施加于黄土试样上固结压力的增大,土颗粒之间发生错动、调整导致变形量增大,黄土的湿陷变形和软化变形也相应增大;当黄土所承受的荷载达到一定限度后,土体被压得非常致密,其变形的空间也较小,黄土中的孔隙几乎被压实而导致水无法在黄土中顺畅通行,不能充分带走黄土中的可溶盐,使得其对黄土结构的破坏不如土体受较小固结压力作用时那么显著,导致黄土湿陷系数和软化系数均减小。

6.4　原状黄土的静态液化特性

　　黄土具有多孔隙、弱胶结与水敏性的特点,在前面的章节中提到黄土在饱和情况下,胶结作用减小,土体强度降低。加之受外力的作用,黄土在饱和条件下易产生静态液化而诱发边坡失稳,甘肃黑方台地区与陕西泾阳南塬滑坡灾害频发,造成严重的人员伤亡与财产损失,其中大部分黄土层内滑坡是由饱和黄土带静态液化引起的(张一希等,2018)。本节选取三个研究区的黄土样进行室内试验,探究不同区域黄土的静态液化特征(张一希,2019)。

6.4.1　黄土静态液化试验设计

6.4.1.1　试验样品及其基本物理性质

本节所采用土样分别取自我国砂质黄土区陕西北部神木(Q_3)、粉质黄土区甘肃黑方

台 (Q₃) 与黏质黄土区陕西中部泾阳南塬 (Q₂) (刘东生，1985)，土样编号分别为 SM、HFT、JY，地理位置如图 1.2 所示。所有土样均取自滑坡后缘处人工开挖的边坡，现场取样阶段在各研究区分别取得 12～15 个尺寸为 $100mm(D) \times 200mm(H)$ 的原状土样，通过保鲜膜与 PVC 管包裹，以保证原状样的完整性与质量含水率 (图 6.23)。所取黄土粒度组成均以粉粒含量最高，由于研究区所处黄土带不同，因此所取黄土中砂粒、黏粒含量及性质存在较大的差异 (图 6.24)，各土样力学性质如表 6.6 所示。

图 6.23   现场取样与包裹后原状样

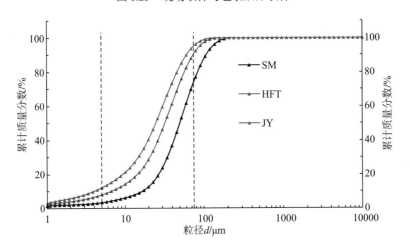

图 6.24   研究区土样颗粒级配曲线

表 6.6   研究区试验黄土的基本力学性质

土样类型	地层年代	相对密度 G_s	塑限 W_P/%	液限 W_L/%	塑性指数 I_P/%	不同粒径颗粒分布/%		
						<0.005mm（黏粒）	0.005～0.075mm（粉粒）	>0.075mm（砂粒）
砂质黄土(SM)	Q₃	2.70	20.82	26.13	5.31	3.40	73.74	22.86
粉质黄土(HFT)	Q₃	2.69	17.53	26.83	9.3	7.93	83.45	8.62
黏质黄土(JY)	Q₂	2.71	18.35	32.45	14.1	12.17	83.07	4.76

6.4.1.2　试验仪器

试验采用英国 GDS 饱和-非饱和三轴试验系统(图 6.25)，系统主要包括围压室、轴压控制器、围压控制器、反压控制器、霍尔传感器、数据采集仪以及对应的 GDSLAB 软件系统，通过 GDSLAB 软件全程对试验进行控制与数据采集，以保证数据的完整性(周飞，2015)。

图 6.25　英国 GDS 饱和-非饱和三轴试验系统

6.4.1.3　试验方案设计

本章试验为不同区域原状土试验，原状土样的制备过程是先将 100mm(D)×200mm(H)的原状土固定在制样台上，然后使用削土刀将其削至 50mm(D)×100mm(H)的尺寸(图 6.26)，试验阶段共制备 14 个原状土样。

图 6.26　三轴试验原状土样制备图

三轴试验中通常会使用承膜筒对试样进行安装。在安装试样之前，需要在围压舱基座的外侧涂抹上一层凡士林，防止在试验过程中因密封性不好而漏水；在安装试样阶段先在围压舱底座依次放置透水石、滤纸，再通过承膜筒与橡胶膜将试样安装在基座上面，并在试样底部与顶部涂抹一层凡士林，并用 O 型橡胶圈固定，防止试样在试验过程中漏水；盖上压力罩并向围压舱注入脱气蒸馏水以保证围压舱的密闭，装好后的试样如图 6.27 所示。

图 6.27   三轴试验试样安装示意图

黄土具有结构性、多孔隙性和弱胶结性的特点，因此试样饱和是试验中至关重要的一步。在总结前人方法的基础上，试验中采用先通 CO_2，再水头饱和与反压饱和相结合的方法对土样进行饱和，饱和阶段完成的标志为 GDSLAB 软件采集的孔隙水压力系数 B 值达到 0.98 以上。试样饱和后，在指定有效围压下进行固结与剪切试验，剪切试验采用应变控制方式，应变速率为 0.1mm/min，直至试样达到稳定状态。受仪器的影响，本阶段试验最大剪应变约为 21%～22%。所有试样均采用等压固结不排水剪试验（istropic consolidated undrain，ICU），试验设计围压主要为 50kPa、100kPa、300kPa、500kPa、800kPa，研究各区域原状饱和黄土在不排水条件下的应力应变行为与液化能力的差异，试验方案如表 6.7 所示。

表 6.7   不同区域原状黄土试验方案一览表

试样编号	初始有效应力 p_0'/kPa	初始孔隙比 e_0	孔隙水压力系数 B
S_i50	51	0.845	0.985
S_i100	101	0.845	0.983
S_i300	301	0.850	0.985
S_i500	501	0.848	0.980
H_i50	51	0.889	0.987
H_i60	61	0.880	0.978
H_i100	101	0.878	0.985
H_i300	301	0.881	0.983
H_i500	501	0.891	0.985
J_i50	51	0.910	0.980
J_i100	101	0.886	0.980
J_i310	311	0.796	0.978
J_i510	511	0.871	0.985
J_i800	801	0.908	0.984

注：i 代表原状土样，"S_i50" 代表神木原状土样在 50kPa 围压下的三轴试验编号，以此类推。

6.4.2　试验结果与分析

6.4.2.1　理论分析方法

试验对三个研究区的原状土样在 50kPa、100kPa、300kPa、500kPa、800kPa 围压情况下进行等压固结不排水剪切试验，通过分析应力应变关系、孔隙水压力变化、应力路径和 e-$\ln p'$ 平面的临界状态线，对研究区的液化差异进行理论研究。试验处理阶段所涉及的基本力学参数如下。

有效大主应力：

$$\sigma_1' = \sigma_1 - u \tag{6.1}$$

有效小主应力：

$$\sigma_3' = \sigma_3 - u \tag{6.2}$$

偏应力：

$$q = \sigma_1' - \sigma_3' \tag{6.3}$$

有效平均主应力：

$$p' = \frac{\sigma_1' + 2\sigma_3'}{3} \tag{6.4}$$

式中，σ_1 为轴向应力；σ_3 为径向应力；u 为孔隙水压力。

1. 应力应变与孔隙水压力响应曲线

对土体是否产生静态液化的初始判断是通过分析应力应变与孔隙水压力响应曲线，判别土体在不排水剪切过程中是否同时满足了强烈的"应变软化"与"孔隙水压力的剧增"(Liu et al.，2019a)。通常土体在较大应变时，才可能达到变形稳定状态，这一变形状态常称为临界状态，通常在试验中的轴向变形须达到 18% 才可能达到临界状态，本章试验的轴向应变 ε_a >20%。残余强度是指土体处在临界状态下的抗剪切能力，可由不排水剪切试验得到的偏应力 q 与轴向应变 ε_a 的关系曲线获得，而根据土体的应力应变行为，Casagrande 和 Poulos 等提出了"有限液化"与"液化"的概念(Casagrande，1958；Poulos et al.，1985；朱建群，2007)。"有限液化"为典型的应变软化-硬化型曲线，其特征为偏应力达到峰值后迅速降低至最小应力值，表现出剪缩的性质，在短暂的稳定后土体经过变相点 A 由剪缩向剪胀转变，直到土体达到稳定状态。"有限液化"土体对应的孔隙水压力响应图也表现出孔隙水压力前期急剧增大，在短暂稳定后由增大趋势转变为减小趋势(图 6.28)。

2. 临界状态线

以剑桥模型和修正剑桥模型(Roscoe et al.，1958；Schofield et al.，1968)为基础建立的临界状态土力学理论，标志着现代土力学的开端。目前临界状态土力学理论仍然被广泛应用于本构建模以及实际工程中。通过总结前人研究现状可知，学者普遍认为以临界状态理论为标准的判断液化方法更适合解决实际的液化问题，而不是单一地采用"初始液化"（即有效应力 p' 为 0 时的应力状态）。

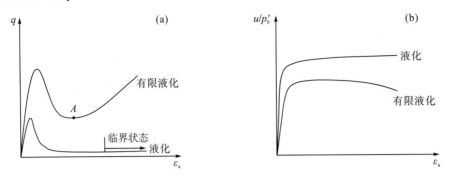

(a)偏应力-应变图；(b)孔压响应图

图 6.28　"液化"与"有限液化"特征曲线示意图

　　临界状态是用来表征土体在发生较大应变时的应力状态，即随着应变的发展土体的偏应力 q、平均有效应力 p' 与孔隙比 e_c 均达到稳态变形阶段。当它们达到稳定变形状态时参数在 q-p'、e-$\ln p'$ 空间平面中的关系曲线称为临界状态线（critical state line, CSL），由于剑桥模型与莫尔-库仑理论不同，剑桥模型为不考虑土体黏聚力的纯摩擦型本构，因此临界状态线可由下式表示：

$$q_{ss} = Mp'_{ss} \tag{6.5}$$

$$e_{ss} = \Gamma - \lambda \ln p'_{ss} \tag{6.6}$$

式中，q_{ss}、p'_{ss}、e_{ss} 分别表示在稳定状态下土体的偏应力、平均有效主应力与孔隙比；M 为临界状态线在 q-p' 空间平面中的斜率；Γ 为 e-$\ln p'$ 平面中临界状态线在 p'_{ss}=1kPa 时对应的孔隙比。

　　通过 M 可定义有效内摩擦角：

$$\sin \varphi' = 3M / (6 + M) \tag{6.7}$$

　　应力路径（图 6.29）是用来表示土体在剪切过程中应力状态变化的过程，往往是在应力坐标系中采用莫尔应力圆中某一特征点的移动轨迹来表示。应力路径对研究土体应力变化对土体性质和强度特征的影响具有重要的意义。因此以平均有效应力 p' 为横坐标，偏应力 q 为纵坐标绘制各试验过程中的应力路径曲线（图 6.9），并根据应力路径曲线确定各试样饱和情况下的不稳定线（instability line，IL）、不稳定区域以及临界状态线（CSL）与其对应的内摩擦角。

　　一般情况下，临界状态线描述于 e-$\ln p'$ 平面中以使其应力状态的分布范围更广（图 6.30）。Poulos 等基于土体的临界状态与残余强度建立了判断液化评估方法：根据 e-$\ln p'$ 空间平面中的临界状态线把砂土在不同有效应力作用下的 e-$\ln p'$ 平面分为"潜在液化区"与"无流动液化区"，当砂土处于临界状态线上方的"潜在液化区"时才有可能发生液化或流滑破坏，根据临界土力学的原理，该理论在研究黄土液化中也被国内外学者大量运用（Poulos，

1981；Poulos et al.，1985）。

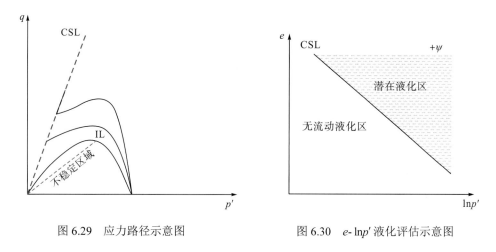

图 6.29　应力路径示意图　　　　　　　　　图 6.30　e-$\ln p'$ 液化评估示意图

根据以上基础理论，我们对本章试验数据进行分析。

6.4.2.2　应力应变关系

通过对原状土样整个试验阶段的数据进行分析，研究不同研究区原状黄土在试验中力学性质的差异以及液化特性（图 6.31）。

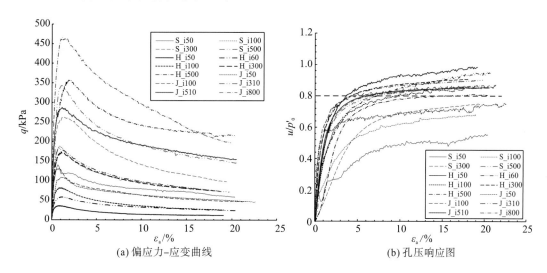

(a) 偏应力-应变曲线　　　　　　　　　　　(b) 孔压响应图

图 6.31　研究区原状样等压固结不排水剪三轴试验结果

图 6.31(a) 显示了试验过程中偏应力与应变变化的关系，由图可以看出，原状土样在等压固结不排水剪条件下，偏应力的变形特征主要表现为先迅速增大到峰值后迅速减小的应变软化行为，试样峰值强度均出现于 $\varepsilon_a < 2.5\%$，且峰值强度随着围压的增大而增大，峰值点对应的应变也越大。神木原状土样(S_i)在剪切过程中偏应力-应变曲线表现出应变软

化的行为，但通过初始有效应力 p_0' 对孔压的改变进行归一化[图 6.31（b）]可知，仅 S_i500 试样数据表现出孔隙水压力激增的趋势，表现出液化的特征，其余土样均无液化产生的特征与趋势；黑方台原状土样（H_i）应力应变行为呈现出强应变软化，且伴随孔隙水压力的急剧增加，$u/p_0'>0.8$，表现出剪缩趋势，通过初始有效应力 p_0' 对孔压的改变进行归一化，数据显示试样的强应变软化与其孔隙水压力激增趋势相吻合，而孔隙水压力激增，造成黄土强度急剧降低，从而表现出液化的特征；泾阳南塬原状土样，（J_i）中大部分土样可看出强应变软化与其孔隙水压力激增趋势，表现出液化的特征，而土样 J_i50 在等压固结不排水剪条件下，孔隙水压力先表现出激增的趋势，而随着应变的增大，孔隙水压力的增长逐渐减小，未发现有超孔隙水压力形成的趋势。

6.4.2.3 临界状态

图 6.32 应力路径曲线与应力应变曲线皆展现出了在等压固结不排水剪试验中，各区域原状土样不同程度的应变软化特征，并且可以看出，在相同围压下，不同土样之间强度变化的差异。同时各土样不稳定区域的面积也随着围压的增加而改变，比如在 300kPa 条件下，试样 H_i300 不稳定区域最小，而围压增大到 500kPa 时，H_i500 不稳定区域最大。通过数据可知应力路径曲线中原状试样 CSL 的斜率 M 存在一定的差异：$M_S=1.22$、$M_H=1.37$、$M_J=1.29$，根据前文公式可求得对应的临界状态内摩擦角分别为 $\varphi_S'=29.04°$、$\varphi_H'=31.95°$、$\varphi_J'=30.42°$。

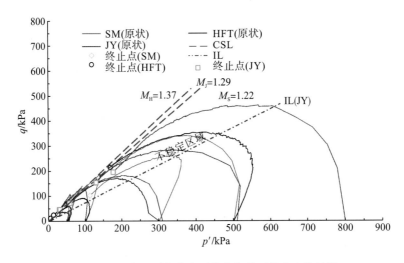

图 6.32　研究区原状黄土不排水条件下的应力路径图

将各区域原状土的临界状态以及试验阶段的起点与终点表现在 $e\text{-}\ln p'$ 的平面中（图 6.33），可以观察到各研究区土体 CSL 在位置与形态上皆存在较大的差异。

在 $e\text{-}\ln p'$ 平面中的应力范围内，神木地区与泾阳南塬地区的 CSL 为线性的，而黑方台地区的 CSL 表现为非线性的特征，这一特征与许领曾提出的黑方台地区土样

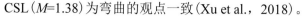

CSL(M=1.38)为弯曲的观点一致(Xu et al.，2018)。

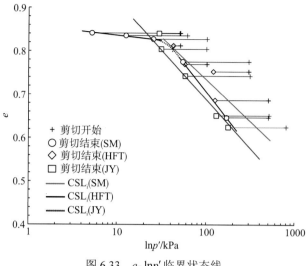

图 6.33　e- lnp' 临界状态线

通过对三个研究区土样 CSL 的位置分析，神木地区的 CSL 整体偏右侧，根据 Poulos 提出的当土体处于临界状态线 CSL 上方才有可能发生液化或流滑破坏的观点(Poulos et al.，1985)(图 6.30)可推断出，在一定应力范围内，神木地区土样与其他研究区土样相比，具有最小的潜在液化区和最大无流动液化区。

6.5　黄土静态液化影响因素研究

6.4 节对研究区原状土样进行等压固结不排水剪三轴试验，通过分析试验数据所得应力应变关系、孔隙水压力变化、应力路径和 e- lnp' 平面的临界状态线，对研究区的液化差异进行了对比分析(宏观差异)。本节通过对比原状样和重塑样试验结果研究结构因素对黄土液化能力的影响；通过对同一区域重塑试样进行不同围压的三轴试验研究天然孔隙比对黄土液化能力的影响；通过配比不同砂粒含量的重塑样研究颗粒级配对黄土液化能力的影响(微观影响因素)。然后基于以上系列试验结果对 Bobei 等提出的表征细粉砂混合物的静态液化特征的修正状态参数 ψ_m 的赋值进行调整，归纳提出判别黄土静态液化特性的修正状态参数 ψ_m(张一希，2019)。

6.5.1　黄土静态液化试验设计

6.5.1.1　试验仪器和试验样品

本章试验主要包括重塑土样的等压固结不排水剪三轴试验与扫描电子显微镜试验。三轴试验部分采用英国 GDS 饱和-非饱和三轴试验系统(图 6.25)。扫描电子显微镜试验

(SEM)部分采用荷兰 Phenom-World 公司生产的电镜能谱一体机 Phenom ProX。

本章试验采用土样以重塑土样为主，重塑样的制作较为复杂。根据试验目的重塑土样主要包括两类：

(1)一类为天然级配下的黄土样。该类土样主要取自黑方台地区(HFT)与泾阳南塬地区(JY)。首先将现场所取土样放置在 108℃烘箱里 24h，利用橡皮锤将块状黄土碾碎，然后根据《土工试验方法标准》(GB/T 50123—2019)过 2mm 的筛。由于在试验过程中所有土样均会达到饱和，为了方便制样，试验所采用的重塑土样目标质量含水率为 10%，孔隙比与原状土样相近。制样过程中通过事先计算好的土和水的质量制备重塑土，待差值满足质量含水率测定的允许平行差值后，即可进行试样的制备。制样过程中将重塑土样分 4 层装入 50mm(D)×100mm(H)的三轴制样器中(图 6.34)，通过分层击实的方法保证各层土样质量相等、孔隙比相同，同时尽量保证电子显微镜观察试验中所用重塑土样与原状土样物理参数相同。

图 6.34　三轴制样器与重塑试样

(2)另一类为人工配置黄土。该类黄土主要通过人工改变神木地区(SM)砂质黄土的砂粒含量所得。为了达到人工改变神木地区(SM)黄土砂粒含量的目的，本书先将神木天然级配下的土样在 108℃烘箱里放置 24h，利用橡皮锤将块状黄土碾碎，然后根据《土工试验方法标准》(GB/T 50123—2019)过 2mm 的筛。神木(SM)黄土黏粒体积分数仅 4.39%，加之黏粒的提取工作量大且误差较大，因此采用粒径为 0.075nm 的筛子对小于 2mm 的黄土进行筛分，将神木地区的砂质黄土分为小于 0.075mm 的"黏粒+粉粒"与大于 0.075nm 的"砂粒"(图 6.35)，然后通过质量比配得不同砂粒含量的黄土，再利用 MS2000 激光粒度测试仪对人工配置黄土的颗粒级配进行准确的测试。神木黄土的所有颗粒均小于 0.209mm(图 6.35)，对不同砂粒含量的土体进行相对密度测试实验，所测结果表明 G_s=2.69～2.71。不同颗粒级配重塑黄土的制样过程与上述黑方台地区(HFT)和泾阳南塬地区(JY)天然重塑土一样，目标质量含水率为 10%，不同颗粒级配土样孔隙比相似，同时尽量保证电子显微镜观察试验所用重塑土样与原状土样物理参数相同。

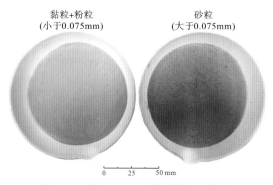

图 6.35　过 0.075mm 筛后的神木黄土

6.5.1.2　试验方案设计

旨在对黄土静态液化影响因素进行研究，根据所研究因变量的不同，试验设计方案主要分为三种：

(1)结构对静态液化的影响。通过对静态液化型滑坡较为集中的黑方台地区(HFT)与泾阳南塬地区(JY)两个区域的重塑黄土在不同围压下进行等压固结不排水剪切试验，得到重塑土样试验数据。其中黑方台重塑土(H_r)孔隙比 e 为 0.77~0.98，泾阳南塬重塑土(J_r)孔隙比 e 为 0.81~0.91，通过对重塑土样试验数据与 6.4 节所得原状土样数据进行对比分析，研究结构对黄土力学性质与静态液化特性的影响，并对 Bobei 等提出的细砂混合物的静态液化特征的修正状态参数 ψ_m 的赋值进行调整，提出一套属于黄土静态液化特征的修正状态参数 ψ_m(Bobei et al.，2009)。三轴试验部分共制重塑土样 12 个，具体试验方案见表 6.8 所示。同时对物理参数相似的原状土样与重塑土样进行扫描电子显微镜试验，电镜扫描部分共制土样 6 个，通过试验所得图像对原状土样与重塑土样的孔隙和颗粒进行比较，研究结构的差异性。

表 6.8　结构因素试验研究方案一览表

试样编号	初始有效应力 p_0'/kPa	初始孔隙比 e_0	孔隙水压力系数 B
H_i50	51	0.889	0.987
H_i60	61	0.880	0.978
H_i100	101	0.878	0.985
H_i300	301	0.881	0.983
H_i500	501	0.891	0.985
H_r15	16	0.982	0.9835
H_r35	36	0.967	0.988
H_r50_1	51	0.771	0.984
H_r50_2	51	0.959	0.980
H_r100	101	0.784	0.990
H_r300	301	0.865	0.986

试样编号	初始有效应力 p_0'/kPa	初始孔隙比 e_0	孔隙水压力系数 B
H_r500	501	0.856	0.976
J_i50	51	0.910	0.980
J_i100	101	0.886	0.980
J_i310	311	0.796	0.978
J_i510	511	0.871	0.985
J_i800	801	0.908	0.984
J_r50	51	0.911	0.984
J_r100	101	0.900	0.978
J_r310	311	0.809	0.987
J_r510	511	0.879	0.975
J_r800	801	0.881	0.978

注：i 代表原状土样，r 代表重塑土样，"H_i50" 代表黑方台(HFT)原状土样在 50kPa 围压下的三轴试验编号，"H_r15" 代表黑方台(HFT)重塑土样在 15kPa 围压下的三轴试验编号，以此类推。

(2) 天然孔隙比对静态液化的影响。前文提及的"天然孔隙比"与"初始孔隙比"概念不同，在坡体中土体的天然孔隙比是受上覆土层厚度影响的，本章在试验过程中通过改变围压得到土样的天然孔隙比，即土样在剪切阶段时的孔隙比。因此天然孔隙比对静态液化的影响也可说成是围压对土体静态液化的影响。本章通过对神木地区、黑方台地区及泾阳南塬地区天然级配下重塑土样进行不同围压下的等压固结不排水剪试验，模拟同一区域饱和黄土在不同深度情况下液化特性的差异。共制重塑土样 16 个，具体试验方案见表 6.9。

表 6.9 天然孔隙比(围压)因素试验研究方案一览表

试样编号	初始有效应力 p_0'/kPa	初始孔隙比 e_0	孔隙水压力系数 B
S_r50	51	0.840	0.985
S_r100	101	0.841	0.985
S_r310	311	0.875	0.984
S_r510	511	0.858	0.980
H_r15	16	0.982	0.984
H_r35	36	0.967	0.988
H_r50_1	51	0.771	0.984
H_r50_2	51	0.959	0.980
H_r100	101	0.784	0.990
H_r300	301	0.865	0.986
H_r500	501	0.856	0.976
J_r50	51	0.911	0.984
J_r100	101	0.900	0.978
J_r310	311	0.809	0.987
J_r510	511	0.879	0.975
J_r800	801	0.881	0.978

注：r 代表重塑土样，"H_r15" 代表黑方台(HFT)重塑土样在 15kPa 围压下的三轴试验编号，以此类推。

(3) 颗粒级配对静态液化的影响。本章中颗粒级配对黄土静态液化的影响将以研究区中液化特性最差的神木地区土样为样本，通过人工配置改变神木砂质黄土的砂粒含量。共制备 5 组不同的砂粒质量分数，分别为 s_{c1}=9.87%（1#）、s_{c2}=17.75%（2#）、s_{c3}=20.55%（3#）、s_{c4}=40.56%（4#）、s_{c5}=60.65%（5#），其中 3# 为神木土样的天然级配，具体颗粒级配参数如图 6.36 与表 6.10 所示。本章对各组颗粒级配土样在 50kPa、100kPa、310kPa、510kPa、800kPa 围压条件下进行等压固结不排水剪试验，对比试验过程中各组土样力学性质的差异，结合黄土静态液化特征的修正状态参数 ψ_m 对不同颗粒级配黄土静态能力进行判定，验证修正状态参数 ψ_m 赋值的合理性，本阶段共制重塑土样 24 个，具体试验方案见表 6.11。本章也将制备 5 个电镜扫描试样，通过对各组颗粒级配土样进行扫描电子显微镜试验，研究不同颗粒级配黄土结构的差异性。

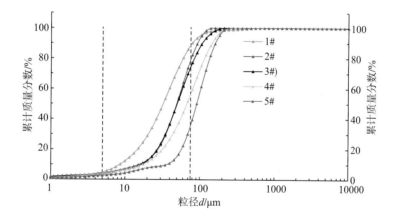

图 6.36　人工配置黄土颗粒级配曲线

表 6.10　人工配置黄土基本物理力学参数

试样名称	相对密度 G_s	孔隙比 e	不同粒径颗粒分布/%		
			<0.005mm（黏粒）	0.005~0.075mm（粉粒）	>0.075mm（砂粒）
1#	2.69	0.84~0.86	4.61	85.52	9.87
2#	2.70	0.85~0.87	3.99	78.26	17.75
3#	2.70	0.84~0.87	3.40	73.74	22.86
4#	2.70	0.83~0.87	3.58	55.86	40.56
5#	2.71	0.83~0.86	2.49	36.86	60.65

表 6.11　颗粒级配因素试验研究方案一览表

试样编号	初始有效应力 p_0'/kPa	初始孔隙比 e_0	孔隙水压力系数 B
1#_r50	51	0.855	0.990
1#_r100	101	0.857	0.986
1#_r310	311	0.853	0.976

续表

试样编号	初始有效应力 p'_0/kPa	初始孔隙比 e_0	孔隙水压力系数 B
1#_r510	511	0.845	0.980
1#_r800	801	0.858	0.985
2#_r50	51	0.860	0.985
2#_r100	101	0.868	0.984
2#_r310	311	0.873	0.980
2#_r510	511	0.859	0.987
2#_r800	801	0.860	0.978
3#_r50	51	0.846	0.982
3#_r100	101	0.841	0.983
3#_r310	311	0.875	0.985
3#_r510	511	0.858	0.988
4#_r50	51	0.829	0.988
4#_r100	101	0.861	0.984
4#_r310	311	0.868	0.980
4#_r510	511	0.856	0.985
4#_r800	801	0.854	0.983
5#_r50	51	0.848	0.975
5#_r100	101	0.857	0.981
5#_r310	311	0.852	0.980
5#_r510	511	0.835	0.978
5#_r800	801	0.829	0.983

注: r 代表重塑土样，"1#_r50" 代表 1#(s_{c1}=9.87%)重塑土样在 50kPa 围压下的三轴试验编号，以此类推。

6.5.2 试验结果与分析

6.5.2.1 理论分析方法

通过对各土样在 50kPa、100kPa、310kPa、510kPa、800kPa 围压下的等压固结不排水剪切三轴试验与试验前扫描电子显微镜试验，研究结构、天然孔隙比、颗粒级配等因素对黄土静态液化的影响。在本章数据的理论分析方法中，除 6.4.2.1 节中所提及的应力应变与孔隙水压力响应曲线以及 q-p'、e-$\ln p'$ 空间平面中的临界状态线以外，还加入了 Been 等在 1985 年以 e-$\ln p'$ 平面为基础提出的状态参数 ψ 与澳大利亚学者 Bobei 等 2009 年提出的研究细粉砂混合物的静态液化特征的修正状态参数 ψ_m(Bobei et al.，2009)(图 6.37)，并以黄土等压固结不排水剪切试验数据为基础，对 Bobei 等的修正状态参数 ψ_m 赋值进行修正，提出判断黄土静态液化能力的修正状态参数 ψ_m。

1. 状态参数 ψ

由临界状态土的力学性质可知，土的性状与其初始状态和临界状态线相对位置的关系应该比与其孔隙比的关系更为密切。也就是说，处于与临界状态线相同距离的状态的土应该表现出类似的性状。采用这一逻辑，状态参数 ψ 可以定义为

$$\psi = e - e_{ss} \tag{6.8}$$

式中，e 为土体初始状态的孔隙比；e_{ss} 为其初始状态对应有效应力下临界状态线上的孔隙比。

当状态参数 $\psi > 0$ 时，土体初始阶段处于潜在液化区，具有液化潜能；当状态参数 $\psi < 0$ 时，土体初始阶段处于无流动液化区，不具有液化潜能。因此临界状态参数 ψ 值越大，其对液化的敏感性越高。

2. 修正状态参数 ψ_m

由公式(6.8)可知，状态参数 ψ 仅考虑了相同围压下土体初始孔隙比 e 与临界孔隙比 e_{ss} 的关系，Bobei 等在状态参数 ψ 的基础上结合了临界状态压力指数(Wang et al.，2002)，提出了修正状态参数 ψ_m，弥补了状态参数 ψ 的不足。修正状态参数 ψ_m(图 6.37)可以定义为

$$\psi_m = \psi \left| \frac{\Delta p'}{p'} \right| e \tag{6.9}$$

式中，e 和 p' 分别是固结后剪切前试样的孔隙比与平均有效应力。ψ 为状态参数，$\Delta p'$ 为土样初始阶段 p' 与临界应力 p'_{ss} 的相对位置。

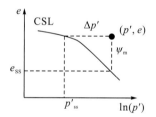

图 6.37 修正状态参数 ψ_m 示意图

根据修正状态参数 ψ_m 的不同，Bobei 等将细粉砂静态液化特征分为以下 4 类：

(1) $\psi_m(0) \geqslant 0.039$：流动行为(flow behaviour)。

(2) $0.033 \leqslant \psi_m(0) < 0.039$：流动到有限流动行为(flow to limited flow behaviour)。

(3) $0.003 < \psi_m(0) < 0.033$：有限流动行为(limited flow behaviour)。

(4) $\psi_m(0) < -0.005$：无流动行为(nonflow behaviour)。

其中，$\psi_m(0)$ 表示三轴试验剪切阶段开始时的修正状态参数值。根据以上基础理论，对本章试验数据进行分析。

6.5.2.2 结构对黄土静态液化的影响

本小节选取静态液化型滑坡较为集中的黑方台地区与泾阳南塬地区两个区域的土体作为样本，通过三轴试验研究原状黄土与重塑黄土在等压固结不排水剪切试验中力学性质

的差异与表现出的液化特征。

1. 原状土样与重塑土样电镜扫描图像分析

由于黄土孔隙的分布与颗粒的形态是影响或决定土体物理力学参数的主导因素，因此在进行原状黄土与重塑黄土等压固结不排水剪切试验结果对比之前，本章将对黑方台粉质黄土与泾阳南塬黏质黄土的土样进行扫描电子显微镜试验，对比分析研究区原状黄土与重塑黄土的结构差异。

通过对黑方台与泾阳地区原状土样与重塑土样在试验前扫描电子显微镜试验图像可知，原状土样与重塑土样在颗粒形态、分布与胶结物及程度上存在较大的差异（图6.38和图6.39）：原状土样的颗粒分布不均且受黏土矿物的影响部分颗粒间接触较为紧密，导致孔隙分布不均匀，而重塑土样由于是根据《土工试验方法标准》（GB/T 50123—2019）将碾碎后的散土过2mm筛所得，因此与原状土样相比，其颗粒磨圆度较好，颗粒粒径与孔隙分布较为均匀；根据对比原状土样与重塑土样放大5000倍的电镜扫描图像可知，原状土样中所含黏土矿物呈薄膜状分布在土颗粒的表面与颗粒之间，土颗粒间胶结程度较强，因此在外力条件下土体的稳定性较强，而重塑土样在制作过程中受人工扰动，其黏土矿物受到破坏导致含量相对较少，其骨架形态以单个粒状颗粒组成为主，土颗粒间的胶结程度也较弱。

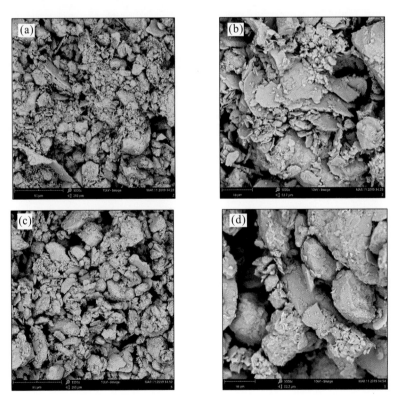

(a)放大1000倍的原状土样；(b)放大5000倍的原状土样；(c)放大1000倍的重塑土样；(d)放大5000倍的重塑土样)

图6.38 黑方台原状土样与重塑土样电镜扫描图像

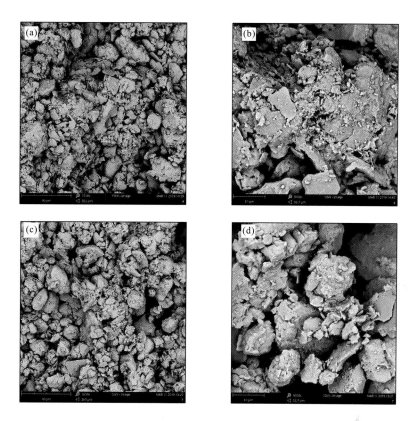

(a)放大 1000 倍的原状土样；(b)放大 5000 倍的原状土样；(c)放大 1000 倍的重塑土样；(d)放大 5000 倍的重塑土样

图 6.39 泾阳南塬原状土样与重塑土样电镜扫描图像

在电子显微镜观察试验对研究区原状土样与重塑土样结构差异分析的基础上，结合三轴试验对结构因素在黄土液化过程中的影响进行分析。

2. 黑方台原状与重塑黄土等压固结不排水剪切试验

通过图 6.40 黑方台地区偏应力-应变关系曲线可知，原状土样和重塑土样在不排水剪条件下，绝大部分黄土应力应变行为均呈现出强应变软化。在具有相似初始孔隙比与相同应力的条件下，原状土样结构更稳固、抗剪切能力更强，因此除 H_i300 以外，所有原状土样峰值强度均大于重塑土样，试样峰值强度均出现于 $\varepsilon_a < 2\%$ 且伴随孔隙水压力的急剧增大，表现为剪缩趋势。而 H_r50_1 试样由于具有较低的初始孔隙比，表现出剪胀的趋势，即剪切过程中偏应力随着应变的增大而增大。H_r100 与 H_r15 试样为典型的应变软化-硬化型曲线，其特征为偏应力达到峰值后迅速降低至最小应力值，表现出剪缩的性质，在短暂的稳定后土体由剪缩向剪胀转变，试样对应的孔隙水压力响应图也表现出孔隙水压力前期急剧增大，在短暂稳定后由增大趋势转变为减小趋势，这一系列的行为与 6.4.2.1 节提到的"有限液化"特征相符。值得一提的是，与 H_r15 不同，H_r100 试样在剪应变 $\varepsilon_a=18\%$ 后才开始出现了微弱的"有限液化"。

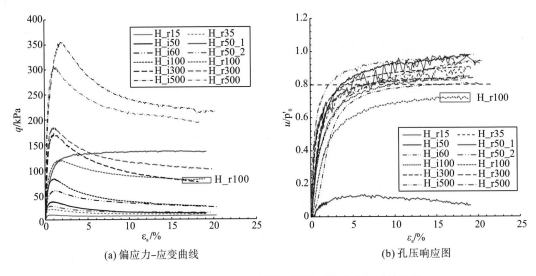

(a) 偏应力–应变曲线　　　　　　　　　　　　　　　　(b) 孔压响应图

图 6.40　原状土样与重塑土样等压固结不排水剪切试验结果

通过等压固结不排水条件下黑方台地区原状土样与重塑土样的应力路径曲线,可以观察到绝大部分试样表现出应变软化行为(图 6.41),但未发现试样达到"完全"液化状态($q \approx 0$ 且 $p' \approx 0$),并且 H_r15 试样应力路径表现出了膨胀趋势,与粉砂典型的临时不稳定行为(有限液化)特征相同,低孔隙比 H_r50_1 应力路径展现出的力学特性与图 6.40 所得结论相同。通过图 6.41 可知,由于随着临界条件下 p'_c 的降低,土样峰值强度(破坏点)q_{max} 逐渐向临界状态线靠近,因此黑方台黄土的不稳定线均为非线性的。黑方台地区原状土样受结构的影响,其不稳定线 IL_i 与重塑土样的不稳定线 IL_r 是两条不同的曲线,而 IL_i 与 IL_r 之间的偏差表现为随着平均有效应力 p' 的增大,原状土样与重塑土样之间不稳定区域的差异也逐渐增大。

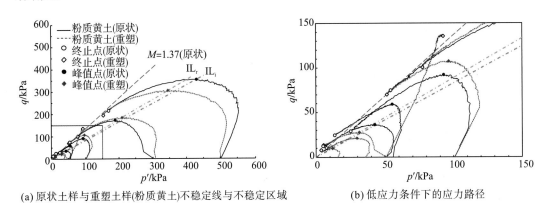

(a) 原状土样与重塑土样(粉质黄土)不稳定线与不稳定区域　　　(b) 低应力条件下的应力路径

图 6.41　原状土样与重塑土样(粉质黄土)不排水条件下应力路径

将黑方台黄土原状土样与重塑土样的临界状态以及试验阶段的起点与终点在 e-lnp' 的平面中表现,其中原状临界状态线(CSL_i)与重塑临界状态线(CSL_r)是两条不同的曲线

（图 6.42）。由于 CSL 存在的意义就是证明了土体剪切后的临界状态不受试验开始前孔隙比与有效应力的影响，本书认为 CSL_i 位于 CSL_r 的右侧可归因于原状土样的结构影响，由于原状土样在固结期间结构更稳固、抗固结压缩能力更强，因此在剪切阶段具有较高的孔隙比。而在 e-$\ln p'$ 平面中的应力范围内，CSL 为非线性的，许领等也曾提出黑方台土样 CSL（M=1.38）为弯曲的（Xu et al.，2018）。假设 CSL 通过弯曲的"过渡"区域连接，则随着有效应力的减小，CSL_i 与 CSL_r 之间的偏移从大（Δe=0.065）到小（Δe=0.01）逐渐，根据 6.4.2.1 节所提液化评估程序的理论依据，可以判断出黑方台原状土样（H_i）与重塑土样（H_r）的"潜在液化区"存在较大的差异。

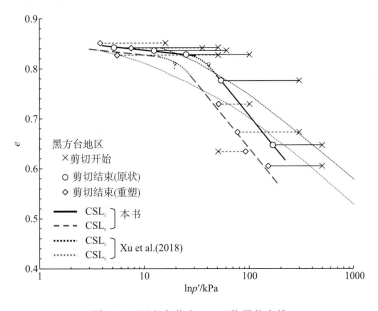

图 6.42　黑方台黄土 e-$\ln p'$ 临界状态线

3. 泾阳南塬原状土样与重塑土样等压固结不排水剪切试验

通过图 6.43 泾阳南塬地区偏应力-应变关系曲线可知，原状土样和重塑土样在不排水剪条件下，绝大部分黄土应力应变行为均呈现出强应变软化，在具有相似初始孔隙比与相同应力的条件下，原状黄土结构更稳固、抗剪切能力更强，因此所有原状黄土峰值强度均大于重塑黄土，且试样峰值强度均出现于 ε_a＜2.5%且伴随孔隙水压力的急剧增加，表现为剪缩趋势。而 J_i50 试样在偏应力-应变曲线上虽表现出应变软化行为，但孔隙水压力的响应却是前期先急速增大，在应变 ε_a 达到 1.5%后又表现为缓慢增大的特征，且在试验结束时（ε_a=22%）也未形成超孔隙水压力，没有液化行为。J_r510 与 J_r800 试样为典型的应变软化-硬化型曲线，两组试样的偏应力达到峰值后迅速降低至最小应力值，表现出剪缩的性质，在短暂的稳定后土体由剪缩向剪胀转变，试样对应的孔隙水压力响应图也表现出孔隙水压力前期急剧增大，在短暂稳定后由增大趋势转变为减小趋势，表现出"有限液化"的特征。

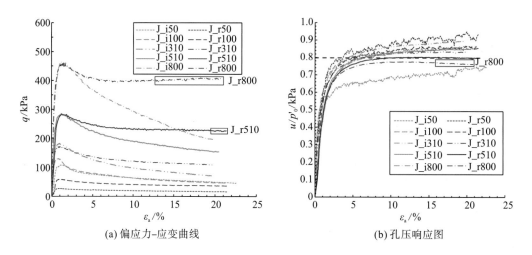

图6.43 原状土样与重塑土样(黏质黄土)等压固结不排水剪切试验结果

通过等压固结不排水条件下泾阳南塬地区原状土样与重塑土样的应力路径曲线,可以观察到绝大部分试样表现出了应变软化行为(图6.44),但未发现试样达到"完全"的液化状态($q{\approx}0$ 且 $p'{\approx}0$),并且 J_r800 试样应力路径表现出前文所述的有限液化特征。受结构的影响,在初始孔隙比与有效应力相似的情况下,原状土样峰值强度(破坏点)均大于重塑土样,且在低围压情况下的差异更为明显[图6.44(b)],而从310kPa开始原状土样与重塑土样展现出相似的应力路径特征。泾阳南塬地区原状土样以 510kPa 为转折点,随着临界条件下 p'_c 的降低或增高,土样峰值强度(破坏点) q_{max} 逐渐向 CSL 靠近,而重塑土样则表现出与黑方台地区土样相似的特征,即随着临界条件下 p'_c 的降低,土样峰值强度(破坏点) q_{max} 逐渐向 CSL 靠近,因此其不稳定线均为非线性的。且原状土受结构的影响,其不稳定线(IL_i)与重塑土样的不稳定线(IL_r)是两条不同的曲线,而 IL_i 与 IL_r 之间的偏差表现为随着平均有效应力 p' 的增大,原状土样与重塑土样之间不稳定区域的差异也逐渐增大。

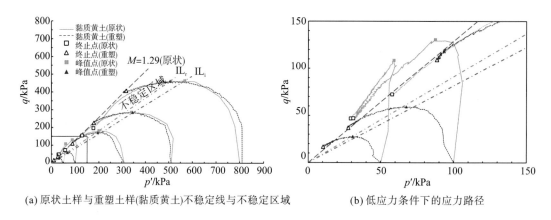

图6.44 原状土样与重塑土样(黏质黄土)等压固结不排水条件下应力路径

将泾阳南塬黄土原状与重塑样的临界状态以及试验阶段的起点与终点在 $e\text{-}\ln p'$ 平面中表现，其中原状临界状态线(CSL$_i$)与重塑临界状态线(CSL$_r$)是两条不同的曲线(图 6.45)。受结构的影响，原状土样在固结期间结构更稳固、抗固结压缩能力更强，在剪切阶段具有较高的孔隙比，因此在 $e\text{-}\ln p'$ 平面中，原状临界状态线(CSL$_i$)位于重塑临界状态线(CSL$_r$)右侧，导致泾阳南塬原状黄土(J_i)与重塑黄土(J_r)的"潜在液化区"存在较大的差异。为了确定数据的合理性，本书在分析 $e\text{-}\ln p'$ 临界状态线过程中，引入了许领 2016 年对泾阳黏质黄土的临界状态线(CSL)，通过与前人数据的对比，更有效的证明了结构对土体临界状态的影响是存在的。

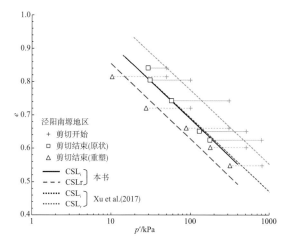

图 6.45 泾阳黄土 $e\text{-}\ln p'$ 临界状态线

4. 修正状态参数 ψ_m

为了量化比较不同性质黄土静态液化的特征，我们引入 Bobei 提出的修正状态参数公式 $\psi_m = \psi \left| \dfrac{\Delta p'}{p'} \right| e$，对本节所有土样的修正状态参数进行求解，具体数据如表 6.12 所示。

表 6.12 试样修正状态参数 ψ_m

试样编号	初始有效应力 p_0'/kPa	初始孔隙比 e_0	残余有效应力 p_{cs}'/kPa	残余孔隙比 e_c	修正状态参数 ψ_m
H_i50	51	0.889	5.170	0.842	0.044
H_i60	61	0.880	12.470	0.836	0.048
H_i100	101	0.878	25.250	0.828	0.077
H_i300	301	0.881	54.270	0.776	0.123
H_i500	501	0.891	168.910	0.647	0.053
H_r15	16	0.982	3.820	0.851	0.023
H_r35	36	0.967	7.530	0.841	0.067
H_r50_1	51	0.771	92.630	0.634	-0.057

试样编号	初始有效应力 p_0' / kPa	初始孔隙比 e_0	残余有效应力 p_{cs}'/kPa	残余孔隙比 e_c	修正状态参数 ψ_m
H_r50_2	51	0.959	5.544	0.827	0.073
H_r100	101	0.784	51.570	0.729	0.035
H_r300	301	0.865	77.490	0.673	0.079
H_r500	501	0.856	152.740	0.605	0.064
J_i50	51	0.910	29.359	0.841	0.033
J_i100	101	0.886	31.108	0.805	0.064
J_i310	311	0.796	57.874	0.743	0.113
J_i510	511	0.871	129.351	0.652	0.075
J_i800	801	0.908	176.638	0.625	0.089
J_r50	51	0.911	10.277	0.815	0.080
J_r100	101	0.900	27.7101	0.721	0.043
J_r310	311	0.809	88.471	0.661	0.052
J_r510	511	0.879	178.553	0.603	0.030
J_r800	801	0.881	318.498	0.548	0.022

注：i 代表原状土样，r 代表重塑土样，"H_i50" 代表黑方台原状土样在 50kPa 围压下的三轴试验编号，"H_r15" 代表黑方台重塑土样在 15kPa 围压下的三轴试验编号，以此类推。

　　修正状态参数 ψ_m 越大，土体对静态液化的易敏性越高，因此根据修正状态参数 ψ_m 汇总图（图 6.46）可知，当初始孔隙比相似时，相同围压下原状黄土与重塑黄土的液化特性存在较大差异。小于 100kPa 的低应力条件下重塑黄土液化能力大于原状黄土；围压增大到 100kPa 后，随着平均主应力的增大，整体呈现出原状黄土液化能力大于重塑黄土的特点，且所有土样修正状态参数 ψ_m 均在 300kPa 应力条件下达到峰值。

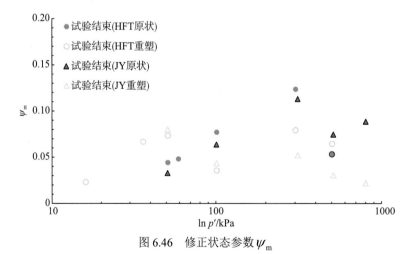

图 6.46　修正状态参数 ψ_m

　　根据前文对修正状态参数 ψ_m 的解释可知，土样修正状态参数 ψ_m 值越大，其对液化的敏感性越高，流动性则越强。结合本章对黑方台粉质黄土与泾阳南塬黏质黄土的偏应力-应变曲线、孔压响应曲线、应力路径与临界状态线的分析可知，在不排水条件下仅有黑方台地区低孔隙比的 H_r50_1 试样（ψ_m =-0.057）表现出剪胀的趋势；而 H_r15 试样（ψ_m =0.023）、H_r100 试样（ψ_m =0.035）以及泾阳南塬地区 J_i50 试样（ψ_m =0.033）、J_r510 试样（ψ_m =0.030）与 J_r800 试样（ψ_m =0.022）均表现出了"临时或有限液化"的特征，且黑方台地区 H_r100 试样在剪应变 ε_a =18%后才开始出现微弱的"有限液化"现象，因此本书将其修正状态参数 ψ_m =0.035 作为"有限液化区"的最高值，即土体刚开始产生"有限液化"时的修正状态参数。

根据所有数据与土体在各平面空间上的线性特征，在 Bobei 等对细粉砂静态液化特征进行分类时所用分析方法的基础上，本书将黄土的静态液化特性分为以下三类：

（1）ψ_m ＞0.035：液化或流态失稳（flow instability）。

（2）-0.005≤ψ_m ≤0.035：临时或有限液化（limited or temporary flow instability）。

（3）ψ_m ＜-0.005：无流动行为（nonflow behaviour）。

其中"ψ_m"表示三轴试验剪切阶段开始时的修正状态参数值。

在上述黄土静态液化特性分类的基础上，我们将本节所有试验土样的修正状态参数 ψ_m 值绘制在 ψ_m -p'平面中（图 6.47），同时将许领等（Xu et al.，2016，2018）的粉质与黏质黄土三轴数据对应的修正状态参数 ψ_m 值放置在 ψ_m -p'平面中，可发现许领土样的点在图 6.47 中表现出的液化特性与其论文里根据应力应变曲线、孔压响应曲线与应力路径判断的特性相同，由此可证明上述黄土静态液化特性分类的合理性。同时，根据图 6.47 可知黄土的结构在不同应力条件下，对其液化特性存在抑制或促进的效果，并不是重塑土液化特性永远大于原状土。

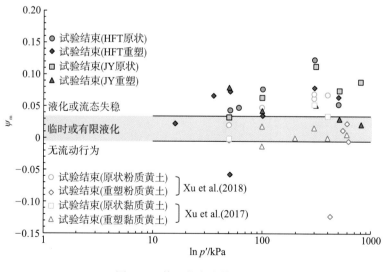

图 6.47　修正状态参数 ψ_m 区间

6.5.2.3　天然孔隙比对黄土静态液化的影响

为了排除结构的影响，本小节选取神木地区、黑方台地区与泾阳南塬地区三个研究区重塑土体作为样本，以前文中的修正状态参数 ψ_m 为理论依据，分别研究各区域土样在不同天然孔隙比(围压)下的静态液化特性。

首先对神木砂质重塑黄土(S_r)在 50kPa、100kPa、310kPa、510kPa 四级围压下进行三轴试验，通过偏应力-应变曲线、孔压响应曲线与应力路径分析神木砂质重塑黄土(S_r)的液化特征，同时验证本书根据修正状态参数 ψ_m 赋值所提出的描述黄土静态液化特性的三个区间的合理性。

通过图 6.48 神木砂质黄土偏应力-应变关系曲线可知，重塑黄土在等压固结不排水剪条件下，所有土样均表现出应变软化的特征，试样峰值强度出现于 $\varepsilon_a<2\%$。其中，S_r50、S_r310 与 S_r510 试样为典型的"有限液化"行为的应变软化-硬化型曲线，其特征为偏应力达到峰值后迅速降低至最小应力值，表现出剪缩的性质，在短暂的稳定后土体由剪缩向剪胀转变，试样对应的孔隙水压力响应图[图 6.48(b)]也表现出孔隙水压力前期急剧增大，在短暂稳定后由增大趋势转变为减小趋势。S_r100 试样的孔隙水压力表现出剧增的趋势，而其偏应力-应变曲线特征为偏应力达到峰值后迅速降低，可降低的范围很小，偏应力的消散值不到 50%，未表现出强应变软化的趋势。应力路径图显示神木砂质重塑黄土 $M_{S\_r}=1.21$，对应的临界状态内摩擦角 $\varphi_s'=28.85°$，与原状土样的临界状态内摩擦角 $\varphi_s'=29.04°$ 存在差异。根据以上数据我们求得神木地区重塑砂质黄土的修正状态参数 ψ_m(表 6.13)，并将研究区重塑黄土修正状态参数 ψ_m 值绘制在 ψ_m-p' 平面中(图 6.49)。

表 6.13　研究区重塑黄土修正状态参数 ψ_m

试样编号	初始有效应力 p_0' / kPa	初始孔隙比 e_0	残余有效应力 p_{cs}' / kPa	残余孔隙比 e_c	修正状态参数 ψ_m
S_r50	51	0.84	15.784	0.760	0.020
S_r100	101	0.841	23.931	0.747	0.029
S_r310	311	0.875	116.398	0.704	0.026
S_r510	511	0.858	189.336	0.662	0.008
H_r15	16	0.982	3.820	0.851	0.023
H_r35	36	0.967	7.530	0.841	0.067
H_r50_1	51	0.771	92.630	0.634	−0.057
H_r50_2	51	0.959	5.544	0.827	0.073
H_r100	101	0.784	51.570	0.729	0.035
H_r300	301	0.865	77.490	0.673	0.079
H_r500	501	0.856	152.740	0.605	0.064
J_r50	51	0.911	10.277	0.815	0.080
J_r100	101	0.900	27.7101	0.721	0.043
J_r310	311	0.809	88.471	0.661	0.052
J_r510	511	0.879	178.553	0.603	0.030
J_r800	801	0.881	318.498	0.548	0.022

注：r 代表重塑土样，"S_r50"代表神木重塑土样在 50kPa 围压下的三轴试验编号，以此类推。

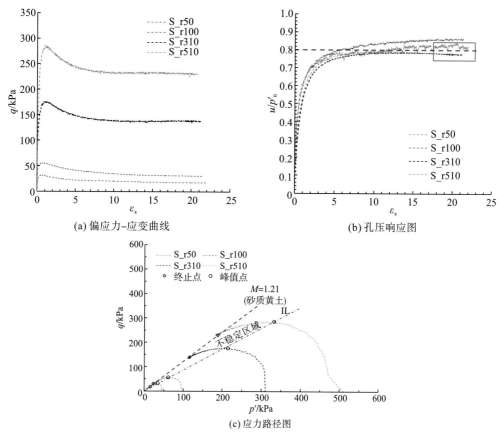

(a) 偏应力-应变曲线　　　　　　　(b) 孔压响应图

(c) 应力路径图

图 6.48　重塑砂质黄土等压固结不排水剪切试验结果

通过图 6.49 可知，神木地区重塑砂质黄土试样均落在了"临时或有限液化"区，与前文根据偏应力-应变曲线、孔压响应曲线与应力路径判断的特性相同。因此本书所提出的描述黄土静态液化特性的三个区间也适用于砂质黄土地区。

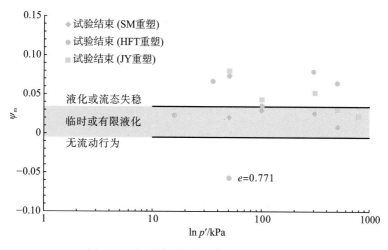

图 6.49　各区域重塑黄土修正状态参数 ψ_{m}

数据显示神木地区重塑土样在试验范围内不具备液化能力，且相同研究区的黄土在不同围压下的修正状态参数 ψ_m 存在较大的差异，因此可知黄土在斜坡体中天然孔隙比不同（即所处深度不同），会导致其液化能力存在较大的差异。但由于黑方台与泾阳地下水位的深度范围至今仍是一个研究的难点，因此本书未通过试验数据换算出研究区具有液化能力黄土的具体深度。

6.5.2.4　颗粒级配对黄土静态液化的影响

本节内容中颗粒级配对黄土静态液化的影响将以研究区中液化特性最差神木地区土样为样本，通过人工配置改变神木砂质黄土的砂粒含量。本阶段共制备 5 组不同的砂粒含量（体积分数），分别为 $S_c = 9.87\%$（1#）、$S_c = 17.75\%$（2#）、$S_c = 20.55\%$（3#）、$S_c = 40.56\%$（4#）、$S_c = 60.65\%$（5#），其中 3#为神木土样的天然级配。在三轴试验之前首先对各组颗粒级配土样进行扫描电子显微镜试验，分析不同颗粒级配微观结构的差异；对各组颗粒级配土样在 50kPa、100kPa、310kPa、510kPa、800kPa 围压条件下进行等压固结不排水剪试验，对比试验过程中各组土样力学性质的差异，结合黄土静态液化特征的修正状态参数 ψ_m 对不同颗粒级配黄土静态能力进行判定，进一步验证本书提出的描述黄土的静态液化特性的三个区间的合理性。

1. 扫描电子显微镜图像分析

根据各土样在 500 倍下的图像(图 6.50)可知，由于砂粒含量的差异，5 组试样在孔隙比相似的情况下，颗粒的排列与孔隙的分布存在较大的差异。受颗粒级配的影响，1#土样

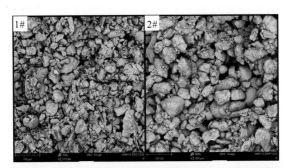

图 6.50　不同颗粒级配黄土土样扫描电子显微镜图像

颗粒粒径差异较大，孔隙分布较均匀，虽然试样黏粒体积分数仅达到 4.61%，但由于粉粒含量较多，其骨架形态同时存在单个粒状颗粒与颗粒胶结集合体两种类型，颗粒之间通过点与面相接触，这样的结构在剪切过程中具有较好的储水空间，易促进超孔隙水压力的形成。而随着砂粒含量的增多，土样逐渐以大颗粒为主，孔隙分布不均匀，在黏粒含量差异较小的情况下，由于粉粒含量的降低导致颗粒之间的胶结物含量较少，因此通过图像可观察到 3#、4# 与 5# 土样骨架形态以单个粒状颗粒组成为主。而砂粒含量最高的 5# 土样形态分明且大颗粒粒径分布较均匀，类似于砂土的微结构。

在扫描电子显微镜试验对不同颗粒级配黄土的结构差异分析的基础上，结合三轴试验研究黄土液化过程中的颗粒级配的影响。

2. 应力应变关系

图 6.51 为不同颗粒级配土样在等压固结不排水条件下的偏应力-应变曲线与孔压响应图。根据数据可知，所有试样峰值强度均出现于 $\varepsilon_a < 2\%$。1# 土样的应力应变行为均表现为应变软化，其中 1#_510 试样在剪切过程中虽然孔隙水压力表现出剧增的趋势，其偏应力-应变曲线特征为偏应力达到峰值后迅速降低，可降低的范围很小，消散值不到 50%，1#_800 试样的偏应力-应变曲线特征与 1#_510 试样相似，且该试样在剪切过程中未形成较高的孔隙水压力 [图 6.51 (b)]，因此两个土样均不满足液化的特性，为典型的"临时或有限液化"行为，其余土样表现出液化的趋势；2# 土样的应力应变行为均表现为应变软化，但所有试样在剪切过程中均未形成较高的孔隙水压力 [图 6.51 (d)]，因此 2# 土样均没有产生液化的特性；3# 土样为天然级配下的神木砂质黄土，其中 3#_50、3#_310 与 3#_510 试样的偏应力-应变曲线为典型的"有限液化"曲线，其特征为偏应力达到峰值后迅速降低至最小应力值，表现出剪缩的性质，在短暂的稳定后土体由剪缩向剪胀转变，试样对应的孔隙水压力响应图也表现出孔隙水压力前期急剧增加，在短暂稳定后由增大趋势转变为减小趋势 [图 6.51 (f)]，3#_100 试样的孔隙水压力表现剧激增的趋势，而其偏应力-应变曲线特征为偏应力达到峰值后迅速降低，可降低的范围很小，

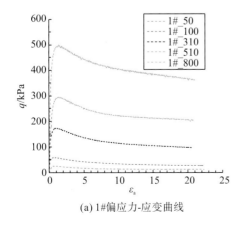

(a) 1#偏应力-应变曲线

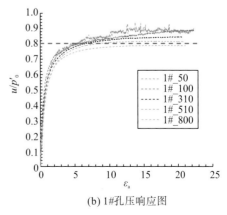

(b) 1#孔压响应图

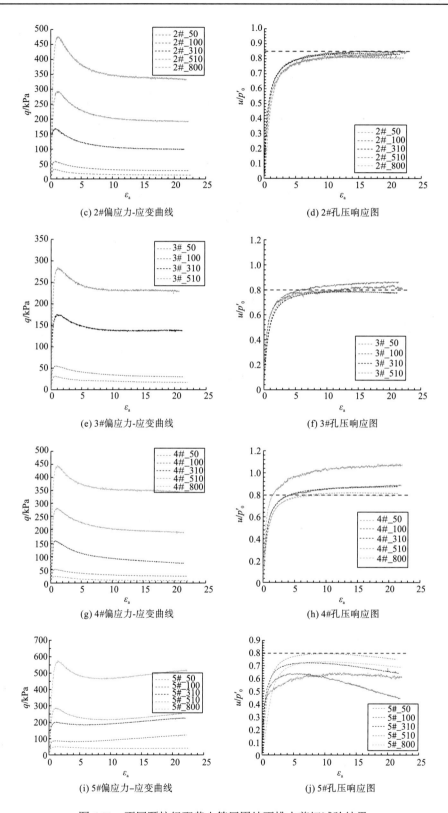

图 6.51　不同颗粒级配黄土等压固结不排水剪切试验结果

偏应力的消散值不到 50%，未表现出强应变软化的趋势；4#土样中仅 4#_50 与 4#_310 试样在剪切过程中既产生了强应变软化，又形成了较高的孔隙水压力，表现出液化的趋势；5#土样在剪切过程中应力应变行为均为应变软化-硬化型曲线，试样对应的孔隙水压力响应图也表现出孔隙水压力前期急剧增大,在短暂稳定后由增大趋势转变为减小趋势[图 6.51(j)]，为典型的"有限液化"行为。

3. 临界状态

通过等压固结不排水条件下不同颗粒级配黄土的应力路径曲线,可以观察到在试验开始阶段试样均表现出了应变软化行为[图 6.52(a)]，但未发现试样达到"完全"的液化状态($q\approx0$ 且 $p'\approx0$)，其中部分土样表现出典型的"有限液化"特征，与图 6.51 所展现出的特征相同。以神木砂质黄土为对象配置的不同颗粒级配黄土在 q-p'平面中的临界状态线 (CSL)可得到较好的拟合，所有试样的终止点几乎都落在同一条 CSL 上，应力路径图显示 M=1.22，对应的临界状态内摩擦角 φ'_s =29.04°。

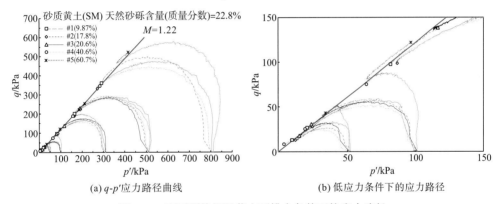

(a) q-p'应力路径曲线　　(b) 低应力条件下的应力路径

图 6.52　不同颗粒级配黄土不排水条件下的应力路径

将不同颗粒级配的黄土样的临界状态以及试验阶段的起点与终点在 e-$\ln p'$ 的平面中表现，其中 CSL 为 5 条不同的曲线(图 6.53)。受颗粒级配的影响，砂粒含量最高的 5#土样

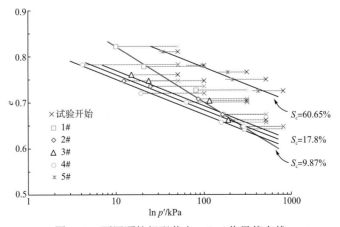

图 6.53　不同颗粒级配黄土 e-$\ln p'$ 临界状态线

（S_c=60.65%）CSL 位置最高，表明其"潜在液化区"范围最小，该特征与5#土样的所有试样在本节试验中均未表现出液化特性相符。随着砂粒含量的降低，CSL 的位置先降低，再逐步回升，直到砂粒含量降低到 1#（S_c=9.87%）时，CSL 的斜率发生改变，且 CSL_1 与其余4 条临界状态线在不同平均有效应力位置相交。由此可知，与砂土相同，黄土的颗粒级配对其静态液化也有着重要的影响。

为了研究不同颗粒级配黄土的液化能力，我们求得不同颗粒级配黄土的修正状态参数 ψ_m（表 6.14），并将研究区各组黄土修正状态参数 ψ_m 值绘制在 ψ_m-p'平面中（图 6.54）。

表 6.14　不同颗粒级配黄土修正状态参数 ψ_m

试样编号	初始有效应力 p'_0/kPa	初始孔隙比 e_0	残余有效应力 p'_{cs}/kPa	残余孔隙比 e_c	修正状态参数 ψ_m
1#_r50	51	0.855	9.91	0.822	0.055
1#_r100	101	0.857	20.83	0.778	0.045
1#_r310	311	0.853	81.45	0.727	0.047
1#_r510	511	0.845	164.61	0.674	0.024
1#_r800	801	0.858	291.72	0.642	0.017
2#_r50	51	0.860	12.28	0.747	0.019
2#_r100	101	0.868	24.66	0.735	0.027
2#_r310	311	0.873	86.39	0.708	0.032
2#_r510	511	0.859	162.76	0.674	0.016
2#_r800	801	0.860	271.73	0.647	0.008
3#_r50	51	0.846	15.10	0.760	0.020
3#_r100	101	0.841	23.84	0.747	0.029
3#_r310	311	0.875	116.40	0.704	0.026
3#_r510	511	0.858	190.50	0.662	0.008
4#_r50	51	0.829	4.13	0.782	0.061
4#_r100	101	0.861	19.27	0.720	0.023
4#_r310	311	0.868	63.56	0.701	0.036
4#_r510	511	0.856	157.14	0.657	0.013
4#_r800	801	0.854	283.71	0.648	0.017
5#_r50	51	0.848	34.19	0.810	0.002
5#_r100	101	0.857	96.29	0.780	0.00003
5#_r310	311	0.852	186.54	0.765	0.009
5#_r510	511	0.835	211.48	0.750	0.009
5#_r800	801	0.829	415.90	0.725	0.004

注：r 代表重塑土样，"1#_r50" 代表人工配置1#重塑土样在50kPa围压下的三轴试验编号，以此类推。

通过图 6.54 可知，2#土样、3#土样、5#土样均落在了"临时或有限液化"区，与前文根据偏应力-应变曲线、孔压响应曲线与应力路径判断的特性相同。因此本书所提出的描述黄土静态液化特性的三个区间也适用于不同颗粒的人工配置黄土。

根据图 6.54 的数据显示，颗粒级配对黄土的静态液化有着重要的影响。本节试验中仅部分 1#与4#土样表现出液化现象，其中1#土样整体液化能力最强，其余试样都表现出"有限液化"或"临时不稳定性"行为，黄土的液化能力与砂粒含量并不是单一的线性关系；图 6.55 中研究区黄土修正状态参数 ψ_m 显示在试验范围内，黑方台地区的整体液化能力最强，神木地区除个别原状土样外，基本无液化流动能力。由于黑方台地区的砂粒含量（体积分数）为 8.82%，与 1#土样（$S_c=9.87\%$）相近，而该土样的所有颗粒物质组成均来自液化特性最差的神木地区，因此对比人工配置土样与天然黄土的数据可证明黑方台地区静态液化型滑坡集中的原因，除了大面积的黄河水漫灌导致黄土层底部饱水这一触发因素，最主要的是该地区黄土拥有更易于产生静态液化的颗粒级配。

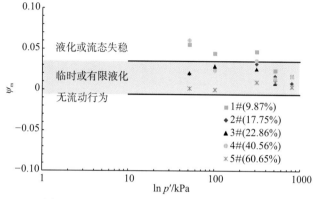

图 6.54　不同颗粒级配黄土修正状态参数 ψ_m

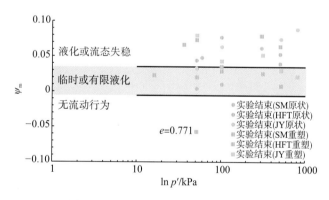

图 6.55　研究区黄土修正状态参数 ψ_m

6.6　基于常偏应力排水剪三轴试验的应变与孔压变化关系

等压固结不排水剪三轴试验结果表明，随着土体中孔隙水压力的增大，土体可以产生明显的应变软化和液化特征，在不排水条件下，土体在小应变条件下孔隙水压力迅速增大，平均有效应力迅速减小，土体表现出明显的液化特征。黄土中增大的孔隙水压力使土体有效应力减小，在小应变状态下土体即可产生超孔隙水压力，有效应力路径也从微观上反映了静态液化型黄土滑坡随着超孔隙水压力的增大而发生液化的现象。试样在轴向应变不足 2%时达到峰值强度，随后强度迅速降低，产生明显的应变软化特征，而试样破坏时没有形成明显的局部剪切带（亓星，2017；Qi et al.，2018）。

　　过量的灌溉和地下水局部壅高引发的孔隙水压力上升是导致滑坡产生突发性破坏的重要原因，通过大量的现场调查和监测都说明了这点(Xu et al.，2014；Peng et al.，2016；Zhang et al.，2017；巨袁臻等，2017；周飞等，2017；Gu et al.，2019)，而孔隙水压力导致滑坡失稳破坏所反映出的土体破坏机理还需要进一步的研究。因此，采用重塑黄土逐渐增加孔隙水压力的常偏应力排水剪(constant shear drained，CSD)试验，研究地下水位逐渐上升过程中土体的变形破坏过程和滑坡从局部变形朝着整体失稳破坏发展的破坏规律。而黑方台静态液化型黄土滑坡的变形破坏受到地下水位的影响，为从成因机理上定量化地下水位使滑坡开始变形的过程，利用原状黄土进行了多级增加孔隙水压力的常偏应力排水剪试验，研究水位增长过程中土体变形从稳定到不稳定的临界孔隙水压力。

6.6.1　试验方案

　　试验土样取自黑方台 CJ3# 黄土滑坡后壁底部，距原地面高度约为 25m。为尽可能减少取样对黄土的扰动，首先挖去地面表层约 1m 厚的黄土，切割出边长为 0.3m 的块状土样，然后用土工刀将块状土样削成高为 20cm、直径为 10cm 的圆柱状样，并用保鲜膜将其密封，装入按尺寸定做的对开式 PVC 取样管中，侧壁以散的粉土进行填充，用胶带保鲜膜再次密封。将取样管规则排列进行装箱，箱中以现场散土进行填充，对箱体进行蜡封。

　　由于原状土样数量所限，首先采用重塑黄土进行 CSD(重塑)试验，研究地下水上升过程中黄土的破坏过程；再采用原状黄土进行多级增加孔隙水压力的 CSD(原状)试验，为尽量还原现场实际情况，通过多级孔压的缓慢加载得到土体变形失稳的临界孔隙水压力。当滑坡变形开始迅速发展时对应了土体完全饱和并从局部破坏向液化流动转变的过程，在此过程中认为黄土本身的结构已基本破坏，因此采用重塑黄土进行等压固结不排水剪(ICU)试验，从理论上解释滑坡从变形向液化破坏发展的过程。

　　对取回的原状土样进行二次削制，利用原状土样制样仪器小心地将土样削制成高为 10cm、直径为 5cm 的圆柱状样，而土体重塑样则控制其主要物理力学性质与原状黄土一致(表 6.15)。试验采用三步饱和法，首先在 20kPa 的围压下采用 CO_2 排气；然后继续在 20kPa 围压作用下利用水泵对试样进行饱和；最终进行反压饱和，当 $B \geqslant 0.98$ 时，视为试样达到饱和。试样饱和后，首先对试样在要求最小有效固结应力下进行等压固结，然后按照现场 K_0 应力条件缓慢增大轴向荷载，使之完成偏压固结，最终固结应力如表 6.16 所示。对于 ICU 试验，剪切过程中控制轴向位移速率为 0.01mm/min，直至试样破坏；对于逐渐增大孔隙水压力的 CSD 试验，保持试样所受总应力不变，以 10kPa/h 速率线性增大反压进行剪切直到破坏；对于多级增大孔隙水压力的 CSD 试验，保持试样所受总应力不变，通过缓慢多级增大反压的方式(加载速率前期为 20kPa/h，后期为 2kPa/h)，当土体轴向变形没有明显变化时，稳压一段时间后加载下一级反压，直至轴向变形速率产生突增并不再趋缓而破坏。试验方案如表 6.16 所示。

表 6.15　CSD 试验采用黄土土样的基本物理力学性质

天然密度 /(g/cm³)	相对密度	孔隙率	粒径分布百分比/%		
			< 0.005mm	0.005～0.075mm	> 0.075mm
1.55	2.69	0.86	14.8	60.7	24.5

表 6.16　CSD 试验方案

CSD	B 值	有效固结应力/kPa	
		σ_1'	σ_3'
CSD1（重塑）	0.984	200	150
CSD2（重塑）	0.984	400	200
CSD3（重塑）	0.984	600	450
CSD1（原状）	0.984	200	100
CSD2（原状）	0.984	300	150
CSD3（原状）	0.984	400	200

6.6.2　试验过程和分析

CSD（重塑）试验结果如图 6.56 所示。CSD（重塑）试验反映了在排水条件下孔隙水压力增大过程中土体的破坏，试验结果可见，模拟地下水引起的孔隙水压力逐渐增大的过程中，平均有效应力逐渐减小，偏应力保持不变，而轴向应变开始变化非常缓慢，直至平均有效应力减小至不稳定线(IL)时轴向应变突然迅速增大，此时伴随了孔隙水压力的迅速增大，土体破坏。

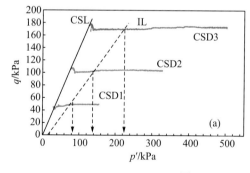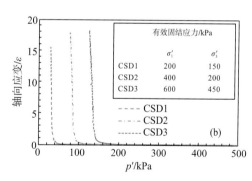

图 6.56　CSD（重塑）试验结果

CSD（重塑）试验结果表明，随着地下水位上升引起的静孔隙水压力不断增大，土体的应力路径从稳定区域进入不稳定区域，而在稳定区域内，地下水位上升对应的孔隙水压力增大对土体产生的影响很小，土体在孔隙水压力很小的条件下仅产生微弱的轴向变形，而当土体应力路径稍稍穿过破坏面达到不稳定区域时，破坏开始发生，即偏应力很难维持常数，对应轴向应变的迅速增大，土体也迅速破坏。

CSD（原状）试验从定量的角度研究了地下水位上升过程中黄土的变形破坏，采用分级加载孔压的方式得到了土体变形进入不稳定区域时的临界孔隙水压力，其变形破坏过程中偏应力变化特征与重塑黄土差异不大，轴向变形整体上仍然随着平均有效应力的减小而增大。分析试验结果(图6.57、图6.58)表明,在孔隙水压力未达到临界状态时,土体轴向变形与重塑黄土CSD试验中土体相同孔压下的土体变形速率基本相同,表现出非常缓慢的变形状态。在此期间,增大孔隙水压力会引起轴向变形速率的短时增大,但孔隙水压力维持稳定后轴向变形也逐渐趋于稳定,直至孔隙水压力加载到一定程度后,土体变形速率相应增大并始终保持较快的变形速率,使轴向变形迅速发展破坏。

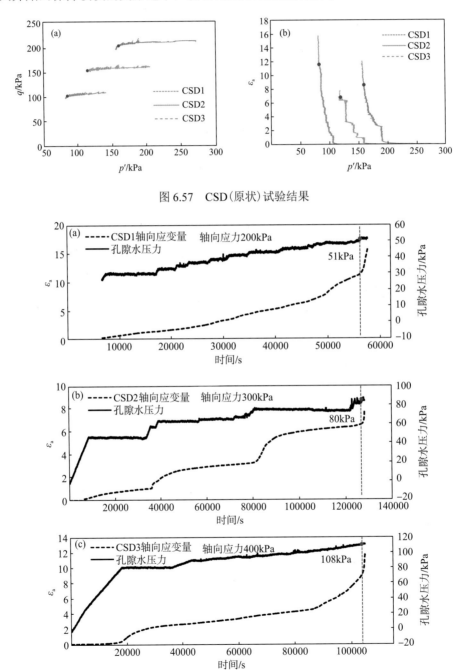

图6.57　CSD(原状)试验结果

图6.58　CSD(原状)试验土体孔压和变形的关系

分析不同应力条件下的临界孔隙水压力特征可知，黑方台黄土产生突变的临界孔隙水压力与轴向应力呈线性增长关系，临界孔隙水压力约为轴向应力的 26%，若将土体轴向应力按照黑方台黄土天然密度 1.55g/cm³ 换算成黄土厚度，临界孔隙水压力换算为地下水位高度，土体从基本稳定到开始出现明显变形时水位占黄土总厚度的比例约为 0.41。可见，对于黑方台黄土滑坡，当地下水位达到一定程度后，会引起土体从相对稳定状态进入明显的持续变形过程，地下水位高度占黄土总厚度比例临界值大约为 0.41（许强等，2019b）。

6.7　基于物理模拟实验的黄土滑坡机理研究

地下水局部壅高引发的孔隙水压力上升是导致滑坡产生突发性破坏的重要原因，前文通过物理模拟实验揭示了这一现象的形成过程，而孔隙水压力导致滑坡失稳破坏所反映出的土体破坏机理还需要进一步的研究。

对于室内实验进行的黑方台黄土滑坡研究，一些学者通过物理模拟或离心机模型研究了黑方台地下水位上升过程中黄土的破坏过程，并通过实验反映了地下水位上升过程中孔压变化和对应的坡体破坏特征（周跃峰等，2014；曹从伍等，2016；许强等，2016a；Cui et al.，2018；Zhang et al.，2019）。

本节则以物理模拟实验作为重要手段，研究黑方台静态液化型黄土滑坡的滑坡前兆信息和变形破坏特征，探讨地下水对滑坡破坏的影响过程，并基于其特有的变形破坏模式提出相应的监测预警思路。

6.7.1　实验装置及模型设计

物理模拟实验装置采用自主设计的模型箱，模型箱长×宽×高为 800mm×500mm×800mm，两侧为透明树脂板，模型箱后方设计了宽 100mm 的水槽并有泄水孔，可通过调整泄水孔开闭控制水槽内水位高度恒定，以模拟黑方台的地下水位。黄土滑坡模型几何形状按黑方台静态液化型黄土滑坡的基本几何特征设计，斜坡坡度为 55°，高 500mm，长 700mm，底部水平，几何相似系数为 1:100，在上部加载 160kg 铁块并通过铁块底部刚性平板将荷载均匀传递到滑坡顶面（图 6.59），土体采用黑方台静态液化型黄土滑坡后壁取得的 Q_3^{eol} 马兰黄土打碎后重塑组成（表 6.15），并控制其密度与天然密度相同，为 1.55g/cm³，质量含水率为 10%，使土体相对密度相似系数约为 1:1，后方水槽内水位恒定为 15cm，通过水槽向前方渗水模拟灌溉引起的坡体地下水位上升过程，实验中水槽与模型箱间也采用相同土体按照相同密实度填实（曹从伍等，2017）。

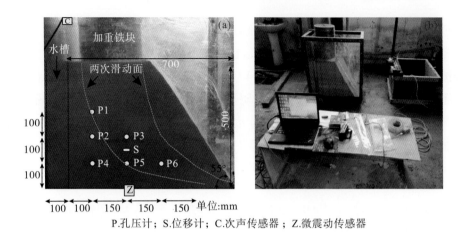

P.孔压计；S.位移计；C.次声传感器；Z.微震动传感器

图 6.59　实验模型和数据采集系统

6.7.2　数据采集过程

实验模型堆砌过程中,在堆积体中线位置每隔10cm高度由后侧水槽向前方间隔15cm放置一组孔隙水压力传感器,由下往上放置3排,每排减少一支,共6支孔压传感器;在距黄土底部15cm高的堆积体中部埋设自动位移计,同时在模型箱底部安装微震动传感器,顶部安装次声传感器,并将所有传感器接入专用的同频采集系统,该系统为便携式多路采集系统(NI9188),可对接入的所有传感器数据进行同时采集,最大采集频率为1024Hz,通过数据采集系统以获取滑坡变形过程中的孔压和位移同步变化规律(图6.60)。

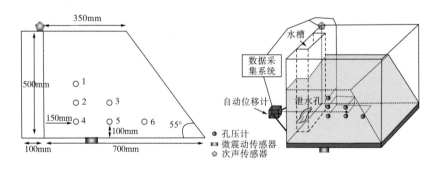

图 6.60　实验传感器布置示意图

6.7.3　实验过程和数据分析

实验开始后,随着后方水槽内恒定水位的渗透作用,底部黄土由后向前逐渐饱和,并使坡体产生了轻微的湿陷沉降现象[图 6.61(a)],随着坡体饱和黄土由后向前逐渐扩展,最终使整个坡体完全饱和[图 6.61(b)],地下水从坡体前缘底部渗出,土体开始产生塑性变形并持续缓慢蠕动(0.57mm/h);随着前缘底部黄土不断形成泥流被带走,在重力作用下上部黄土产生拉裂,裂缝由顶部延伸至底部贯通,前缘坡体产生第一次滑动

（41115～41120s）［图 6.61（c）］，滑坡顶部后退了 4cm，总体积约为 0.01m³；第一次滑动后在底部渗水作用下坡体前方堆积体逐渐形成泥流被带走，坡体蠕动速率也增大至 0.23mm/min，并持续了约 1500s 后再次产生滑动（42623～42625s）［图 6.61（d）］，此次滑动伴随了明显的孔压和位移的剧增，坡体顶部后退了 25cm，总体积约 0.06m³。

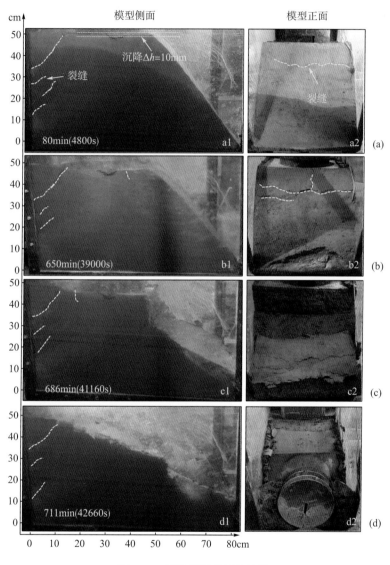

图 6.61　滑坡模型破坏全过程

6.7.3.1　微震、次声特征

对两次滑动过程的微震和次声数据进行归一化分析可见（图 6.62），微震和次声对滑坡的响应仅在滑坡滑动过程中产生，而前期地下水位上升引起的饱和黄土蠕动并未引起微震和次声的异常波动，因此，室内实验中滑坡变形破坏前期并没有明显的微震和次声前兆。

基于室内实验未获取到滑坡破坏前的次声和微震异常特征，但实际野外滑坡由于规模大，坡体滑动前仍然可能产生异常的次声和微震信号，这也是今后需要进一步研究的方向。

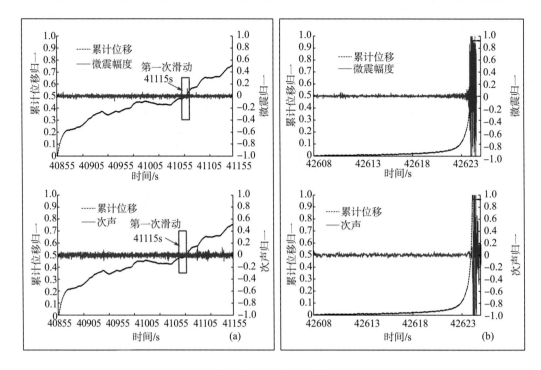

(a)第一次滑动；(b)第二次滑动

图 6.62　两次滑动过程期间微震和次声信号特征

6.7.3.2　孔隙水压力与位移特征

通过传感器获取了坡体两次滑动全过程的累计位移和对应的孔压数据[图 6.63(a)]。两次滑动中第一次滑动规模较小，孔隙水压力和位移计均未产生明显变化[图 6.63(b)]，第二次滑动范围包括了位移计前端固定点和3#、5#、6#孔隙水压力计，1#、2#、4#孔隙水压力计位于滑动面后方，未产生明显位移。通过图 6.63(c)可以发现，第二次滑动过程中 6 个孔隙水压力计的响应时间有一定的先后关系，部分孔压在位移达到最大前就先达到峰值。

分析两次滑动过程中的孔隙水压力变化特征可知，第一次滑动期间孔隙水压力在临滑前并没有明显的变化特征，其坡体的滑动是由于底部黄土被带走产生蠕动破坏造成的，与孔压关系不明显；而第二次滑动位移突增前出现了明显的孔隙水压力波动情况，滑坡滑动过程中也有明显的液化特征。通过将模型内埋设的孔隙水压力换算为水头高度，对比两次滑动临滑前的孔隙水压力水头变化情况发现(图 6.64)，第一次滑动的孔隙水压力水头变化并不明显，而第二次滑动前数秒孔隙水压力产生了较大幅度的变化，可见孔隙水压力的波动在坡体变形破坏中起了重要的作用。

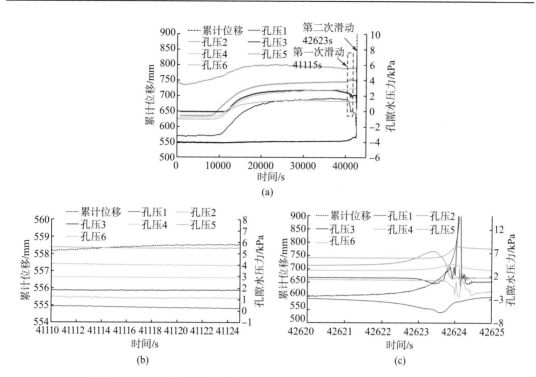

(a) 坡体变形全过程特征；(b) 第一次滑动过程局部特征；(c) 第二次滑动过程局部特征

图 6.63　孔隙水压力和位移关系

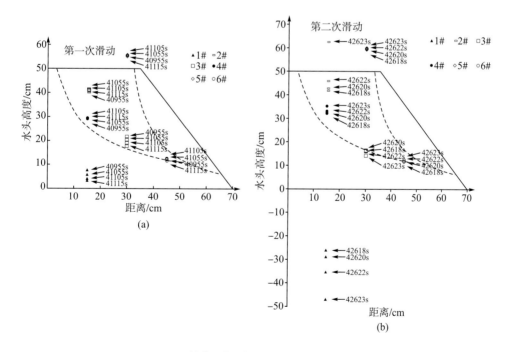

(a) 第一次滑动；(b) 第二次滑动

图 6.64　两次滑动前孔隙水压力水头特征

由于采集系统采集频率达 1024Hz，可以准确反映实验过程中孔压与位移的微小响应差异，通过计算两者的相关性即可判断孔压和位移的先后响应关系，明确坡体的破坏是否由孔隙水压力引起。具体方法为，将第二次滑动过程的位移和孔压数据先进行归一化处理，选取滑动过程中连续 200 个孔压数据（持续 0.2s 的数据）与同时间的 200 个累计位移数据计算相关性，再调整累计位移的选择区域，向前后逐次移动 1 组数据使累计位移相对于孔压产生 1/1024s 的时间差，再计算两者的相关性，以此不断移动累计位移的选择区域，最终获得孔压与不同时间差的累计位移相关性，而相关性达到最大时孔压和位移的时间差为两者的响应时间（表 6.17）。

表 6.17   孔压与位移的时间差

孔压	响应时间/s	相关性(R^2)	备注
孔压 1	提前 0.56	0.9825	滑体后方
孔压 2	提前 0.28	0.9976	滑体后方
孔压 3	滞后 0	0.9056	滑体内部
孔压 4	提前 0.19	0.9973	滑体后方
孔压 5	滞后 0.66	0.9043	滑体内部
孔压 6	滞后 0.16	0.9836	滑体内部

通过相关性分析发现，孔压和位移的响应时间差不足 1s，滑体内部的 5#、6#孔压相对位移有一定的滞后，而滑体后方的 1#、2#、4#孔压相对位移则先出现响应，由此可知，虽然位移和孔压几乎同时剧增，但第二次滑动的产生是由于滑坡后方的孔隙水压力波动引起了滑坡变形的增大，而滑坡变形加快又促使了坡体内部的孔隙水压力迅速增大。由孔隙水压力与位移的关系说明，黑方台静态液化型黄土滑坡临滑时的失稳破坏是由于坡体中地下水产生的孔隙水压力达到一定程度后的扰动所引起的，而导致孔隙水压力扰动的则可能是滑坡前期的蠕动变形，两者相互促进使滑坡迅速失稳破坏。

6.7.3.3   孔隙水压力与变形速率的关系

由物理模拟实验全过程孔压和坡体变形速率关系可知（图 6.65），坡体在稳定阶段几乎无明显变形，在此期间地下水由后方渗入土体中使孔隙水压力逐渐增大，其中 5#、6#孔隙水压力计附近土体孔压增大到一定程度后基本稳定，4#孔隙水压力计靠近滑坡后方，孔压一直呈缓慢增大的趋势，最终坡体开始产生匀速变形，变形速率从 0 增大至 0.01mm/s 左右。匀速变形期间坡体内部孔隙水压力在滑坡蠕动变形下略有增大，在此过程中坡体也出现持续沉降，匀速变形期间坡体产生了最大 20mm 的沉降，随后坡体整体失稳破坏（图 6.66）。

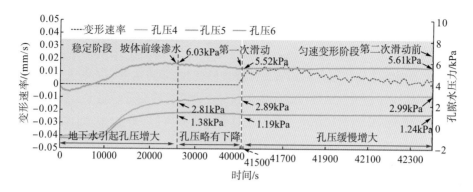

图 6.65　模型底部孔隙水压力与变形速率关系

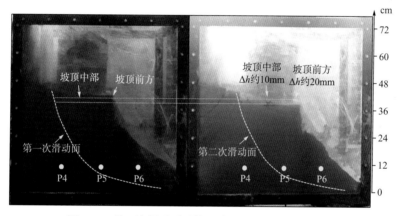

图 6.66　第一次滑动后至第二次滑动前坡体变形特征

6.8　本 章 小 结

本章从强度和变形的角度开展了地下水长期作用对黄土力学性质影响的研究，主要得到以下认识：

(1)通过环剪试验获得饱和重塑黄土的剪应力-剪切位移曲线，发现剪应力从峰值减小到某一值后，开始逐渐缓慢增大，直至稳定达到残余强度。在剪应力达到峰值后，剪切带逐渐贯通，强度迅速减弱，但是由于正应力的存在，使得剪切缝闭合，以粉粒为主的黄土颗粒之间咬合得更加紧密，颗粒发生一定的定向排列，从而使得剪应力有所增大，最终形成残余强度，并且有可能会略大于峰值强度。基于环剪试验对饱和重塑黄土软化的时效性进行研究，得到黑方台地区黄土强度弱化的浸水时效特征——抗剪强度及内摩擦角随浸水天数变化的曲线呈"勺"形。内摩擦角-浸水天数曲线可分为 3 个阶段，即浸水初期(0～3d)，内摩擦角迅速减小；3～5d 时，内摩擦角值略有增大；随着浸水天数继续增加(5～20d)，内摩擦角缓慢减小。

(2)随着"洗盐"次数的增加，内摩擦角 φ 在 27°～29°内波动，呈小幅增大的趋势，其对内摩擦角的影响较小；"洗盐"处理对黄土黏聚力 c 值的影响分为两个阶段："洗盐"前 3 次，黏聚力降低约 4kPa，继续"洗盐"，黏聚力反而升高了 10kPa 左右。"洗盐"

导致土体的粉粒性和富盐性都发生了改变,土颗粒的几何排列以及颗粒与颗粒之间的内部联结也发生了变化。

(3) 黄土的湿陷、软化系数都随着土体深度的增加(即固结压力的增大)呈先增加后减小的趋势。固结压力越大,土颗粒之间发生错动、调整导致变形量越大,黄土的湿陷变形和软化变形也越大,但当黄土所承受的荷载达到一定限度后(300kPa),土体变压变得非常致密,其变形的空间也较小,导致水在黄土的孔隙中通行受阻,无法充分带走起着胶结作用的可溶盐,使得水对黄土结构的破坏不如当土体受小固结压力作用时那么显著,黄土湿陷系数和软化系数均减小。

(4) 通过等压固结不排水剪三轴试验对孔隙比 e 为 0.8～0.91 的砂质黄土区陕西神木(Q_3)、粉质黄土区甘肃黑方台(Q_3)与黏质黄土区陕西泾阳(Q_2),土样编号分别为 SM、HFT、JY 的原状黄土液化特性进行了研究与宏观对比。通过研究数据可知:①不同原状土样在等压固结不排水剪条件下,各土样偏应力的变形特征主要表现为先迅速增大到峰值后迅速减小的应变软化行为,试样峰值强度均出现于 $\varepsilon_a <2.5\%$,且峰值强度随着围压的增大而增大,峰值点对应的应变也增大;②在 q-p'平面中不同原状土样临界状态线 CSL 的斜率 M 存在一定的差异,在 e-$\ln p'$的平面中,CSL 的位置与形态的差异较大,说明不同区域原状黄土潜在液化区与无流动液化区范围具有较大的差异,黑方台地区的 CSL 甚至呈现出非线性的特征;③由于黄土属结构性土壤,且所使用土样在地理位置上跨度较大,推测各区域原状土样在液化特性上表现出的差异,主要是受结构、孔隙比与颗粒级配等因素影响而造成的。

(5) 通过对研究区试验前原状土样与重塑土样进行扫描电子显微镜试验,对比分析了两种土体的结构差异;同时对控制某单一变量的土样展开一系列等压固结不排水剪三轴试验,并在 6.4.2.1 节所运用理论研究的基础上,研究了各因素对黄土静态液化特性的影响。同时通过试验数据对 Bobei 提出的表征细粉砂混合物的静态液化特征的修正状态参数 ψ_m 的赋值进行调整,提出了一套属于黄土静态液化特征的修正状态参数 ψ_m,试验分析得出黄土的结构、天然孔隙比(即所处土层的深度)与颗粒级配都对其静态液化特性存在重要的影响,这也解释了本章中不同研究区原状黄土液化能力的差异的原因。

(6) 基于物理模拟和三轴实验结果发现,黑方台黄土滑坡的变形破坏控制因素主要分为两方面:一方面是使滑坡从稳定阶段到开始产生变形的匀速变形阶段所需要的临界地下水位,这一变化过程中水位缓慢上升,而滑坡本身的荷载并未产生变化,仅由于地下水位上升产生的孔隙水压力使土体的平均有效应力逐渐减小,土体的变形与三轴实验常偏应力排水剪过程相似;另一方面是使滑坡从匀速变形进入加速变形阶段的坡体临界变形量,这一过程随着应变的发展使土体应力路径逐渐超过不稳定状态线而失稳破坏,从宏观上体现为坡体变形过程中不断产生竖向变形,其失稳受坡体达到不稳定状态的总变形量控制,此过程与三轴实验等压固结不排水剪过程相似。

第二篇 DIERPIAN

黄土滑坡

早期识别研究

滑坡识别图谱

星载 InSAR

大普查 大范围

光学遥感

危害普查

卫星载像

地质灾害早期识别

监测预警

三维模型

UAV

详查 低空

影像

实地普查 地查

地面调查

机载 LiDAR

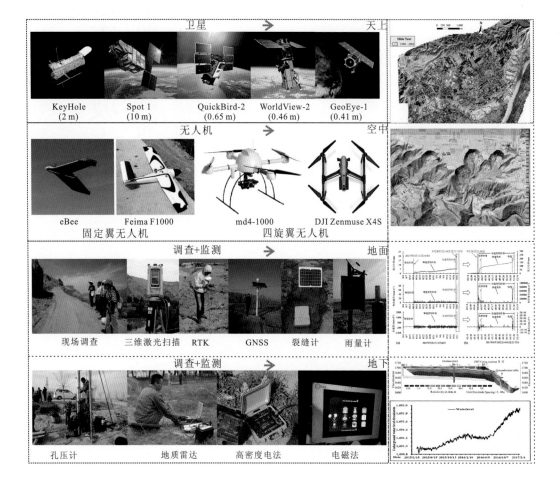

卫星 → 天上

KeyHole (2 m)　Spot 1 (10 m)　QuickBird-2 (0.65 m)　WorldView-2 (0.46 m)　GeoEye-1 (0.41 m)

无人机 → 空中

eBee　Feima F1000　md4-1000　DJI Zenmuse X4S

固定翼无人机　四旋翼无人机

调查+监测 → 地面

现场调查　三维激光扫描　RTK　GNSS　裂缝计　雨量计

调查+监测 → 地下

孔压计　地质雷达　高密度电法　电磁法

第7章 黄土滑坡早期识别方法研究

前面章节主要介绍在过量灌溉条件下诱发的一些黄土滑坡，在清晰认识黄土滑坡的发育特征、致灾因素、灾变行为和成灾模式的基础上，本章探讨和总结潜在黄土滑坡的早期识别方法(彭大雷，2018)。

潜在黄土滑坡一方面是指具备滑坡发生的条件，已有一些微量的蠕动和变形，目前尚未发生明显整体移动的黄土斜坡，在自然和人为等因素的作用下，有演变为滑坡灾害趋势的斜坡；另一方面是指已经发生过小规模的变形破坏，在人为因素的作用下，有可能再次发生大规模黄土滑坡灾害的黄土斜坡(李秀珍，2010)。

大量案例表明，正在变形和已出现变形迹象的山体往往是最大的地质灾害隐患，而这些隐患点又因植被覆盖或位于人迹罕至的区域，很难人工发现。在原有的数理统计、地质灾害普查和地质灾害易发性评价等地质判识方法的基础上，再利用现代合成孔径雷达干涉测量技术(interferometric synthetic aperture radar，InSAR)，尤其是永久散射体干涉雷达(persistent scatterer interferometric synthetic aperture radar，PS-InSAR)技术，高分辨率卫星影像，地面和机载雷达测量技术(light detection and ranging，LiDAR)，以及无人机低空摄影测量技术等，通过对同一区域多期影像数据的对比分析和去除植被处理，则可较准确地识别和圈定出历史上曾经运动过的古老滑坡区域、正在变形的区域，从而实现从"天-空"的角度对重大地质灾害潜在隐患进行识别。根据"天-空"发现和识别出某些区域为地质灾害潜在隐患后，再结合地面调查和复核灾害隐患点，从而实现黄土滑坡潜在隐患的早期识别。

在本章中主要介绍"地质判识"和"技术识别"相融合的潜在黄土滑坡识别(判识)的技术方法体系(此部分内容将在第8章详细介绍)和"天-空-地"一体化的"技术识别"方法构建背景和指导思想，并在我国西部地区取得的代表性成果；在此基础上总结黑方台地区多源空间信息技术融合方法的实践经验(此部分内容将在第9～11章详细介绍)，为其他地区开展黄土滑坡潜在隐患"天-空-地"一体化技术早期识别提供宝贵的参考价值。

7.1 早期识别方法的研究思路

7.1.1 我国常见地质灾害隐患点的特点

我国地质灾害具有点多面广、种类全、隐蔽性强、地区差异明显、防灾难度大等特点。为了有效防范地质灾害对人民生命财产造成严重损失，自20世纪80年起，我国便开始通过构建依靠当地群众自行发现、观测和防灾的地质灾害"群测群防"体系,将我国每年因自然地质灾害死亡人数,从以往的数千人降低到500~1000人(不包括人类工程活动诱发地质灾害造成的人员伤亡),取得了显著的防灾成效。但近年来因灾造成的人员伤亡中,一次就造成数十上百人死亡的灾难性事故占较大的比例,如2010年8月7日舟曲泥石流造成1765人死亡(Zhang et al.,2018),2011年9月17日灞桥滑坡造成32人死亡(Zhuang et al.,2014),2015年12月20日深圳滑坡造成77人死亡(Xu et al.,2017b),2016年9月28日丽水苏村滑坡造成27人死亡(Ouyang et al.,2018),2017年6月24日茂县新磨村山体滑坡造成83人死亡(许强等,2017)。上述重大地质灾害事件都不是发生在查明的隐患点范围内,主要是因为这些灾害的源区往往位于大山的中上部,很多区域人迹罕至,人员难以到达,有些灾害还被植被覆盖,传统的人工调查和排查手段已很难提前主动发现这些灾害隐患。

现在即将动工兴建的川藏铁路更是如此,铁路沿线不断穿越海拔4~5km的高山,很多关键部位尤其是隧洞进出口边坡,人员难以到达,其是否存在安全隐患仅靠人工调查已很难回答。因此,如何有效避免此类灾难性地质灾害事故的发生,已成为我国今后一段时间内地质灾害研究的重点和难点。

7.1.2 地质灾害隐患点识别与监测的国家需求

高山峡谷区地质灾害的调查评价,尤其是重大地质灾害隐患的早期识别,已成为国际上的一个研究热点和难点,也更是引起了我国政府的高度重视。2018年10月习近平总书记主持召开中央财经委员会第三次会议强调大力提高我国自然灾害防治能力,并提出实施"九大工程",其中就包括"灾害风险调查和重点隐患排查工程,掌握风险隐患底数"。自然资源部陆昊部长将地质灾害防治的主要工作概括为"四步",即:研究原理,发现隐患,监测隐患,发布预警;同时强调要聚焦突发型地质灾害"防"的核心需求——搞清楚"隐患点在哪里"和"什么时间可能发生"。可见,如何提前识别和发现重大地质灾害隐患已成为当前主动防灾最为关键的问题。

为此,本章围绕这一核心需求,重点探讨如何利用天-空-地一体化的多源立体观(探)测技术实现重大地质灾害隐患的早期识别和监测预警,提升主动防范能力和水平。提出通过"地质判识"和"技术识别"相融合的潜在滑坡识别(判识)的技术方法和构建"天-空-地"一体化的"三查"体系进行重大地质灾害隐患的早期识别,再通过专业监测,在掌握地质灾害动态发展规律和特征的基础上,进行地质灾害的实时预警预报,以此破解"隐患点在哪里""什么时间可能发生"这一地质灾害防治领域的难题。

7.1.3 地质灾害隐患点识别方法技术体系

首先,以现代地球系统科学思想为指导,通过工程地质原理和地质力学分析,查明大型滑坡成灾机理,建立大型滑坡致灾因子识别准则和图谱。其中,查明大型滑坡成灾机理是研究的起点,也是实现项目目标的关键。只有在查明大型滑坡成灾机理的基础上,才能建立起大型滑坡致灾因子的识别指标体系和获取技术方法。首先,以建立坡体地质结构模型为基本出发点,以坡体的历史和现今变形破裂现象为依据,结合现代力学理论为分析方法,查明不同地质结构斜坡在内、外动力作用下发生破坏的地质-力学模型和影响因素,建立西部山区大型滑坡成灾机理模式。然后,研究提取、筛选、归纳控制和影响西部山区大型滑坡发生的关键致灾因子,同时研究提出快速高效且准确地获取这些关键致灾因子的技术手段及方法,重点开展基于遥感技术(高精度卫星遥感技术、InSAR 技术和无人机遥感技术)的大型隐蔽性滑坡早期识别指标和前兆信息的获取技术方法研究。最终,建立西部山区大型滑坡潜在隐患和危险源早期识别方法、评判准则和成灾模式识别图谱及指标体系,从而构建大型滑坡隐患识别的理论和技术方法。

然后,针对我国地质灾害隐患点多面广、地处高位、多由植被覆盖、传统人工调查难的特点,从高分辨率光学遥感影像中,通过地形地貌可识别出绝大多数古老滑坡、崩塌堆积体以及泥石流沟。它们在遭受强烈的外界扰动(如强降雨、强震和强烈人类工程活动)后有可能复活或再次发生地质灾害,因此成为常见的地质灾害隐患点。同时,因地表变形会导致光谱特性的变化,可利用光学遥感的颜色变化来有效识别地表变形,圈定潜在地质灾害隐患。利用多时序遥感影像还可清楚掌握灾害变形的动态演化过程和特征,有助于判断隐患的规模和危险性程度。但光学遥感也存在不足,一是受天气影响明显,时常因云雾天气而不能获取有效的影像;二是光学影像虽然直观形象,但也容易误判。

InSAR 具有全天候、全天时工作的特点,尤其是具有大范围连续跟踪观测地表微小形变的能力,是识别和发现正在变形的地质灾害隐患的非常有效的手段,近年来的示范应用效果显著。但其也只能用于识别目前正在发生缓慢变形的地质灾害隐患,对于未变形的历史灾害并不具备识别能力。

机载 LiDAR 可获取高分辨率、高精度的 DEM,利用去除植被后的真实地形,很容易识别和发现古老滑坡、崩塌堆积体、其他各种成因的松散堆积体,以及历史上受地震、长期重力作用已发生明显开裂、移位的斜坡岩体,这些都是山区斜坡最脆弱的部位,也是最容易发生地质灾害的潜在隐患区。但目前搭载 LiDAR 的飞行平台还受到较多的限制,且实施费用昂贵。无人机低空摄影测量也面临同样的问题。

光学遥感、InSAR、LiDAR、无人机低空摄影测量(又称无人机航拍)等现代遥感技术都有其独自的优势和能力,但也都有各自的条件限制和缺点,所以不能靠单一技术手段来解决灾害隐患识别问题。为此,构建"天-空-地"一体化的重大地质灾害隐患识别的"三查"体系。

该"三查"体系具有"四多"的特点:一是多学科交叉融合,涉及测量学、工程地质学、遥感地质、计算机技术等多个学科;二是多层次多平台,综合应用了星载平台、航空平台、地面和坡体内部平台;三是多源数据,包括光学遥感、InSAR、LiDAR、无人机航拍以及各种地面和坡体内部监测数据；四是多时序，通过光学遥感、InSAR 等技术手段，不仅可掌握现状，还可进行历史追溯和未来长期持续观测，获取多时序数据。"三查"体系遵照从宏观到微观，从区域到区段和单体，分层次分步骤逐步实现复杂山区地质灾害隐患早期识别和提前发现，为破解"隐患在哪里"这一科技难题提供了解决方案。但这一"技防"措施主要适用于高位隐蔽性大型地质灾害。同时，对于一般性地质灾害，人工调查排查和群测群防还是必不可少，将"技防"和"人防"有机结合，相互补充验证，才能最大限度地发现地质灾害隐患(许强等，2019a)。

为了突破传统人工调查和排查的局限，构建基于星载平台(高分辨率光学遥感+InSAR)，航空平台(机载 LiDAR+无人机航拍)，地面平台(斜坡地表和内部监测)的"天-空-地"一体化的多源立体观测方法和与地质灾害隐患早期识别的"三查"体系，进行重大地质灾害隐患的早期识别(图 7.1～图 7.3)。地质灾害隐患识别的"三查"体系，类似于医学上大病检查和确诊过程，先通过全面体检筛查出重大疾病患者，再通过详细检查和临床诊断，确诊或排除病患(许强等，2019a)。

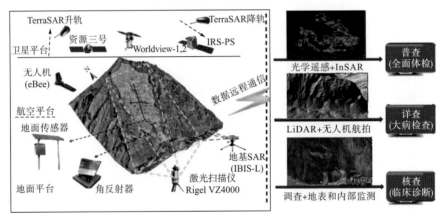

图 7.1　"天-空-地"一体化的多源立体观测体系与地质灾害隐患早期识别的"三查"体系

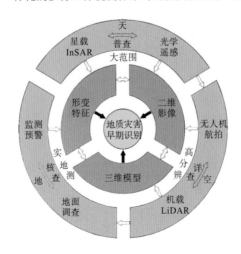

图 7.2　"三查"技术体系多源数据关系脉络图

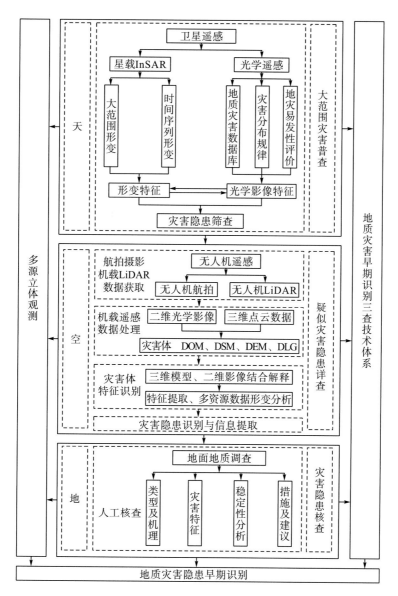

图 7.3 地质灾害隐患早期识别"三查"技术体系流程

7.2 "地质判识"+"技术识别"相融合的识别方法体系

目前，关于滑坡早期识别的研究只是停留在单一的研究技术层面：一方面地貌发育规律，依据区域构造、地形地貌、岩土体的强度差异，从滑坡的易发性方面对滑坡早期识别进行研究，没有结合具体滑坡所处的工程地质环境和滑坡变形历史；另一方面在大多数滑坡发生以后，开展一些总结和分析其发生的诱发因素和破坏机理，没有总结归纳这类滑坡发生前的先兆信息。黄土滑坡发生孕育是一个复杂动态的演化过程，只有综合分析其发生的工程地质背景、成灾模式和前兆变形，才能充分认识黄土滑坡潜在隐患早期识别方法，更好地做到滑坡灾害的超前识别。

以建立黄土滑坡体地质结构模型和进行运动过程分析为出发点，以滑坡体的历史和现今变形破裂信息等为依据，采取现代地质、力学理论方法和计算机制图技术方法，通过查明西部山区复杂地质环境条件下大型滑坡成灾机理，建立斜坡地质结构、内外动力条件与变形破坏地质力学行为及控制影响因子的对应关系，考虑斜坡变形发展演化过程(时间)，研究编制了大型隐蔽性滑坡识别图谱及识别指标体系。图谱既能反映斜坡三维地质结构，又能反映斜坡的发展演化过程(时间维)及其变形破裂等信息，是一个四维度的图谱。

在此基础上，结合黄土地区不同类型的黄土滑坡发育特征和致灾因素，总结出 11 类成灾模式，根据黄土滑坡的演变过程和灾变行为，总结一套专业简明的黄土滑坡识别标志和识别图谱，便于在黄土地区更有效地开展黄土滑坡的早期识别工作，减轻灾害对广大人民群众造成的生命财产损失。

7.3 "天-空-地"一体化的重大地质灾害隐患识别的"三查"体系

"三查"体系，首先通过光学遥感和 InSAR 实现区域扫面性地质灾害隐患的普查；其次利用机载 LiDAR 和无人机低空摄影测量技术实现高地质灾害风险区段和重大地质灾害隐患的详查；最后采用现场调查、地面与坡体内部监(探)测等手段，实现重大地质灾害隐患的复核确认和排除，即核查(许强等，2019a)。

7.3.1 基于光学遥感和 InSAR 的地质灾害隐患普查

在过去的几十年中，遥感已经成为获取时空信息的有力技术，主要包括光学影像(satellite imagery)和合成孔径雷达(synthetic aperture radar)。

7.3.1.1 高分辨率遥感影像

卫星成像是通过人造卫星获取和分析位于地球表面的物体或材料的图像。可以针对电磁频谱中的可见频率范围以及其他频率范围获取这些图像。卫星成像中考虑的主要参数之一是分辨率，主要有 4 种主要类型：空间分辨率(图像中像素表示的表面上的实际物理尺寸)、光谱分辨率(用于捕获图像的电磁光谱部分)、时间分辨率(表面的相同部分的连续图像之间的时间)和辐射分辨率(由相机系统记录的亮度级别的范围)。卫星光学遥感技术因其时效性好、宏观性强、信息丰富等特点，已成为重大自然灾害调查分析和灾情评估的一种重要技术手段。早在 20 世纪 70 年代，Landsat(分辨率 30～80m)、SPOT(分辨率 10～20m)等中等分辨率的光学卫星影像便被用于地质灾害探测分析。20 世纪 80 年代，黑白航空影像被用于单体地质灾害探测。20 世纪 90 年代以后，Ikonos(分辨率 1.0m)、Quickbird(分辨率 0.60m)等高分辨率的卫星影像被广泛用于地质灾害探测与监测。目前，光学遥感正朝着高空间分辨率(商业卫星分辨率最高为 Worldview-3/40.3m)、高光谱分辨率(波段数可达数百个)、高时间分辨率(Planet 高分辨率小卫星的重返周期可小于 1d)的方向发展。卫星图像向更频繁地观察感兴趣的表面目标移动是过去 20 年的趋势，其中更大范围的光谱图像和对比度越来越高。现在，大量高分辨率信息正在公开可用于危险识别和侦察，并且现在存在以商业为基础请求特定区域的特定图像类型的能力。光学遥感技术在地质灾害研究中的应用逐渐从单一的遥感资料向多时相、多数据源的复合分析发展，从静态地质灾害辨识、形态分析向地质灾害变形动态观测过渡。除单个卫星图像的价值外，它们还可以在 GIS 环境中进行空间校正并与其他矢量和栅格数据集结合使用。

　　地表变形会导致光谱特性变化，由此可利用光学遥感的颜色变化来有效识别地表变形，从而圈定潜在的地质灾害隐患。例如，2016 年 9 月 28 日浙江丽水苏村发生滑坡，瞬间将苏村部分掩埋，导致 27 人死亡[图 7.4(a)]。滑坡源区地处高位且植被茂盛，但实际上滑坡前期变形在光学遥感影像中已清楚显示。从图 7.4(b)可以看出，在 2000 年的遥感影像中就能看到明显的变形迹象，随后变形逐渐发展，空间范围逐渐增大，到 2016 年滑坡发生前，控制滑坡范围的边界裂缝已清晰可见。

(a) 2016年9月28浙江丽水苏村滑坡

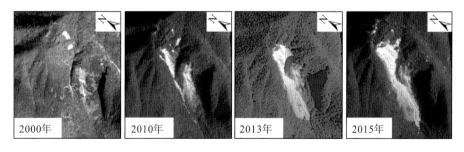

图 7.4　浙江丽水苏村滑坡及其滑坡前遥感影像

2018 年 10 月 11 日和 2018 年 11 月 3 日西藏自治区江达县波罗乡白格村附近金沙江右岸先后发生了两次大规模高位滑坡堵江事件(图 7.5),堵江事件发生后,国家各部门紧密合作,开展了应急处置工作,通过开挖导流槽提前泄流,避免了群死群伤事件的发生,但巨量的泄流洪水还是导致下游 318 国道金沙江大桥等多座桥梁和大量公路路基被冲毁,云南省丽江市巨甸镇、石鼓镇等居民区被大面积淹没,直接经济损失超过 42 亿元(李为乐等,2019)。

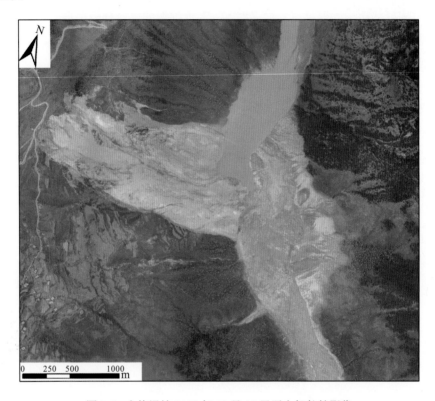

图 7.5　白格滑坡 2018 年 10 月 12 日无人机航拍影像

注:原始影响数据由四川测绘地理信息局测绘技术服务中心提供

收集该滑坡区 1966~2018 年共 15 期历史卫星影像进行分析,通过对比分析发现,早在 1966 年,该滑坡中部就有小规模滑塌等变形迹象,但滑坡后缘未见明显拉裂缝[图 7.6(a)]。在 2011 年 GeoEye-1 卫星影像上,可以看到滑坡后缘已形成基本连通的拉裂缝,中部滑塌规模较 1966 年显著增大[图 7.6(b)]。对比 2011 年和 2015 年的卫星影像,可见滑坡源区在此期间发生整体下错,后缘拉裂缝已形成明显的错台,中部滑塌变形进一步加剧[图 7.6(c)]。2017 年 1 月 15 日国产高分 2 号卫星影像[图 7.6(d)]显示,滑坡地表形变迹象较 2015 年没有显著变化。但在 2018 年 2 月 28 日国产高分 2 号卫星影像上,可见滑坡整体变形进一步加剧,在滑坡中下部已形成明显的剪出口[图 7.6(e)]。在 2018 年 8 月 29 日美国 Planet 卫星影像上[图 7.6(f)],可见滑坡源区已非常破碎,整体处于临滑状态(许强等,2018)。

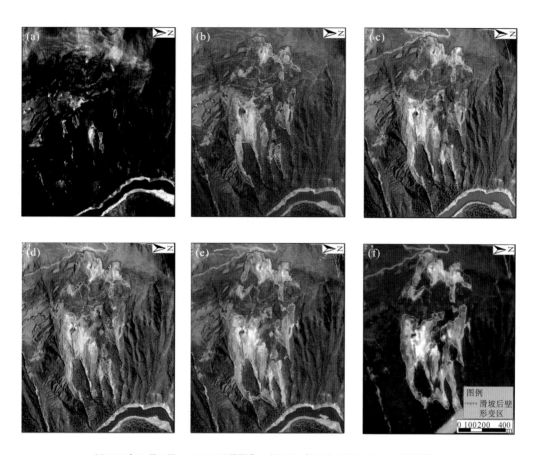

(a) 1966 年 2 月 8 日 KeyHole 卫星影像；(b) 2011 年 3 月 4 日 GeoEye-1 卫星影像；

(c) 2015 年 11 月 13 日资源 3 号卫星影像；(d) 2017 年 1 月 15 日高分 2 号卫星影像；

(e) 2018 年 2 月 28 日高分 2 号卫星影像；(f) 2018 年 8 月 29 日 Planet 卫星影像

图 7.6　白格滑坡源区遥感影像

白格滑坡体上有多条小路，在所收集的卫星影像上可以识别出来。对每期遥感影像上的道路进行解译，再将不同时间的道路位置进行对比，便可计算活动滑坡表面的位移量（图 7.7、图 7.8）。根据小路分布位置，分别提取 I_1、I_2、I_3、II_2、II_3 共 5 处特征点随时间的形变量（图 7.8）。由图 7.8 可见，5 处特征点的形变趋势基本一致，但累计形变量差别较大，从大到小依次为 $I_2 > I_1 > II_2 > II_3 > I_3$。说明该滑坡地表形变整体上为：中部>后部>前缘，滑坡应该属于推移式滑坡。此外，滑坡右侧（I 区）形变明显大于左侧（II区）。该滑坡 2011-03-04～2018-02-28 最大位移达 47.3m，其中 2017-01-15～2018-02-28 滑坡体最大水平位移达到 26.2m（I_2 处）。从图 7.8 的位移曲线大致可以看出，该滑坡自 2011 年以来一直处于变形过程，其中 2014-12-28～2015-02-22 有 1 次加速变形，之后趋于相对稳定；2016-05-23～2018-02-28，滑坡一直处于较快的匀速变形；2018-08-29 之后，由于没有高精度卫星影像，其形变量无法进行定量描述。

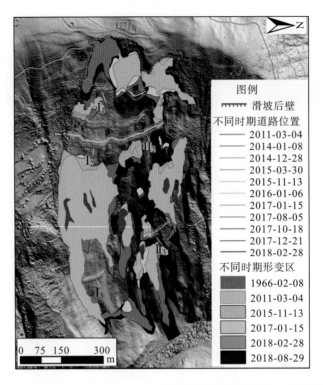

图 7.7　2011-03-04～2018-02-28 白格滑坡上道路形变和变形分区图

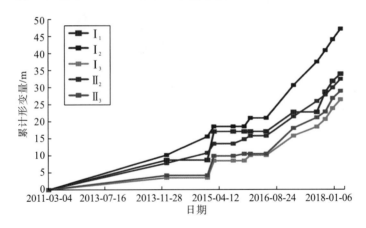

图 7.8　白格滑坡累计位移图

随着光学遥感影像分辨率的不断提高以及卫星数目的不断增多,观测的精度将不断提高,获取影像的时间间隔也将大大缩短,不远的将来就可实现任一地点每天都有一次卫星影像覆盖,对地质灾害隐患的早期识别和应急抢险将大有裨益。

7.3.1.2　合成孔径雷达

InSAR 技术具有全天候、全天时、覆盖范围广、空间分辨率高、非接触、综合成本低等优点,合成孔径雷达成像广泛用于监测各种类型的自然灾害;这些包括但不限于地震和断层、山体滑坡、火山活动、洪水、火灾、飓风、海啸和石油泄漏。也适宜于开展大范围地质灾害普查与长期持续观测。卫星系统成为预警和灾后评估研究的宝贵工具,因为它们提供了灾区的大规模视图。这对于确定受灾害影响的区域至关重要。与一些小规模监测系统相比,它们还可以提供有关居住区域灾害程度的信息。在用于监测灾害的卫星系统中使用各种类型的传感器、成像模态和图像形成技术。

特别是 InSAR 具有的大范围连续跟踪微小形变的特性,使其对正在变形区具有独特的识别能力。1996 年,法国学者 Fruneau 等首先证明了合成孔径雷达差分干涉测量技术(differential InSAR,DInSAR)可有效用于小范围滑坡形变监测,随后世界各国学者陆续开展了 DInSAR 在滑坡监测中的应用研究,取得了一些成功案例。但在实际应用中,特别是地形起伏较大的山区,星载 InSAR 的应用效果往往受到几何畸变、时空去相干和大气扰动等因素的制约,具有一定的局限性。此外,应用 DInSAR 只能监测两时相间发生的相对形变,无法获取研究区域地表形变在时间维上的演化情况,这是由该技术自身的局限性所决定的。针对这些问题,国内外学者在 DInSAR 的基础上,发展提出了多种时间序列 InSAR技术,包括永久散射体干涉测量、小基线集干涉测量、SqueeSAR 等。这些方法通过对重复轨道观测获取的多时相雷达数据,集中提取具有稳定散射特性的高相干点目标上的时序相位信号进行分析,反演研究区域地表形变平均速率和时间序列形变信息,能够取得厘米级甚至毫米级的形变测量精度。

欧洲(尤其是意大利)已经实现了基于 InSAR 的全国范围地质灾害隐患普查(Lombardi et al.,2017)。近年来,中国在将 InSAR 用于地质灾害的长期监测与隐患早期识别方面也取得了长足进步。图 7.9 是 2017 年因明显变形而实施应急处置的丹巴县五里牌滑坡的 InSAR变形监测结果。从图 7.9 可以看出,利用 InSAR 不仅可以识别滑坡隐患,还可以较为精确

(a) 丹巴县五里牌滑坡及其变形情况　　　　(b) 五里牌滑坡变形InSAR监测结果

图 7.9　丹巴县五里牌滑坡及其 InSAR 监测结果(Dong et al.,2018a)

地圈定滑坡边界，定量分析评价滑坡各部位形变的两级和动态演化状况，为滑坡稳定性评判提供了重要手段。尤其是 2017 年以来，国内外多位学者通过对 2017 年茂县新磨村滑坡（Dai et al.，2019）、2018 年西藏米林冰崩（童立强等，2018）和白格滑坡（Fan et al.，2019a）等进行分析研究，结果表明，时序 InSAR 技术能够有效捕捉滑坡发生前的地表形变，尤其是大面积缓慢蠕滑变形以及滑坡失稳前的加速变形信号，为提前识别和发现处于正在缓慢蠕滑变形的滑坡隐患提供了非常有效的手段。

7.3.2　基于机载 LiDAR 和无人机航拍的地质灾害隐患详查

依据目前的新型技术方法和工作原理，低空早期识别方法主要包括机载 LiDAR 和无人机低空摄影测量。

7.3.2.1　机载 LiDAR

机载 LiDAR 是一种遥感技术，自 2010 年后，已成为一种非常有价值的工具，它通过用激光光脉冲照射物体来进行操作。LiDAR 仪器发送和接收反射脉冲，并通过扫描表面的反射脉冲建立三维坐标的点文件。该技术可以从多个平台部署，包括卫星、飞机和地面系统。数据采集速度为每秒数万个点，分辨率为几厘米，具体采集能力取决于平台和仪器的类型。

LiDAR 通过集成定姿定位系统和激光测距仪，能够直接获取观测区域的三维表面坐标。机载 LiDAR 集成了位置测量系统、姿态测量系统、三维激光扫描仪（点云获取）、数码相机（影像获取）等设备。机载 LiDAR 不仅能够提供高分辨率、高精度的地形地貌影像，同时还通过多次回波技术穿透地面植被，利用滤波算法有效去除地表植被，获取真实地面的高程数据信息，为高位、隐蔽性的地质灾害隐患识别提供了重要手段。2017 年 8 月 8 日，九寨沟地震使九寨沟景区惨遭重创，产生了数千处地质灾害，景区被迫关闭。为了查明九寨沟地震区的地质灾害隐患，利用直升机同时搭载三维激光扫描仪和高分辨率光学镜头进行机载 LiDAR 识别地质灾害隐患的试验研究，图 7.10 为某区域的试验成果。

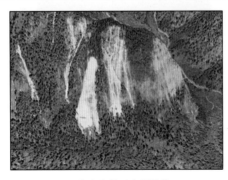 

(a) 九寨沟景区光学影像　　　　　　　　　　(b) 与其对应的DEM模型

图 7.10　九寨沟景区机载 LiDAR 解译结果

从图 7.10(a)可以看出，九寨沟景区植被茂盛，通过无人机低空摄影测量获取的光学影像可清楚地识别出 2017 年 8 月 8 日九寨沟地震产生的同震地质灾害，但对植被下的灾害隐患一无所知。利用机载 LiDAR 滤波算法去除植被后，获取的数字地表模型（digital surface model，DSM）可清楚地看到植被覆盖下的崩塌松散堆积体[图 7.10(b)]、古老滑坡堆积体、泥石流堆积扇以及较大的震裂山体裂缝，这些都是最容易发生地质灾害的潜在隐患。通过 LiDAR 去除植被后，生成高精度的 DEM，会使掩盖于植被之下的各种山体损伤和松散堆积体暴露无遗，可有效识别隐蔽性灾害，这一特殊功能是其他遥感技术不能比拟的。

另外，项目组利用机载 LiDAR 技术在四川省丹巴县、小金县、茂县，以及广东省佛山市部分区域都开展了灾害识别解译的应用研究，取得了较为理想的成果。图 7.11 所示，利用机载 LiDAR 技术在丹巴县城附近中路藏寨后山新发现的灾害隐患，通过过滤植被生成 DEM 清楚显示出了后缘的拉张裂缝，同时集合 InSAR 技术也反映出了该区域的形变特征（图 7.12）。

(a) 中路藏寨后山斜坡光学影像　　　　　　　　(b) 中路藏寨后山斜坡DEM

图 7.11　丹巴县中路藏寨机载 LiDAR 解译结果

图 7.12　中路藏寨机载 InSAR+LiDAR 叠加成果

7.2.2.2　无人机低空摄影测量

无人机低空摄影测量技术是继遥感技术和三维激光扫描技术之后，在三维空间数据领域中又一个可用于大面积、高精度和快速获取三维点云数据的技术方法。无人机已经成为一种强大的遥感平台，在岩土工程领域日益普及和应用。该技术使用灵活，对收集时间敏感的数据集至关重要。无人机在不同时间点采集的高分辨率图像可以产生不同的 DSM，其误差范围在厘米级别，可用于计算表面偏移，并对比地表前后地貌的变化(Prokešová et al., 2010)。

随着无人机技术的突飞猛进，利用无人机可进行高精度(厘米级)的垂直航空摄影测量和倾斜摄影测量，并快速生成测区数字地形图、数字正射影像图、数字地表模型、DSM。利用三维 DSM 不仅可以清楚直观地查看斜坡的历史和现今变形破坏迹象(如地表裂缝、拉陷槽、错台、滑坡壁等)，以此发现和识别地质灾害隐患，还可进行地表垂直位移、体积变化、变化前后剖面的计算(Dvigalo et al., 2009；Hsieh et al., 2016)。例如，在 2017年 6 月 24 日茂县新磨村滑坡的应急处置过程中，由于滑坡源区地处高位，现场人员对山体中上部情况基本一无所知。2017 年 6 月 25 日，通过无人机获取滑坡源区的 DSM 后，发现滑坡右侧存在一个巨大的变形体，用 DSM 量测出其体积达 $4.55×10^8m^3$，与主滑体 $4.5×10^8m^3$ 相当，在其后缘存在一宽度达 40m 的拉陷槽[图 7.13(a)]，对坡脚数百名应急

(a) 茂县新磨村右侧变形体

(b) 九寨沟8·8地震导致的漳扎镇灾害隐患

图 7.13　利用无人机 DSM 识别和发现茂县新磨村滑坡区和九寨沟震区高位地质灾害隐患

抢险人员的安全构成严重威胁，为此进行了紧急避让撤离。2017 年九寨沟 8·8 地震后，在短时间内利用无人机低空摄影测量生成的三维 DSM，发现了多处高位震裂山体和潜在地质灾害隐患[图 7.13（b）]，将相关情况及时上报给现场抗震救灾指挥部后，采取了紧急避让措施。由此可见，无人机低空摄影测量进行地质灾害隐患识别具有方便快捷、直观形象等特点，必将成为地质灾害隐患识别的重要手段(许强等，2017)。

7.3.3 基于地面调查和监测的地质灾害隐患核查

利用天-空遥感手段仅是从外貌形态进行地质灾害隐患的识别，因受多种因素影响，其识别结果并不完全正确，可能会出现误判。因此，利用遥感技术识别出来的地质灾害隐患点还需要地质人员到达现场进行逐一调查复核，甄别、确认或排除隐患点，有时还要借助于现场观测和探测手段，才能准确判定。如，从地形地貌上像古老滑坡堆积体的区域，有时还得通过物探、槽探等手段，根据坡体结构和物质组成才能确认。另外，在斜坡变形初期，通过 InSAR 可能会发现其变形迹象，但变形裂缝并不一定会明显显露，此时就需要通过地面调查、专业监测或者探测的技术方法来确认其是否真的存在变形。根据地面技术方法才能确认，这一过程称之为核查，相当于医院医生通过对病人的望闻问切，并结合电子计算机断层扫描、B 型超声波检查等检测结果进行综合判断，最后确认或排除病患。根据设备调查的位置，地面技术方法又可以分为地表技术方法和地下监测技术方法。常见的地表早期识别方法有：现场工程调查、地面激光扫描(3D laser scanning)、地面观测(如全球导航卫星系统(global navigation satellite system，GNSS)、地基合成孔径雷达系统(ground-based SAR，GBSAR)等)、裂缝计和雨量站；常见的地下早期识别技术有：水位计、高密度电法(electrical resistivity tomography，ERT)、地质雷达(ground-penetrating radar，GPR)、电磁法(time domain electromagnetic method，TOEM)。

7.4 早期识别技术方法在其他地区应用

"天-空-地"一体化的重大地质灾害隐患识别的"三查"体系在四川丹巴县城及周边、理县通化乡，青海拉西瓦果卜岸坡，三峡库区等进行了应用，结果显示能够大大提高大型滑坡这项"隐疾"的识别效率和准确率，应用效果好，具有推广前景。

7.4.1 丹巴县城及周边

丹巴县地处我国西部深山峡谷地区，地质条件复杂、斜坡高陡，地质灾害频发，如近期出现变形的五里牌滑坡严重威胁着人民的生命财产安全。2017 年 4 月 3 日，专门组织研究团队赴"丹巴试验区"对早期识别的 10 余处大型滑坡进行了现场验证(图 7.14)。研究团队针对此前 InSAR 识别成果进行现场比对验证(图 7.15 和图 7.16)。现场考察验证结果显示：

丹巴县城及周边的大型滑坡隐患识别的准确率达90%以上(Dong et al.，2018a, 2018b)。

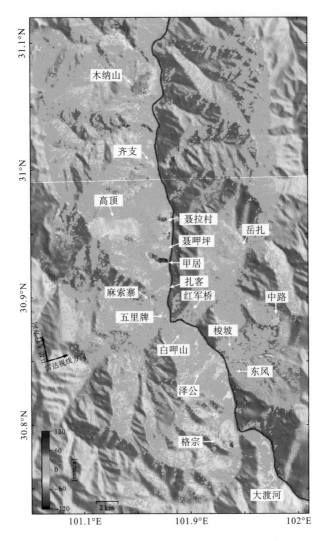

图 7.14　雷达视线方向形变速率图及其识别出的潜在滑坡

图 7.15　丹巴县梭坡滑坡

图 7.16　丹巴县五里牌滑坡

7.4.2　理县通化乡

理县位于四川省阿坝州东部，东邻汶川，西南连小金，西接马尔康，北依黑水，西北靠红原。地跨岷江上游支流杂谷脑河两岸。选取了理县桃坪乡—通化乡—甘堡乡沿杂谷脑河长约 20km、宽近 10km 的区域为研究试验区，识别圈定了 4 处存在较大变形的区域(图 7.17)。

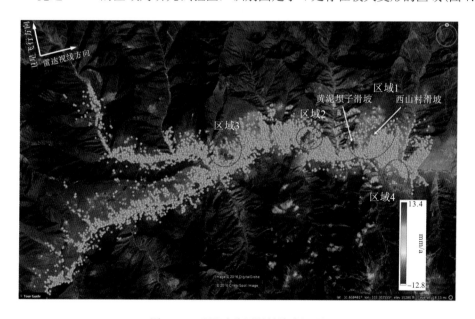

图 7.17　理县试验区滑坡隐患识别

现场复核和监测结果验证：识别的 4 处隐患区存在变形迹象。西山村滑坡监测显示，截至 2017 年 8 月 8 日，最大累计位移已达到 1176.74mm(图 7.18)。其中，区域 1 蓝色部位，2017 年 8 月 10 日发生浅层滑坡(黄泥坝子滑坡)(Li et al.，2019)(图 7.19 和图 7.20)。

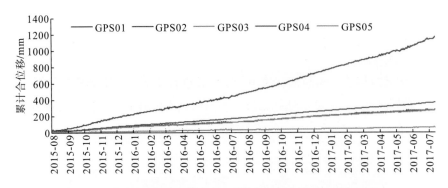

图 7.18　理县西山村滑坡变形监测曲线(2015-08-15～2017-08-08)

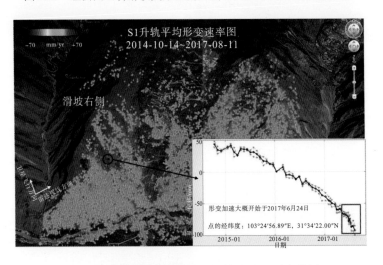

图 7.19　理县通化乡黄泥坝子滑坡 InSAR 形变监测

图 7.20　理县通化乡黄泥坝子滑坡正射影像(2017-08-22)

7.4.3　青海拉西瓦果卜岸坡

"三查"体系应用于青海拉西瓦果卜岸坡，并进行变形区历史形变的分析，再通过现场调查和监测数据对比验证显示(图 7.21)，该方法具有较好的适宜性(Shi et al.，2017)。用于相位展开的公共参考点由果卜岸坡东边界外的黑星标记。

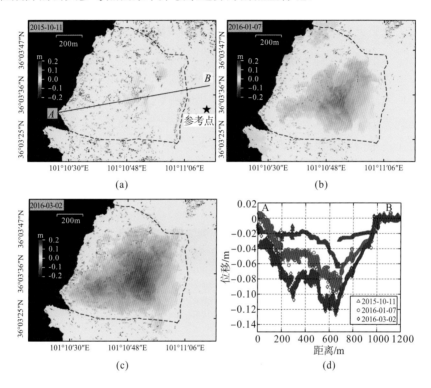

(a)、(b)和(c)分别显示了利用传统的 D-InSAR 分析 TerraSAR-X 数据得出的可测量视线(LOS)

方向的累计位移(起始于 2015 年 9 月 19 日)；(d)为三个干涉图中沿剖面 AB 的累计位移

图 7.21　利用多频卫星 SAR 资料研究青海拉西瓦果卜水库岸坡位移历史

7.4.4　三峡库区

"三查"体系已实际应用于三峡库区 115 个滑坡的调查与识别，分析评价在非汛期增加库水位下降速率条件下的稳定性，综合论证增加库水位下降速率的可行性，为科学协调蓄水发电、防洪与库水位快速下降之间的合理关系等提供了防治决策依据(Shi et al.，2015；Tang et al.，2019)。

7.5　多源空间信息技术融合方法在黑方台示范

地质灾害的发生必须要具备一定的地质环境，绝大多数灾害形成都需经历一个发展演化过程，并通过变形等特征表现出来，且多数灾害在发生前还会显现出一些特殊的前兆信息。因此，在原有的数理统计和地质灾害普查的基础上，通过现代探(观、监)测技术，如合成孔径雷达差分干涉测量和遥感地理信息技术集成对地质灾害隐患点进行"普查"，通过新型无人机低空摄影测量技术和机载 LiDAR 对地质灾害隐患点进行"详查"，通过"群防群测"、易滑性地质地貌和地面调查对地质灾害隐患点进行"核查"，通过此"三查"体系从不同角度和尺度来对灾害形成过程的变形特征和成灾前兆信息进行捕捉和识别，便能实现对重大地质灾害潜在隐患的早期识别和提前发现，并进行提前主动防范，避免灾难发生。

在黑方台黄土滑坡研究区，结合黄土滑坡的成灾模式，在传统研究方法的基础上，尝试与探索如何将高精度光学遥感、无人机低空摄影测量、地表常规探测观测手段和地球物理探测等现代先进高新技术有机融合，构建"天-空-地"一体化的早期识别技术方法，对研究区的黄土滑坡潜在隐患进行高效精确的早期识别。黄土滑坡的隐患点早期识别是我国西北黄土地区防灾减灾的基础，潜在滑坡的早期识别是今后国内外滑坡等地质灾害研究的热点方向，研究区黄土滑坡潜在隐患"天-空-地"多源立体观测体系如图 7.22 所示。

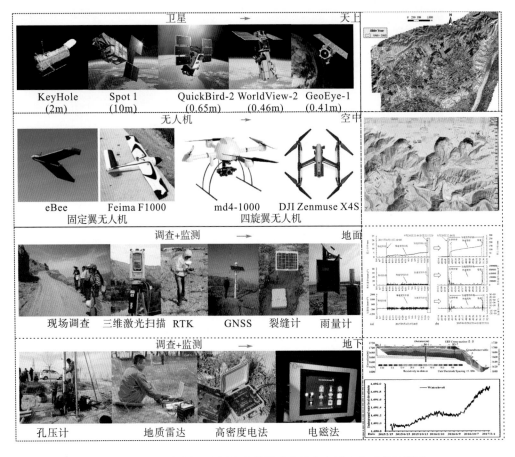

图 7.22　"天-空-地"多源信息数据融合技术在黑方台示范路线图

7.6　本 章 小 结

　　黄土地区地质灾害具有点多面广、种类全、隐蔽性强、地区差异明显、防灾难度大等特点。20 世纪 80 年代建立的群防群测方法，对降低黄土滑坡对人民生命和财产造成的损失起到重要的作用。但是随着科学技术的发展，加之近年来重大灾害频发，迫切需要建立新的早期识别方法，以应对地质灾害的严峻形势。在本章中主要介绍了黄土滑坡潜在隐患的早期识别方法，主要总结如下：

　　(1) 根据研究方法和技术类别不同，以及各自的优势，提出了"地质判识"和"技术识别"相融合的潜在黄土滑坡识别(判识)的技术方法体系。

　　(2) 根据空间数据获取的精度和频率，以及工具所处的空间位置，早期识别技术方法主要包括：高分辨率卫星影像和 InSAR 技术方法、无人机低空摄影测量和空中 LiDAR 技术方法、地面调查方法。依据这些技术方法的特点，构建"天-空-地"一体化"技术识别"方法，从不同角度和尺度来对灾害形成过程的变形特征和成灾前兆信息进行捕捉和识别。

　　(3) 在研究区构建黄土滑坡"天-空-地"多源立体观测体系，天上技术方法为高分辨率卫星影像和 InSAR，空中技术为无人机低空摄影测量，地面方法有现场调查和"群防群测"，尝试"地质判识"方法和"新技术识别"方法在黄土滑坡早期识别中的综合应用示范。

第8章　黄土滑坡识别图谱研究

根据彭建兵等在 2018 年对黄土高原滑坡和崩塌灾害的调查结果,黄土高原共发育了 31000 多个滑坡和 49000 多个崩塌(Peng et al.,2019b)(图 8.1)。因此,对滑坡灾害广泛频发的黄土高原,制定一套简易的、通俗易懂的黄土滑坡早期识别图谱对黄土地质灾害防治具重要意义。基于此,本书在深入研究黄土高原黄土滑坡的基础上,收集大量已发生滑坡的资料,并分析其发育类型及各类型之间的差异性和共性,制定了黄土滑坡识别图谱(彭大雷,2018)。

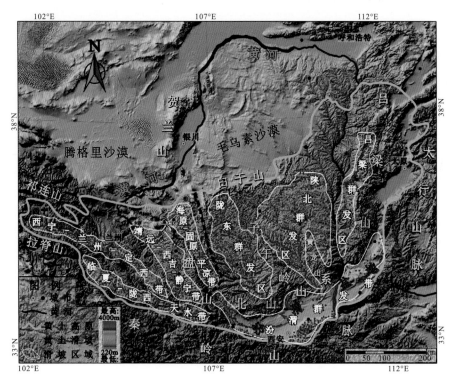

图 8.1　黄土滑坡分布图(Peng et al.,2019b)

8.1　黄土滑坡识别图谱编制方法

只有较好地了解黄土滑坡的演化过程,才能制定一套适合黄土滑坡的识别图谱和识别指标。因此,收集典型的黄土滑坡累计位移-时间曲线,对制作黄土滑坡识别图谱具有重要意义。

8.1.1　黄土滑坡变形时间曲线

基于黄土基岩滑坡、黄土内滑坡的滑动机理不同，两者的变形-时间特征也有差别。

8.1.1.1　黄土基岩滑坡

对于黄土基岩滑坡，通过收集已发生的滑坡完整的变形-时间曲线(吴玮江等，2002；周自强等，2007；李瑞娥等，2009)(图 8.2)，可总结出如下规律：滑坡变形演化特征具有较明显的初始变形、等速变形和加速变形三阶段演化过程。

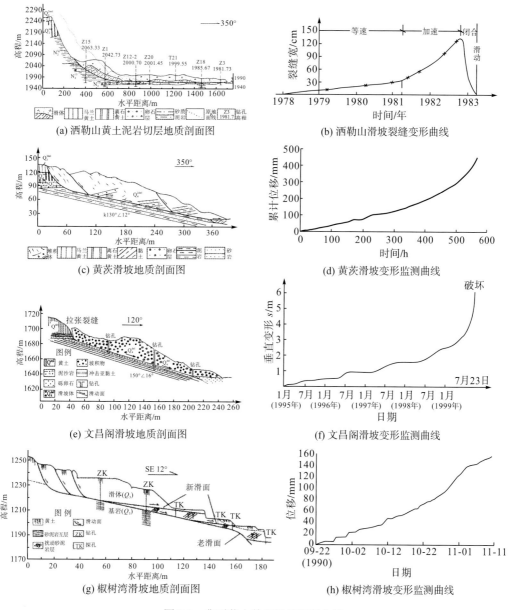

图 8.2　典型黄土基岩滑坡变形曲线

8.1.1.2　黄土内滑坡

1. 静态液化型滑坡

由于静态液化型滑坡加速变形过程较短，传统的监测设备很难捕捉到完整的累计位移-时间曲线。采用成都理工大学地质灾害防治与地质环境保护国家重点实验室自主研发的自适应性采样频率裂缝计，首次获得了静态液化型滑坡的变形-时间曲线(图8.3)。从该图中可以看出，在2015年8月14日以前，滑坡一直处于初始变形阶段，从2015年8月14日到2015年9月20日，滑坡处于匀速变形阶段，从2015年9月20日22时后，变形产生了突增，随后累计位移-时间曲线呈陡直上升，滑坡在数分钟后失稳破坏。

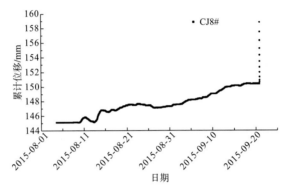

图8.3　黑方台CJ8#静态液化型滑坡累计位移-时间曲线

2. 滑移崩塌型滑坡

通过对研究区的滑移崩塌型滑坡进行调查发现，在早期变形过程中，滑坡处于匀速变形状态，但是到破坏阶段，变形速率较快，加速变形过程较短。本研究团队采用成都理工大学地质灾害防治与地质环境保护国家重点实验室自主研发的自适应性裂缝计，首次捕捉到黄土崩塌的完整的变形-时间曲线。2017年2月28日至2017年5月2日，前两个月滑坡裂缝宽度无明显变化，从2017年4月1日到2017年5月2日累计变形不足6mm，从2017年5月2日22:00开始，滑坡后方裂缝宽度开始增大，5月13日03:00，滑坡进入中加速阶段，5月13日早上8:51，滑坡变形进入加速(临滑)阶段，并于5月13日9:49滑坡发生滑动(图8.4)。

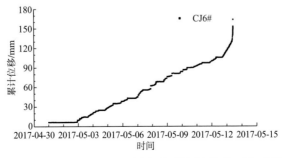

图8.4　黑方台CJ6#滑移崩塌型滑坡累计位移-时间曲线

8.1.2 黄土滑坡演化基本规律和破坏运动过程

按照上述黄土斜坡的变形-时间曲线特征，将黄土滑坡分为渐变型、突发型和稳定型三类(第 12 章详细阐述)。黄土滑坡的累计位移-时间曲线在时间上具有三阶段演化特征，这与重力作用下岩质滑坡的演化特征基本一致；一次完整的滑坡过程不仅包括其斜坡变形过程，还包括斜坡破坏后的运动过程(许强等，2008；许强等，2015)。大量的黄土基岩滑坡和零星的黄土内滑坡的监测资料表明，黄土滑坡变形演化和成灾过程具有明显的初始变形、等速变形、加速变形和破坏运动四个阶段演化过程(图 8.5)，与其对应的包括斜坡初始状态阶段、时效变形阶段、累进破坏阶段和灾变堆积阶段(杨帆，2017)。

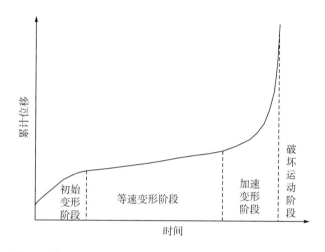

图 8.5 黄土滑坡演化破坏过程四阶段示意图(许强等，2015)

第 1 阶段：初始变形阶段(初始状态阶段)。坡体变形初期，变形从无到有，并开始产生裂缝，变形曲线表现出相对较大的斜率，但随着时间的延续，变形曲线斜率有所减缓，表现出减速变形的特征。因此该阶段被称为初始变形阶段或减速变形阶段。

第 2 阶段：等速变形阶段(时效变形阶段)。在初始变形的基础上，在重力和其他因素影响下，黄土斜坡基本上以相同(近)的速率继续变形。因受到外界因素的干扰，监测曲线会有所波动，但此阶段的宏观变形速率基本保持不变，因此该阶段又称为匀速变形阶段。

第 3 阶段：加速变形阶段(累进破坏阶段)。当斜坡体变形发展到一定阶段后，变形速率会呈现出不断加速增长的趋势，直至坡体整体失稳(滑坡)之前，变形曲线近于陡立，这一阶段被称为加速变形阶段。在此阶段，黄土基岩滑坡表现出的切线角比黄土内滑坡的切线角小。

第 4 阶段：破坏运动阶段(灾变堆积阶段)。当斜坡变形加速到一定程度后，斜坡发生破坏，在重力势能的作用下，滑体克服基底摩擦阻力向坡脚运动，并堆积在一定范围内。此阶段为主要的成灾危害阶段。

8.1.3 黄土滑坡识别图谱编制思路

图谱泛指按类编制的图集，包括图或照片，文字描述等，是通过图像文字的描述更好地了解事物的一种形式。同时，黄土滑坡图谱要求图文并茂，既可按图清楚地认识滑坡演化过程，又可按文字描述精确识别，互相映衬。在收集总结黄土地区滑坡发育类型、特征、致灾因素、灾变行为和成灾模式的基础上，结合黄土滑坡所处的地质-力学模型，对黄土滑坡的地质演变机制和成灾模式进行分析总结，编制黄土滑坡潜在隐患识别图谱和确立地质判识标志；滑坡识别图谱既要能表达其发育特征，又要能表达其演化阶段，还要能表征其对应的变形特征，分别用于易发性识别、早期识别、临灾识别和成灾范围识别(杨帆，2017)。

8.1.4 滑坡识别图谱包括内容和识别指标

1. 初始状态阶段→易发性识别

该阶段主要反映斜坡所处地质环境特征，用斜坡的地形地貌(坡度、坡高、坡型)、坡体结构、临空条件、岩性组合、地层产状，对斜坡体进行易发性识别。

2. 时效变形阶段→早期识别

该阶段主要反映在黄土边坡整体失稳之前所产生的地表活动信息，如地表裂缝、坡体前缘错台、坡脚鼓胀、后壁浸润线上升、坡脚渗水等宏观的物理现象；同时考虑地下水影响、降雨强度、人类活动(开挖、填方、灌溉)等因素，用于斜坡体进行早期识别。

3. 累进破坏阶段→临灾识别

该阶段主要反映黄土边坡临滑时变形特征，用于临灾识别。对于渐变型黄土基岩滑坡来说，黄土边坡的潜在滑动面逐渐发展形成贯通性破坏面，对于突发型黄土滑坡来说，由于演化过程，没有明显的滑动面，可通过其他指标来判识。其他指标包括裂缝宽度变宽、深度加深、裂缝和落水洞形成圈闭边界，后缘错台加大，坡体前缘出现鼓胀，坡脚渗水加大特征，坡体坡度变大或者坡体出现反倾，所反映的物理现象用于斜坡体临灾识别。

4. 灾变堆积阶段→成灾能力识别

成灾能力识别内容为黄土基岩滑坡滑动面贯通，导致斜坡产生整体破坏，或者是黄土内滑坡，发生崩落或者溃散性的破坏，然后形成高速远程滑坡。图谱表达内容包括黄土滑坡成灾模式、堆积特征、受灾规模等。

黄土滑坡识别图谱每一阶段与之相对应为滑坡识别指标，其作用在于能对原始地形地貌识别图谱和成灾模式识别图配置文字进行详细说明，同时对早期识别图谱和前兆判别图谱中斜坡变形进行定量分析。因此滑坡识别图谱及考虑的主要指标因子见表8.1。

表 8.1　黄土滑坡识别图谱及考虑的主要指标因子

阶段	图谱	识别指标因子
初始状态阶段	易发性识别	地形地貌(坡度、坡高、坡型)、坡体结构、临空条件、岩性组合、地层产状
时效变形阶段	早期识别	地表活动信息、地下水影响、降雨强度、人类活动
累进破坏阶段	临灾识别	裂缝和土洞发育特征、地下水、坡体前缘变形特征
灾变堆积阶段	成灾能力识别	成灾模式、堆积特征、受灾规模

8.2　各类黄土滑坡识别图谱研究

根据黄土滑坡剪出口位置(从上到下)、破坏行为和成灾模式不同,依据国内常见的分类方法,将滑坡和崩塌分开论述,总体分为 4 类:黄土崩塌、黄土内滑坡、黄土基岩接触面滑坡、黄土基岩滑坡。黄土地区的滑坡灾害,根据其力学行为和致灾因素又可以细分为比较常见的 11 类模式,其中黄土崩塌细分为倾倒型黄土崩塌、崩落型黄土崩塌、剥落型黄土崩塌、台阶型黄土崩塌和滑移型黄土崩塌 5 类;黄土内滑坡分为黄土滑动、静态液化型黄土滑坡和黄土泥流型黄土滑坡 3 类;黄土基岩滑坡细分为黄土基岩顺层滑坡和黄土基岩切层滑坡 2 类。

8.2.1　黄土崩塌

8.2.1.1　倾倒型黄土崩塌

倾倒型黄土崩塌是各类黄土崩塌中发生数量最多的一类,常发生在高陡边坡的上部。此类崩塌,在受黄土垂直节理、裂隙的切割作用下,形成板柱状土体;然后沿着张拉裂隙,以裂隙底部为支点,在重力驱使下产生力矩作用,黄土体沿着临空面从坡脚开始从下至上作悬臂梁弯曲;当下部的柱状黄土所承受的压力大于极限承载力或者在外力的作用下,板柱所受的倾覆力大于来自板柱底部的抗倾覆力时,黄土柱或者黄土墙将沿该折断面发生蠕滑变形并最终导致黄土体的根部断裂,形成倾倒型黄土崩塌;在运动过程中,黄土体会沿着斜坡表面发生滚动或者滑动,并堆积在坡脚一定的范围内,堆积范围受黄土裂隙深度的影响,崩塌堆积体多为散碎块状(张茂省等,2006;段钊等,2012;唐亚明等,2013;叶万军等,2013;唐亚明等,2015;黄强兵等,2016)。典型倾倒型黄土崩塌照片、识别图谱和判识标志如图 8.6 和表 8.2 所示。

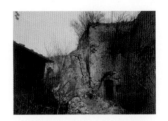

| (a) 黄土垂直节理 | (b) 史咀崩塌 | (c) 恒曲县古城镇允东村崩塌 |
| （王根龙等，2011） | （段钊等，2012） | （毛佳睿，2017） |

图 8.6　典型倾倒型黄土崩塌照片

表 8.2　倾倒型黄土崩塌识别图谱和判识标志

内容	初始状态阶段 （易发性识别）	时效变形阶段 （早期识别）	累进破坏阶段 （临灾识别）	灾变堆积阶段 （成灾能力识别）
图谱				
地质判识指标	发生部位：坡顶直立岸坡、悬崖等； 岩土性：发生于上软下硬黄土层组合； 地貌特征：地形坡度大于75°； 临空条件：大于出露节理2.5倍	①坡顶普遍存在垂直节理、柱状节理； ②拉张裂隙与水平角度大于75°； ③后缘拉张裂隙宽度大于3cm； ④土柱底部开裂	①拉张裂隙宽度 W 为10cm以上； ②土柱底部破碎； ③土柱倾倒角度 A 大于10°； ④坡脚有块状土块堆积	破坏模式：拉裂-倾倒破坏； 运动形式：倾倒坠落； 堆积特征：板状、长柱状； 堆积范围：拉裂缝深度的2.5倍
技术识别方法	卫星遥感解译	现场巡视→InSAR时序探测	裂缝变形监测和倾角传感器监测	—

8.2.1.2　崩落型黄土崩塌

崩落型黄土崩塌多发生于坡度较陡的斜坡，上软下硬黄土层组合中，且上覆黄土垂直裂隙较发育；其坡脚常由于开挖窑洞、河流侧蚀或风化侵蚀剥落，导致部分土体悬空；斜坡体下部缺少支撑，往往呈现出悬空状态；黄土斜坡的表层土体，在重力或者降雨等其他因素影响下，雨水沿着节理面入渗；日积月累，随着水入渗和重力作用，节理慢慢地转变为裂隙，下部悬空的斜坡体，沿着黄土垂直节理发生张拉剪切破坏；随着拉裂面向下延伸贯通后产生坠落，坠落的黄土体堆积在坡脚形成黄土堆(图 8.7)(张茂省等，2006；段钊等，2012；唐亚明等，2013；叶万军等，2013；唐亚明等，2015；黄强兵等，2016；Peng et al.，2018b)。典型崩落型黄土崩塌照片、识别图谱和判识标志如图 8.7 和表 8.3 所示。

|(a) 大路沟崩塌
(段钊等，2012)|(b) 黑龙沟不稳定黄土斜坡
(王根龙等，2011)|(c) 交口县康城镇崩塌
(毛佳睿，2017)|

图 8.7　典型崩落型黄土崩塌照片

表 8.3　崩落型黄土崩塌识别图谱和判识标志

内容	初始状态阶段 （易发性识别）	时效变形阶段 （早期识别）	累进破坏阶段 （临灾识别）	灾变堆积阶段 （成灾能力识别）
图谱				
地质判识指标	发生部位：坡顶； 岩土性：新近堆积黄土或马兰黄土； 地貌特征：地形坡度大于75°； 易发区：黄土风蚀区、河流侧蚀区和人工窑洞集中区	①坡顶多发育显著风化裂隙、拉张裂隙，且坡顶多悬空； ②悬空高度大于1m	①顶部拉张裂隙将贯通； ②坡脚有块状土块堆积	破坏模式：拉裂—坠落破坏； 运动形式：重力坠落； 堆积特征：块状、厚块状等； 堆积范围：坡脚堆积
技术识别方法	卫星遥感解译和气候水文资料分析	现场巡视、三维激光扫描	裂缝变形监测或者三维激光扫描	—

8.2.1.3　剥落型黄土崩塌

剥落型黄土崩塌受岩土体性质、降雨量、坡面形态的影响较大，多发生于新近堆积黄土或马兰黄土且较陡的坡面。我国黄土地区春季干燥多风，降雨稀少，夏季炎热，雨量集中。当降雨集中时，在冻融及风化作用下，斜坡受到降雨激溅及地表水的强烈侵蚀，在斜坡表层出现较为短小的张裂隙，张裂隙深度较浅；随着降雨持续，表面薄层黄土被冲刷并与斜坡土体分离，主要受外营力(如冻融、坡面冲刷、工程扰动等)的影响，斜坡呈现出坡体表面逐步侵蚀剥落破坏的特征，且多为浅层剥落（张茂省等，2006；段钊等，2012；唐亚明等，2013；叶万军等，2013；唐亚明等，2015；黄强兵等，2016；Peng et al.，2018b）。

典型剥落型黄土崩塌照片、识别图谱和判识标志如图 8.8 和表 8.4 所示。

(a) 盐锅峡方台盘山路滑坡

(b) 离石区西属巴茂塔坪崩塌
(王根龙等，2011)

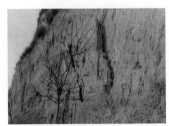
(c) 孝义市南阳乡石公村黄土崩塌
(毛佳睿，2017)

图 8.8　典型剥落型黄土崩塌照片

表 8.4　剥落型黄土崩塌识别图谱和判识标志

内容	初始状态阶段 （易发性识别）	时效变形阶段 （早期识别）	累进破坏阶段 （临灾识别）	灾变堆积阶段 （成灾能力识别）
图谱				
地质判识指标	发生部位：坡面或者坡脚； 岩土性：新近堆积黄土或马兰黄土； 地貌特征：地形坡度为45°～90°； 气候条件：降雨多、温差大、冻融作用	①坡面风化侵蚀作用明显； ②裂隙和垂直节理发育明显； ③土面墙厚度小于50cm； ④底部风蚀或降雨侵蚀作用明显	①块体被伸缩裂缝切割； ②土面墙上部裂缝发育宽度大于2cm； ③土面墙底部风化、软化或悬空严重； ④坡脚有碎土块堆积	破坏模式：风化剥落破坏； 运动形式：坡面坠落滑动； 堆积特征：片状、厚块状、碎片状、鱼鳞状、混合状等；堆积范围：坡脚堆积
技术识别方法	卫星遥感解译和气候资料调查	现场地质调查→InSAR时序探测	定期无人机或三维激光扫描	—

8.2.1.4　台阶型黄土崩塌

台阶型黄土崩塌多发生于具有一定强度的马兰黄土陡坡中，地形坡度较大；其地表裂隙发育特点是坡顶垂直向裂隙较发育，无明显的倾向临空面的结构面。在工程活动扰动下，坡顶会产生一些卸荷裂隙；坡脚被雨水浸润、斜坡排水较差集水条件下，坡脚土体强度降低，发生软化鼓胀现象；崩塌体会沿着多条平行贯通面逐级下挫，形成台阶型黄土崩塌(图 8.9)（张茂省等，2006；段钊等，2012；唐亚明等，2013；叶万军等，2013；唐亚明等，2015；黄强兵等，2016；Peng et al.，2018b）。典型台阶型黄土崩塌照片、识别图谱和判识标志如图 8.9 和表 8.5 所示。

(a) 大路沟崩塌	(b) 泾阳南塬崩塌	(c) 后王家坡村枣林苑小区崩塌
(段钊等，2012)	(许领等，2010)	(毛佳睿，2017)

图 8.9　典型台阶型黄土崩塌照片

表 8.5　台阶型黄土崩塌识别图谱和判识标志

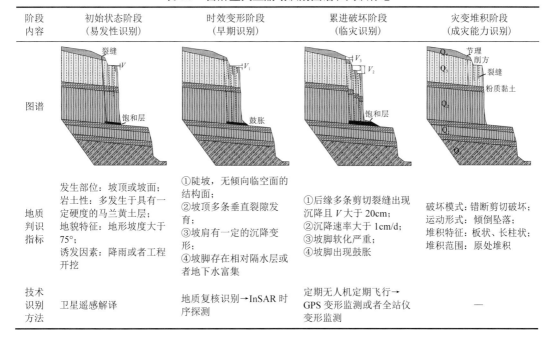

阶段内容	初始状态阶段 （易发性识别）	时效变形阶段 （早期识别）	累进破坏阶段 （临灾识别）	灾变堆积阶段 （成灾能力识别）
图谱				
地质判识指标	发生部位：坡顶或坡面； 岩土性：多发生于具有一定硬度的马兰黄土层； 地貌特征：地形坡度大于75°； 诱发因素：降雨或者工程开挖	①陡坡，无倾向临空面的结构面； ②坡顶多条垂直裂隙发育； ③坡肩有一定的沉降变形； ④坡脚存在相对隔水层或者地下水富集	①后缘多条剪切裂缝出现沉降且 V 大于 20cm； ②沉降速率大于 1cm/d； ③坡脚软化严重； ④坡脚出现鼓胀	破坏模式：错断剪切破坏； 运动形式：倾倒坠落； 堆积特征：板状、长柱状； 堆积范围：原处堆积
技术识别方法	卫星遥感解译	地质复核识别→InSAR 时序探测	定期无人机定期飞行→GPS 变形监测或者全站仪变形监测	—

8.2.1.5　滑移型黄土崩塌

　　滑移型黄土崩塌常发生于新近堆积黄土或马兰黄土的陡坡中，是一种坡体上部崩塌下部滑动的斜坡重力破坏形式，剪出口位于坡体中上部。其成灾模式可以概括为：黄土斜坡坡肩发育大量的垂直节理和拉张裂缝，随着降雨沿垂直节理通道下渗至坡体内部，在粉质黏土层顶部形成软弱层；在重力作用下，坡体发生剪切破坏，下部坡体缓慢剪出，上部坡体的裂隙进一步扩展，垂直裂隙慢慢切割至土体下部古土壤层；随着下部坡体的剪出位移增大，底部的抗剪能力减弱；最终在重力作用下，下部土体先剪出，上部土体失去支撑后从母体脱离形成崩塌，崩塌体堆积于先前的下部剪切破坏体之上，形成完整的滑塌堆积物。此类崩塌受工程开挖、建房、箍窑影响较大。除重力作用外，开挖扰动亦会产生裂隙，降雨沿裂缝进入土体后，形成滑移型黄土崩塌(图 8.10)(张茂省等，2006；段钊等，2012；

唐亚明等，2013；叶万军等，2013；唐亚明等，2015；黄强兵等，2016；Peng et al.，2018a）。典型滑移型黄土崩塌照片、识别图谱和判识标志如图 8.10 和表 8.6 所示。

(a) 盐锅峡黑方台缘边崩塌　　　(b) 陕西榆林子洲石沟黄土滑塌　　(c) 龙云市水窑乡下井村崩塌
　　　　　　　　　　　　　　　　　　（唐亚明，2015）　　　　　　　　　（毛佳睿，2017）

图 8.10　典型滑移型黄土崩塌照片

表 8.6　滑移型黄土崩塌识别图谱和判识标志

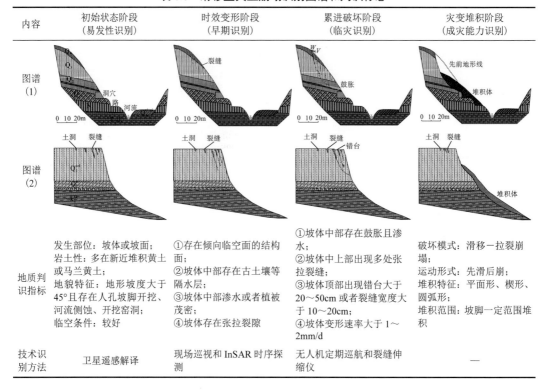

内容	初始状态阶段 （易发性识别）	时效变形阶段 （早期识别）	累进破坏阶段 （临灾识别）	灾变堆积阶段 （成灾能力识别）
图谱(1)				
图谱(2)				
地质判识指标	发生部位：坡体或坡面； 岩土性：多在新近堆积黄土或马兰黄土； 地貌特征：地形坡度大于45°且存在人孔坡脚开挖、河流侧蚀、开挖窑洞； 临空条件：较好	①存在倾向临空面的结构面； ②坡体中部存在古土壤等隔水层； ③坡体中部渗水或者植被茂密； ④坡体存在张拉裂隙	①坡体中部存在鼓胀且渗水； ②坡体中上部出现多处张拉裂缝； ③坡体顶部出现错台大于20～50cm 或者裂缝宽度大于10～20cm； ④坡体变形速率大于1～2mm/d	破坏模式：滑移－拉裂崩塌； 运动形式：先滑后崩； 堆积特征：平面形、楔形、圆弧形； 堆积范围：坡脚一定范围堆积
技术识别方法	卫星遥感解译	现场巡视和 InSAR 时序探测	无人机定期巡航和裂缝伸缩仪	—

8.2.2　黄土内滑坡

8.2.2.1　黄土滑动

黄土滑动主要分布在黄河及其支流的阶地上，主要发育于塬边地形高差较大、坡体多垂直节理发育和斜坡地下水位埋深相对较深地段；滑坡后壁受垂直节理控制，滑动面近光滑的圆弧，剪出口位于坡脚非饱和黄土层内；该类滑坡是剪应力达到土体最大抗剪强度后产生的，其诱发因素为农田灌溉、降雨等地表水的入渗，水的下渗造成非饱和黄土基质吸力(抗剪强度)降低，从而产生破坏，该类滑坡在运动过程中滑带土液化程度低。滑坡运动距离短，多在坡脚呈扇状堆积，规模较小(吴玮江等，2002；王志荣等，2004a；李同录等，2007；许领等，2008；段钊等，2015；段钊等，2016；Peng et al.，2018a)。黄土滑动识别图谱和判识标志如表 8.7 所示。

表 8.7 黄土滑动识别图谱和判识标志

内容	初始状态阶段 (易发性识别)	时效变形阶段 (早期识别)	累进破坏阶段 (临灾识别)	灾变堆积阶段 (成灾能力识别)
图谱				
地质判识指标	发生部位：坡体或者坡脚；岩土性：新近堆积黄土或马兰黄土或者离石黄土；地貌特征：河流阶地或者地形坡度为30°～50°，坡高为150～350m；临空条件：较好	①地下水位埋深较深；②坡体底部存在古土壤等隔水层；③坡体底部渗水或者植被茂密；④坡体存在张拉裂隙且长期处于蠕变形状态	①坡体底部存在渗水或者积水现象；②坡体顶部存在多处张拉裂缝；③坡体顶部出现错台大于20cm或者裂缝宽度大于10cm；④坡体变形速率大于1cm/d	破坏模式：拉裂-滑移；运动形式：长期蠕变到快速滑动；堆积特征：圆弧形、扇形堆积；堆积范围：坡脚一定范围堆积
技术识别方法	卫星遥感解译	现场巡视和InSAR时序探测	无人机定期巡航、裂缝伸缩仪、GPS	—

8.2.2.2 静态液化型黄土滑坡

静态液化型黄土滑坡主要指滑坡启动后转化为泥流，呈液态化运动，具有远程高速的特点，破坏力强，危害性大。剪出口位置不同，其液化行为有所差异。静态液化型主滑面发育于均质的 Q_3 黄土内，剪出口位于 Q_2 和 Q_3 接触带或者 Q_3 黄土内。由于黄土底部存在较厚的饱和黄土层，该层提供了一个封闭围压下的不排水环境，相当于一个软弱基座支撑着上覆黄土层。受软弱基座效应的影响，其上的黄土层在重力作用下在根部产生张应力，并在顶部形成张裂缝。随着时间的延续，激发超孔隙水压力引起黄土溃散形成流态化堆积，滑坡发生后，滑坡物源堆积到滑坡坡脚的阶地，台塬边形成弧形凹槽，产生新的局部临空面。滑坡后缘的应力继续发生改变，并产生新的近直立的拉张裂缝，形成后继滑坡，长此以往，在同一部位形成渐进后退式滑坡；该类滑坡具有较规则的弧形后缘和高陡后壁(平均 35m 左右)，整体呈"座椅"状，且底部有泉水出露。

阶地静态液化型黄土滑坡多发生黄河及其支流的河流阶地上，多从坡脚 Q_2 或者 Q_3 黄土层内剪出，由于坡脚斜坡地带地下水富集，以及阶地粉土(或砂砾石)层含水率较大，在滑坡运动过程中，使滑床的粉土或者砂卵石层产生静态液化行为，产生高速远程滑坡，是河流阶地地区危险性最大、威胁范围最广、致灾后果最为严重的滑坡模式(吴玮江等，

2002；王志荣等，2004a；李同录等，2007；许领等，2008；段钊等，2015；段钊等，2016；Peng et al.，2018a）。典型的静态液化型黄土滑坡（图 8.11）有黑方台焦家村静态液化型滑坡、泾阳南塬太平园静态液化型滑坡、陕西华县高楼村灌溉滑坡。静态液化型黄土滑坡识别图谱和判识标志如表 8.8 所示。

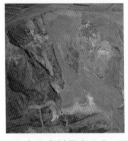

(a) 黑方台焦家村静态液化型滑坡　　　(b) 泾阳南塬太平园　　　　(c) 陕西华县高楼村灌溉滑坡
　　　　　　　　　　　　　　　　　静态液化型滑坡　　　　　　　　　（蔺晓燕，2013）

图 8.11　典型静态液化型黄土滑坡照片

表 8.8　静态液化型黄土滑坡识别图谱和判识标志

阶段内容	初始状态阶段（易发性识别）	时效变形阶段（早期识别）	累进破坏阶段（临灾识别）	灾变堆积阶段（成灾能力识别）
图谱(1)				
图谱(2)				
地质判识指标	发生部位：坡体中部或者下部；岩土性：马兰黄土或者离石黄土；地貌特征：河流阶地；直形斜坡或者圈椅状老滑坡；临空条件：较好	①河流阶地高差大于35m；②坡脚出水或者后缘有灌溉；③后缘拉张裂隙宽度大于3cm；④坡体处于蠕变阶段，裂缝变形量大于1mm/d	①拉张裂隙宽度10cm以上；②裂缝错台高度大于20cm；③坡脚渗水严重或者出现水渠漏水现象；④地下水位局部壅高	破坏模式：溃散性破坏；运动形式：高速远程；堆积特征：呈扇状堆积；堆积范围：坡脚大约在500～1000m
技术识别方法	卫星遥感解译	现场巡视、InSAR 时序探测和无人机定期巡航	裂缝变形监测、GPS 监测和地下水位监测	—

8.2.2.3 黄土泥流型黄土滑坡

黄土泥流型黄土滑坡主要分布在黄河及其支流的阶地上,发育于阶地塬边黄土厚度比较薄(一般小于 20m)(周飞等,2017)或者工程治理后黄土厚度减小的区域;滑坡主要受灌溉或者强降雨影响;剪出口位于饱和带底部,当斜坡底部黄土遇水时,在黄土强度衰减和渗流双重作用下,斜坡长期发生蠕变变形,并伴随倾倒-拉裂变形现象;随着斜坡下沉和裂缝拉张到一定程度后,会发生塑流-倾倒-拉裂破坏;堆积体会堆积在斜坡剪出口,在水动力的作用下,堆积体慢慢浸水崩解,最终形成泥流;泥流的物质主要来自两部分,一部分是渗流作用下,从斜坡体带出的细颗粒,另一部分是斜坡堆积体;呈现出一年四季不间断流动,斜坡慢慢后退的现象。滑坡运动距离较长,多由斜坡长度决定,多在坡脚呈条带堆积或者慢慢流入河流或者沟谷,规模较小(彭大雷等,2017a)。黄土泥流型黄土滑坡识别图谱和判识标志,如表 8.9 所示。

表 8.9　黄土泥流型黄土滑坡识别图谱和判识标志

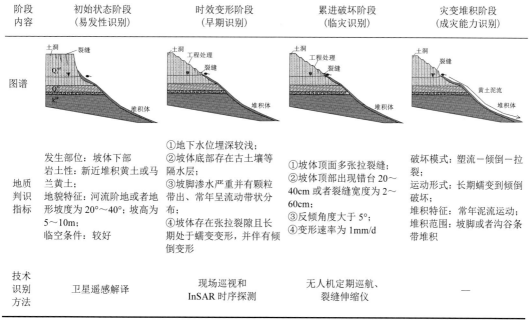

阶段内容	初始状态阶段 (易发性识别)	时效变形阶段 (早期识别)	累进破坏阶段 (临灾识别)	灾变堆积阶段 (成灾能力识别)
图谱				
地质判识指标	发生部位:坡体下部 岩土性:新近堆积黄土或马兰黄土; 地貌特征:河流阶地或者地形坡度为 20°~40°;坡高为 5~10m; 临空条件:较好	①地下水位埋深较浅; ②坡体底部存在古土壤等隔水层; ③坡脚渗水严重并有颗粒带出、常年呈流动带状分布; ④坡体存在张拉裂隙且长期处于蠕变变形,并伴有倾倒变形	①坡体顶面多张拉裂缝; ②坡体顶部出现错台 20~40cm 或者裂缝宽度为 2~60cm; ③反倾角度大于 5°; ④变形速率为 1mm/d	破坏模式:塑流—倾倒—拉裂 运动形式:长期蠕变到倾倒破坏 堆积特征:常年泥流运动 堆积范围:坡脚或者沟谷条带堆积
技术识别方法	卫星遥感解译	现场巡视和 InSAR 时序探测	无人机定期巡航、裂缝伸缩仪	—

8.2.3 黄土基岩接触面滑坡

黄土基岩接触面滑坡一般发育在坡体表面,地形较缓,坡度为 10°~20°,降雨量偏丰富的地区;马兰黄土或者滑坡堆积体以披覆的方式堆积于地形有一定起伏的新近纪古地貌上;覆盖物底部地层主要为中、新生代泥质岩类;垂直节理发育的黄土或者松散堆积体的渗透性相对较好,而下部泥质岩为相对弱透水岩层,从而构成双层异质斜坡结构,其接触面的低洼部位易汇集地下水，使黄土底部接触面一带长期处于过湿软塑状态，成为滑坡发育的软弱层面。由于滑动面附近土体含水率高、力学强度低，滑面贯通时抗滑力降低较少，所以黄土基岩接触面滑坡的滑动速度一般较小，滑动距离也较短，滑动距离小于 10m。典型区域主要集中在降雨较丰富的地区，如天水、铜川和蓝天地区(胡广韬等，1991；胡广韬等，1992)。黄土基岩接触面滑坡识别图谱和判识标志如表 8.10 所示。

8.2.4 黄土基岩滑坡

8.2.4.1 黄土基岩顺层滑坡

黄土基岩顺层滑坡的滑坡滑动方向与基岩倾角之间的夹角小于 30°，滑动面位于顺层的砂泥岩已发生一定程度蠕动变形的软弱层，此类滑坡剪出口位于斜坡下部，地形坡度小于 45°，多为灌溉或者降雨诱发的；临滑时，拉张裂隙宽度 20cm 以上；张拉裂缝错台大于 0.5m；变形加速度大于 75°；坡脚存在鼓胀隆起，滑坡两侧有明显的擦痕；在地下水的软化作用下，长期累进剪切变形，主滑面内摩擦力逐渐降低，滑体缓慢滑动，其滑距也较小。典型滑坡有：甘肃黑方台地区的萍牲滑坡(HC2#滑坡)、黄茨滑坡(HC3#滑坡)、党川水管所滑坡(DC1#滑坡)、新塬滑坡(XY3#滑坡)、兰州文昌阁滑坡、武山丁家门滑坡(吴玮江等，2002；王志荣等，2004a；李同录等，2007；许领等，2008；段钊等，2015；彭大雷等，2017a)。黄土基岩顺层滑坡识别图谱和判识标志如表 8.11 所示。

8.2.4.2 黄土基岩切层滑坡

黄土基岩切层滑坡常发育于高陡斜坡地段，其下伏基岩的产状反倾或近水平，临空条件较好，局部地区表现为群集发育的特征。此类滑坡是在重力和降雨长期耦合作用下，发生累进性的变形破坏。在变形破坏过程中，根据受力状体的不同，大概可以分为三段：底部剪切蠕滑段、中部抗剪锁固段、上部张拉破坏段。在坡顶多发育垂直裂隙，在降雨条件下，地表水入渗到坡脚，由于斜坡体应力相对集中，首先在坡脚发生剪切蠕变破坏，从而改变了中上部黄土斜坡的应力状态，导致坡顶形成大量的张拉裂缝；在剪切蠕变段和拉裂破坏段不断发育扩展的情况下，抗剪锁固段上应力则不断集中、抗滑段的长度不断变短；随着累进破坏的推移，当抗滑段缩短至临界长度后会发生瞬时破坏，整个斜坡完全失稳滑动；由于坡体高度高，在重力势能的作用下，多具有高速远程的特点；该滑坡的滑动距离取决于滑坡的高度和剪出口的位置。由于此类滑坡的滑后后壁依然陡峭，有再次发生大规模滑动的可能。典型黄土基岩切层滑坡有龙羊峡库区的查纳滑坡、甘肃洒勒山滑坡，其中甘肃黑方台也发育了几处此类型的滑坡(吴玮江等，2002；王志荣等，2004a；李同录等，2007；许领等，2008；段钊等，2015；彭大雷等，2017a)。黄土基岩切层滑坡识别图谱和判识标志如表 8.12 所示。

表 8.10 黄土基岩接触面滑坡识别图谱和判识标志

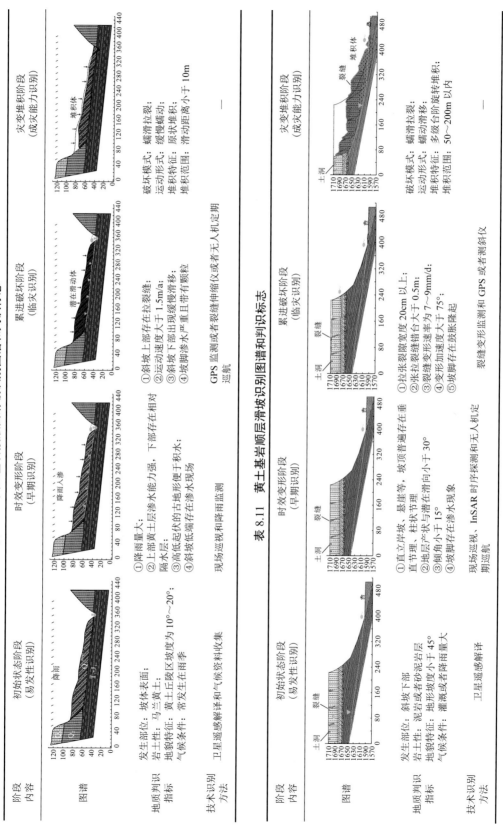

阶段内容	初始状态阶段（易发性识别）	时效变形阶段（早期识别）	累进破坏阶段（临灾识别）	灾变堆积阶段（成灾能力识别）
图谱	（图）	（图）	（图）	（图）
地质判识指标	发生部位：坡体表面； 岩土性：马兰黄土； 地貌特征：黄土丘陵区坡度为10°~20°； 气候条件：常发生在雨季	①降雨量大； ②上部黄土层渗水能力强，下部存在相对隔水层； ③高低起伏的古地形便于积水； ④斜坡低端存在渗水现象	①斜坡上部存在拉裂缝； ②运动速度大于1.5m/a； ③斜坡下部出现缓慢滑移； ④坡脚渗水严重且带有颗粒	破坏模式：蠕滑拉裂； 运动形式：缓慢蠕动； 堆积特征：原状堆积； 堆积范围：滑动距离小于10m
技术识别方法	卫星遥感解译和气候资料收集	现场巡视和降雨监测	GPS监测或者裂缝伸缩仪或者无人机定期巡航	—

表 8.11 黄土基岩顺层滑坡识别图谱和判识标志

阶段内容	初始状态阶段（易发性识别）	时效变形阶段（早期识别）	累进破坏阶段（临灾识别）	灾变堆积阶段（成灾能力识别）
图谱	（图）	（图）	（图）	（图）
地质判识指标	发生部位：斜坡下部； 岩土性：泥岩或者砂泥岩层； 地貌特征：地形坡度小于45°； 气候条件：灌溉或者降雨量大	①直立岸坡，悬崖等，坡顶普遍存在垂直节理； ②地层产状与滑谱存在垂直； ③倾角小于15°； ④坡脚存在渗水现象	①拉张裂隙宽度20cm以上； ②张拉裂缝错台大于0.5m； ③裂缝变形速率为7~9mm/d； ④变形加速度大于75°； ⑤坡脚存在鼓状隆起	破坏模式：蠕滑拉裂； 运动形式：缓动滑移； 堆积特征：多级台阶旋转堆积； 堆积范围：50~200m以内
技术识别方法	卫星遥感解译和无人机定期巡航	现场巡视、InSAR时序探测和无人机定期巡航	裂缝变形监测和GPS或者测斜仪	—

表 8.12 黄土基岩切层滑坡识别图谱和判识标志

阶段 内容	初始状态阶段 （易发性识别）	时效变形阶段 （早期识别）	累进破坏阶段 （临灾识别）	灾变堆积阶段 （成灾能力识别）
图谱	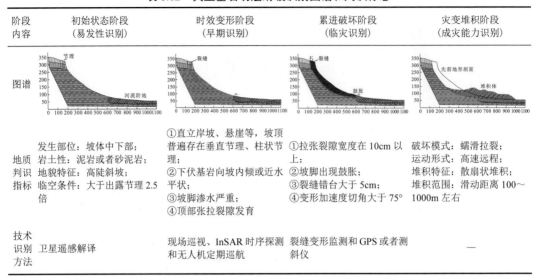			
地质 判识 指标	发生部位：坡体中下部； 岩土性：泥岩或者砂泥岩； 地貌特征：高陡斜坡； 临空条件：大于出露节理 2.5 倍	①直立岸坡、悬崖等，坡顶普遍存在垂直节理、柱状节理； ②下伏基岩向坡内倾或近水平状； ③坡脚渗水严重； ④顶部张拉裂隙发育	①拉张裂隙宽度在 10cm 以上； ②坡脚出现鼓胀； ③裂缝错台大于 5cm； ④变形加速度切角大于 75°	破坏模式：蠕滑拉裂； 运动形式：高速远程； 堆积特征：散扇状堆积； 堆积范围：滑动距离 100～1000m 左右
技术 识别 方法	卫星遥感解译	现场巡视、InSAR 时序探测和无人机定期巡航	裂缝变形监测和 GPS 或者测斜仪	—

8.3 本 章 小 结

本章在收集总结黄土地区滑坡变形特征和演化基本规律的基础上，结合黄土滑坡所处的地质-力学模型，对黄土滑坡的地质演变机制和成灾模式进行分析总结，编制黄土滑坡潜在隐患识别图谱和确立判识标志，获得以下结论：

(1)根据黄土滑坡剪出口位置(从上到下)、破坏行为和成灾模式的不同，将黄土滑坡的成灾模式总体分为 4 类：黄土崩塌、黄土内滑坡、黄土基岩接触面滑坡、黄土基岩滑坡。依据其力学行为和致灾因素又可以细分为比较常见的 11 类成灾模式，其中黄土崩塌细分为倾倒型黄土崩塌、崩落型黄土崩塌、剥落型黄土崩塌、台阶型黄土崩塌和滑移型黄土崩塌 5 类；黄土内滑坡细分为黄土滑动、静态液化型黄土滑坡和黄土泥流型黄土滑坡 3 类；黄土基岩接触面滑坡；黄土基岩型滑坡细分为黄土基岩顺层滑坡和黄土基岩切层滑坡 2 类。

(2)滑坡不同的演变阶段具有不同的识别因子。初始状态阶段易发性识别因子：地形地貌(坡度、坡高、坡型)、坡体结构、临空条件、岩性组合、地层产状；时效变形阶段早期识别因子：地表变形、地下水影响、降雨强度、人类活动；累进破坏阶段临灾识别因子：裂缝和土洞发育特征、地下水、坡体前缘变形特征；破坏堆积阶段成灾识别因子：成灾模式、运动规律、堆积特征。

(3)滑坡识别图谱既要能表达其发育特征，还要能表现其对应的演变阶段，分别用于潜在黄土滑坡的易发性识别、早期识别、临灾识别和成灾范围识别。

第9章 基于光学遥感和InSAR的黄土滑坡潜在隐患普查

前面几个章节主要介绍黄土滑坡的发育特征、致灾因素、灾变行为和成灾模式，在以下的几个章节中，主要研究黑方台黄土滑坡隐患点"天-空-地"一体化早期识别方法。首先，从"天上"的角度，研究黄土滑坡隐患点高分辨率卫星影像早期识别方法；其次，从"空中"的角度，研究黄土滑坡潜在隐患无人机低空摄影测量早期识别方法；最后，从"地上"的角度，研究黄土滑坡形成和发生的条件。在本章中，主要研究"天上"的早期识别方法(彭大雷，2018)。

主要的研究方法和过程如下：①通过收集研究区1964~2018年的高分辨率卫星影像，使用ENVI和ArcGIS专业分析软件在西安80坐标系下对影像进行校正和配准；②在前文地质背景研究的基础上，结合黄土滑坡的发育特征，对研究区的黄土滑坡进行目视解译，并参照第2章滑坡发育类型，对数据库内的黄土滑坡进行分类，同时收集关于研究区黄土滑坡发生时间的记载文献和相关报道，厘清不同文献中对黄土滑坡的编号和核查文献中地名的具体位置，从而对黄土滑坡的发生时间进行相对合理的界定，建立研究区黄土滑坡编录数据库(图9.1)；③分析研究区黄土滑坡的时空演化规律、典型区段黄土滑坡的时空演

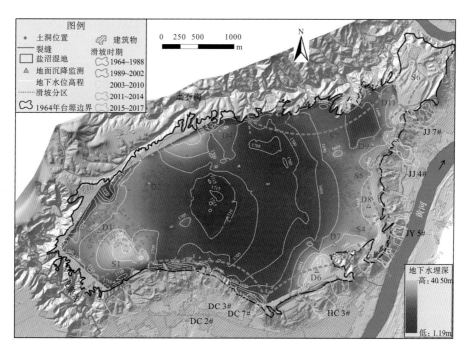

图9.1 研究区黄土滑坡编录数据库

化规律和区段中典型滑坡的时空演化规律,总结出研究区黄土滑坡时空演化特征,揭示出研究区黄土滑坡频发区;④依据高分辨率卫星影像分析结果,总结出两类潜在隐患地貌识别标志;⑤利用时间序列雷达干涉测量 InSAR 技术,识别甘肃永靖黑方台典型台塬地区滑坡隐患的分布情况。这些研究成果为无人机低空摄影测量对滑坡频发区和地貌识别区进行重点航测提供重要的参考依据。

9.1　黄土滑坡时空演化特征

研究区于 1968 年开始发生滑坡(王家鼎等,2002),由于滑坡规模较小且发生年代久远,老滑坡常被新滑坡掩埋,因此,研究区滑坡高分辨率卫星影像解译只解译到 1972 年。结合前人资料及现场滑坡复核,研究区滑坡解译结果如下:研究区共发育滑坡黄土 82 处,其中方台区共发育滑坡 8 处,黑台区发育滑坡 74 处,已累计发生滑坡 212 起。其中,黄土基岩型滑坡 14 处,累计发生这类滑坡 21 起;滑移崩塌型滑坡 39 处,累计发生这类滑坡 106 起;黄土泥流型滑坡 6 处,累计发生这类滑坡 17 起;静态液化型滑坡 23 处,累计发生这类滑坡 68 起(彭大雷,2018;郭鹏,2019)。研究区于 1964 年开始进行农业灌溉,随着地下水位不断的上升,滑坡灾害越来越频发,尤其是进入 21 世纪后,研究区滑坡灾害呈爆发性的增长:1968~1983 年研究区共发生 15 起滑坡(王家鼎等,2001),平均每年 1 起;1990~2000 年共发生滑坡 36 起,平均每年 3.3 起;2001~2010 年发生滑坡 99 起,平均每年 9.9 起;2011~2017 年发生滑坡 83 起,平均每年 11.9 起(王志荣等,2004b),滑坡频次呈明显的上升趋势(图 9.2)。2000 年以前,滑坡主要在台塬南侧发育,其中黄土基岩型滑坡主要在新塬段和黄茨段发育;黄土滑坡主要发育在焦家段和焦家崖段;南侧的党川段和北侧的磨石沟段,基本无滑坡发育。2000 年以后,研究区无大型黄土基岩型滑坡发生,但黄土内滑坡开始在党川段和磨石沟段频发、群发,造成了大量的经济损失(图 9.3)。

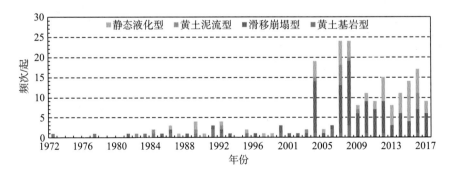

图 9.2　研究区黄土滑坡年际变化图

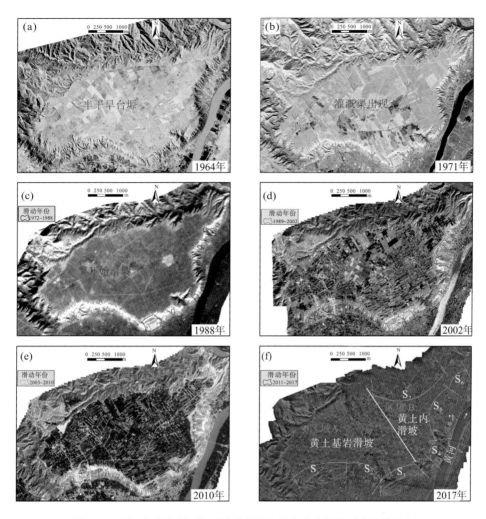

图 9.3　研究区不同时期的正射遥感影像图和黄土滑坡时空演化过程

9.1.1　党川段黄土滑坡时空演化特征

党川段位于台塬南侧,处于横坡段,基岩倾向与坡面倾向近于直交,故基岩较稳定,很难发生基岩型滑坡,由于坡面为黄河二级阶地与四级阶地阶坎,为上覆黄土的滑坡提供了较好的临空面(彭大雷等,2017a)。截至 2018 年 10 月,党川段共发育滑坡 9 处,累计发生滑坡 28 起,其中,发育基岩型滑坡 2 起,滑移崩塌型滑坡 18 起,静态液化型滑坡 8 起(图 9.4)。横向上各滑坡呈相邻带状排布,纵向上新老滑坡交替。2000 年以前,党川段滑坡处于较稳定状态,几乎无滑坡发生,只在 1991 年发生了两起,分别为滑移崩塌型滑坡和黄土基岩型滑坡。2000 年以后,党川段滑坡灾害进入活跃期,2000～2012 年,党川段滑坡发育类型均为滑距短、体积规模小、致灾能力弱的滑移崩塌型滑坡。2012 年以后,滑距长、体积规模大、致灾能力较强的静态液化型滑坡开始在党川段发育,几乎每年都有新的静态液化型滑坡发生,尤其是 2017 年,DC4#、DC5#、DC9#静态液化型滑坡几乎同时发生(图 9.5)。此外,静态液化型滑坡发育位置均为前期滑移崩塌型滑坡发育位置,具有典型的渐进后退式特征。

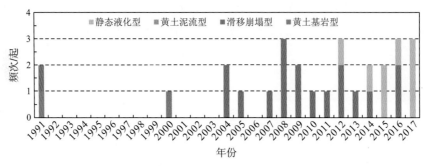

图 9.4 党川段黄土滑坡年际变化图

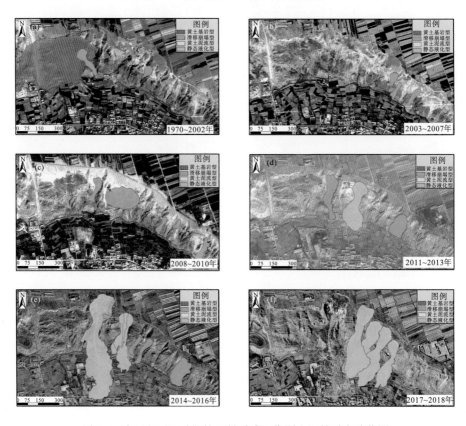

图 9.5 党川段不同时期的正射遥感影像图和滑坡时空演化图

如图 9.4 所示,2012 年以前,除 DC1#两起基岩型滑坡外,其余党川段滑坡发育类型均为滑移崩塌型滑坡;但在 2012 年 7 月 23 日,DC3#滑移崩塌型滑坡后缘发生了静态液化型滑坡后,随后的几年中,DC2#和 DC3#先后发生了大规模静态液化型滑坡;在 2017 年 10 月 1 日凌晨 5 时至 5 时 30 分之间,连续发生了 3 起静态液化型滑坡,DC5#滑坡总长为 320m,滑源区和堆积区的最大宽度分别为 75m 和 90m,最大厚度约为 22m 和 6m;DC4#滑坡总长为 430m，最大滑动宽度和厚度分别为 100m、28m；DC9#滑坡总长为 450m，最大滑动宽度和厚度分别为 105m 和 24m。图 9.5 为党川段不同时期的正射遥感影像图和滑坡时空演化图。

为了对党川段滑坡演化有更清晰地认识，选择 DC3#滑坡对其完整发展演化过程进行概括：DC3#滑坡为黄土内滑坡，该区域第一次发生滑坡为 2008 年，形成了长约 70m，宽约 175m，总体积约 0.4 万 m^3 的堆积体，滑坡类型为滑移崩塌型滑坡。2010 年，当地人员对 DC3#后缘进行了场地整平，填埋裂缝和土洞。2012 年，随着地下水位的不断上升，DC3#滑坡后缘变形开始加速，当地人员立即进行了削坡减载措施，但依然无法减缓变形趋势，同年 7 月 23 日，DC3#滑坡后缘发生滑动，形成了长约 273m，宽约 105m，总体积约 3.3 万 m^3 的堆积体，滑坡类型为静态液化型滑坡。此后，DC3#滑坡后缘分别在 2014 年、2015 年和 2017 年再次发生滑动，滑坡类型均为静态液化型，形成更大、更深的弧形凹槽，表现出典型的渐进后退式特征（图 9.6）。

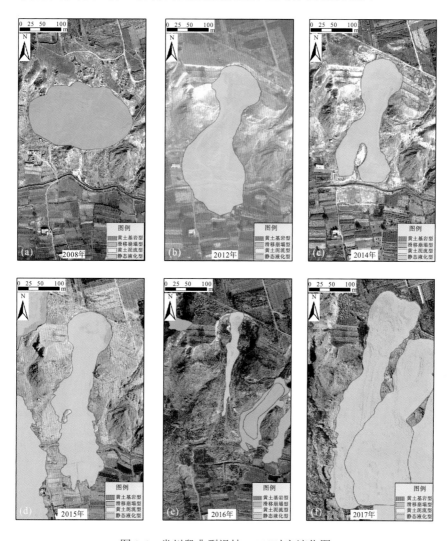

图 9.6　党川段典型滑坡 DC3#时空演化图

9.1.2 陈家沟黄土滑坡时空演化特征

陈家沟位于台塬北侧，已发育滑坡 13 处，累计发生滑坡 49 起。陈家沟发育的滑坡均为黄土滑坡，与党川段相似，主要发育滑移崩塌型滑坡和静态液化型滑坡。2000 年以前，陈家沟基本无滑坡发育，随着台塬多年大面积灌溉导致地下水位逐渐抬升，陈家沟滑坡发育开始变得活跃起来。陈家沟发生的第一起滑坡为 CJ6#滑坡，时间为 1998 年。1998~2006年，陈家沟发生滑坡 8 起，平均每年发生滑坡 1 起；2007~2017 年每年都会有滑坡发生，累计发生滑坡 41 起，平均每年发生 3.72 起(图 9.7)。由于磨石沟只切割到基底基座，陈家沟最大相对高差不足 100m，滑坡范围和规模均小于焦家段。空间分布上，陈家沟滑坡主要在 1 条次级冲沟发育，滑坡的滑动方向主要受到沟壑走向的限制，滑移崩塌型滑坡和静态液化型滑坡相互掩埋，新滑坡沿着老滑坡位置继续发育，滑坡范围不断扩大，向塬内侵蚀，形成一个个弧形凹槽，具有典型的渐进后退式特征。图 9.8 为陈家沟不同时期的正射遥感影像图和滑坡时空演化图。

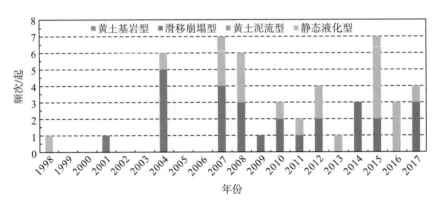

图 9.7 陈家沟黄土滑坡年际变化图

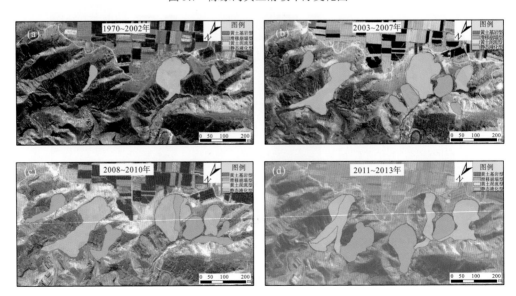

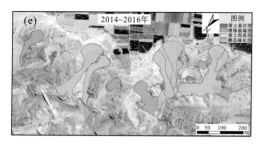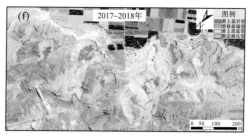

图 9.8   陈家沟不同时期的正射遥感影像图和滑坡时空演化图

CJ8#滑坡为陈家沟典型滑坡，该滑坡位于研究区北侧磨石沟右岸，首次滑动时间为 2001 年，滑坡类型为滑移崩塌型，滑坡方量和影响范围较小，随着地下水位的抬升，该滑坡于 2006 年首次发生静态液化型滑坡，形成长 115m、宽 124m 的堆积体，滑坡后壁呈弧形，凹向台塬内。此后，CJ8#滑坡分别于 2007 年、2011 年、2015 年、2017 年接连发生数起静态液化型滑坡，形成更大、更深的弧形凹槽，滑源区可见渗水点，随着时间推移，渗水面积逐渐增大(图 9.9)。

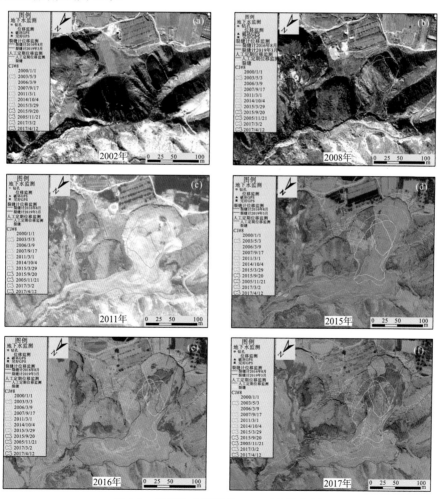

图 9.9   陈家沟典型滑坡 CJ8#时空演化图

9.1.3　焦家段黄土滑坡时空演化特征

　　焦家段位于台塬东侧，由于作为隔水层的粉质黏土层顶面高程西高东低，灌溉下渗的地下水在黄土内部富集上升的同时由台塬西侧向东侧排泄(武彩霞等，2011；亓星等，2016)。因此，焦家段滑坡灾害发育时间早于其他段，在 20 世纪 80 年代就发生了多起大规模滑坡，造成了巨大的经济损失。1986~2016 年，焦家段发育滑坡 16 处，累计发生滑坡 30 起，其中黄土基岩型滑坡 2 起，滑移崩塌型滑坡 8 起，静态液化型滑坡 20 起(图 9.10)。黄土基岩型滑坡主要分布在焦家段北侧，滑坡体积较小，分布不均匀；黄土内滑坡分布在焦家段南侧，滑坡规模大，沿着台塬呈条带状分布(图 9.11)。焦家段滑坡最早发生于 1986 年，1986~2000年，焦家段滑坡以该段弧形槽为中心，呈放射状向两端发育新滑坡。2000 年以后，焦家段滑坡主要在前期老滑坡位置发育新滑坡，并未形成新的滑坡点。此外，2007 年以后，焦家段滑坡频次虽然有上升的趋势，但根据现场实地调查和卫星影像解译分析发现：焦家段滑坡群体积规模和影像范围正在逐渐减小，相比党川段和陈家沟，焦家段滑坡致灾能力较弱，基本处于较稳定阶段。

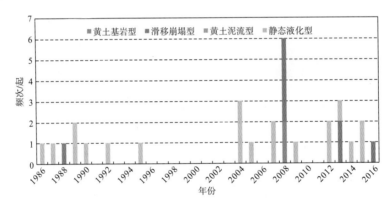

图 9.10　焦家段黄土滑坡年际变化图

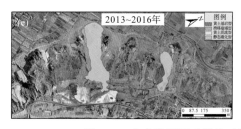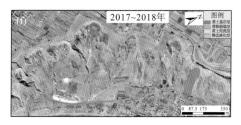

图 9.11　焦家段不同时期的正射遥感影像图和滑坡时空演化图

JJ5#滑坡为焦家段典型滑坡,该滑坡位于焦家段北侧,第一次滑动时间为 1989 年,滑源区长 331m,宽 157m,滑坡堆积体掩埋农田,滑坡后壁形成弧形凹槽。此后,JJ5#滑坡进入稳定状态,并无新滑坡发生,直到 2004 年以后,JJ5#再次滑动,分别在 2004 年、2005 年、2007 年发生较大规模滑动,形成更大,更深的弧形凹槽,进入 2010 年后,JJ5#滑坡进入平静期,目前无新滑坡发生(图 9.12)。

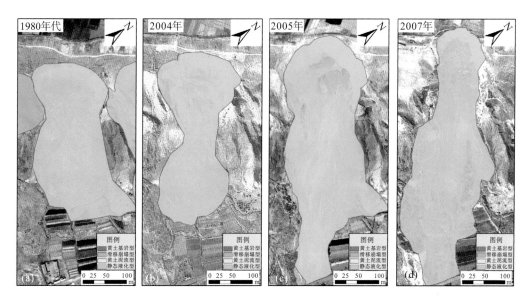

图 9.12　焦家段典型滑坡 JJ5#发展演化图

9.1.4　焦家崖段黄土滑坡时空演化特征

焦家崖段处于逆坡段,下伏基岩稳定,发育滑坡 6 处,累计发生滑坡 30 起,其中滑移崩塌型滑坡 10 起,黄土泥流型滑坡 17 起,静态液化型滑坡 3 起。早期,焦家崖段与焦家段相似,滑坡发育时间较早,最早可追溯到 1982 年(图 9.13)。1982~1992 年,滑坡主要在焦家崖段南侧发育,由于上覆黄土层相对较薄,滑坡发育类型为黄土泥流型。进入 21 世纪后,焦家崖段北侧发育多起滑移崩塌型滑坡和大规模静态液化型滑坡,为了减少损失,当地政府组织人员对焦家崖段北侧边坡进行了削方,使该段黄土变薄。目前该段主要以黄土塑性流动为主,所发育的滑移崩塌型滑坡和黄土泥流型滑坡虽滑距较长,但体积规模较小，致灾能力较弱(图9.14)。

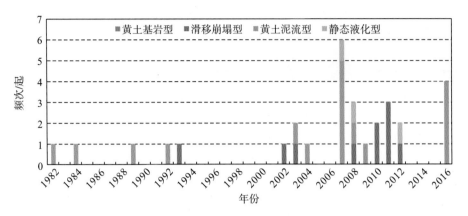

图 9.13　焦家崖段黄土滑坡年际变化图

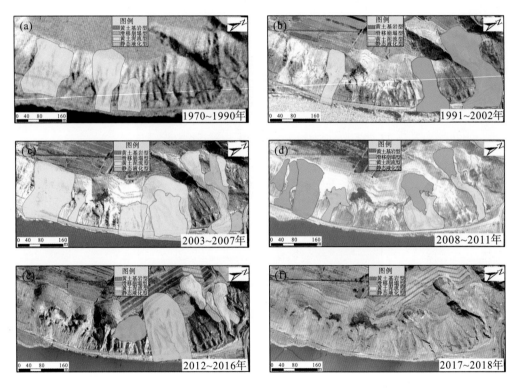

图 9.14　焦家崖段不同时期的正射遥感影像图和滑坡时空演化图

JY5#和JY6#滑坡为焦家崖段典型滑坡(图9.15)，该两处滑坡位于焦家崖段北侧，是焦家崖滑坡群规模较大的滑坡，JY5#滑坡共发生滑坡7起，滑坡类型涵盖上述三类黄土滑坡。JY5#滑坡首次滑动时间为2002年，滑坡类型为滑移崩塌型滑坡。随着地下水位的抬升，受地形地貌的影响，JY5#滑坡分别在2003年、2007年、2009年发生黄土泥流型滑坡，此后，由于形成的泥流不断带走滑源区残留的堆积体，地下水的排泄不断侵蚀坡脚,导致 JY5#滑坡分别在 2010 年、2011 发生滑移崩塌型滑坡。2012 年 2 月,JY5#滑坡首次发生静态液化型滑坡,通过削方工程后,目前无新的静态液化型滑坡发生。JY6#滑坡具有相似的变化规律。

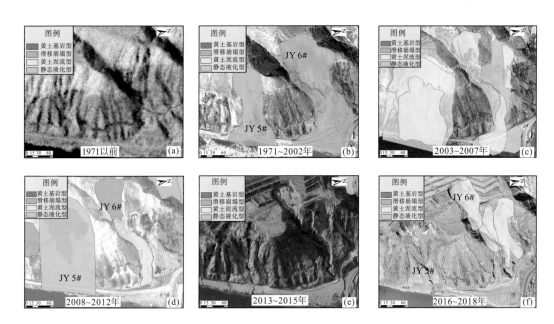

图 9.15　焦家崖段典型滑坡 JY5#和 JY6#时空演化图

9.2　黄土滑坡时空演化规律

在前面详细分析研究区黄土滑坡时空演化规律的基础上,结合区域演化规律和典型单体滑坡演化规律,总结出研究区黄土滑坡时空演化规律。

1. 黄土滑坡边界空间上从东向西演化

通过卫星影像解译的结果发现,在 1980～2000 年期间,黄土内滑坡主要发生在焦家段和焦家崖段,黄土基岩型滑坡主要发生在具有顺层的基岩产状的黄茨段和新塬段(图 9.2);在 2000～2012 期间,黄土内滑坡主要发生在磨石沟段,黄土基岩型滑坡零星发生在党川段和黄茨段,如 2000 年和 2005 年的 DC1#滑坡和 2006 年的 HC3#滑坡;在 2012～2018 期间,黄土内滑坡主要发生在党川段,鲜有黄土基岩型滑坡的报道。

通过前面的地质背景调查分析(图 2.16),粉质黏土顶面高程从东向西依次增加,黄土厚度从西向东依次增大;在粉质黏土相对隔水层和上覆黄土厚度变化的条件下,依据现场的地下水监测结果显示,地下水位一直在上升,现在黑方台最浅的地下水位在 2m 以内;室内的土力学试验表明,黄土厚度越厚,在相同的地下水条件下,更易发生静态液化型黄土滑坡。

2. 黄土滑坡类型从滑移崩塌型向静态液化型转变

由于焦家段发生时间较早,文献记载和遥感数据较少,无法很好地说明此类演化规律。然而,磨石沟段和党川段演化的特征表明,在同一个位置,早期的黄土滑坡主要以黄土内滑坡为主,随着滑坡发生后地下水位和渗流路径发生改变,从而转变成静态液化型滑坡。为了减轻地质灾害对人民造成的影响,在 20 世纪末分别对焦家及焦家崖进行了削方减载工程治理,这类滑坡转化为黄土泥流型滑坡,虽然短期达到防灾的效果(图 9.16),但是黄土泥流型滑坡常年发生泥流滑坡(图 9.17),表现出节节后退(图 9.18,表 9.1),使治理后的平缓坡变得陡峭,恢复原来的陡壁地貌,最终会继续发生静态液化型黄土滑坡。

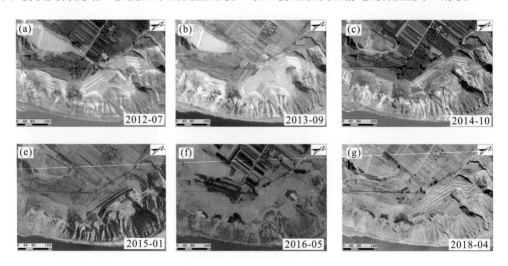

图 9.16 焦家崖头削方后地貌演化[数字正射影像图(digital orthophoto map,DOM)]

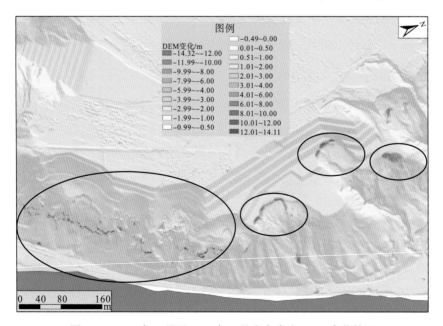

图 9.17 2015 年 1 月至 2016 年 5 月焦家崖头 DEM 变化情况

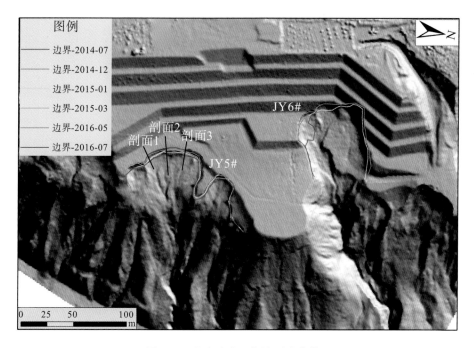

图 9.18　焦家崖头 6 期边界演化情况

表 9.1　焦家崖头 6 期边界累计后退距离

时期	累计距离/m		
	剖面 1	剖面 2	剖面 3
2014-07～2014-12	1.9526	1.8977	0.5007
2014-07～2015-01	2.3595	2.2835	1.6711
2014-07～2015-03	2.9948	2.6609	2.1412
2014-07～2016-05	3.3613	4.162	4.9491
2014-07～2016-07	4.1433	5.2441	5.6596

通过以上分析，削方治理能够改变滑坡发生类型；削方治理能有效减小黑方台滑坡发生规模；削方治理效应时间有限，不能根治滑坡，黄土厚度不同，斜坡破坏特征不同，唯有改变灌溉方式才能根治黑方台滑坡。

3. 表现出滑坡相互重叠和渐进后退的特征

基于 2015 年 1 月一期的无人机正射影像解译出研究区黄土滑坡为 75 处(彭大雷等，2017a)，但是通过多期的高分辨率卫星影像，解译出 82 处和 212 起黄土滑坡；从解译的遥感结果看，这些黄土滑坡的堆积区是相互重叠在一起的，但是滑源区表现出渐进后退和累进破坏的特征。如 CJ6#滑坡，在这个位置就发生了 13 起滑坡，CJ8#滑坡发生了 11 起滑坡，DC3#滑坡发生了 6 起滑坡。

9.3 基于光学遥感的黄土滑坡潜在隐患普查

9.3.1 塬边"沟壑区"

通过分析解译研究区自 1964 年以来的 212 起黄土滑坡在 1971 高分辨率卫星影像上的投影(图 9.19),可以清晰地发现:①在磨石沟段(图 9.20),黄土内滑坡主要发育在大的沟壑地段,其中比较集中发育的有陈家沟和陈家庙沟,起初以黄土崩塌为主,随后发生大量的静态液化型滑坡,并表现出渐进后退的特征;②在焦家段(图 9.21),静态液化型滑坡主要发在塬边的支沟区域,其中大型的静态液化型滑坡的主滑剖面与支沟发育方向基本一致,如焦家段的 JJ2#、JJ3#、JJ4#、JJ5#和 JJ8#滑坡,如果不一致,则发生小型的崩塌和小型的静态液化型滑坡;③在党川段(图 9.22),静态液化型滑坡同样也是沿着沟壑发育,如 DC2#和 DC4#滑坡,但是黄土基岩滑坡受地貌的形态影响较小。

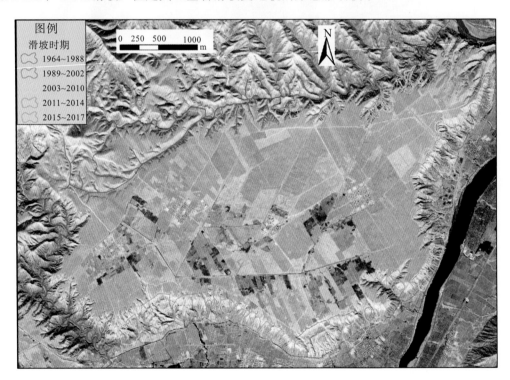

图 9.19 黑方台 1971 年正射影像和解译黄土滑坡分布

通过以上分析的塬边"沟壑区"识别标志,党川段还有一个较大的支沟(DC5#)没有发生大规模的静态液化型滑坡,虽然在 2017 年 10 月该支沟旁边发生了一起规模相对较小的滑坡,但是其规模和滑动距离相对于 DC2#、DC3#和 DC4#滑坡规模比较小,该区域可能在今后会发生大规模的静态液化型滑坡。

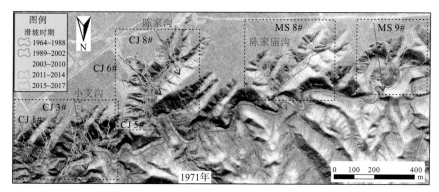

图 9.20　磨石沟段 1971 年正射影像和解译黄土滑坡分布

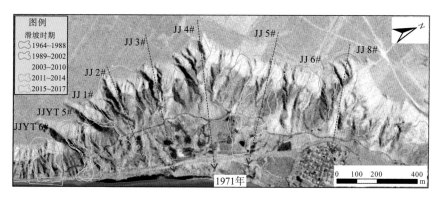

图 9.21　焦家段 1971 年正射影像和解译黄土滑坡分布

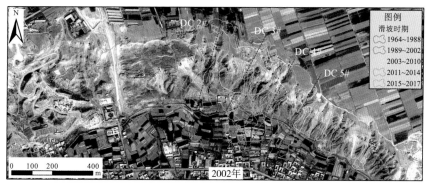

图 9.22　党川段 2002 年正射影像和解译黄土滑坡分布

9.3.2　滑坡"空区"

9.3.1.1　黄土滑坡空区确定原则

早在 1899 年，美国地貌学家 W.M. Davis 就提出了"地理循环说"，他认为，地貌受三种变量(构造运动、外力作用和时间)相互作用的影响(Davis，1899)。在一定的时间内，构造运动对地貌的演化影响较小，在外力的作用下，会加快地貌演化速度，并沿着这个趋势发展下去，同时这个过程是不可逆的。

9.3.1.2 黄土滑坡空区确定范围

黑台 B 区以黄土内滑坡为主,黑台 S_5 段焦家滑坡群规模大,发生频次高,在黑方台很具有代表性。根据孟兴民教授的研究成果,他选取 1970 年和 2000 年的 1∶10000 地形图以及 2010 年和 2013 年的两期三维激光地形扫描仪得到的 1∶1000 的地形图,建立数字高程模型(Meng et al.,2009)。分析焦家村滑坡群在灌溉前后的坡面变形过程,分别得到其滑坡边界和坡面高程变化(图 9.23)。

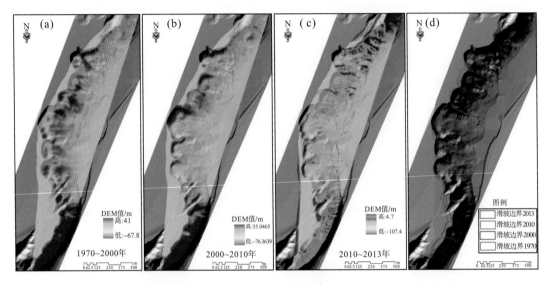

图 9.23   1970~2013 年焦家滑坡群三阶段 DEM 变化和四期滑坡边界变化(Meng et al.,2009)

黑台 S_7 段磨石沟段的北部台塬边,从 1998 年也开始发生黄土滑坡(Xu et al.,2009)。图 9.24 为磨石沟滑坡群的一部分,从 2002 年的 1 处滑坡发育到 2015 年 6 月份的 13 处滑坡。CJ6#和 CJ8#滑坡发生后,在这两个滑坡之间留下尚未滑动的区域,随即发生了CJ7#滑坡(图 9.24)。

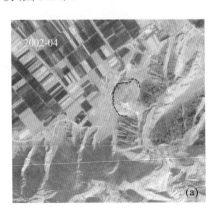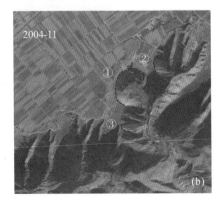

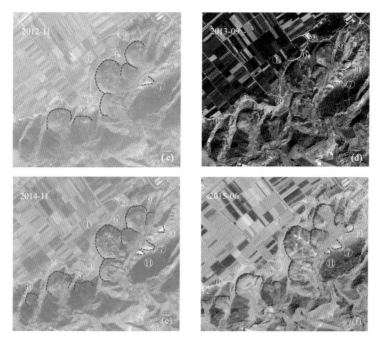

图 9.24　磨石沟北部黄土滑坡发育过程(影像来自谷歌)

9.3.1.3　黄土滑坡空区验证

在 W.M. Davis 的地理循环说、孟兴民教授研究焦家和磨石沟北部滑坡演化规律的基础上，根据黄河河道和河谷空间分布情况，利用"相同条件段滑坡发育宽度相等"的原则，于 2014 年底划出了各段的滑坡"空区"，预测这些空区也将是今后一段时间内最容易发生滑坡的区域(图 9.25、图 9.26)。结果表明，2015 年上半年新发生的 4 处滑坡(图 9.27)和后期发生的滑坡，基本都位于 2014 年给出的滑坡"空区"内(图 9.25 和图 9.26)。

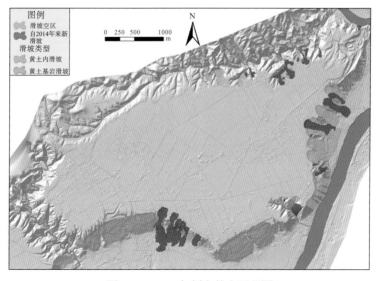

图 9.25　2014 年划定的空区范围

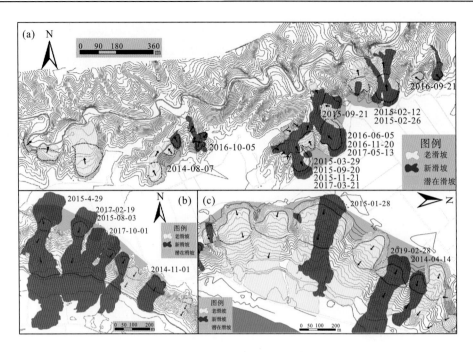

(a)磨石沟段；(b)党川段；(c)焦家段

图 9.26　新发生的滑坡验证空区原则可靠性

(a)2015 年 1 月 28 日发生的 JJ4#；(b)2015 年 2 月 26 日发生的 CJ3#；

(c)2015 年 9 月 20 日发生的 CJ8#；(d)2015 年 4 月 29 日发生的 DC2#

图 9.27　2015 年新滑坡发生在 2014 年划定滑坡"空区"内

9.4　基于 InSAR 的黄土滑坡潜在隐患普查

由于甘肃黑方台每年连续发生大量的黄土滑坡，从而成为黄土滑坡研究的热点地方。滑坡的时空变形判识和前兆信息识别对于灾害预测和风险管理非常重要，需要利用有效手段对这些潜在的滑坡隐患进行早期识别与监测。新型遥感对地观测技术的出现，为实现地质灾害的防治规划目标提供了重要的技术支持，其中 InSAR 作为一项新型的空间对地观测技术，具有全天候、全天时获取大面积地面精确形变信息的能力，近些年来国内研究人员与我们的研究团队展开合作，利用 InSAR 技术对黑方台黄土滑坡潜在隐患进行早期识别，取得了较好的效果（Liu et al.，2018；Meng et al.，2019；Shi et al.，2019；史绪国等，2019；赵超英等，2019；Liu et al.，2019b）。在本节中，重点介绍和武汉大学张路教授合作的研究成果（Shi et al.，2019；史绪国等，2019）。

本书利用 InSAR 技术对 2016 年 1 月至 2018 年 8 月期间获取的升降轨 Sentinel-1 数据集和 2016 年 1 月至 2016 年 11 月期间获取的升降轨 TerraSAR-X 数据进行分析，识别了甘肃永靖黑方台典型台塬地区滑坡隐患的分布情况。将 InSAR 结果与 GPS 和地下水位观测资料进行对比，验证了时序 InSAR 处理方法的有效性。

9.4.1　时序 InSAR 分析技术

InSAR 技术可以测量地表微小变形，但由于时间去相干、空间去相干影响，且干涉相位中包含轨道误差、DEM 误差和大气传播延迟等干扰成分，其应用和测量精度往往受到限制。要想获取高精度的地表形变数据，就要尽量避免去相干因素的影响，有效分离出干扰项。时序 InSAR 分析技术就是在这样的背景下发展起来的。SAR 影像中像素可以划分为永久散射体（persistent scatterer，PS）主导和分布式散射体（distributed scatterer，DS）主导两大类。典型的 PS 像素主要包含人工地物和裸露岩石等，相位稳定性受时间和空间去相干的影响较小，是时序 InSAR 分析的首选对象。DS 像素中包含低矮植被和裸地等，相位稳定性相对较低，只能在短时间内保持相干性。因此，在对 DS 目标进行分析时，需充分利用短时间基线的干涉图，并可通过滤波来进一步提高干涉相位的稳定性。

在对获取的 SAR 数据集进行主影像选取、配准、重采样之后，采用短时间基线和空间基线的组合策略，生成序列差分干涉图。对得到的差分干涉图进行滤波，进一步增强干涉图中 DS 目标的相位稳定性。

在时序分析中，通常希望保持 PS 像素的相位不变，对 DS 像素滤波来提高相位稳定性（Ferretti et al.，2011；Dong et al.，2018b）。传统的窗口滤波不区分像素的类型，直接进行等权或加权平均获取中心像素相位，不能达到上述目的。局部范围内相似的地物目标在 SAR 影像中对应的回波也是相似的，在数学上也服从相似的统计分布，这样具有统计相似性的点就可以称为同质点。因此，在自然场景中，PS 像素分布稀疏，相应的同质点少，而 DS 像素则相反。因此，可以通过检验同质点数量来实现 PS 和 DS 像素的初步区分。在 SAR 影像数量足够的情况下，可通过假设检验来选取每一个像素的同质点集。本书采用快速同质点选取方法进行同质点集选取，该方法将高斯分布条件下的假设检验问题转化为置信区间估计，有效提高了计算效率(Jiang et al.，2015；蒋弥等，2016)。对同质点数量大于 20 的像素，对其干涉相位应用加权滤波，低于此阈值的像素保持干涉相位不变。

滤波后干涉图中每个像素的相位值 ϕ 可以表示为

$$\phi = W\{\phi_{\mathrm{disp}} + \phi_{\mathrm{orb}} + \phi_{\mathrm{atm}} + \phi_{\mathrm{dem}} + \phi_{\mathrm{n}}\} \tag{9.1}$$

等式右边各分量分别为地表形变 ϕ_{disp}、轨道误差 ϕ_{orb}、大气 ϕ_{atm}、高程误差 ϕ_{dem} 和噪声 ϕ_{n}，$W\{\cdot\}$ 表示缠绕运算。前 3 项相位分量在空间上相关。对干涉图滤波之后，可以通过振幅离差阈值的方法来实现 PS 和 DS 的初选(Hooper，2008)，并通过相位稳定性测度来确定最终的 PS 和 DS 集合。相位的稳定性可以通过初始的缠绕相位来估计。首先利用带通滤波估计缠绕相位中的空间相关分量，利用高程误差与基线之间的线性关系估计高程误差相位。将上述相位从原始的缠绕相位中移除，基于相位残差 ϕ_{r} 估计每个像素的相位稳定性 γ。

$$\gamma = \frac{1}{N}\left|\sum_{i=1}^{N}\exp\sqrt{-1}\phi_{\mathrm{r}}\right| \tag{9.2}$$

根据预设的 γ 阈值确定最终点集，并进行离散时空三维相位解缠。获取解缠相位后，就可根据每个相位分量的不同特性加以逐一分离。

解缠相位中的轨道趋势可以通过一个双线性多项式进行拟合。DEM 误差则是采用最小二乘法，通过构建基线和高程误差之间的线性关系模型来估算。地形起伏较大的区域，大气扰动分量可以分为垂直分层和湍流混合。其中，垂直分层信号可以通过高程与大气之间的线性关系来获取，湍流混合可以通过组合滤波的方法求得(Liao et al.，2013)。将上述 3 个分量从解缠相位中去除后，对剩余相位进行奇异值分解，即可获得时间序列形变反演结果。

时序 InSAR 技术形变反演结果的精度主要由 SAR 影像数量、波长和时间基线等因素决定。其理论精度可用式(9.3)表示(Wang et al.，2011)：

$$\delta_{\Delta v}^{2} \approx \left(\frac{\lambda}{4\pi}\right)^{2}\frac{\delta_{\phi}^{2}}{M\delta_{B_{t}}^{2}} \tag{9.3}$$

式中，$\delta_{\Delta v}^{2}$ 表示时序 InSAR 技术获取的形变速率精度；δ_{ϕ}^{2} 为相位离差；λ 为波长；M 为 SAR 影像数量；$\delta_{B_{t}}^{2}$ 为时间基线离差。

9.4.2 实验数据

本研究实验数据为 2016 年 1 月至 2018 年 8 月获取的覆盖实验区的两组 Sentinel-1 序列数据集。其中，升轨数据集总共有 63 景，中心入射角为 46.1°；降轨数据集有 54 景，入射角为 36.9°。两个数据集的干涉图组合如图 9.28 所示。2016 年 1 月至 2016 年 11 月的 24 景升/降轨 TerraSAR-X 数据见表 9.2。采用覆盖实验区的 30m 分辨率的 SRTM DEM 作为参考高程数据，用于辅助去除地形相位。同时还获取了当地一个 GPS 站点 2017 年 11 月 27 日至 2018 年 4 月 20 日间的变形观测资料用于和 InSAR 处理结果进行比对验证。

表 9.2　SAR 实验数据的基本参数

序号	传感器	TerraSAR-X		Sentinel-1	
（1）	轨道	升轨	降轨	升轨	降轨
（2）	航向角/(°)	350.3	189.6	346.9	193.1
（3）	轨道编号	21	165	128	135
（4）	入射角/(°)	41.2	41.8	46.1	36.9
（5）	波长/cm	3.1	3.1	5.5	5.5
（6）	极化	HH	HH	HH+VH	HH+VH
（7）	方位向分辨率×距离向分辨率 (Az×Rg)/m	1×1	1×1	20×5	20×5
（8）	影像数量	24	20	63	54
（9）	时间跨度	2016-01-26 至 2016-11-18	2016-01-14 至 2016-11-16	2016-01-13 至 2018-08-30	2016-01-25 至 2016-08-30

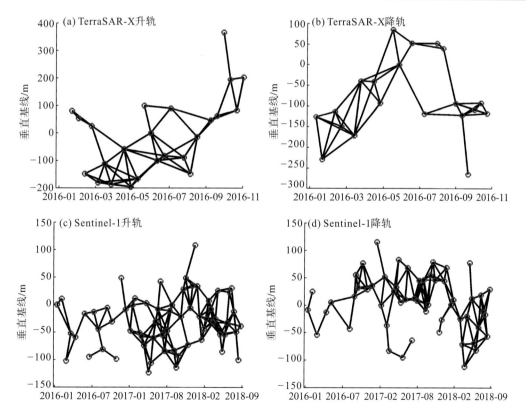

（a）TerraSAR-X 升轨；（b）TerraSAR-X 降轨；（c）Sentinel-1 升轨；（d）Sentinel-1 降轨

图 9.28　TerraSAR-X 和 Sentinel-1 序列干涉图组合

9.4.3　黑方台地区多时相滑坡识别结果

9.4.3.1　基于差分干涉识别出坡面位移

时间序列 InSAR 分析方法通常选择干涉图集中一直保持高相干的点集，可以提供比传统的 GPS 或水准测量更密集的测量数据。然而，高相干干涉图中的相干像素，如本研究冬季采集的 SAR 图像所形成的干涉图，由于在大多数低相干干涉图中相同的点都是去相干的，因此时序分析中可能无法选择这一部分像素。图 9.29 给出了高分辨率 TerraSAR-X 雷达坐标系下的两副差分干涉图。由于两副干涉图的垂直基线分别为 17m 和 -13m，因此，与垂直基线相关的 DEM 误差的影响很小，在目视解释中可以忽略不计。一般可以通过发现差分干涉图相位失真来识别潜在的地表变形。相位失真主要集中在黑方台的边缘，与前期的实地调研吻合。然而，在黑方台的边缘区域监测到明显的圈椅状相变形。根据实地勘察，灌溉时在黑方台的边缘区域会产生土洞和裂缝，而这些圈椅状特征应该对应土洞和裂缝位置。

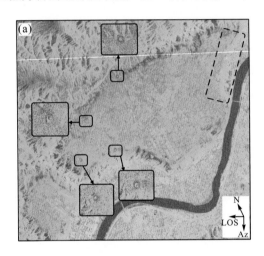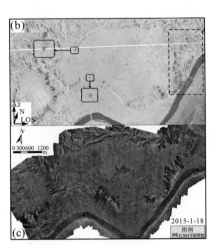

(a) 2016 年 2 月 6 日和 2016 年 2 月 17 日在雷达坐标中获得的图像形成的干涉图；(b) 2016 年 2 月 6 日和 2016 年 2 月 17 日获得的图像形成的干涉图；(c) 黑方台自 2014 年发生的新滑坡 (影像拍摄于 2015-01-18)

图 9.29　DInSAR 识别黑方台潜在滑坡的分布图

[注：箭头 Az，LOS 和 N 分别代表卫星航向，雷达视线方向和北向；(a) 和 (b) 中的虚线矩形代表焦家滑坡群]

SAR 图像的几何畸变会对目视解译造成干扰。两个数据集中可以清楚地看到平坦的区域，如图 9.29(a) 和图 9.29(b) 所示。然而，图 9.29 所示的虚线矩形中的焦家滑坡群受到严重影响。斜坡的顶部区域落入 TerraSAR-X 降轨数据集中的停留区域和 TerraSAR-X 升序数据集中的阴影区域。在这种情况下，该区域中发现的信息非常有限。我们还应该识别到黑台西北侧没有发生山体滑坡，这与图 9.29(c) 中现场调查的结果一直。然而，图 9.29 中的 DInSAR 结果和图 9.30 中的时间序列 InSAR 结果表明该区域目前也在变形，需要密切监视。

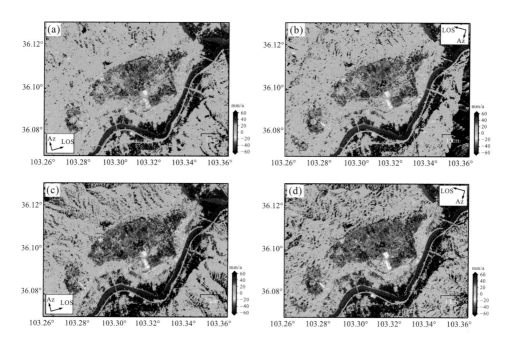

(a) TerraSAR-X 数据集升轨处理结果；(b) TerraSAR-X 数据集降轨处理结果；

(c) Sentinel-1 数据集升轨处理结果；(d) Sentinel-1 数据集降轨处理结果

图 9.30　InSAR 技术从 TerraSAR-X 和 Sentinel-1 数据集监测得到的雷达视线方向年平均形变速率图

9.4.3.2　平均形变速率分布图

图 9.30 给出了利用 TerraSAR-X 和 Sentinel-1 升/降轨数据集获取的实验区雷达视线方向(LOS)平均形变速率分布图。由于台塬边缘区域的植被覆盖较少，因此两个数据集都获取了较密集的观测点。其中，从升/降轨 TerraSAR-X 数据集获取的 PS 点密度为 35407 点/km^2，而从升轨 Sentinel-1 数据集获取的点密度为 4264 点/km^2，从降轨 Sentinel-1 数据集获取的点密度为 3219 点/km^2。这一差异主要受 SAR 影像数据分辨率的影响。由于庄稼影响，台塬中部识别到非常稀疏的点。从所有监测结果来看，SAR 结果识别到的变形区域几乎覆盖了黑方台的整个边缘区域。

正如在图 9.29 中所提到的，根据现场调查，黑台西北区域没有发生滑坡(彭大雷，2018)。时间序列分析证实了 DInSAR 的干涉结果，即黑台在雷达视线方向上的最大形变速率约为 60mm/a，西北侧以 10～40mm/a 的速率变形。由于每个数据集所采用的观测几何的不同以及滑坡区域的倒退发展，所确定的活动区域在整体上达成一致，略有不同。然而，可以注意到表 9.2 中上升的 Sentinel-1 数据集采用了大到 46.1° 的视角，焦家滑坡群受到阴影区的严重影响。因此，在图 9.30(c) 中确定了非常稀疏的测量结果。正值表示滑坡位移朝着卫星的方向，负值表示滑坡位移沿着远离卫星的方向。

9.4.4　InSAR 滑坡识别结果验证

9.4.4.1　党川滑坡群变形特点与验证

党川滑坡群位于黑台南边。图 9.31 显示了党川滑坡群的光学图像、从 TerraSAR-X 升轨数据和 Sentinel-1 升/降轨数据集得到的相应位移图。从图 9.31(a)2018 年 10 月 13 日获取的 Google 影像对比图 9.29(c)无人机影像上可以看出，党川滑坡地表发生了较大的变化，出现了 4 个明显的滑坡，如图 9.31(a)白色虚线所示。图 9.29 列出了从的 TerraSAR-X 数据和两个 Sentinel-1 数据集得到的党川滑坡群位移图。图 9.31(b)给出了从 TerraSAR-X 升轨数据集获取的雷达视线方向平均速率图，图 9.31(c)和图 9.31(d)给出了从 Sentinel-1 升/降轨数据集获取的雷达视线方向平均速率图，其中正值表示朝向卫星移动，负值表示远离卫星移动。由于观测几何的差异，两个升轨数据集可以直接照射到党川滑坡群。而 Sentinel-1 降轨数据集上党川滑坡群的部分区域位于阴影区域。因此，可以看到 Sentinel-1 降轨数据集在滑坡顶部探测到的点非常稀疏。本次实验获取了两个安装于黑台边缘 GPS 站点 GP05 和 GP203 的时序形变监测值，位置如图 9.31(a)中的白色正方形所示，实验中将 GPS 时序观测转换到雷达视线方向(Shi et al.，2018)。GP05 所在的区域于 2017 年 2 月 19 日凌晨 3:45 发生大规模的滑坡(图 9.26)。因此，在 GP05 周围区域发生去相关，识别到非常稀疏的 PS 点。

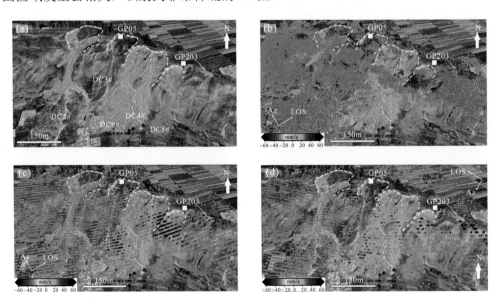

(a) 2018 年 10 月 13 日 Google Earth 光学影像；(b) TerraSAR-X 数据集平均速率图；

(c) Sentinel-1 升轨平均速率图；(d) Sentinel-1 降轨平均速率图

图 9.31　党川滑坡群遥感影像以及地表形变速率图

　　如图 9.32 所示，对 GP05 和附近的 InSAR 测量结果进行比较。二者之间测量结果有些差异性，这是由图 9.32(c) 所示的微小位置差异造成的。从图 9.30 所示的原始 GPS 测量中，明显地加速了崩塌前的变形。众所周知，InSAR 方法可以精确地测量边坡的慢速变形。当沿时间维度的位移超过可测量梯度时，拆解误差很容易被引入 (Wasowski et al.，2014)。由图 9.32(b) 和图 9.32(d) 可以清楚地观察到 2π 相移顺序的相位不连续性，这与 SAR 成像几何有关。不同的卫星观测几何结构对实际三维地面位移的敏感性不同。升轨数据集中独特的观测几何，使得图 9.32(a) 和图 9.32(c) 中的投影位移趋势不同于图 9.32(b) 和图 9.32(d)。我们还可以注意到，由升轨数据监测到的累积位移对斜率位移和相位展开误差不太敏感。然而，在 2015 年 11 月之后，从降轨数据中测得的位移率几乎保持稳定，这与时间演变模式中的 GPS 测量结果不一致。

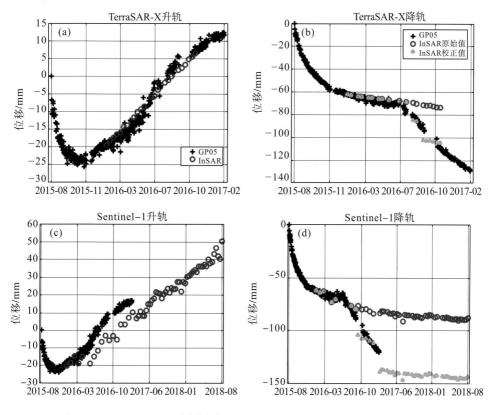

(a) GP05 与 TerraSAR-X 升轨数据集对比；(b) GP05 与 TerraSAR-X 降轨数据集对；

(c) GP05 与 Sentinel-1 升轨数据集对比；(d) GP05 与 Sentinel-1 降轨数据集对比

图 9.32　GP05 监测结果与 InSAR 干涉结果进行对比分析

　　GP203 测量的时间覆盖范围为 2017 年 11 月至 2018 年 4 月，在此期间没有发生滑坡。图 9.33 给出了 GP203 与临近的 PS 观测值对比结果。由于 GPS 和 PS 点之间不完全重合，并且两种观测都有一定的误差，因此，两种测量结果并不完全一致。将观测日期相同的 GPS 值与升/降轨 InSAR 观测值做差，差值的均方根分别为 1.4mm 和 1.0mm。升/降轨 InSAR

数据与 GPS 观测之间差值的标准差为 1.3mm 和 4.9mm。总体来讲，GP203 观测和时序 InSAR 技术观测结果具有较好的一致性。除 GP203 外，在滑坡区域还安装了精度为亚毫米级的改进型裂缝计，能够自动记录坡面的变形情况。

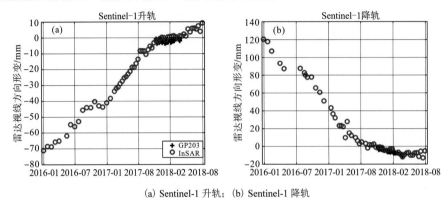

(a) Sentinel-1 升轨；(b) Sentinel-1 降轨

图 9.33　Sentinel-1 雷达视线方向累积形变量观测值与 GPS203 对比

InSAR 测量结果和裂缝计位移监测结果相关性分析散点图如图 9.34 所示。然而，我们不能像 GPS 测量那样将裂缝计的位移转换到雷达视线方向。因此，对 InSAR 结果和裂缝计位移之间相关性进行分析。二者的相关系数分别高达 0.97 和 0.71，如图 9.34(c) 和图 9.34(d) 所示。图 9.32～图 9.34 所示，GPS、裂缝计和 InSAR 测量揭示了近似的边坡位移变化趋势。

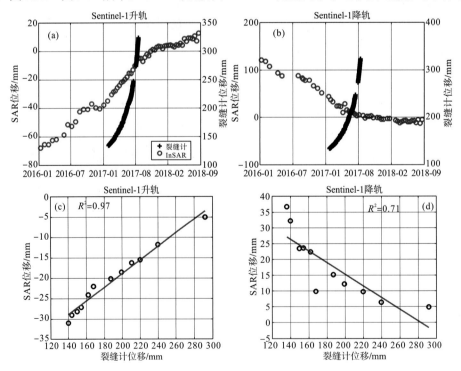

(a)Sentinel-1 升轨与裂缝计对比；(b)Sentinel-1 升轨与裂缝计对比；(c)和(d)中的二者监测结果相关系数

图 9.34　InSAR 干涉与裂缝计测量结果的比较

9.4.4.2　焦家滑坡群变形特点与验证

图 9.35 为 2018 年 10 月 3 日采集的 Google 焦家滑坡群光学图像和 TerraSAR-X 升轨数据得到的相应位移图。

(a) 2018 年 10 月 3 日从 Google Earth™ 获取的焦家滑坡群光学图像；(b) TerraSAR-X 升轨数据集测量的位移速度图；(c) JJ4#

和 JJ5# 滑坡之间斜坡变形现状；(d) 2019 年 2 月 28 日 JJ6# 滑坡再次发生

图 9.35　焦家滑坡群遥感影像以及地表形变速率图

在图 9.35(a)中用虚线标记为滑坡后壁。此外,在图 9.35(a)的光学图像中可以看到滑坡群内部的裂缝。在焦家滑坡附近的台塬上安装孔隙水压力计来记录地下水位变化情况。地下水埋深是地下水位与地面高度的差值,它与地下水位的变化成反比。由于成像几何结构不同,4 个 InSAR 数据集中识别出的干涉点的分布彼此不同,如图 9.35(b)和图 9.29 所示。为了验证这 4 个结果,我们选择了一个公共点 P,它被两个 TerraSAR-X 数据集和两个 Sentinel-1 数据集识别为活动点,并在图 9.36 中绘制了每个数据集测量的时间序列位移与地下水埋深的对比图。

图 9.35 中 P 点的位置用白色正方形标记,距钻孔约 200m。在四个数据集中观察到 1 月和 3 月期间发生的位移,这可能是冻融活动造成的(Peng et al.,2016)。4 月的集中灌溉导致从 7 月中旬开始的秋季灌溉地下水位迅速上升,导致图 9.36 中钻孔测量值减少。边坡位移和地下水位上升基本吻合,如图 9.36 所示。随着地下水位的集中上升,边坡变形明显加快(Peng et al.,2019a)。

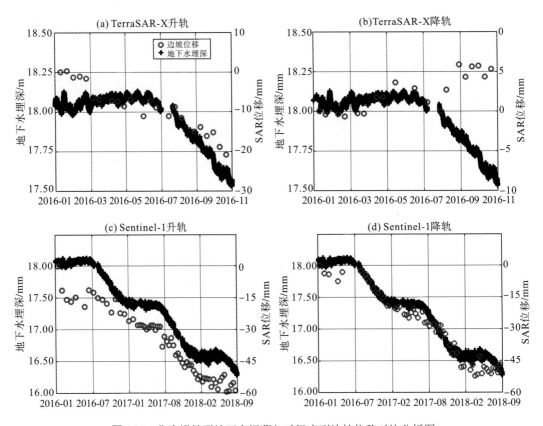

图 9.36　焦家滑坡群地下水埋藏与时间序列边坡位移对比分析图

9.4.4.3　磨石沟滑坡群变形特点

图 9.37 给出了来自 Google Earth™ 的光学图像和磨石沟滑坡群的位移图。图 9.37(a)中可

以清晰地识别滑坡后壁。根据我们在图 9.37(b) 和图 9.33 中的 InSAR 测量，磨石沟滑坡群的台塬边缘区域正在变形。磨石沟滑坡群位于黑台台地北侧。与党川滑坡群和焦家滑坡群不同，本区变形趋势与图 9.38 中 M 点基本一致。2016 年 1 月至 2018 年 8 月，Sentinel-1 升轨和降轨数据集分别测量到累计位移 100mm 和 120mm。磨石沟滑坡群总体呈线性位移趋势。

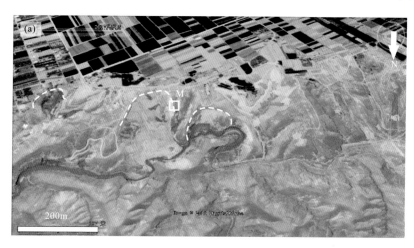

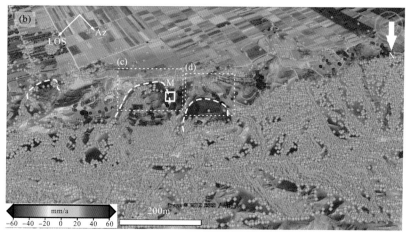

(a) 2017 年 5 月 16 日从 Google Earth™ 获取的磨石沟滑坡群光学图像；(b) Terrasar-X 升轨数据集测量的位移速率图；(c) MS9#

滑坡；(d) MS10# 滑坡后缘变形；(e) 时间序列分析的位置 M 现场变形情况

图 9.37　磨石沟滑坡群遥感影像以及地表形变速率图

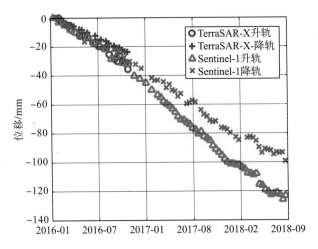

图9.38　磨石沟滑坡群M点的时间序列位移

9.5　本 章 小 结

通过对研究区近50年的高分辨率卫星影像进行校正与配准，分析黄土滑坡时空演化特征，总结研究区黄土滑坡时空演化规律，探讨黄土滑坡潜在隐患高分辨率卫星影像识别方法，实现对研究区黄土滑坡潜在隐患的早期识别，得到以下结论：

(1)通过目视解译出研究区共发生82处、212起黄土滑坡，建立研究区黄土滑坡研究数据库，为后期滑坡演化与其他因素耦合分析提供有力的依据。

(2)这些滑坡大部分发生在焦家、党川和磨石沟段，黄土滑坡边界空间上从东向西演化；研究区的滑坡主要受产状和地下水出露的影响，从空间上看，由于焦家段是地下水最开始出露的区域，故此段最早开始发生滑坡；随着地下水位的上升，陈家沟出现黄土滑坡频发现象，紧接着党川段密集发育黄土滑坡。

(3)黄土滑坡模式多是从滑移崩塌型向静态液化型转变，滑坡的其他成灾模式之间也存在相互转化。大多数区段开始出现滑移崩塌现象，随着地下水位上升，出现静态液化现象；人类工程活动干预，削方减载，暂时控制住大规模滑动，但是常年的黄土泥流，发生溯源侵蚀现象，使滑坡后壁变得越来越陡峭，从而又恢复到静态液化模式。在静态液化型或者滑移崩塌型滑坡发生后，滑坡后壁一部分区域的黄土厚度变小，坡度变缓，在地下水作用下，这些后壁在局部区域也会发生黄土泥流型滑坡；黄土滑坡呈群集分布并相互重叠，同时表现出渐进后退的特征。

(4)依据滑坡发生的初始地貌和Davis的地貌演化理论，一方面滑移崩塌型滑坡多发生在沟壑的两侧，静态液化型滑坡多发生在黄土内沟壑的源头(滑动方向与沟壑发育方向一致)，另外一方面，在相邻的两个静态液化型滑坡中间，发生黄土内滑坡的概率较高，基于这些总结出"塬边沟壑区"和"滑坡空区"两类黄土滑坡潜在隐患地貌识别标志。结合塬边沟壑识别标志预测在党川段的DC5#滑坡后缘会有大规模的静态液化型滑坡发生；

DC2#和 DC3#滑坡空区会发生滑移崩塌型滑坡，2015～2018 年新发生的 30 多起新滑坡基本在 2014 年划定的空区内。

(5)本章利用时间序列 InSAR 方法对升/降轨的 TerraSAR-X 和 Sentinel-1 星载 SAR 序列数据进行分析，探测识别出了 2016～2018 年期间甘肃永靖黑方台及其周边灌溉台塬的不稳定区域，分析了典型滑坡体的形变演化特征。通过 InSAR 观测结果与 GPS 观测资料的对比，验证了 InSAR 处理方法的有效性。通过时序分析发现，持续的灌溉行为是本区域坡体失稳的主要诱发因素。因此，灌溉时期需密切注意台塬边缘坡体稳定性。随着 Sentinel-1 卫星星座的业务化运行，雷达数据不断积累，SAR 数据可为我们提供丰富的研究资料。由于卫星观测几何的限制，未来有必要将多轨道数据进行融合，获取地表三维时序形变场，以更好地表征地面目标的形变模式和特点。

第 10 章　基于无人机低空摄影测量技术的黄土滑坡潜在隐患详查

无人机低空摄影测量(又称无人机航拍)技术是继遥感和三维激光扫描之后,在三维空间数据领域中又一个可用于大面积、高精度和快速获取三维点云数据的技术方法。随着摄影测量算法的改进和商品化发展,使得其变得方便、有效、精确和低成本。目前该项新技术在国外广泛应用于各个领域,在地质灾害防治领域的应用也处于不断尝试阶段。本章在黄土滑坡潜在隐患高分辨率卫星影像早期识别方法研究的基础上,利用低空摄影测量的技术优势,对高分辨率卫星影像普查潜在隐患点进行详查(彭大雷,2018)。

本章所介绍的基于无人机低空摄影测量技术的黄土滑坡潜在隐患早期识别方法的内容如下:①在简要介绍无人机低空摄影测量数据获取方法的基础上,具体介绍研究区整个台塬(面积为 36km^2)和重点区段航测飞行参数;②通过在研究区布置 14 个基准控制点、82 个人工制作相控点和 64 个道路相控点,来提高研究区无人机低空摄影测量精度,并通过地面特征点、专门的验证相控点、地面布置的监测设备和地面变形迹象,来验证无人机低空摄影测量结果的精度;③通过滑坡前后两期无人机低空摄影测量的高分辨率正射影像和地貌数据,重建 DC2#典型黄土滑坡的破坏过程,用于进一步认识滑坡滑前变形迹象和成灾过程,同时对滑坡体积进行精确计算,得到滑坡前后的体积松散系数;④分析多期黄土滑坡滑源区的裂缝演化特征、预测出潜在滑坡的边界;⑤差分计算多期重点区段无人机低空摄影测量三维点云数据,详查出黄土滑坡潜在隐患点,并通过地面调查对详查出的隐患点进行核查;⑥分析滑坡滑源区堆积体的演化过程,依据滑坡后壁坡度,甄别出潜在滑坡区域。从获取三维地形数据周期来讲,无人机低空摄影测量比高空遥感数据有更短的数据周期,可以利用无人机低空摄影测量的详查结果,对潜在隐患点进行有针对性的专业监测。

10.1　无人机低空摄影测量原理与数据获取方法

10.1.1　无人机低空摄影测量原理

数字摄影测量学在近年来发展迅速,已经成为摄影测量学的一个全新的分支学科。它是基于数字影像和摄影测量的基本原理,应用计算机技术、数字影像处理、影像匹配、模式识别等多学科的理论和方法,提取所摄对象以数字方式表达的几何和物理信息的摄影测量学的分支学科。传统的摄影测量中主要是利用光学摄影机获取航摄照片,经数据处理后获得被摄物体的形状、大小、位置、特征和相互关系。而数字摄影测量则是利用数字影像或数字化影像，经过计算机处理，提取目标的几何和物理信息。数字摄影测量与传统的摄影测量有以下几个区别：①信息源为数字影像；②处理手段为数字图像处理技术；③成果为数字化产品。

具体来说：首先，伴随着数字影像获取能力的提高以及计算机处理能力的增强，摄影测量的数据处理越来越多地融合了其他学科的处理技术，最有代表性的是图像处理技术，即用计算机来完成一系列关于数字图像的处理任务，如图像压缩、图像增强、图像复原、图像编码、图像分割、边缘检查等；其次，是基于图像的目标识别，它是模式识别的一个分支，输入是图像，输出是图像的分类和结构描述；最后，是图像理解，它是人工智能的一个分支，输入是图像，输出是对图像的描述和解译。

进一步说，数字摄影测量的发展与计算机视觉的研究联系紧密，计算机视觉的研究目标是使计算机具有通过二维图像认知三维环境中物体的几何信息的能力，包括物体的形状、位置、姿态、运动等，并对它们进行描述、存储、识别与理解。所以，数字摄影测量在很大程度上与计算机视觉有很大的相似之处。

数字影像的获取是实现全数字摄影测量的关键，以往的数字摄影测量工作站由于没有数字航空摄影，解决的是航片数字化后影像的后期处理问题，出现了数字摄影与航摄设备后，摄影处理才实现真正意义上的全数字化。无人机低空摄影测量正是数字摄影测量和航摄设备的很好结合，它是通过无人驾驶飞行器搭载传感设备，如装载惯性测量单元(inertial measure ment unit，IMU)和差分全球定位系统(differential global position system，DGPS)构成的定位定姿系统(position and orientation system，POS)可以直接获取摄影相机的外方位元素和飞行器的绝对位置，从而实现定点摄影成像，快速获取作业区域信息，并进行信息提取、数据处理，最终生成数字产品，涉及遥感传感器技术、遥控控制技术、通信技术、差分定位技术等。

10.1.2　无人机低空摄影测量系统

无人机低空摄影测量系统，一般由飞行平台、任务荷载及其控制系统、飞行控制系统、数据处理系统等部分组成。

1. 飞行平台

飞行平台即是无人机搭载测量任务传感器的载体，测量中常用的无人机飞行平台有固定翼平台、多旋翼平台、直升机、无人飞艇等。

2. 任务荷载及其控制系统

任务荷载主要用于获取作业区域影像、视频等测量数据，由任务设备和稳定平台组成，如图 10.1。

图 10.1　任务荷载及其控制系统组成

常用的任务设备主要有高分辨率光学相机、红外传感器、倾斜摄影相机、视频摄像机等。稳定平台的主要功能是稳定传感器设备和修正偏流角，以确保获得高质量的测量数据。通过对飞行控制系统控制参数的设置，无人机沿测线平飞、摄影时的姿态角控制精度满足常规测量任务的精度指标。常用的稳定平台有三轴和单轴两种。任务设备控制系统是根据接收的无人机的位置、速度、高度、航向、姿态角以及设定的航摄比例尺和重叠度等数据，来控制相机对焦、曝光时间和曝光间隔，并对稳定平台进行控制。

3. 飞行控制系统

飞行控制系统的目的是为了实现无人机飞行控制和任务荷载管理，包括机载飞行控制系统和地面控制系统两个部分。

机载飞行控制系统由姿态陀螺、磁航向传感器、飞行控制计算机、导航定位装置、电源管理系统等组成，可以实现对飞行姿态、高度、速度、航向、航线的精确控制，具有自主飞行和自动飞行两种模态。系统可以根据任务需求增减一些典型的模块，具有容易实现冗余技术和故障隔离的特点。

地面控制系统实时传送无人机和遥感设备的状态参数，可实现对无人机低空摄影测量系统的实时控制，供地面人员掌控无人机和遥感设备信息，并存储所有指令信息，以便随时间调用复查。主要有指令解码器、调制器、接收机、发射机、天线、微型计算机、显示器组成。

4. 数据处理系统

通过数据处理系统，将获取的无人机姿态信息(POS 数据)及任务荷载的原始数据，经过 POS 数据处理、格式转换以及预处理后，生成正射影像图、数字线划图、应急专题图等不同类型的数据产品，经过信息提取后，为灾害监测、数字城市建设、文化遗产保护、工程监测、地理国情普查等领域提供决策支持。

10.1.3　数据获取流程与方法

10.1.3.1　无人机低空摄影测量外业作业流程

无人机低空摄影测量外业作业基本流程包括现场踏勘、地面控制点布置、航线规划、相机参数选择、地面测量、低空摄影测量、畸变校正等方面。

1. 示范区现场踏勘

在现场踏勘过程中要注意示范区边界,植物生长态势(一般选择冬季,视研究对象而定),地表裸露程度,光线的空间关系,地物分布特征,景物的相互遮挡关系,天气状况和空气质量状况,同时在现场踏勘过程中,初步选定低空摄影路线,规划摄影方案,拍摄路线的选择与规划是十分必要的,不恰当的规划方案不仅会影响精度,甚至会导致重建三维点云数据失败。

2. 地面控制点布置与测量

地面控制点分基准控制点和地面相控点,基准控制点一般需 4 个及以上,控制整个示范区精度和坐标系,且在保证稳固情况下可以重复使用;地面相控点需 7 个及以上(龚涛,1997),地面相控点用于摄影测量影像识别。地面相控点分为人工喷射标示物(人工相控点)、铺设相控板(道路相控点)和地面原有标示物 3 种,这些地面相控点要方便后期的坐标测量,同时要考虑地面相控点在示范区的均匀分布情况,即在示范区边界周围尽可能地布设一定数量的地面相控点。另外,对于地形高差起伏较大的部位都应有地面相控点,如陡崖的顶部和底部。地面测量包括对基准控制点的静态测量和对相控点的动态测量,在静态测量过程中,需选择坐标系,如西安 80 坐标系、国家 2000 坐标系、地方坐标系和任意坐标系,控制测量精度;动态测量需保证单点测量精度和摄影测量照片中点空间的对应关系。

基准控制点的布设原则是能完全覆盖测量区域并且能反映高程变化。第一步,在台塬稳定区域埋设混凝土钢筋桩;第二步,待混凝土强度稳定后,使用载波相位差分技术(real-time kinematic,RTK)对基准控制点进行静态测量,测量时间为 1h;第三步,对静态数据进行解算,获得测点的坐标位置;第四步,在静态坐标的基础上,对地面相控点进行动态测量(图 10.2)。

(a)RTK 基准控制点静态测量;　(b)RTK 地面相控点动态测量

图 10.2　RTK 静态测量和动态测量

根据无人机航拍高度和地面分辨率，考虑到作业效率以及长期航拍的目的，黑方台人工地面相控点使用油漆在地面上做直角形状的标识，长宽尺寸为 1m×1m，直角两边油漆宽度为40cm，如图 10.3 所示的直角油漆标识。由于现场条件所限，这些油漆标识一部分分布在现成道路边，一部分分布在人工制成的混凝土板上，混凝土板主要布设在测区台塬边及滑坡堆积体上。在制作好地面相控点后还需要对地面相控点的坐标进行测量，选取直角标识的内角作为测量点。

(a)道路相控点；(b)和(c)人工相控点

图 10.3　地面相控点类型

在研究区航测中，为提高测量的精度，共布置了 14 个基准控制点、82 个人工相控点和 64 个道路相控点，坐标系选用西安 80 坐标系。黑方台 2017 年以后的地面控制点分布如图 10.4 所示。

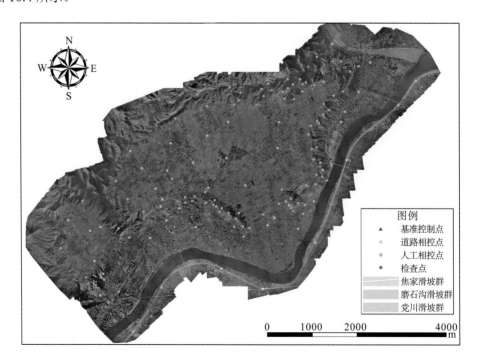

图 10.4　黑方台低空摄影测量基准控制点和地面相控点位置分布(2017 年)

3. 航线规划、相机参数选择、无人机低空摄影测量和畸变校正

在规划航线时得考虑飞机的飞行姿态、飞行角度、拍摄频率等，保证摄影照片的航向重合率在 80%以上，旁向重合率在 60%以上；在高差、相差不大的地方可以全部用正射拍摄，对于高差大的地方则需要倾斜拍摄。根据示范区周围地物颜色、飞行高度、天气状况选择不同相机参数，保证拍摄照片质量。无人机低空摄影测量实地航测过程中，需要按照室内规划，做现场进一步审核和检查无人机状态，保证飞行安全和飞行效果。畸变校正是指由于摄影器材物镜本身质量问题及物镜系统设计、制作和装配所引起的相点偏离其理想位置点位的误差，可以根据实际构像点的辐射距离内插到相应的畸变差。

出于对飞行面积和飞行时间的考虑，MD4-1000 的飞行高度为 500m，平均分辨率接近 6cm。飞马 1000 无人机虽然有良好的续航能力，但配备的镜头与 MD4-1000 相比较差，因此为保证较高的地面分辨率，飞行高度为 200m，平均分辨率为 5cm。覆盖整个台塬飞行的面积约为 36km^2，分段飞行的面积较小，约在 5km^2 以内。无人机飞行详细参数见表 10.1，飞行航线如图 10.5 所示。该飞行航线为黑方台全台塬航线，根据每期拍摄特点不同作适当删减，但每期拍摄的核心区域均为塬边滑坡区域(图 10.4)。

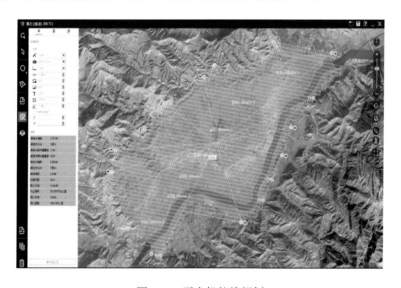

图 10.5　无人机航线规划

本研究通过 2015 年 1 月至 2018 年 4 月的 10 次无人机低空摄影测量，获得了研究区域高分辨率的无人机低空摄影测量影像数据。其中，航线高度依据下式计算：

$$H = f \frac{GSD}{a} \tag{10.1}$$

式中，H 表示航线高度；f 是物镜的镜头焦距；a 是像元尺寸；GSD 是无人机低空摄影影像的地面分辨率。

10 次飞行中共使用了两种飞行器，前 4 次使用的 MD4-1000 无人机，后 6 次使用飞

马 1000 无人机。详细的无人机低空摄影测量野外航测日志见表 10.1。

表 10.1　无人机低空摄影测量野外航测日志

时间	飞行区域	面积/km²	飞行高度/m	平均 GSD/cm	飞行架次/次	无人机型号
2015 年 1 月	黑方台	36	500	5.8	39	
2015 年 3 月	焦家段、陈家沟	2	500	5.8	6	
2015 年 5 月	党川段、陈家沟	2.3	500	5.8	6	MD4-1000
2016 年 5 月	党川段	3.8	500	5.34	2	
	磨石沟段和焦家段	10	500	5.21	5	
2017 年 1 月	黑方台	28.8	200	4.4	7	
2017 年 2 月	党川段	5.4	200	5.2	1	
2017 年 3 月	CJ6#和 CJ8#	1.5	200	4.3	1	飞马 1000
2017 年 5 月	CJ6#和 CJ8#	1.5	200	4.3	1	
2017 年 10 月	黑方台	5.4	200	5.2	7	
2018 年 4 月	黑方台	5.4	200	5.2	7	

前 4 次无人机飞行(2015 年和 2016 年)使用的是德国 SCHÜBELER 公司生产的四旋翼无人机 MD4-1000,它搭载有双星 GNSS(GPS 和 GLONASS)导航系统和惯性导航系统,使用的相机为 Sony ILCE-7R_FE35mmF2.8ZA_35.0_7360 × 4912(RGB)[图 10.6(a)]。MD4-1000 的最大任务荷载为 2kg,最大爬升速率为 7.5m/s,最大巡航速度为 15m/s,最大飞行时间为 50min(视负载、环境、操控方式不同,在黑方台的实际作业时间为 20min)。该款无人机既可以通过遥控器人工操控飞行,也可以使用 Waypoint 系统进行自动驾驶飞行。

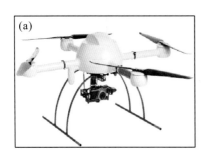

(a)MD4-1000; (b)飞马 1000

图 10.6　研究中使用的无人机装备

由于旋翼无人机的作业时间限制,对于较大范围的作业效率相对较低。因此后面 6 次飞行(2017 年 1 月、2 月、3 月、5 月、10 月和 2018 年 4 月)使用飞马 1000 固定翼无人机[图 10.6(b)]。飞马 1000 无人机是中国飞马机器人公司生产的固定翼无人机,其机身采用 EPO 高强度塑料,飞机连接部位使用炭纤维复合材料,因此其机身质量轻。飞马 1000

的最大续航时间为 1.5h（黑方台实际作业时间约为 1h），除开搭载 GPS 和 GLONASS 外，还使用了北斗卫星导航系统，因此飞机定位精度更高，该机型使用的相机为 Sony ILCE-5100_ E20mmF2.8_20.0_6000×4000（RGB）。该飞机最大的优点是实现了全程智能飞行，无操控手，无遥控器。

10.1.3.2　无人机低空摄影测量内业处理流程

无人机低空摄影测量内业处理流程主要包括数据预处理、空中三角测量、影像匹配、影像融合等，在此基础上再进行数字产品生成。

1. 数据预处理

数据预处理是数据处理的重要组成部分，其作用是对获取的姿态测量单元数据、影像数据等进行预处理，生成后期处理所需格式的文件，为数据后续处理做好准备工作。主要内容包括：对飞行质量进行检查；创建测区文件；定义测区属性；准备相机检校参数，对影像进行畸变差校正；利用 POS 数据建立航带影像缩略图。

2. 空中三角测量

空中三角测量是利用连续摄取的具有一定重叠的航摄影像，以摄影测量方法建立同实地相应的航线模型或区域网模型，从而确定区域内所有影像的外方位元素。空三加密流程包括相对定向和模型连接、平差解算与绝对定向等步骤。

3. 影像匹配

影像匹配即通过一定的匹配算法在两幅或多幅影像之间识别同名点的过程，其目的是建立重叠影像之间的空间坐标关系。

4. 影像融合

无人机在获取影像时，飞行姿态会存在不稳定，使得无人机影像存在光强和色彩的差异。由于无人机影像的高重叠性，要实现无人机影像的无缝拼接，则必须要在生成最终拼接影像之前对影像之间的重叠区域进行无缝融合。无人机影像拼接中，一般不需要进行过高层面上的数据融合，而主要集中在基础级层面上的像素级，是在影像重采样的过程中完成。

5. 数字产品生成

在上述数据处理技术的基础上，选用 Pix4d Mapper（Version 3.1.23）软件作为黑方台数据处理软件。Pix4D 软件是由瑞士的 Computer Vision Lab 开发的一款商业软件，即是所谓的"黑箱"软件，用户并不知道其具体算法。但对于用户体验来说，它的自动化程度高，操作非常简单，即使是非摄影测量专业的人也可以使用它，而且它还具有运算速度快以及处理容量大的优点，它最多可以处理 10000 张照片。从上述特点可以看出，它很适合地质灾害专业的人员处理小区域的无人机数据。Pix4D desktop 将数据处理过程分为以下 4 个步骤：

(1)初始化处理。将照片和无人机 POS 数据导入软件后，软件会自动对相机参数进行校正，进行空中三角测量以及提取同名点。这个过程同时会对飞行照片的参数进行快速检测，如 GSD 和重叠率等。

(2)人工识别地面相控点。在初始化处理完成后，需要用户对照片中的相控点的位置进行人工识别，导入这些点的坐标信息，并指定与相控点一致的输出坐标系。在完成对相控点的刺点后，需要对定位结果进行重新优化。优化后选择生成质量报告，报告中包含有相控点精度信息。

(3)生成点云和三维网格纹理。在这个步骤中可以对点云加密和三维网格参数进行设置。点云加密参数有图像比例和点云密度，图像比例选择"原始尺寸"，点云密度选择"最优"；三维网格参数选择高分辨率模式，其具体分辨率根据计算机性能和照片数量决定。

(4)生成 DSM 和正射影像图。Pix4D 可以经过一定的降噪处理生成 DSM，本书中由于是使用三维网格模型进行变形计算，因此不生成 DSM。最后进行影像融合和坐标点写入生成正射影像图。

在 Pix4D 的整个处理过程中，人工操作较多的为第(2)步，其他步骤在设定好相关参数后，软件会自动完成数据处理和输出。

无人机低空摄影测量产品是决策支持和信息服务的依据。它主要包括数字高程模型(DEM)、数字正射影像(DOM)、数字线画图(DLG)、数字栅格地图等一系列产品。黑方台无人机低空摄影测量主要获得测区的点云数据(point clouds)(图 10.7)、三维模型(3D-Model)(图 10.8)，数字正射影像图(DOM)(图 10.9)。

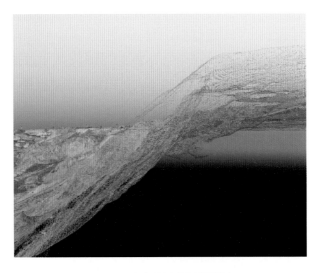

图 10.7　无人机低空摄影测量点云

图 10.8   无人机低空摄影测量三维模型

图 10.9   无人机低空摄影测量正射影像

使用AutoCAD对点云数据进行处理生成黑方台整体或局部的高精度地形图,使用GIS生成指定区域的 DEM;使用 Polyworks 软件处理三维模型进行立体观测和多期对比;使用 GIS 软件或者 Global Mapper 软件对数字正射影像图进行处理,对测区进行定性观测。

综上所述,无人机低空摄影测量的基本流程如图 10.10 所示。

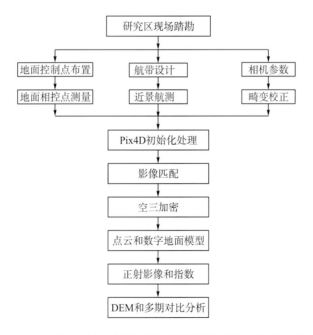

图 10.10   基于无人机低空摄影测量的滑坡早期识别工作流程

10.1.4   滑坡变形识别方法

为了对黑方台滑坡进行提前预警,需要密切关注可能发生滑坡的地段,并进行地面监测以判断滑坡变形处于哪一阶段。但由于黑方台共有 75 处滑坡,主要分布在党川段、焦家段和磨石沟段，且其滑坡频率为每年 3～5 起。一方面滑坡频率较高有必要进行滑坡滑前预警，若全台塬布设裂缝计和 GPS 等地面监测设备，则需要大量设备，增加监测仪器成本及后期维护成本。这就需要对滑坡变形区域进行早期识别，在变形区域加大监测力度。

对同一滑坡不同时间点的遥感数据进行对比研究时，一般会通过表面位移和高程位移测量来分析滑坡的变形过程。表面位移测量既有根据地面特征使用的半自动人工识别方法(Fernández et al.，2016)，也有相对智能地对光学影像进行处理的 COSI-Corr 方法，COSI-Corr 方法通过基于 IDL 集成语言的 ENVI 平台实现(Leprince et al.，2007, 2008；Lucieer et al.，2014)。竖直位移测量是将两期带有三维空间信息的点云或模型在水平位置对齐后进行的高程测量，通常处理的对象是 DSM 或者 DEM，使用的软件是 GIS 软件和 Cloud Compare 软件(Turner et al.，2015)。由于本书研究区域相对较大，研究对象不是一个单体滑坡，而是多个滑坡组成的滑坡群，在保有高精度的条件下，数据量较大，因此将介绍使用 Polyworks(InnovMetric Software Inc.，2016)软件对无人机数据进行变形分析。Polyworks 是由 InnovMetric 公司出品的点云处理包软件，主要应用于工业、制造业和逆向工程等行业，通常它的处理对象来自三维激光扫描仪，本书将使用它处理多期无人机数据以获得滑坡变形区域。同时由于通过无人机获取的光学影像受相机畸变、飞机姿态和光线阴影等影响较大，使得最终得到的点云数据具有一定的离散性，如果直接使用点云数据计算会将引起不必要的误差，而 Pix4D 在生成网格模型数据时会对这些离散点进行优化(图 10.11)，因此将在三维网格模型的基础上进行数据对比。

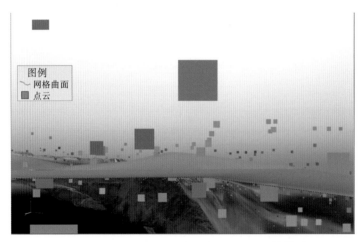

图 10.11　Pix4D Mapper 中的点云和三维网格模型

通过两期模型数据对比进行竖直位移测量有两个关键步骤：第一个是将两期模型进行定位对齐配准；第二个是在模型配准的基础上将两期高程值相减得到差分模型。本研究中所使用的多期模型数据均是在同一坐标系统下生成的，因此可以直接使用大地坐标进行配准。但 2017 年以前的地面控制点数量不足，且在滑坡集中的塬边基本没有布设，因此精度较差。在这种条件下可以使用差分模型监测滑坡是否发生，但要对滑坡发生前分米级别甚至是厘米级别的变形进行探测则不能实现。因此，为了提高对比精度，将误差影响降低到最小化，就不能简单地使用大地坐标进行配准。Polyworks 所提供的配准方法同 Cloud Compare 一样是基于 ICP 算法(Abdelmajid，2012)。ICP 算法由众多学者提出和发展，是一个基于最小二乘法的迭代优化算法，用于两个三维点集最优配准的刚性变换(Besl et al.，1992；Chen et al.，1994；Zhang，1994)。变换矩阵有旋转参数、移动参数和比例因子，本书中的变换矩阵只有移动参数，即不会产生旋转且比例因子为 1.0。ICP 算法在实际应用中需要注意，首先需要有足够的重叠部分，在本书中即为除开变形区域以外需要足够多的相同的未变形区域；其次需要对需要配准的两期数据进行一个初始配准，通常通过人工选取一定的特征点实现。

由于较少使用 Polyworks 软件对无人机数据进行对比处理，因此对无人机三维网格模型的配准步骤作简要说明(Abdelmajid，2012)。

1. 数据导入

打开 Polyowrks 的 IMInspect 模块，将时间序列在前的模型作为 Reference Object，时间序列在后的模型作为 Data Object。在后面的操作中 Reference Object 将被视为固定不变的，Data Object 被认为是可调整的，数据对齐的过程就是 Data Object 以一种最优的方式向 Reference Object 靠拢。注意：导入模型时需要将导入选项的单位设置为米，以便同期模型在同一尺度下进行比较，如图 10.12 所示。

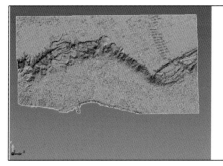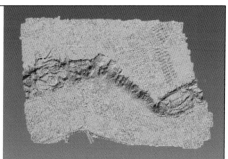

图 10.12　两期数据导入

2. 模型配准

由于模型数据主要表示模型内部的相对关系，其自带坐标与绝对坐标间存在一个三维平移关系，这时就需要将两期数据放在同一坐标范围内进行比较。不必将模型放回其原有绝对坐标下，只需要找出两期模型间的同名点，这样的点至少需要 3 个，以保证获得三维空间平移的基本向量。然后软件根据这些同名点进行配准计算，以达到最好的配准效果。操作中需要分屏显示数据，手动选取点对。选择 Align—Split View 命令，将 Reference Object 和 Data Object 分开为两个视角显示；选择 Align—Point Pairs 命令，选择多点对选项，对两个模型中不变的同一点进行手动选择。对齐质量随着点对数量的增加而提高，点对数量至少需要 3 对，最好是 5 对以上。选择 Align—Best-fit—Data to Reference Object 命令，弹出参数设置对话框。其中，最为重要的参数为 Max distance，它表示当 Data Points 向 Reference Surface 对齐时的最大搜索范围，如图 10.13 所示。

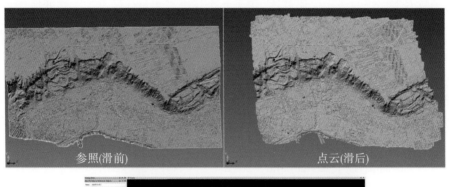

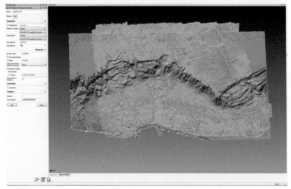

图 10.13　模型配准

3.　差分模型

在两期模型配准后，根据两期模型在高程方向的差值生成差分模型，差分模型以不同的色带表示不同的变形。操作中使用 Measure—Deviations of Data Objects—From Reference Object surfaces 命令对它们的高程进行差值计算生成差分模型，并在模型上以色谱图的方式显示计算结果，差分模型有自然显示范围和小变形显示范围（0～-1m）（图 10.14）。

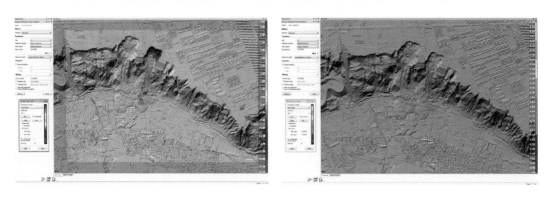

图 10.14　生成差分模型

需要说明的是，由于滑坡变形位移不仅有沉降变形，还有水平位移，因此对齐后计算出的位移并不是同一点处的真实高程变化。不过本书中的研究对象为黄土台塬，沉降位移发生的部位一般是滑坡后缘，可近似将小范围内变形区域看作水平的，那么可以将上述位移看作真实位移。

10.2　无人机低空摄影测量结果精度分析

从无人机影像的处理流程来说，地面相控点精度对最终的数据质量影响很大，而检查点则对数据质量进行检验。图 10.4 是每一期无人机低空摄影测量时的控制点和检查点位置，表 10.2 是这些点在 X、Y 和 Z 方向的均方根（root mean squarey，RMS）误差和最大误差。各期平面上的 RMS 误差最大为 0.06m，高程上的 RMS 误差最大为 0.11m。各点在平面上的最大误差为 0.13m，高程上的最大误差为 0.14m。由于检查点数量少，在关心的滑坡区域分布不多，从保险的角度将最大误差值作为精度参考值。因此认为整个无人机低空摄影测量的平面精度和垂直精度为 0.14m。但不能忽视的是，从控制点位置分布、RMS 误差和最大误差值变化来看，无人机低空摄影测量精度的变化趋势是逐渐提高的。到 2017 年 1 月以后，在滑坡区域的控制点密度大大提高，其平面和高程 RMS 误差值减小到 0.02m 和 0.03m。图 10.15（a）和图 10.16（a）是直接使用大地坐标条件下的对比精度，图 10.15（a）的最大误差达到 0.4m；而图 10.16（a）的对比误差仅仅约为 0.1m，这也反映了无人机低空摄影测量精度的提高。

表 10.2　每个数据采集的水平和垂直误差的统计

日期	区域	GCP/CHK 数量	GCP/CHK 最大误差/m			GCP/CHK RMSE/m		
			X 最大值	Y 最大值	Z 最大值	RMSX	RMSY	RMSZ
2015-01	党川	17/9	-0.08/-0.06	-0.07/-0.07	0.09/0.14	0.03/0.05	0.04/0.04	0.05/0.10
	焦家	12/5	0.09/-0.08	0.06/0.10	0.07/-0.14	0.06/0.05	0.04/0.05	0.04/0.11
	磨石沟	10/5	-0.06/0.06	-0.13/0.06	0.16/0.10	0.04/0.02	0.05/0.03	0.10/0.06
2016-05	党川	11/8	-0.07/0.07	-0.04/-0.06	-0.12/0.11	0.03/0.05	0.04/0.04	0.05/0.05
	焦家和磨石沟	19/18	0.08/0.07	-0.08/-0.13	0.09/0.12	0.04/0.04	0.03/0.04	0.06/0.06
2017-01	党川	34/13	-0.05/-0.08	0.06/0.06	0.09/-0.08	0.02/0.04	0.02/0.03	0.03/0.05
	焦家和磨石沟	69/24	-0.04/-0.07	0.06/0.07	0.07/-0.07	0.02/0.04	0.02/0.04	0.03/0.04
2017-03	磨石沟	29/13	0.03/-0.05	0.04/-0.07	-0.05/0.05	0.02/0.03	0.02/0.04	0.02/0.03
2017-05	磨石沟	30/15	0.04/0.05	0.05/0.04	0.04/-0.07	0.02/0.04	0.02/0.03	0.02/0.06

备注：GCP 为地面相控点；CHK 为检查点；RMSE 为均方根误差。

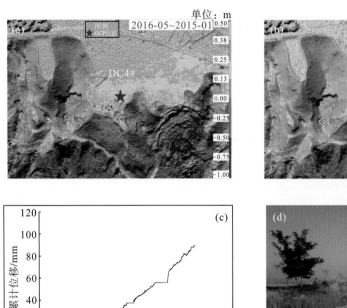

(a)原始坐标的差分模型；(b)配准后的差分模型；

(c)GPS对Z方向的监测(正值表示沉降)；(d)GPS监测设备

图 10.15　DC4#基于网格计算的差分模型(2016-05～2015-01)

无人机低空摄影测量技术的精度因为其测量原理而受多种因素制约，包括相机畸变、无人机飞行姿态和后期数据处理过程等。在本书中的无人机低空摄影测量中，测区为中国黄土地区，该台塬塬边无高大树木等浓密植被，只有少量杂草分布，因此适用于不能穿透植被的光学遥感技术的使用。除开天气、硬件设备和软件等条件外，直接影响测量精度的就是地面相控点的数量和位置。2015年无人机低空摄影测量使用的地面控制点为地形拐点，如道路拐角或者水渠设施等，其数量较少，且主要分布在台塬上下远离塬边处，对于处于拍摄中心的滑坡区域基本没有地面相控点存在。虽然检查点最大RMS误差在0.11m以内，但由于在滑坡区域没有布设检查点，整体检查点数量偏少，而且滑坡区域的地形变化很大，因此其RMS精度不能完全代表真实精度。而在2017年以后地面相控点在所有的滑坡后缘都有分布，虽然同样存在检查点稀少的问题，但可以将地面相控点RMS精度近似看成塬边数据的整体精度。

为了检验差分模型配准的准确性和有效性，以有现场监测数据检验的DC4#-2016-05～2015-01差分模型和CJ8#-2017-03～2017-01差分模型为例，分别说明不同数据精度下的配准效果。

党川段DC4#滑坡2016年5月至2015年1月之间的差分模型如图10.15所示。为了降低农作物的生长对差分结果的影响，差分计算的区域只考虑塬边生产公路以外的区域。采用西安 80 坐标系直接差分的结果如图 10.15(a)所示。差分结果显示范围为-1～0.5m，两期的差分结果表明后期的 DSM 比前期的 DSM 高 0.2～0.3m。出现这样结果的原因主要有两个方面：①数据精度的差异，2015 年 1 月航测范围为全台塬，相控点的数量有限，2016 年 5 主要是针对党川段进行精细航测；②研究区 1 月份和 5 月份的地表植被状况不同。经过 ICP 算法配准后的差分模型如图 10.15(b)所示。在 GPS6#处处表变形为-0.13m；CPS6#安装于 2014 年 12 月 28 日，监测时间包含了差分模型计算时间区段，在差分模型计算周期内地表沉降量为-9cm。综上所述，使用 Polyworks 的 ICP 算法计算出的差分模型更符合实际 GPS6#监测结果。

陈家沟的 CJ8#滑坡 2017 年 3 月至 2017 年 1 月之间的差分模型如图 10.16(a)所示。采用西安 80 坐标系直接差分的结果如图 10.16(a)所示，差分结果显示范围为-1～-0.10m，在 CJ8#滑坡右侧的相控点处地表变形为-0.32m。经过 ICP 算法配准后的差分模型如图 10.16(b)所示，在 CJ8#滑坡右侧的相控点处地表变形为 0.21m；从 2017 年 3 月的正射影像[图 10.17(b)]可以看出，CJ8#后缘出现明显的拉张裂缝，通过现场测量发现，该处相控点错台为 15cm[图 10.17(d)]，从而可以说明在原始测量精度比较理想的情况下，使用西安 80 坐标系或者 ICP 算法配准都能反映地表的变形情况，但是经过 ICP 算法配准后的差分模型结果更接近真实的变形情况。因此，使用无人机低空摄影测量的方法进行差分计算，以开展黄土滑坡隐患早期识别研究是可行的。

(a)基于原始坐标的差分模型；(b)基于配准后的差分模型

图 10.16　CJ8#基于网格计算的差分模型(2017-03～2017-01)

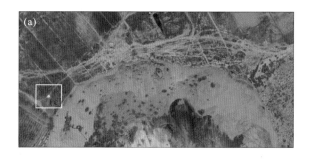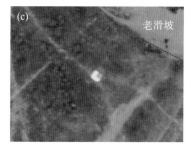

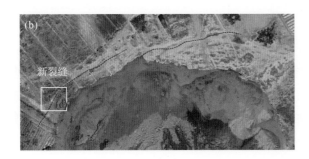

(a) 2017-01 正射影像；(b) 2017-03 正射影像；(c) GCP 处的放大图 (2017-01)；

(d) GCP 处野外照片 (2017-03)，人工量测沉降量约为 15cm

图 10.17   CJ8#滑坡的正射影像图及地面相控点对比情况

10.3   基于无人机低空摄影测量的滑坡特征分析

10.3.1   滑坡运动过程重建

2015 年 1 月对整个研究区进行无人机低空摄影测量 (无人机飞行高度为 500m)，DC2#滑坡发生前如图 10.18 (a) 所示；滑坡发生后，于 2015 年 5 月 15 日再次对该滑坡进行无人机低空摄影测量 [图 10.18 (b)]，可以非常清晰地看出滑坡影响范围、滑坡的形态特征和滑坡前后的地貌变化 (许强等，2016b)。

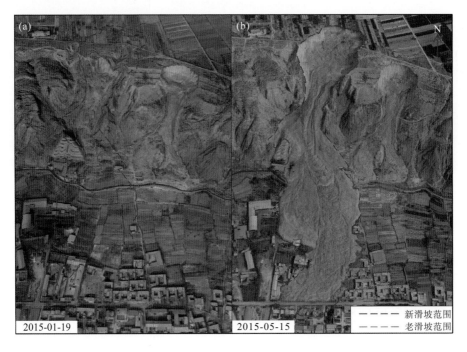

(a) DC2#滑坡发生前地形地貌 (2015-01-19)；(b) DC2#滑坡后地形地貌图 (2015-05-15)

图 10.18   滑坡发生前后地形地貌

上述地貌因子的控制作用，决定了堆积区的范围和形态，也为黄土的长距离堆积创造条件。堆积区面积为 7.78 万 m^2。据滑动模式和堆积特征分析，第 Ⅰ 次相对独立，第 Ⅱ 次分为 3 轮滑动，共 4 轮滑动；在第 Ⅰ 次滑动后，滑坡后使台塬形成半圆形凹槽，面积约为 8396m^2，水平滑动距离为 437m，以黄土崩滑为主；第 Ⅱ-1 次滑动在第 Ⅰ 次堆积体叠加堆积，并对剪出口周围进行铲刮和对下方的厂房进行掩埋，对周围的耕地侧向挤压，以流滑为主；第 Ⅱ-2 次滑动在第 Ⅱ-1 次的基础上继续叠加堆积，并以第 Ⅱ-1 次的堆积体为滑动面继续向前滑动，将滑坡角的房屋掩埋摧毁，以流滑为主；第 Ⅱ-3 次滑塌是在第 Ⅱ-2 的牵引下发生，滑动距离不远，从高分辨率的影像图上可以清楚地分辨出 4 次堆积过程。根据堆积体堆积过程将堆积区分为流通堆积区(B_1)、铲卷流通区(B_2)、挤压堆积区(B_3)、二次堆积区(B_4)和粉尘堆积区(B_5)，如图 10.19 所示(许强等，2016b)。通过高精度的 DEM 对比计算滑源区前后体积变化为 31.72 万 m^3，堆积区前后体积变化为 49.96 万 m^3，由于滑源区有一部分堆积体，计算平均厚度 4m，滑源区面积 2.74 万 m^2，据此推测，滑坡总的滑动体积约 44.40 万 m^3，滑坡总的堆积体积约为 62.65 万 m^3。主滑剖面如图 10.20 所示。

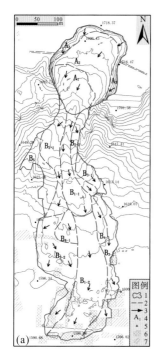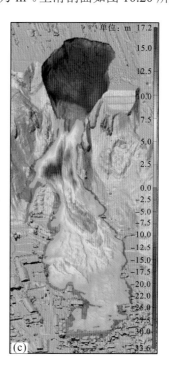

(a)滑坡工程地质平面图；(b)滑坡分区图及运动路径；(c)滑坡滑动前后高程差值

图 10.19　无人机低空摄影测量调查分析结果

(a)图中：1. 滑坡分区；2. 滑坡分区中的子分区；3. 滑动方向；4. 滑坡分区的代码；5. 探孔的位置；

6. 被毁坏的房屋和工厂；7. 居民点。(b)图中：Ⅰ. 第一次滑动；Ⅱ-1. 第二次滑动的第一轮滑动；

Ⅱ-2. 第二次滑动的第二轮滑动；Ⅱ-3. 第二次滑动的第三轮滑动；A. 滑源区；A_1. 崩滑滑源区；

A_2. 主滑源区；A_3. 滑塌滑源区；B. 堆积区；B_1. 流通堆积区；B_2. 铲卷堆积区；

B_3. 挤压堆积区；B_4. 二次堆积区；B_5. 粉末堆积区

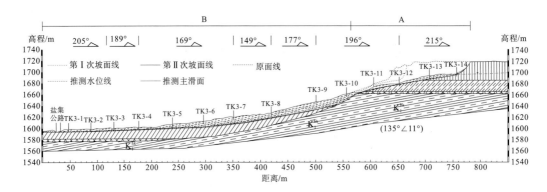

图 10.20 DC2#滑坡主滑纵剖面 1-1′

10.3.2 滑坡体积精细测绘

10.3.2.1 典型滑坡简介(彭大雷等,2017b)

本书选取 DC2#滑坡为研究案例(许强等,2016b),该滑坡位于盐锅峡镇党川村(图 10.21)。2015 年 1 月对整个研究区进行无人机低空摄影测量(无人机飞行高度为 500m),滑坡发生后,于 2015 年 5 月 15 日再次对该滑坡进行拍摄,可以非常清晰地看出滑坡影响范围、滑坡的形态特征和滑坡前后的地貌变化。滑坡后堆积全貌见图 10.21,滑坡前后 DEM 见图 10.22。

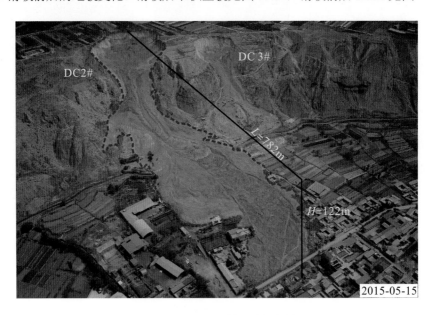

图 10.21 DC2#滑坡后堆积全貌

黄土滑坡发生后,滑坡空间分区多以体积变化分为滑源区和堆积区,滑源区的物质在重力和外力的作用下堆积在坡脚,滑源区的体积减小,堆积区的体积增大。体积计算越准确,对地貌数据的精度要求越高。

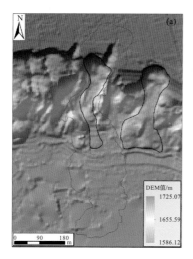 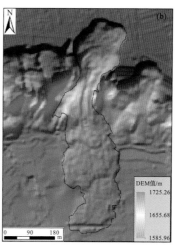

(a) 为滑坡前 DEM 图；(b) 为滑坡后 DEM 图

图 10.22　滑坡前后的 DEM 对比图

获取滑坡滑动前后三维点云数据后，可以由生成的 DEM 量取，也可以利用断面法，对滑坡体或其某个要素的面积及体积进行准确量测，将两期数据叠加计算便可得到准确的体积变化，亦可采用三维点云处理软件直接获取面积及体积。大多数计算软件的基本原理是，在滑坡区建立微小栅格，通过前后的高程变化，先计算微小栅格上的体积变化，然后计算整个滑源区的体积变化，因此，栅格的边界越小，其滑坡体体积越准确。栅格大小取决于获取点云数据的精度和软件的计算能力，但并非越小越好。综合以上因素，本书采用 1m 的栅格大小，对滑坡体的体积进行精细计算。

10.4.2.2　滑坡体积计算

根据现场调查和洛阳铲探测该滑坡的地层分布、水位线和潜在的滑动面，图 10.20 为 DC2#滑坡的主剖面图，通过对比滑坡滑动前后的地形变化可以直接区分滑源区和堆积区，其中 A 为滑源区，B 为堆积区。其计算原理如下。

理论上，利用高分辨率无人机遥感影像提取滑坡体堆积范围(图 10.23)，再依据滑坡前后高精度 DEM 计算单元栅格上高程的变化，即可获取滑坡前后滑源区和堆积区的体积变化，计算公式为

$$V = \int_a^b S \mathrm{d}h \tag{10.2}$$

$$V = \Delta S_1 \Delta h_1 + \cdots + \Delta S_n \Delta h_n = \sum_{i=1}^n (\Delta S_i \Delta h_i) \tag{10.3}$$

式中，V 为滑坡堆积物体积；ΔS 为滑坡区栅格面积；Δh 为滑坡前后栅格高程的变化；n 为计算栅格的个数。

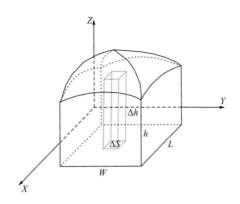

图 10.23　黄土滑坡体积计算原理

通过滑坡前后 DEM 的对比叠加计算,得到 DC2#滑坡滑源区高程变化图[图 10.19(c)],其中堆积的厚度为正值,滑源区的位置为负值;滑源区的高程最大变化为 17.2m,滑源区有12663 个栅格,滑源区的滑动体积为 317203.50m³[图 10.24(a)];堆积区最大堆积厚度为33.6m,堆积区有 166198 个栅格,堆积区的堆积体积为 499637.82m³[图 10.24(b)]。

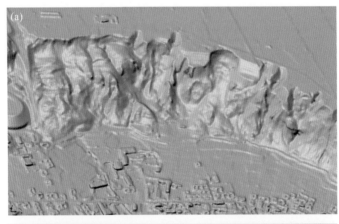

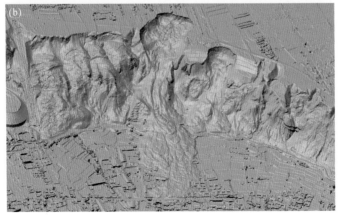

(a)滑坡前的三维模型; (b)滑坡后的三维模型

图 10.24　滑坡前后的三维模型

10.4.2.3 滑坡体积松散系数

众所周知，滑坡发生滑动后，土体会变得松散，假定滑坡的松散程度为 γ，但是滑坡前后滑坡的质量不会发生变化，即

$$m_A = m_B \tag{10.4}$$

式中，m_A 代表滑源区的质量；m_B 表示堆积区的质量。

同时，体积 (V) 乘以密度 (ρ) 等于质量 (m)，即

$$V_A \rho_A = V_B \rho_B \tag{10.5}$$

$$\rho_A = \gamma \rho_B \tag{10.6}$$

由式 (10.4)～式 (10.6) 得出

$$V_B = \gamma V_A \tag{10.7}$$

通过高精度的 DEM 对比计算滑源区前后体积变化为 31.72 万 m^3，堆积区前后体积变化为 49.96 万 m^3，由于滑源区有一部分堆积体，根据剖面 1-1′(图 10.20)，计算平均厚度 4m，滑源区面积为 2.74 万 m^2，据此推测，滑坡总的滑动体积约为 44.40 万 m^3，滑坡总的堆积体积约为 62.65 万 m^3，滑体体积松散系数约为 1.411(表 10.3)。

表 10.3 滑坡的滑动体积、堆积体积和松散系数

	体积分类	面积/m^2	平均厚度/m	体积/万 m^3
滑动体积/m^3	DEM 获取体积	27422	11.57	31.72
	滑源区堆积体积	27400	4	12.69
	合计	—	—	44.40
堆积体积/m^3	DEM 获取体积	77800	6.42	49.96
	滑源区堆积体积	27400	4	12.69
	合计	—	—	62.65
松散系数 γ	—	—	—	1.411

10.4 基于无人机低空摄影测量的黄土滑坡潜在隐患详查

10.4.1 裂缝时空演化规律

以无人机影像调查为主、地面调查为辅的技术方法，认识研究区裂缝和土洞与黄土滑坡的关系过程如下：

(1) 2014 年 7 月对研究区进行现场调查发现，在台塬边的台塬顶面，已经发生过黄土滑坡的台塬顶面发育大量的裂缝和土洞；同时，通过全站仪、RTK 和钢尺调查这些裂缝和土洞的发育规模、长度和错台，并绘制出研究区裂缝和土洞的空间发育分布图，同时对典型区域的裂缝和土洞进行监测。

(2) 2015 年 1 月 14 日至 2015 年 1 月 21 日，第一次对整个研究区进行无人机低空摄

影测量，精细绘制出研究区黄土滑坡空间分布图，对比分析裂缝和土洞发育与滑坡空间分布的关系。

(3)2015 年 4 月 29 日，DC2#再次发生大规模的黄土滑坡，通过 RTK、无人机低空摄影测量、现场监测视频和探井，并对该滑坡进行详细的工程地质测绘和现场工程地质调查，确定滑坡过程及边界；对比滑坡前后的高精度影像图和裂缝、土洞分布图，初步认识滑裂缝和土洞对滑坡边界及其规模有一定控制作用。

(4)在认识 DC2#滑坡的基础上，根据 DC3#的裂缝和土洞及裂缝分布，于 2015 年 7 月对 DC3#滑坡的潜在范围进行预测。

(5)DC3#于 2017 年 2 月 19 日再次发生滑坡，通过无人机低空摄影测量精确绘制两个典型滑动边界，新生滑坡边界与早期预测的边界基本一致；通过多期高精度无人机遥感影像分析滑坡前后，滑坡后缘的裂缝和土洞演化过程。

(6)通过裂缝和土洞在滑坡后缘的发育规律，对其他潜在滑坡范围进行预测。

10.4.1.1　初步认识滑坡与裂缝的空间配套关系

以研究区于 2015 年 4 月 29 日发生的 DC2#黄土滑坡为研究案例(图 10.25)，基于研究区地面裂缝和土洞的调查，结合无人机低空摄影测量的调查结果，开展黄土滑坡的裂缝和土洞的空间分布、演化规律的研究，同时探究裂缝和土洞的形成机理，研究其与黄土滑坡的空间耦合和相互作用的关系。

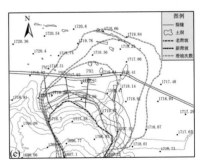

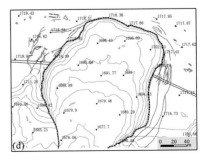

(a)滑坡前正射影像和裂缝监测剖面；(b)滑坡后滑源区正射影像图；

(c)滑坡前裂缝和土洞分布；(d)滑坡后裂缝和土洞分布

图 10.25　DC2#裂缝和土洞与滑坡边界的空间耦合关系

10.4.1.2　DC3#以裂缝发育预测滑坡范围

通过 DC2#发育特征（图 10.25）和 DC3#滑源区的裂缝与土洞时空演化规律（图 10.26），于 2015 年推测出潜在滑坡的滑动范围。

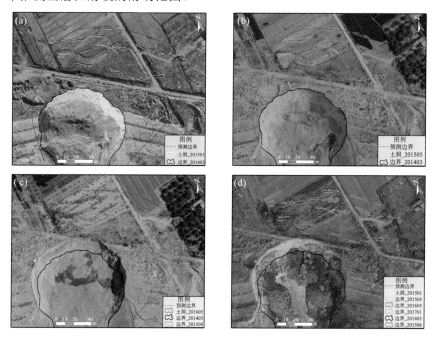

(a)2015 年 1 月影像；　(b)2015 年 5 月影像；　(c)2016 年 5 月影像；　(d)2017 年 1 月影像

图 10.26　DC3#裂缝和土洞时空演化过程

2017 年 2 月 19 日凌晨四时左右，DC3#发生新的滑坡，其滑坡边界与前期预测的边界高度吻合，如图 10.27 所示。

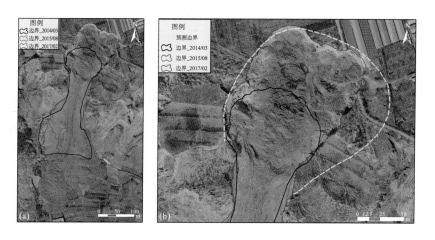

(a)2017 年 2 月影像及滑坡边界；　(b)滑源区影像及滑坡边界

图 10.27　DC3#2017 年 2 月新滑坡的边界与 2015 年 7 月预测边界对比

10.4.2　斜坡体微变形

10.4.2.1　无人机低空摄影测量在变形监测中的实践

在保证摄影测量差分模型精度的条件下，对党川段、磨石沟段和焦家段进行定期航测，使用无人机低空摄影测量技术对三个区段进行变形监测，实现黄土滑坡潜在隐患早期的识别研究。

党川段 2016 年 5 月至 2015 年 1 月的差分模型如图 10.28（a）所示，从这一差分模型中可以识别出 6 处大变形区域，这些大变形区域分别是 DC2#左侧、DC2#右侧、DC3#后缘、DC4#、DC5#和 DC9#。党川段 2017 年 1 月至 2016 年 5 月差分模型[图 10.28（b）]，从这一模型中可

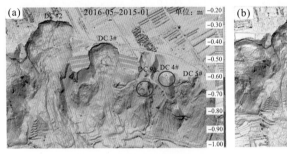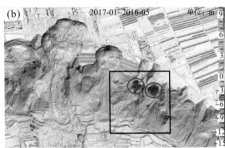

(a) 2016-05～2015-01；(b) 2017-01～2016-05

图 10.28　党川段的差分模型

(a) DC2#左岸 (2016-07-05)；(b) DC2#左岸 (2016-11-25)；

(c) DC4#和 DC9# (2016-11-25)；(d) DC3#后缘 (2016-11-25)

图 10.29　党川段 2015 年 5 月至 2017 年 1 月间的新变形

以看出在 DC9#和 DC4#位置地表产生大的变形。通过对这两处的现场调查了解到 DC4#于 2016 年 7 月 5 日发生了黄土崩塌型滑坡，DC9#于 2016 年 10 月 11 日和 2016 年 11 月 25 日发生了两次黄土崩塌(图 10.29)。通过对 DC2#滑坡左岸的对比发现，在这段时间内发生小规模的滑动，从而很好地说明无人机低空摄影测量能够甄别出滑前的小变形位移。

党川段 2017-01～2016-05 差分模型如图 10.30 所示，色谱图显示范围是-0.15～-1m，模型显示变形区域在 DC2#、DC3#和 DC4#滑坡之间。在 DC3#滑坡左侧区域恰好布设有一个 GCP[图 10.30(b)、图 10.30(c)]，通过 2017 年 1 月和 2016 年 5 月两次对 GCP 进行 RTK 测量得到该处的竖直位移差值为-0.7m，而差分模型显示的竖直位移为-0.55～-0.66m，位移差值在 15cm 以内。在 DC4#滑坡 GPS6#监测点的模型位移量为-0.10～-0.21m[图 10.30(b)]，GPS6#监测点 2017 年 1 月至 2016 年 5 月的竖直位移为 145mm[图 10.30(c)]，位移差值在 7cm 以内。

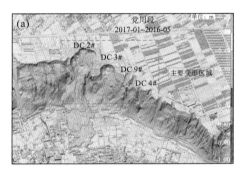

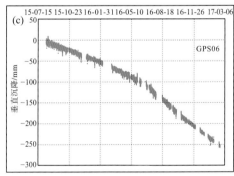

(a)2017-01～2016-05(变化范围：-0.15～-1m)；(b)放大图；(c)GPS 监测数据；(d)GCP 处沉降实测值

图 10.30　党川段竖直位移差分模型

10.4.2.2　滑坡潜在隐患早期识别验证

党川段还有哪些地方会发生滑坡呢？要想知道这个问题的答案，需要提前知道黄土滑坡潜在区域的微小变形；通过党川段 2017 年 1 月至 2016 年 5 月的差分模型，提取出微小变形(-1～-0.2m)区域。课题组于 2017 年 1 月根据这一监测结果，对党川段的滑坡潜在隐患点进行预测，圈定了具体的潜在滑坡区域(图 10.31)，主要集中在 DC3#后缘、DC9#、

DC4#和 DC5#区域。

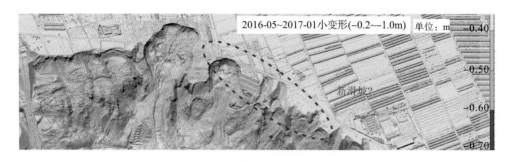

图 10.31   于 2017 年 1 月对党川段潜在区域进行预测

    2017 年 1 月和 2016 年 5 月的差分结果和 DC3#后缘裂缝 GPS 监测的结果高度吻合(图 10.32 和图 10.33),说明了无人机低空摄影测量监测结果的有效性。

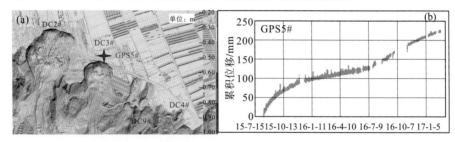

(a)DC3#后缘 UAV 监测(2016-05~2017-01);(b)党川段 GPS5#监测结果

图 10.32   党川段 DC3#后缘 UAV 监测与 GPS 监测结果比对

    成功验证 1:2017 年 2 月 19 日 DC3#发生大规模的滑坡,总体积约为 13.39 万 m^3,滑动距离为 526m,滑动区域在前期的预测范围之内,成功验证了模型的有效性(图 10.33)。

(a)DC3#后缘 UAV 监测(2017-02~2017-01);(b)新发生滑坡高程变化

图 10.33   党川段 2017-02 与 2017-01 之间差分结果

成功验证 2：于 2017 年 4 月在一次学术讨论会上公开预测潜在滑坡范围位于 DC4#
后缘，2017 年 10 月 1 日党川段同时发生三个滑坡，总体积约为 33.9 万 m³，成功验证前
面的预测结果（图 10.34 和图 10.35）。

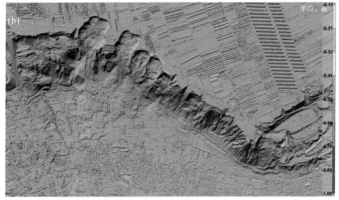

(a) 变形范围-28.18～20.64m；(b) 变形范围-0.10～-1.0m

图 10.34　党川段 2017-10 与 2017-02 之间差分结果

(a) 党川段 2017 年 10 月新滑坡俯视图；(b) 党川段 2017 年 10 月滑坡前后高程变化

图 10.35　党川段 2017 年 10 月 1 日 DC4#、DC5#和 DC9#现场验证

10.4.2.3　新的滑坡潜在隐患点预测

在前面研究的基础上，基于 2018 年 4 月和 2017 年 10 月的差分模型，对黄土滑坡潜在隐患点进行预测，可以识别出 5 个潜在的隐患区域，如图 10.36 所示；它们位于 DC2# 后缘、DC3# 左侧、DC4# 后缘、DC7# 和 DC8# 滑坡位置。

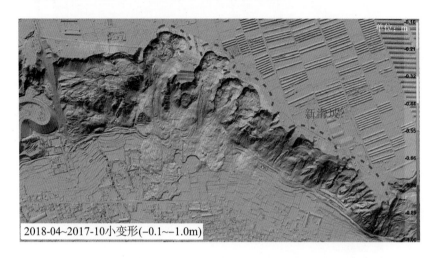

图 10.36　基于 2017 年 10 月至 2018 年 4 月的差分模型对潜在滑坡的预测

使用无人机低空摄影测量技术对滑坡潜在隐患进行早期识别，可以对潜在隐患进行较准确的定位，可以将现场调查和专业监测的工作缩小到具体的滑坡位置。为了能够更准确地判断滑坡潜在隐患点的具体位置，需要开展地面调查核查工作，继续研究滑坡发生的其他早期识别标志，使得滑坡地面监测更精准化，提高滑坡监测预警的效率。

10.5　本章小结

通过对黄土滑坡潜在隐患进行早期识别研究得出以下结论：

（1）通过在研究区布置相控点来提高无人机低空摄影测量的精度，同时用典型滑坡区的 GPS 监测结果来验证无人机低空摄影测量的精度，表明通过 Polyworks 的 ICP 算法计算出的差分模型，较好地表征无人机低空摄影测量的监测结果，其水平精度可以控制在 3cm 以内，高程误差控制在 10cm 以内。

（2）通过摄影测量对典型滑坡过程重建，发现 DC2# 滑坡经历两次 4 轮滑动，第 I 次相对独立，第 II 次分为 3 轮滑动；通过对典型滑坡的体积进行精确计算，发现黄土静态液化滑坡的体积松散系数约为 1.411。

（3）摄影测量可以对黄土滑坡潜在隐患的边界进行预测，通过 2015 年 4 月 DC2# 滑坡滑动过程的重建，发现新滑坡边界沿着已发育的裂缝和土洞。于 2015 年 7 月对 DC3# 的潜在隐患范围进行预测，2017 年 2 月发生的 DC3#滑坡验证了前面的预测结果。

(4)通过党川段 2016 年 5 月与 2015 年 1 月和 2017 年 1 月与 2016 年 5 月的摄影测量差分模型识别出该区段 6 处已发生的滑坡，通过现场调查得到有效验证，差分模型反演的监测结果与 GPS 监测结果相符；通过 2017 年 1 月与 2016 年 5 月差分模型，显示黄土滑坡潜在隐患点主要集中在 DC3#、DC4#和 DC5#，2017 年 2 月的滑坡验证了差分模型的准确性，并于 2017 年 4 月公开预测潜在滑坡集中在 DC4#周围；于 2017 年 10 月发生的滑坡，成功验证了前面滑坡潜在隐患识别的结果。

第11章 黄土滑坡形成和发生条件

通过地面调查一方面可以核查前面两种方法的可靠性；另一方面黑方台黄土变形破坏是从稳定阶段到匀速变形阶段再到加速变形阶段的演化过程。稳定阶段时滑坡地下水位处于较低的水平，坡体未产生明显变形，匀速变形阶段坡体开始产生持续变形，加速变形阶段则是滑坡变形速率迅速增大至破坏的过程。滑坡的变形过程在各个阶段间的过渡转折，表现出很强的突发性，这与黑方台静态液化型黄土滑坡的内在土体变形破坏机理是相对应的。当滑坡从稳定阶段进入匀速变形阶段前，坡体自身会逐渐进入不稳定状态，极其微小的变化和扰动即可导致滑坡产生响应从而进入匀速变形阶段；而当匀速变形阶段达到一定程度后，坡体再次达到不稳定状态，此时轻微的扰动即可导致滑坡进入加速变形阶段并最终破坏。分析地下水位、变形等在滑坡各个阶段中的作用，以此可以判断影响滑坡变形的临界状态，并基于滑坡的水位和变形量建立针对性的早期识别方法。通过地面调查的方法，来核查出黄土滑坡潜在隐患点具体的边界范围，通过工程地质调查的方法和黄土滑坡变形特征与成灾模式，从而建立不同的早期识别地质判识指标；综合这些地质判识指标，更加有效地指导黄土滑坡潜在隐患的早期识别(彭大雷，2018)。

黄土滑坡形成和发生条件的研究方法如下：①无人机低空摄影测量只能够调查出，裂缝和土洞的空间分布，通过裂缝、土洞和无序田埂地面调查、统计其发育特征，地质雷达和 ERT，相关的现场试验等方法，对典型滑坡发育过程及其台塬边顶面的裂缝和土洞演化进行跟踪调查和监测，探究裂缝和土洞影响滑坡发育和发生的机理，总结出裂缝发育和滑坡演化的空间配套关系，圈定潜在滑坡的边界；②通过现场测绘和 ERT 剖面发现，黄土滑坡发生后，对后缘存在壅堵现象，先期滑坡覆盖导致滑坡区地下水壅高，同时孔隙水压力剧增，有效应力降低，黄土的强度也降低，出现黄土滑坡渐进后退式现象；③通过现场 ERT 地下水位探测、黄土内滑坡后壁浸润线的 RTK 测量和室内土力学试验，发现黄土边坡产生存在临界水位的现象，并通过现场滑坡位移与地下水监测、典型滑坡统计，室内试验验证临界水位的存在；④通过现场调查已发生的滑坡和室内土力学试验，发现在孔隙水压力不断累积的情况下，斜坡体在重力作用下，在轴向变形达到一定程度后使底部饱和黄土产生应变软化而失稳破坏，而滑坡应变软化点有所对应的滑坡竖向变形量，因此，变形量也是地质判识的一项重要的指标；⑤依据上述 4 类地质判识标志，结合不同类型黄土滑坡滑前的变形特征，总结出黑方台 4 类黄土滑坡的潜在隐患早期识别方法。

11.1　裂缝分布与滑坡发育空间配套关系

11.1.1　裂缝发育规律

　　裂缝扩展方向与裂缝参数指标和滑坡演化阶段在时空上具有一定的耦合性,应高度关注该类滑坡的变形发展过程。据此,于 2014 年 7 月和 2014 年 12 月的现场裂缝地质测绘调查(图 11.1),调查了 255 条裂缝和 400 个落水洞的分布和特征,在现场调查中,裂缝调查参数包括长度、宽度和垂直偏移,土洞的调查参数包括深度和距离平台边缘的最大距离。通过 RTK 测量其精确的位置(精度为 2cm);通过 1m 的钢尺测裂缝的宽度和错台,通过 5m 的卷尺测土洞的长度和宽度。绘制研究区塬边裂缝、土洞和无序田埂的空间分布图(图 11.2),这些裂缝位于 20 个典型滑坡的顶部,其中 80%靠近滑坡的塬边,同时裂缝和土洞呈群体分布,几个典型区段的裂缝发育情况如图 11.3 所示。

(a)RTK 调查裂缝发育情况;(b)RTK 调查土洞发育特征

图 11.1　裂缝和土洞现场调查方法

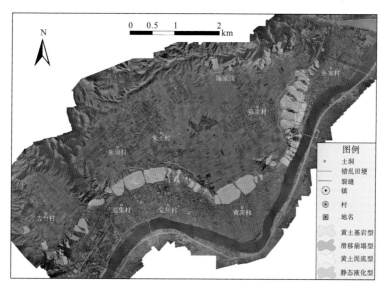

图 11.2　研究区黄土滑坡裂缝和无序田埂分布

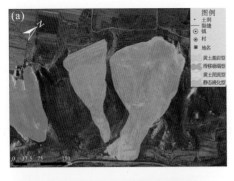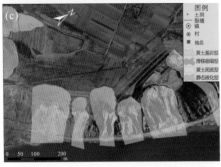

(a)方台；(b)党川；(c)焦家崖头；(d)陈家沟

图 11.3　典型区域裂缝分布图

同时，对裂缝和土洞特征进行统计分析，其裂缝长度、宽度、错台分布如图 11.4 所示；滑坡后缘裂缝发育区域的密度、条数和裂缝发育区滑坡基本情况如表 11.1 所示。随着滑坡的演变，黄土滑坡顶部会形成新的裂缝和土洞。滑坡边界的裂缝和下沉孔控制了新滑坡的规模。裂缝和落水洞造成荒漠化耕地面积近 14.16km²，导致土地严重退化，引发一系列生态问题。

表 11.1　裂缝分布区滑坡基本情况(截至 2015-01-01)

序号	滑坡编号	所属区域	滑坡类型	地形地貌特征	裂缝分布区域面积/m²	裂缝条数/条	裂缝长度/m
1	FT5#	方台	滑移崩塌型	平	3521.84	8	154.27
2	FT6#		滑移崩塌型	平	5865.39	38	727.18
3	DC1#	党川村	黄土基岩型	平	5920.81	6	54.77
4	DC2#		滑移崩塌型	凹	3156.34	21	581.62
5	DC3#		静态液化型	平	2208.23	9	409.60
6	DC5#		滑移崩塌型	凸	1469.95	10	203.27
7	YHG2#	野狐沟	滑移崩塌型	凸	126.76	2	96.31
8	YHG3#		滑移崩塌型	凸	1181.33	5	105.43
9	YHG4#		滑移崩塌型	凸	692.88	9	137.72
10	YHG5#		黄土基岩型	凸	884.53	21	274.53
11	JY1#	焦家崖头	黄土泥流型	平	1877.55	2	13.35
12	JY4#		黄土泥流型	平	494.03	6	122.34
13	JY5#		黄土泥流型	平	873.94	21	474.26

序号	滑坡编号	所属区域	滑坡类型	地形地貌特征	裂缝分布区域面积/m²	裂缝条数/条	裂缝长度/m
14	CJ3#		静态液化型	平	737.07	5	180.18
15	CJ4#		滑移崩塌型	凸	709.62	1	32.06
16	CJ5#	陈家沟、磨石沟下游	滑移崩塌型	平	1988.79	18	203.44
17	CJ6#		静态液化型	凹	1746.10	10	197.57
18	CJ7#		滑移崩塌型	凸	2859.75	26	342.44
19	CJ8#		静态液化型	凹	2032.59	18	276.85
20	CJ9#		滑移崩塌型	凸	780.55	19	172.23

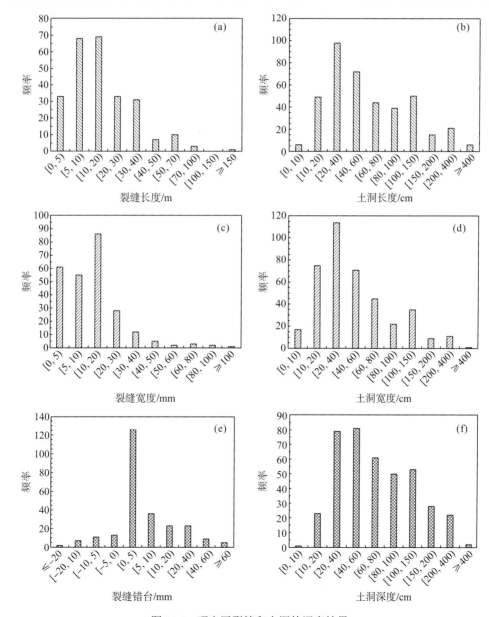

图 11.4　研究区裂缝和土洞的调查结果

11.1.2　裂缝形成机理

本书对研究区黄土裂缝成因机理的研究，主要通过内因和外因两个方面进行分析，其中内因是指黄土本身所具有的一些性质，如湿陷性、崩解性、节理裂隙等；外因则考虑动植物作用、地下水作用等。通过对研究区黄土裂缝成因机理的分析，指出控制黄土裂缝形成的主控因素。

11.1.2.1　内因

裂缝形成的内因主要体现在黄土水理性质对裂缝形成的影响，主要包括：渗透性、崩解性和湿陷性。

黄土的渗透性很大程度上决定了水对黄土的侵蚀路径和侵蚀速率。黄土的渗透性具有以下几个特点：①渗透速率高，但随着渗透时间延长而减小；②垂向渗透速率大于水平向渗透速率；③随着渗流湿陷压密和土粒表面吸附水能力减小和游离的水增加，黄土地层渗透速率随深度增加而减小；④节理裂隙及孔洞存在时，渗透速率显著增大，当底部具有隔水层时，横向渗透速率增大。黄土裂缝发育区斜坡卸荷裂隙和滑坡拉张裂隙极度发育，在调查的单体黄土土洞中 45%与裂缝发育有关。

黄土的崩解性受黄土物质组成、结构、水化学成分等多重因素的影响。黄土中的主要胶结物为钙镁盐类，在干燥状态下具有较强的胶结力，一旦浸水溶解，其胶结力将急剧下降。研究区土洞受崩解性的影响主要体现在土洞形成后的进一步发展过程中，黄土陷穴、陷坑及落水洞形成后，往往在陷坑内部或由于塌陷物质的阻挡在暗穴前方汇水，从而产生环壁崩解。而落水洞往往受动水冲蚀，其崩解作用更强，这也是大多数落水洞断面形状不规则的原因之一。

在不同的浸水天数条件下，将试样放大 500 倍时，黄土试样微结构随着天数变化的电镜扫描图如图 5.6 所示。在原样 1 中，表面大量的白色絮状物质(即易溶盐，包含板状颗粒和沉淀物)清楚可见，有可能这些片状物质为云母类矿物或伊利石；原样 2 中，颗粒与颗粒之间的胶结作用而形成的骨架结构；浸水 1d 的样品与原状样对比发现，大量的易容性盐迅速溶解；浸水 2d 后，原样中的骨架结构破坏，一些可溶性矿物质被水渗透，留下一些不溶性矿物质；浸水 37d 后[图 5.6(j)]，样品孔隙体积减小，而出现更小孔隙的更精细的结构，长期浸水的过程中，黄土微颗粒之间接触方式发生变化，排列变得杂乱无章(Fan et al.，2017；李姝等，2017)。

11.1.2.2　外因

研究区裂缝发育的外在因素主要为水、动植物等的作用对裂缝形成的影响。水在渗流或径流过程中既存在化学侵蚀作用又有机械侵蚀作用。水对黄土的化学侵蚀受地下水类型的影响,根据搜集到的灌溉用水和台塬基岩渗出的地下水(CJ4#滑坡基岩裂隙水)进行对比发现,灌溉水对黄土地层渗透之后,水中 Ca^{2+}、Mg^{2+}、Na^+、SO_4^{2-}、Cl^-、NO_3^- 离子含量大幅度增大,淋滤作用强度可见一斑(表 11.2)。

表 11.2 不同水样矿物成分分析对比表

离子	灌溉水离子浓度/(mg/L)	CJ4#滑坡基岩裂隙水离子浓度/(mg/L)
Cl^-	17.876	36392.797
NO_3^-	4.762	2106.214
SO_4^{2-}	45.929	8894.955
CO_3^{2-}	11.86	5.930
HCO_3^-	186.892	114.547
Li^+	0.014	2.55
Na^+	21.97	24895
K^+	1.725	80.8
Ca^{2+}	55.69	1557.5
Mg^{2+}	19.71	3909
Sr^{2+}	0.5	38.85

另外,动植物所形成的小型暗穴也能够发展成为较大的黄土裂缝。枯萎干缩的植物根系能够作为导水通道联通下部的小型孔洞使水流迅速下渗,一些直根系植物根须向下延伸深度较大,在水的作用下也可直接发展成为暗穴。在调查过程中,黄土地区的野兔等动物也常常对已形成的暗穴进行加工,使地下暗穴联通程度变高,对裂缝的形成具有积极作用。

11.1.3 裂缝分布演化与滑坡发育空间配套关系

黄土滑坡后缘裂缝是黄土滑坡形成和演化过程中的一种伴生现象,其不仅代表着滑坡的发展阶段,也是对边坡稳定性状况的最直接的反映(图 11.5)。通过现场调查可以发现,研究区的滑坡存在一个特点,黄土滑坡会在滑坡原处继续滑动,并表现为渐进后退的特征;上一期滑坡会产生大量的张拉裂缝和卸荷裂隙,这些裂缝在灌溉的条件下,会形成新的裂缝。在台塬上分布有众多沿塬边的裂缝,在前期滑坡作用下,在滑坡后缘形成大量的张拉裂缝和卸荷裂缝;裂缝的形成,一方面改变局部的水文系统,能够汇集地表水灌入坡体,带走细颗粒,使底部黄土形成骨架结构填充更多的水分;另一方面裂缝发育使底部土体和边坡土体的应力状态发生改变和微小的湿陷变形,仅需较小的超孔压水压力或者外部荷载即可直接诱发滑坡,其演化模式如图 11.6 所示。

因此,通过地面裂缝、土洞和无序田埂调查,绘制裂缝空间分布图,分析裂缝发育特征,简易监测裂缝的变化趋势(如木桩、掩埋旧裂缝和木条),实现基于地面调查的黄土滑坡潜在隐患早期识别。

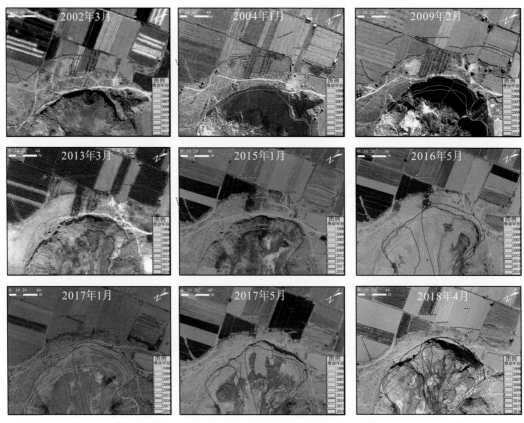

图 11.5　陈家沟 CJ6#裂缝和黄土演化互馈过程

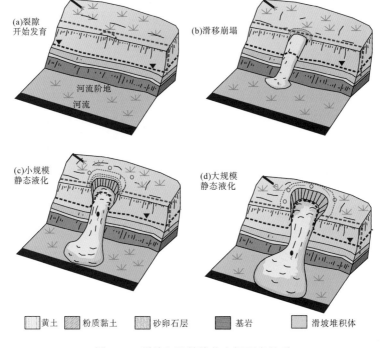

图 11.6　裂缝和滑坡演化空间配套关系

11.2　地下水富集和壅高地段

11.2.1　模式一：先期滑坡覆盖和黄土水力梯度作用

黄土滑坡发生后，后缘存在壅堵现象(图 11.7 和图 11.8)，先期滑坡覆盖导致滑坡区地下水壅高，斜坡内地下水排泄通道被滑塌和滑坡堆积物覆盖后，地下水不能及时排泄将导致台塬边地下水位壅高，同时孔隙水压力剧增，有效应力降低，黄土的强度也降低，出现黄土滑坡渐进后退式现象(图 11.7 和图 11.8)。

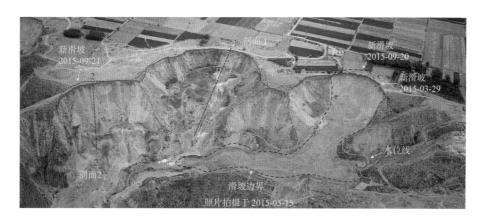

图 11.7　研究区东北部的磨石沟滑坡群

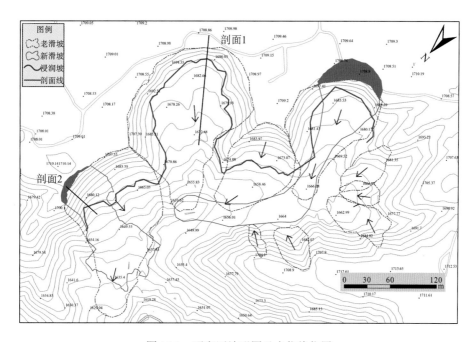

图 11.8　研究区地形图及水位线位置

磨石沟北部滑坡群中(图11.7),CJ8#处于2015年3月29日上午11时发生一起黄土滑坡,此处滑坡沿老滑坡的后壁继续滑动,在老滑坡的基础上,往后退了15.5m(图11.8)。研究团队于2015年5月15日对该滑坡进行无人机低空摄影测量,结合地面辅助测量,得到该区域高精度地形图(图11.8)。通过现场测定两条质量含水率剖面和地下水位的位置,来研究地下水壅高现象对黄土滑坡的渐进后退的意义。如图11.7,在该研究区内,选取两条质量含水率剖面,利用皮尺测距离[图11.9(a)和图11.9(b)],再利用该处的地质剖面线校正高程。在现场试验中,每隔0.5m取一个土样,在同一个位置取两个样品取平均值,降低试验误差。测定质量含水率与高程的对应关系,来对比相同质量含水率在不同位置、高程上的差异(图11.10)。试验结果发现,质量含水率剖面1与质量含水率剖面2,在相同质量含水率的情况下,高程相差19.5m。

 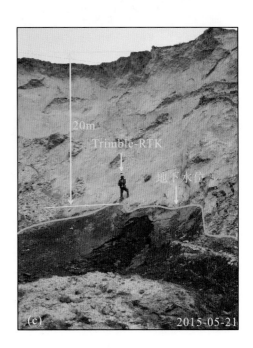

(a)质量含水率剖面;(b)质量含水率剖面局部放大图;(c)RTK精确测量水位线位置

图11.9 现场测定质量含水率和用RTK测水位线

同时通过Trimble-RTK测量黄土毛细水的位置[图11.9(c)],得出出水点与距离的关系曲线,在曲线上出现两个高程值接近的峰值,与测量现场有两个后退比较明显的滑坡一致,同时,高程最大值与最小值相差21.45m和18.88m(图11.10),与质量含水率测出的结果相似。

在典型滑坡CJ8#地下水壅高地段布设高密度电法剖面,来调查地下水分布情况,同时通过钻孔来监测地下水位变化情况,验证高密度电法结果的准确性。调查结果表明,在滑坡后缘存在地下水壅高现象(图11.10)。

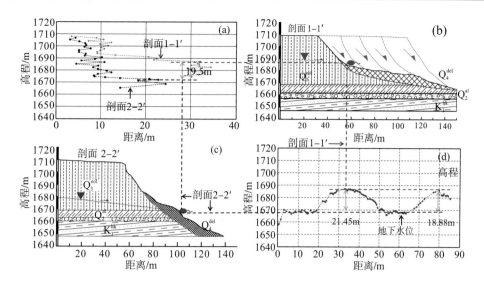

图 11.10　地下水位线高程与位置分布的关系

通过高密度电法(ERT)剖面探测 JJ4#台塬边,同样具有地下水壅高现象(图 11.11),并和实时动态测量系统(RTK)测得的结果进行比对发现,ERT 反演出的地下水位和实际测得的一致;同时反映出斜坡后缘具有较大的水力梯度,为边坡的颗粒运移提供较好的水动力条件。

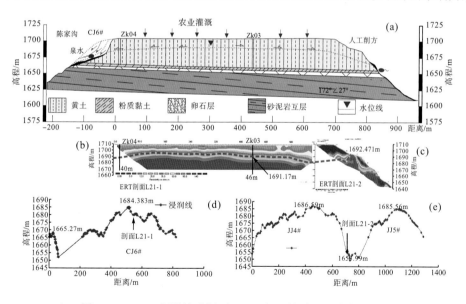

图 11.11　ERT 探测地质剖面 L21 两侧滑坡地下水壅高现象

为了揭示滑坡堆积物覆盖导致局部地下水位上升的原因,通过 RTK 在毛细水带测量了 8 条不同时期的地下水浸润线位置和高程。获得出水点(P 点)高程与该点至投影线 C-C′上 P′点的距离 L 之间的关系,其中剖面线 C-C′垂直于滑动方向[图 11.12(a)]。如图 11.13 所示,2015 年 1 月 18 日至 2017 年 7 月 24 日,通过 RTK 测得在滑坡堆积区出水口浸润线标高由 1671.5m 上升至 1685.9m。与此同时，地下水水位高程并不总是上升，并受灌溉时间的影响。

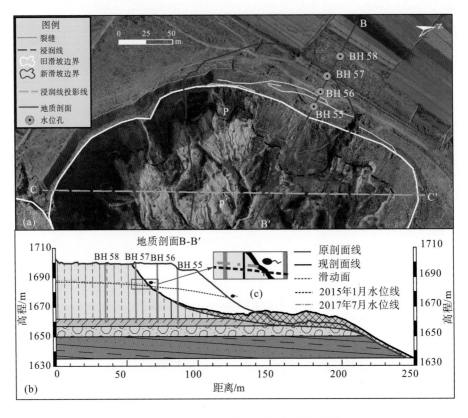

(a)JJ4#滑源区地下水浸润线、钻孔和地质剖面位置；

(b)地质剖面和地下水位置；(c)滑坡后壁局部地下水位放大图

图 11.12　原位监测反演出地下水壅高现象

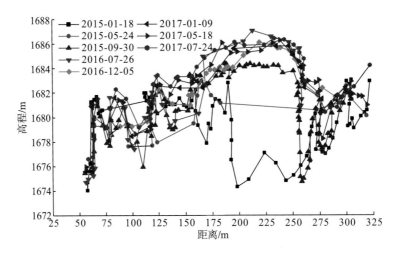

图 11.13　8 期不同时间的地下水浸润线

地下水局部壅高的几处滑坡，往往会发生危害性极大的高速远程滑坡，而且坡脚均有较大潜在威胁对象，如党川段及焦家段下方均聚居有大量的村民，而磨石沟沟内水流量较大，发生大型滑坡将很大可能形成堰塞湖，一旦溃坝，将严重威胁相邻的兰新高铁，危害性极大。

研究区长期的提水漫灌改变了台塬原有水文地质条件，黄土层地下水位逐年上升，并在黄土底部形成饱水层。由于黄土具较强的水敏性，饱水后强度降低。台塬底部饱水黄土层黄土原生结构遭到破坏，强度降低，在黄土底部形成软基，为边坡的破坏提供了先决条件。地下水位继续抬升，黄土层的强度显著降低。下伏软基在上覆黄土的重力作用和地下水的作用下，向临空面发生蠕动，上覆黄土发生不均匀沉降和拉裂，塬边裂缝向深部扩展延伸，形成潜在滑动面。同时，导致底部饱水黄土形成超孔隙水压力，土体继续蠕动使孔隙水压力逐渐增大，饱和黄土层丧失强度，最终使底部黄土液化而整体滑动，发生静态液化型黄土滑坡。由于滑坡体在坡脚堆积，造成地下水的局部壅高，饱水黄土层形成软基，继续发生挤压蠕变，容易再次发生静态液化型黄土滑坡。周而复始，形成了研究区的渐进后退式静态液化型黄土滑坡。

11.2.2　模式二：降雨作用

斜坡在受到人类工程活动影响或者在自重的作用下，产生卸荷，台塬部位斜坡会发育拉裂缝，在降雨过程中雨水从裂缝中迅速流入，持续降雨会导致局部地下水位的上升和壅高，前期会产生黄土内部的滑坡，随着裂缝贯通，古土壤和基岩的软化，会产生较大规模的滑坡（图 11.14）。

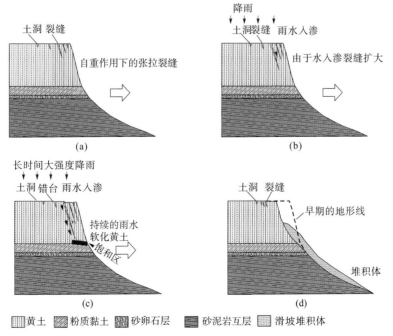

图 11.14　降雨和重力耦合作用下黄土滑坡形成过程和模式

11.3   黄土斜坡临界水位

滑坡变形破坏过程是受其成因机理控制的,灌溉产生的地下水是黑方台静态液化型黄土滑坡的重要诱发因素,滑坡发生前的稳定阶段期间(王念秦等,2017),地下水位整体呈上升趋势,逐渐超过滑坡临界水位使滑坡开始出现变形,宏观上,当地下水位上升到一定程度后,滑坡前缘也开始出现明显的渗水现象,并使滑坡前缘凹槽内黄土堆积体逐渐饱和。基于野外调查和摄影测量技术分析滑坡发生前底部饱水黄土的宏观变化特征,对不同类型的黄土滑坡进行分析,可以建立基于黄土斜坡临界水位的黑方台黄土滑坡早期识别方法。

11.3.1   地下水对不同类型滑坡的影响

11.3.1.1   黄土基岩型滑坡

根据之前的研究,这类滑坡的黄土层底部两侧自 20 世纪 80 年代开始出现排泄泉。根据无人机影像和现场调查,在这类滑坡的底部和基岩边坡上的地下水排泄口及盐渍沉积带表明地下水沿基岩面渗透(图 2.4 和图 3.3)。

靠近黄土基岩滑坡边缘的 ERT 剖面 L41、L42 和 L48 完成于 2017 年 7 月(图 3.3)。根据 ERT 剖面 L48 的结果可知[图 11.15(b)],HC2#滑坡后缘地下水位比 HC3#滑坡后缘高出近 15m,HC3#滑坡后缘地下水位位于冲积黏土层和基岩层。其主要原因是,自

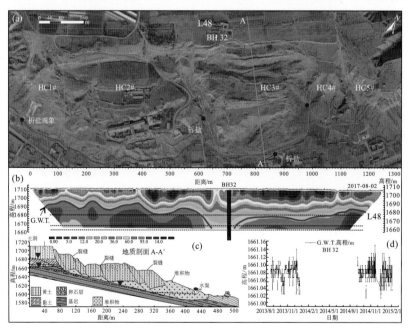

(a)S₃ 区段的黄土基岩型滑坡及地下水排泄口附近盐渍沉积带; (b) S₃ 区段地下水位的变化;
(c)典型地质剖面; (d)基岩层钻孔 BH32 中地下水位的变化(位置如图 3.3 所示)

图 11.15   地下水位上升对黄土基岩型滑坡稳定性的影响

1996 年以来，HC2#滑坡后缘开阔地带一直作为农业耕地种植，而 HC3#滑坡的后缘主要为荒地和林地。另一个主要原因是，HC3#滑坡分别发生在 1996 年和 2006 年，比 HC2#滑坡晚了 25～35 年，受地下水系统影响更大。HC3#滑坡后缘地下水位监测钻孔 BH32 显示，2013 年 8 月至 2015 年 2 月，该处地下水位在 1661.02～1661.15m 之间波动，变化量相对较小[图 11.15(d)]。据此可以推断，基岩层面为地下水提供了流动通道。研究区的基岩由砂岩及泥岩组成，砂岩层节理和裂缝较为发育，使得灌溉水渗入泥岩层。灌溉水能够将泥岩中的可溶性盐运移到土壤中，并且它们的破坏面起源于覆盖的黄土层并沿着层面发展。自然状态与饱和状态下的剪切强度相比，黏聚力从 41.5kPa 降低到 36.8kPa，内摩擦角从 18.7°降低到 10.2°。经过 6 次淋滤作用后，风化泥岩的残余剪切强度和残余摩擦角分别降低了 65%和 62%(Wen et al.，2012)。在上部灌溉和底部排水的条件下，基岩(尤其是泥岩)长时间处于水循环中，使其抗剪强度大大降低进而诱发滑坡(李滨，2009；Wen et al.，2012)。

11.3.1.2　滑移崩塌型滑坡

靠近 S_2 区段台塬边缘的 ERT 剖面 L45、L46 和 L47 完成于 2017 年 7 月[图 11.16(a)]。结果表明：①从空间上看，从 DC9#滑坡到 DC8#滑坡，地下水位逐渐降低[图 11.16(c)]；

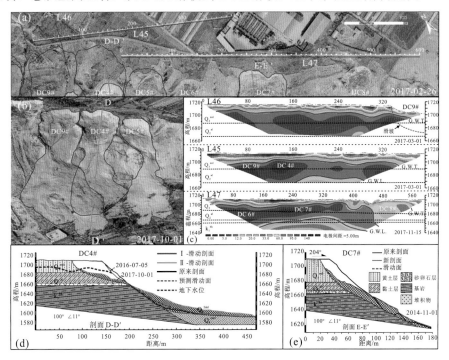

(a)地下水排泄口、钻孔、地质剖面和滑坡边界(图片于 2017 年 2 月 26 日拍摄)；(b)2017 年 10 月 1 日发生的 3 起黄土滑坡；(c) S_2 区段黄土滑坡后缘的 ERT 剖面成果图；(d)DC4#滑坡的地质剖面 D-D′及由于滑坡堆积体堵塞地下水排泄口导致的地下水位上升[位置如图 11.16(a)和图 11.16(b)]所示；(e)DC7#滑坡的地质剖面 E-E′[位置如图 11.16(a)所示]

图 11.16　地下水位上升对滑移崩塌型滑坡稳定性的影响

②在黄土和粉质黏土层中形成了厚度为 25～50m 的饱和带，从 DC9#滑坡至 DC8#滑坡，其厚度逐渐减小，正是由于饱和带的存在，导致黄土层的应变软化和变形；③近期发生滑坡的地方土壤质量含水率高于近期未发生滑坡的地方；④由于以前的滑坡堆积物堵塞，造成了局部地下水位上升。据推测，随着灌溉及变形的持续，研究区滑坡可能演化为更加复杂的破坏模式，或者可以认为滑移崩塌型滑坡是静态液化型滑坡的早期形式。

11.3.1.3　黄土泥流型滑坡

2016 年 7 月，于 S_4 区段的削坡坡面上布置了 8 条 ERT 剖面[图 11.17(a)]。结果表明：①由于台塬边缘地下水位急剧下降，在滑坡壁与侧翼之间产生了较小的水力坡度[图 11.17(c) 和图 11.17(d)]；②基岩层上部形成了厚度为 10～50m 的饱和带，削坡台阶顶面地下水位埋深为 1～25m[图 11.17(e)]；③根据地下水位监测孔 BH49 显示，在失稳破坏状态下并未产生超孔隙水压力，地下水位未发生瞬时突变(Pan et al.，2019)[图 11.17(a)]。人工削坡改变了边坡的几何形态及应力条件，降低了边坡短期发生大规模滑坡的可能。然而，随着渗流侵蚀和坍塌的长期作用，边坡将恢复到原始陡峭的形态，坡度超过 60°～70° 时，静态液化型滑坡将会复发[图 11.17(a)]。

图 11.17　地下水位上升对黄土泥流型滑坡稳定性的影响

　　图 11.17(a)为弧形裂缝、地下水浸润线、钻孔、地质剖面、滑坡边界、斜坡底部的渗流和盐渍层覆盖(摄于 2015 年 3 月 8 日)；图 11.17(b)为黄土泥流顶部的裂缝及在坡底地下水排泄形成的盐渍层(拍摄于 2015 年 10 月 6 日)；图 11.17(c)为 JY5#滑坡地质剖面 F-F′地下水位监测数据及水力梯度(钻孔位置如图 3.3 所示)；图 11.17(d)为位于削坡中心 ERT 剖面的 L87 及其地下水位成果图；图 11.17(e)为 5 个边坡台阶上的 ERT 剖面及地下水位埋深的成果图[位置见图 11.17(c)和图 11.17(a)]。

11.3.1.4　静态液化型

1. 典型滑坡分析

　　通过分析黑方台典型静态液化型黄土滑坡发生前的滑坡底部饱水黄土变化特征，探讨其与滑坡发生的具体关系。由 CJ8#静态液化型黄土滑坡发生前的地下水宏观变化情况发现，在滑坡发生前，前缘饱水黄土渗水特征呈逐渐增强的趋势，且这一特征在黑方台非常普遍。以黑方台 CJ8#滑坡为例，2015 年 3 月 29 日、9 月 20 日、11 月 20 日 CJ8#滑坡分别产生了滑动(图 11.18)。分析滑坡发生前宏观渗水规律发现，三次滑动前数十天至数个月，黄土底部就逐渐开始有地下水渗出并饱和底部黄土堆积体，饱水黄土堆积体与滑坡发生的位置完全对应(图 11.19)，而地下水在凹槽内的汇聚和壅高反映了水位的缓慢上升，随着地下水渗出作用越来越明显，底部饱水黄土堆积体在渗水作用下甚至会在局部形成小型泥流，坡体也出现缓慢匀速变形。因此，对于黑方台静态液化型黄土滑坡的变形破坏过程可以认为是"地下水位逐渐上升，坡体前缘不断渗水并饱和黄土堆积体→饱水黄土范围不断扩大，水位产生局部壅高超过临界水位，坡体产生变形→滑坡发生，堆积体覆盖渗水区域→地下水再次逐渐渗出→饱和黄土范围不断扩大并再次局部壅高→再次滑坡"的循环过程。

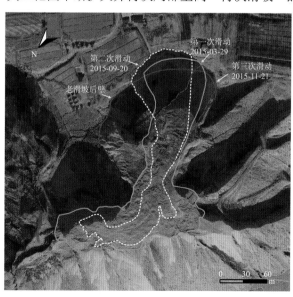

图 11.18　CJ8#滑坡三次滑动的范围

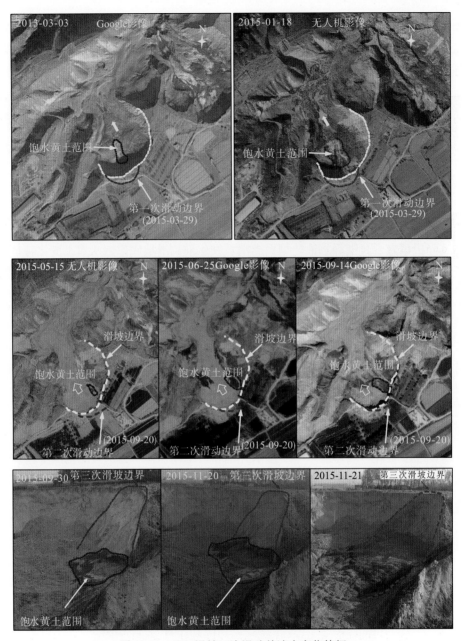

图 11.19 CJ8#滑坡三次滑动前渗水变化特征

2. 典型区段分析

大量的地下水从黄土中运移渗出，在滑坡底部形成地下水浸润线及盐渍沉积层[图 11.20(a)]。根据 ERT 剖面 L53 的结果显示[图 11.20(b)]，S_5 区段顶部的地下水位高程为 1675～1685m，该区段地下水位均位于黄土层。地下水位上升是黑台滑坡发生的主要原因，黄土层底部的饱和层导致黄土的应变软化，降低了对边坡滑移的阻力。2015 年 1 月 28 日发生的 JJ4#典型滑坡揭示了静态液化型滑坡的破坏机理[图 11.20(c)]。根据具有 4 个地下水位监测钻孔的地质剖面B-B'[图11.20(d)]及ERT剖面L22的结果[图11.20(f)],BH58和BH55的水位高差为6m,计算所得水力梯度为0.117[图11.20(e)]。与此同时,地下水位高程并不总是上升,其还受灌溉时间的影响。

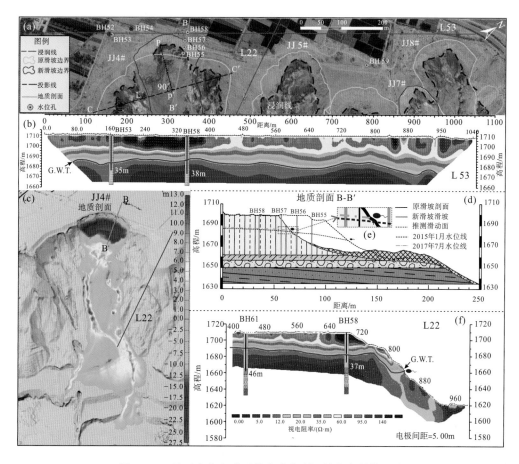

图 11.20 地下水位上升对静态液化型滑坡稳定性的影响

图 11.20(a)为 S_5 区段中的圆弧形裂缝、地下水浸润线、钻孔、地质剖面和滑坡边界(2016年 5 月 15 日拍摄);图 11.20(b)为 S_5 区段地下水位变化;图 11.20(c)为利用滑坡前和滑坡后DEM估算的滑坡的表面高程变化(滑坡发生于 2015 年 1 月 26 日);图 11.20(d)和图 11.20(e)为 JJ4#滑坡的地质剖面 B-B'的地下水位监测数据及水力梯度[钻孔位置见图 11.16(a)所示];图 11.20(f)为位于 JJ4#滑坡附近的 ERT 剖面 L22 的成果图及由于滑坡堆积物堵塞地下水排泄口导致的地下水上升[位置见图 11.16(a)]。

11.3.2 基于临界水位早期识别方法

目前通过分析黑方台地下水位与滑坡稳定性关系的预警研究尚很缺乏,这类滑坡的发生有学者认为与黄土底部的浸润带比例有关(王念秦等,2017),也有学者认为是饱和条件下上覆土层厚度差异的影响，而通过对其成因机理的研究发现，地下水达到临界高度产生的孔隙水压力是使滑坡产生变形的原因。

在上一节中，从地下水的角度总结出局部地下水壅高和富集，是黄土滑坡隐患点早期识别的一个重要标志，为了更精准地判别地下水位上升对滑坡稳定性的影响，从现场工程地质调查、ERT 探测、现场地下水位监测和浸润线测量发现，地下水位上升到一定高度后，黄土的饱和厚度达到总黄土厚度的一定比值，会发生静态液化型滑坡，这个厚度比值称为临界水位值。

本节主要通过定量化黑方台静态液化型黄土滑坡产生变形的临界地下水位所占黄土厚度的比例，建立基于临界地下水位比例的静态液化型黄土滑坡预警模型。

11.3.3　地下水位与坡体稳定性关系分析

由黑方台静态液化型黄土滑坡分布规律来看，随着黑方台灌溉引起地下水位不断上升，这类静态液化型黄土滑坡也逐渐朝台塬西侧发育(如党川段)，自 2014 年以来，发生多起静态液化型黄土滑坡，对台塬下方的房屋和耕地造成了严重破坏，并在该处形成了黑方台静态液化型黄土滑坡特有的圆弧形凹槽，滑坡前缘底部地下水位也呈逐渐上升的趋势，通过多期遥感和无人机影像反映出滑坡与渗水位置相对应(图 11.21)。

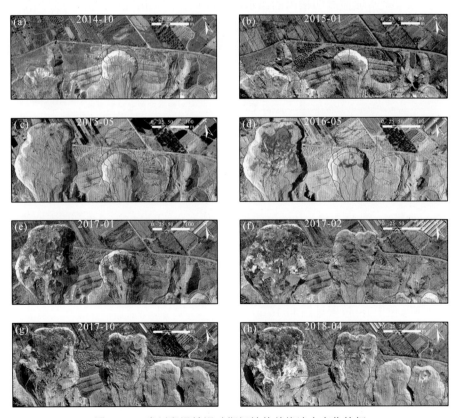

图 11.21　党川段滑坡滑动期间坡体前缘渗水变化特征

通过前面的分析，现场的钻孔监测和 ERT 监测表明黑方台的地下水位在不断地上升，同时，根据黑方台的堆积体演化分析和浸润线等现场监测数据来看，塬边的浸润线在不断上升，持续上升的水位使得党川段和陈家沟发生多起静态液化型滑坡。为了探究地下水上升导致滑坡发生的过程，使用 RTK 定期测量滑坡后壁浸润线的高度，通过现场调查，查明黄土厚度与地下水位的关系。如 DC2#和 DC3#滑坡，该区段黄土厚度为 35m，饱水黄土厚度为 16m，饱和黄土厚度占黄土总厚度的 0.457(图 11.22)。

图 11.22　党川段滑坡演化与地下水浸润线的关系

黑方台陈家沟位于黑台台塬东北侧(图 11.7)，采用 RTK 测量了 2015 年 5 月至 2017 年 5 月期间陈家沟滑坡前缘凹槽内的渗水浸润线高程变化情况；在这段时间内浸润线逐渐上升，在相同位置处地下水浸润线高度有明显增加，地下水浸润线高程整体上升了 50～60cm。可见持续上升的地下水位，超过一定临界值时，会使 CJ6#斜坡和 CJ8#斜坡，最终失稳破坏，因此临界地下水位在滑坡变形中起了重要触发作用(图 11.23)。

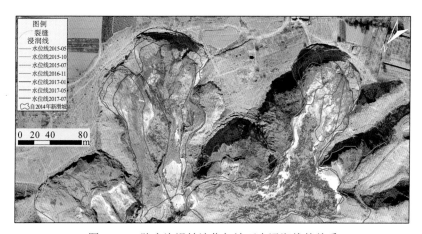

图 11.23　陈家沟滑坡演化与地下水浸润线的关系

11.3.4　基于临界水位的黄土滑坡潜在隐患早期识别

通过调查和统计分析黑方台已发生的静态液化型黄土滑坡滑动前的后缘地下水位最高点和对应的黄土厚度，以及暂未产生变形的静态液化型黄土滑坡后缘地下水位最高点和对应的黄土厚度,分别得到各自的地下水位高度比例,而两者之间的界限则为黑方台静态液化型黄土滑坡的临界水位高度比例(图 11.24)。统计发现,发生静态液化型黄土滑坡的区域临界水位高度比例均大于 0.43,而未超过这一比例的区域则相对稳定。

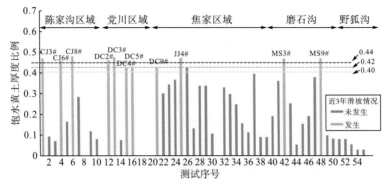

图 11.24　静态液化型黄土滑坡饱水黄土厚度与黄土总厚度的比例

通过原状黄土三轴实验进行的常偏应力排水剪(CSD)实验得到了不同轴向应力下黑方台黄土的临界孔隙水压力,并基于孔隙水压力和轴向应力换算出黑方台黄土产生变形的临界水位占黄土厚度的比例约为 0.40,与调查统计得到的黑方台静态液化型黄土滑坡临界水位比例非常接近,在土力学试验的基础上验证了静态液化型滑坡在滑动前,存在使边坡产生变形的所需的黄土临界水位条件(亓星, 2017)。

因此,基于黄土内滑坡所处的地下水位和黄土厚度的统计分析,可以基于研究区静态液化型滑坡的临界饱水黄土比例,建立基于临界水位的黄土滑坡潜在隐患的早期识别标志。可以多设置几个饱水黄土的厚度比值,来判断黄土滑坡潜在隐患的危险程度,如设置为 0.40、0.42 和 0.44(图 11.24)。根据这一方法,建立了整个黑台的黄土内滑坡潜在隐患分布图(图 11.25)。

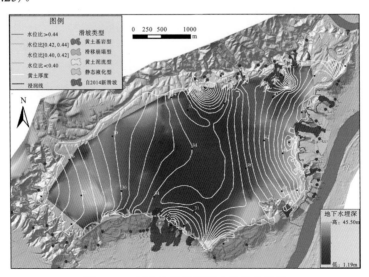

图 11.25　黑台台塬边地下水位分布特征

11.4　黄土斜坡竖向临界变形量

11.4.1　竖向临界变形量识别理论基础

基于物理模拟表现出的特征和三轴实验应力路径的结果可以认为,黑方台静态液化型黄土滑坡在产生沉降的变形过程中可近似考虑为不排水剪过程,在此过程中由于孔隙水压力不断累积,最终在轴向变形达到一定程度后使底部饱水黄土产生应变软化而失稳破坏,而滑坡应变软化点所对应的滑坡竖向变形量也成了基于成因机理的预警指标。虽然基于室内实验结果放大到野外来获取黑方台黄土滑坡的临界变形量可能会与滑坡的实际临界变形量有一定的差异,但实验结果所表现出来的不合理有效性仍然可以反映出宏观状态的很多特征,因此,通过室内实验得到相关预警模型的临界指标,可以通过大量的野外调查和统计分析进行进一步的修正应用。

根据三轴实验结果,土体的变形破坏临界值是土体进入不稳定状态时的临界轴向变形量,对应了野外滑坡的临界竖向变形量,而由于黑方台静态液化型黄土滑坡实际变形过程不仅有竖向沉降,还会向临空面产生一定的水平位移,同时滑坡本身与室内实验具有一定的差异,因此,在预警模型应用前,需要对黑方台静态液化型黄土滑坡的基本现场条件进行简化考虑,主要有以下假设条件(图 11.26)。

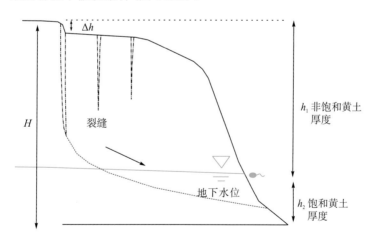

图 11.26　临界竖向变形量计算概化示意图

(1)导致滑坡产生应变软化并失稳破坏的变形主要是竖向变形,因此忽略坡体变形过程中水平方向的位移,只考虑坡体的垂直沉降。在此条件下垂直变形量计算值会大于实际监测值,但由于黑方台静态液化型黄土滑坡具有相同的成因机理,忽略水平位移后的计算值偏小比例,因此可以通过后期统计分析,引入折减系数对理论变形量进行修正得到校正后的临界竖向变形量预警模型。

(2) 黑方台地下水位线下方的黄土认为是饱水黄土,应用临界变形量模型时认为变形只发生在底部饱水黄土中,上部的非饱和黄土由于不受地下水的直接影响,简化考虑为加载在饱水黄土上部的刚体,不产生压缩变形,滑坡表现出的地面沉降全部为底部饱水黄土产生,且滑坡体的沉降考虑为整体均匀沉降,在滑坡变形区域范围内以平均沉降量作为饱水黄土的变形量。

(3) 黑方台静态液化型黄土滑坡变形过程中的实质变化是孔隙水压力的积累和有效应力降低的过程,若静态液化型黄土滑坡变形呈阶段性增长,即变形在较长时间的停止后再次产生,其前期的竖向变形过程则不能被累计到总变形量中,因此临界竖线变形量的起始计算位置是从滑坡持续变形开始计入。

通过以上假设对黑方台静态液化型黄土滑坡进行简化考虑后,基于实验理论可以较好地获得这类滑坡的临界竖向变形量。

11.4.2   基于临界竖向变形量的早期识别方法

基于临界竖向变形量的早期识别方法:首先确定静态液化型黄土滑坡的地下水位,得到饱水黄土的厚度,在没有地下水位数据的滑坡处则以滑坡前缘浸润线最高点作为滑坡的地下水位,然后确定饱水黄土厚度 h_2,并得到滑坡体总厚度(h_1+h_2),根据黄土厚度采用坡体天然重力密度计算出垂直方向上的应力,由于垂直方向的应力作用在饱水黄土中部,因此计算过程中饱水黄土的垂向应力按照饱和土体重力密度的 1/2 计。以室内三轴 ICU 实验获得的应变软化点对应的应变比例确定饱水黄土达到临界状态所需要产生的竖向变形量,ICU 实验中土体产生应变软化时应变量不足 2%,且不同的轴向应力下应变软化点对应的应变量不同,轴向应力与应变量具有较好的线性关系(图 11.27),根据实际计算获得的静态液化型黄土滑坡垂直有效应力,以饱水黄土厚度 h 作为计算厚度,通过插值方式获得该应力下的应变软化点对应的变形量,以此得到坡体的竖向临界变形量。

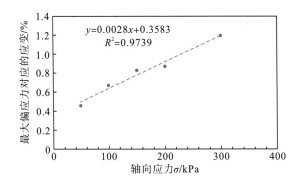

图 11.27   ICU 实验轴向应力与最大偏应力对应的应变

确定了黑方台静态液化型黄土滑坡的临界竖向变形量后,在可能产生滑坡的区域对滑坡的竖向变形进行监测,获取这类滑坡变形量的变化情况。竖向变形的监测可以采用 GPS

监测站进行持续监测，在没有 GPS 的区域也可以采用钢尺人工测量地表裂缝的平均错台高度。竖向变形量的获取应在滑坡开始产生变形前进行监测，当滑坡产生持续的变形且竖向变形量接近临界值时，认为坡体即将进入加速变形阶段(图 11.28)。

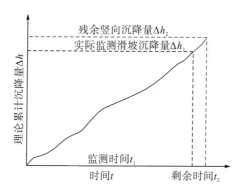

图 11.28　临界竖向变形量早期识别过程

实际应用中，由理论计算得到的临界竖向变形量可能会与实际监测值有差异，且一般情况下实际监测的竖向变形量小于理论值，这主要是由两个方面的原因引起的：一方面，实验条件与野外现场的地形条件具有一定差异，三轴实验中土体围压相同，而野外由于滑坡临空面的影响，坡体相对于室内实验更容易产生破坏；另一方面，静态液化型黄土滑坡的变形过程中，除垂直方向会产生竖向变形外，还会向临空面方向产生一定的变形，使得监测到的坡体垂直变形量小于滑坡的实际总变形量。因此，理论计算值在应用过程中会出现明显大于实际临界值的情况，但基于黑方台静态液化型黄土滑坡相同的成因机理，可以通过对实际滑坡的监测和统计分析，采用修正系数折减的方法对理论临界竖向变形量进行修正。

以黑方台 2017 年 5 月 13 日的 CJ6#滑坡为例，滑坡发生前很长一段时间坡体相对稳定，地表已有老裂缝并形成有高度约为 25cm 的错台，该滑坡在 5 月 3 日开始产生变形，地表裂缝错台逐渐增大，至滑坡前一天同一位置处错台高度增加了近 20cm(图 11.29)，随后 CJ6#滑坡在产生明显变形沉降的区域内发生了两处滑动(图 11.30)。调查发现，CJ6#滑坡黄土厚度为 40m，底部饱水黄土总厚度达 18m，采用竖向临界变形量计算方法，按照黄土天然密度 $1.55g/cm^3$，变形区域的饱水黄土重力密度折减为原值的 1/2，计算出 CJ6#滑坡的垂向有效应力约为 431.9kPa，根据轴向应力与应变量的线性关系(图 11.27)，计算出临界应变比例为饱水黄土厚度的 1.57%，约为 28cm。而实际调查中采用钢尺测量发现，坡体在此期间的平均沉降量约为 18cm，实际沉降高度约为理论应变量的 65%，因此，实际应用过程中需要对理论临界变形量进行系数修正。根据 CJ6#静态液化型黄土滑坡的竖向变形特征，以 0.65 作为修正系数折减理论竖向变形量可得到较好的结果。

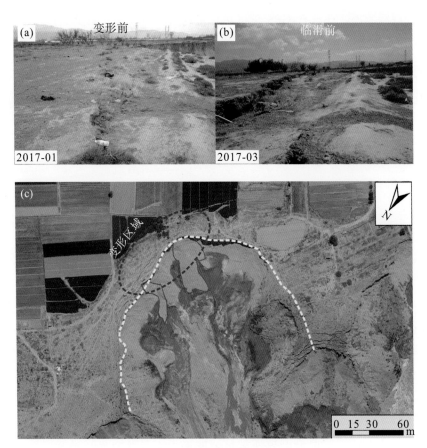

(a)滑坡发生前坡顶沉降情况；(b)滑坡发生后坡顶沉降情况；(c)滑坡变形破坏区域

图 11.29　水文监测和滑坡变形耦合情况

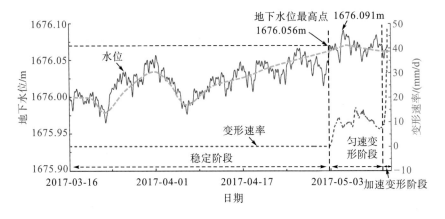

图 11.30　裂缝计和水位计监测地下水变动引起的 CJ6#滑坡变形响应

考虑到黑方台静态液化型黄土滑坡相同的成因机理和地层结构，可以采用 0.65 统一作为这类静态液化型黄土滑坡的修正系数,建立修正后的黑方台静态液化型黄土滑坡临界竖向变形量预警模型。

11.4.3　临界竖向变形量预警实例

黑方台 DC3#黄土滑坡位于黑台台塬南侧，该处黄土厚度为 29m，饱水黄土厚度约为 12m。2015 年 8 月 3 日，该处产生了一次小规模滑动，随后 8 月 10 日在台塬边滑坡后缘布设了 GPS 自动位移计对坡体变形进行连续自动化监测，直至 2017 年 2 月 19 日凌晨 3 时，该处再次产生了新的黄土滑坡，GPS 设备也随之破坏并随滑坡堆积体冲向台塬下方(图 11.31)。通过 GPS 位移计记录了该次静态液化型黄土滑坡从上一次滑动后至此次滑动之间的地表竖向变形量(图 11.32)。

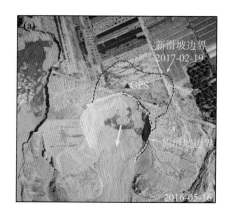

(a)2016 年 5 月正射影像图及 GPS 的位置；(b)2017 年 2 月滑后正射影像图

图 11.31　DC3#滑坡滑动前后无人机影像

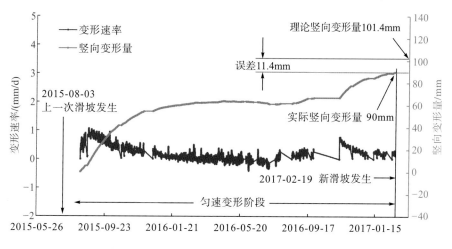

图 11.32　DC3#滑坡后方地表垂直位移变形曲线

根据 DC3#滑坡的饱水黄土厚度和黄土总厚度，按照黑方台黄土天然密度 1.55g/cm^{3}换算出滑坡产生的垂直方向的有效应力为 324.1kPa，并根据垂直应力与应变软化点的线性关系计算出最大应变软化点对应的应变量为饱水黄土厚度的 1.3%，约为 156mm，按照折减系数 0.65 修正后的 DC3#静态液化型黄土滑坡理论临界竖向变形量为 101.4mm。

根据实际 GPS 监测数据可知，DC3#静态液化型黄土滑坡在发生滑动时总竖向变形量约为 90mm，与修正后的临界竖向变形量计算很接近，误差为 12.7%，可见，对于这一类型的黑方台静态液化型黄土滑坡，该临界竖向变形量预警模型具有较好的适用性，今后还可以通过对更多的竖向变形监测进行相应的修正，使理论预警模型更接近实际。

11.5 基于地表活动的黄土滑坡潜在隐患综合识别方法

11.5.1 黄土基岩型地表活动早期识别

黄土基岩型滑坡是黄土地区比较典型的滑坡，以 HC3#滑坡为例，分析其发育特征，HC3#是研究区第一个成功预警的黄土基岩滑坡。由于滑坡在变形过程中，地表有大量的裂缝发育，同时其裂缝错台较黄土内滑坡大，地表裂缝的宽度发育速度大于 7～9mm/d；坡面上的地下水渗流导致粉质黏土和基岩表面泉点发育，同时有明显的白色矿物质析出；前缘的房屋有明显的变形或者地面鼓胀的现象；在黄土基岩型滑坡临滑时，其滑动面贯通、在滑坡两侧出现明显的擦痕，前缘的剪切裂缝不断加宽，并呈扇状扩展[图 8.2(c)和 8.2(d)]。由于黄土基岩滑坡从变形到发生会经历比较长的过程，如黄茨滑坡，1994 年 12 月 29 日，变形位移加速，但是不同区域表现出不同的变形特征，1995 年 1 月 14 日位移速度又有所下降，1 月 25 日位移速度再次升高，1 月 30 日发生滑动。因此，从早期识别的角度比较容易辨识。

基于 HC3#滑坡滑前变形特征和临滑时的地质现象，总结黄土基岩型滑坡早期识别标志：①多发于顺坡地段；②坡顶大量裂缝发育且出现明显的错台（大于 50cm）；③地表裂缝宽度发育速度大于 7～9mm/d；④滑坡前缘有大量的泉点、白色结晶盐和浸润线出现；⑤滑坡两侧出擦痕，前缘隆起，裂缝发育方向近垂直于滑向；⑥滑坡从初始变形阶段到加速阶段，经历时间较长，利于人员和财产转移。

11.5.2 滑移崩塌型地表活动早期识别

自 2014 年以来，黑台共发生了 7 起滑移崩塌型滑坡，主要集中在 S3 和 S7 区段，其中具有代表性的是 DC7#、DC9#和 CJ5#。结合 DC7#和 CJ5#临滑前的工程地质调查（DC7#现场调查时间为 2014 年 7 月，滑坡发生时间为 2014 年 11 月；CJ5#现场调查时间为 2015 年 4 月，滑坡发生时间 2015 年 9 月），总结滑移崩塌型滑坡潜在隐患早期识别方法：①发育于陡峭的横坡段斜坡上或者沟谷两侧；②后壁形成圈闭裂缝，宽度为 0.5～40cm；错台高度为 1～75cm；③滑坡前有蠕动变形的过程，变形速率为 1～2mm/d；④此类滑坡主要是在重力下应力调整失稳的过程，无明显的地下水作用；⑤滑移崩塌型滑坡从发育到发生经历的时间较短，具有明显的突发性，如图 11.33 所示。

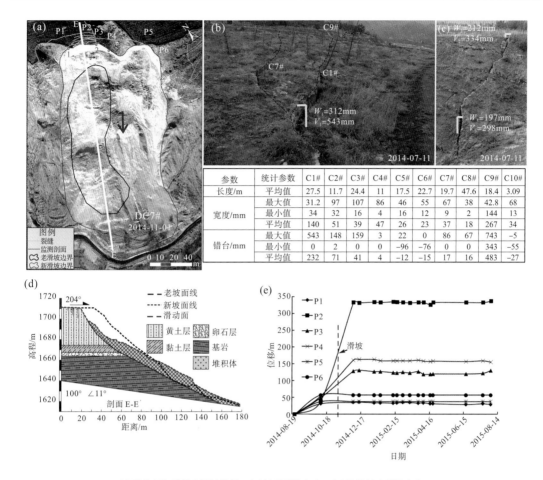

参数	统计参数	C1#	C2#	C3#	C4#	C5#	C6#	C7#	C8#	C9#	C10#
长度/m	平均值	27.5	11.7	24.4	11	17.5	22.7	19.7	47.6	18.4	3.09
宽度/mm	最大值	31.2	97	107	86	46	55	67	38	42.8	68
	最小值	34	32	16	4	16	12	9	2	144	13
	平均值	140	51	39	47	26	23	37	18	267	34
错台/mm	最大值	543	148	159	3	22	0	86	67	743	-5
	最小值	0	2	0	0	-96	-76	0	0	343	-55
	平均值	232	71	41	4	-12	-15	17	16	483	-27

(a)滑坡顶部裂缝及滑坡边界；(b)坡顶裂缝宽度；(c)滑坡侧壁裂缝宽度；

(d)典型 DC7#滑坡剖面；(e)现场裂缝监测

图 11.33　典型滑移崩塌型滑坡滑前变形特征

11.5.3　黄土泥流型地表活动早期识别

自 2012 年对 S_4 区段进行工程治理以来，改变了台塬边的黄土厚度，S_4 区段的滑坡类型由静态液化型转化为泥流型。目前一直处于泥流状态的滑坡有 JJ5#、JJ6#、JJ7#和 JJ8#，滑动的次数较频繁。总结黄土泥流型滑坡潜在隐患早期识别方法：①人工削方的区域，黄土厚度为 5～10m；②滑坡后壁的底部有大量地下水渗出，且有颗粒物质被带出，且常年处于流塑状态的泥流，流速较慢；③滑坡前后缘形成较多的裂缝，宽度为 2～60cm；④滑坡前缘有明显的下沉现象且呈向前倾倒的趋势，错台高度为 20～40cm，反倾角度为 5°～10°；⑤每次的规模很小，且每年发生多次滑动(图 11.34)。

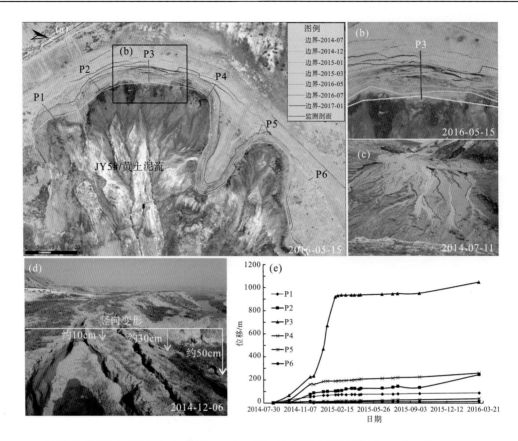

(a)最近7次滑坡的边界(2014年7月至2017年1月),以及裂缝和监测剖面(于2016年5月5日拍摄的
图像);(b)放大的监测剖面P3;(c)大量渗漏和盐覆盖主陡崖底部(2014年7月11日拍摄的照片);

(d)滑前的倾倒变形;(e)通过对裂缝变形进行现场监测,测量表面标记的相对变化

(2014年8月25日至2016年3月11日)

图11.34　典型黄土泥流型滑前变形特征

11.5.4　静态液化型地表活动早期识别

　　静态液化型滑坡主要分布在焦家段和磨石沟段,其中具有代表性的有 JJ4#、CJ8#和 CJ6#,但是随着地下水位上升,党川段的滑坡类型发生转变,从黄土滑移崩塌型向黄土静态液化型转变,如 DC2#和 DC3#。总结静态液化型滑坡潜在隐患早期识别方法:①多发生在黄土内沟壑源头或者地貌内凹处;②后缘有圈闭裂缝发育且宽度为1~20cm,错台高度为1~10cm,局部达到 20cm;③滑坡后壁的底部有大量地下水渗出,且有颗粒物质被带出,存在地下水局部壅高现象;④存在临界水位值,为 0.4~0.43;⑤堆积体常年伴有泥流现象,堆积体会慢慢被地下水潜蚀,滑坡后壁变得越来越陡峭,为下次滑坡创造临空条件;⑥滑坡发生具有突发性、高速远距离运动的特点(图 11.35);⑦此类滑坡具有渐进后退的特点,原处发生多次滑动,每次后退的距离为5~80m 不等(图 11.36)。

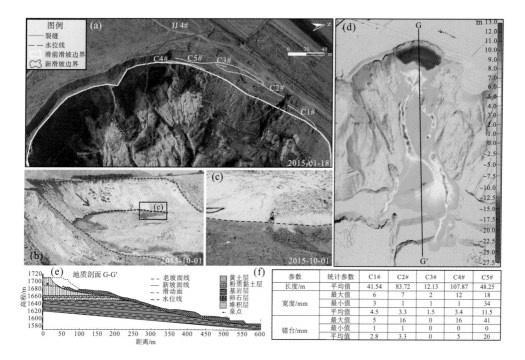

参数	统计参数	C1#	C2#	C3#	C4#	C5#
长度/m	平均值	41.54	83.72	12.13	107.87	48.25
宽度/mm	最大值	6	7	2	12	18
	最小值	3	1	1	1	34
	平均值	4.5	3.3	1.5	3.4	11.5
错台/mm	最大值	5	16	0	16	41
	最小值	1	1	0	0	0
	平均值	2.8	3.3	0	5	20

(a)滑坡顶部裂缝、地下水排泄和滑坡壁边界(于 2015 年 1 月 18 日拍摄)；(b)大量地下水渗出"冲刷"了滑坡底部的黄土中的细微颗粒，并在滑坡堆积体上形成析盐层；(c)滑坡陡壁和滑坡堆积物之间的明显界线；(d)利用破坏前和破坏后 DEM 估算的黄土滑坡表面高度变化；(e)JJ4#的地质剖面；(f)滑坡后壁的裂缝统计表

图 11.35　典型静态液化型滑坡滑前变形特征

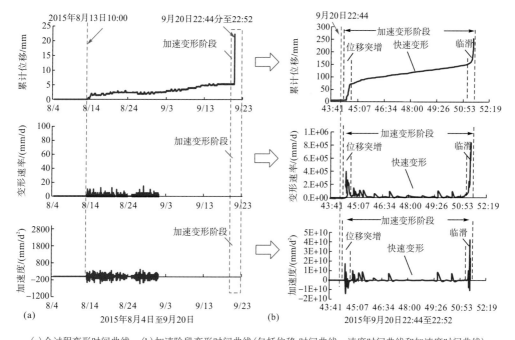

(a)全过程变形时间曲线；(b)加速阶段变形时间曲线(包括位移-时间曲线，速度时间曲线和加速度时间曲线)

图 11.36　典型静态液化型滑坡变形全过程监测曲线

11.6　本 章 小 结

在"技术识别"的基础上,通过黄土滑坡潜在隐患地面调查早期识别方法,一方面,对黄土滑坡"天-空"潜在隐患识别结果进行核查;另一方面,对黄土滑坡潜在隐患点具体的边界范围进行圈定。根据黑方台黄土滑坡的变形演化规律,地下水位变化特征和宏观渗水特征,通过裂缝发育、变形速率、位移和速率增量、地下水位以及竖向总变形量进行综合判断,分析黄土滑坡的形成和发生条件,建立黄土滑坡隐患点地质判识标志体系,更精确有效地对潜在隐患点进行核查和识别。为后期开展专业的监测预警和通过数值计算确定潜在黄土滑坡堆积范围奠定基础。总结黄土滑坡发生条件如下:

(1)裂缝和土洞发育:黄土滑坡后缘发育的地表裂缝和无序田埂,一方面,改变局部的水文系统,能够汇集地表水灌入坡体,带走细颗粒,使底部黄土形成骨架结构填充更多的水分;另一方面,裂缝发育使底部土体和边坡的土体的应力状态发生改变,微小的湿陷变形,仅需较小的超孔隙水压力或者外部荷载即可直接诱发滑坡。

(2)地下水富集和局部壅高:模式一,先期滑坡覆盖和黄土水力梯度作用;模式二,降雨作用沿着地表裂缝快速入渗,短时间内引起地下水位上升。

(3)黄土斜坡临界水位:它是指黄土的饱和厚度到达总黄土厚度的一定比值,通过现场已有滑坡统计和非饱和土力学验证,得出临界水位比例为0.40~0.44,从而设置0.40、0.42和0.44三个临界水位比例值来判断黄土滑坡潜在隐患的危险程度。

(4)黄土斜坡竖向变形量:$\Delta h =$产生变形的黄土厚度×应变软化点对应的比例,其中应变软化点对应的比例是指不同轴向应力下土体产生应变软化时的竖向变形量,ICU实验中土体产生应变软化时应变量不足2%,与其黄土厚度值成正比。

(5)基于地表活动建立黑方台不同成灾模式下黄土滑坡潜在隐患综合识别方法。

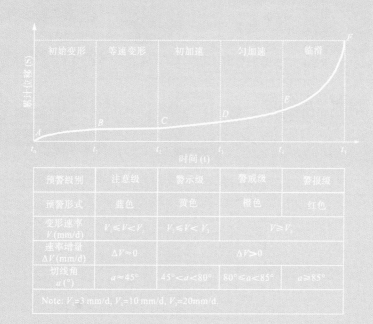

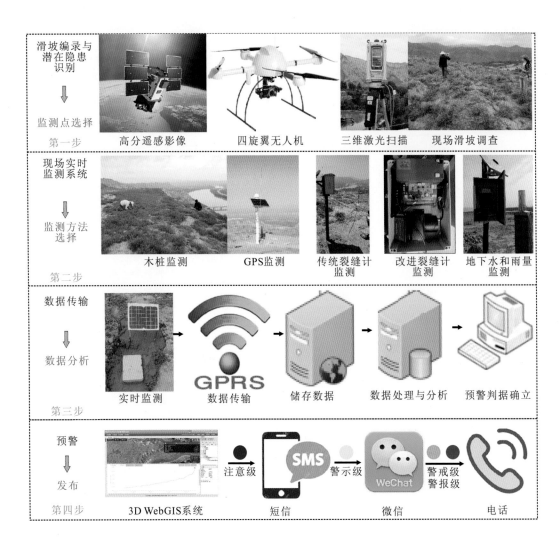

| 滑坡编录与潜在隐患识别 | 高分遥感影像 | 四旋翼无人机 | 三维激光扫描 | 现场滑坡调查 |

第12章 黄土滑坡监测技术方法研究

随着黑方台长期农业灌溉的持续，台塬地下水位的缓慢上升使黑方台今后还将发生大量黄土滑坡，其滑坡发生的高频性和对台塬附近严重的危害性使得对这类滑坡的监测预警显得尤为重要。

一般的滑坡从变形到破坏一般会经历一定时间段的演化过程，其累计位移-时间曲线具有明显的三阶段变形特征：初始变形阶段、匀速变形阶段、加速变形阶段；在这过程中，会产生明显的宏观变形破坏，变形加速阶段会有临滑前兆信息，这些使滑坡的超前预报和临滑预警成为现实(许强等，2004；董秀军等，2015)。累计位移-时间曲线的监测数据资料对于识别滑坡发生和早期预警至关重要，它有助于了解滑坡机制并为其提出可靠的阈值，总结典型案例，提出可靠的预警模型，可以提前发布预警信息并可预测滑坡失稳时间(许强，2012)。通过研究不同类型滑坡的变形行为和破坏机理，并总结大量的监测累计位移-时间曲线的形态特征，推断认为在不同受力条件下，不同类型滑坡的变形-时间曲线可统一到一组渐变的变形曲线簇中(许强，2012)。根据滑坡的变形-时间曲线特征，可将滑坡分为渐变型、突发型和稳定型(许强等，2004)(图 12.1)，著名的斋藤曲线仅是其中一类(渐变型)，这类滑坡加速变形阶段孕育时间长，目前已有较多这类滑坡成功预警的案例(许强等，2015；许强等，2018)。然而，对于灌溉诱发静态液化型黄土滑坡来说，因其在加速变形阶段变形过程历时很短，通过目前监测技术手段所得到的累计位移-时间曲线不够光滑，存在"突变点"(图 12.2)，使得变形速率-时间曲线在关键点变成不可求导的曲线，很难实现静态液化型黄土滑坡这类突发型滑坡的超前预警和发生时间预报(彭建兵等，2014)。

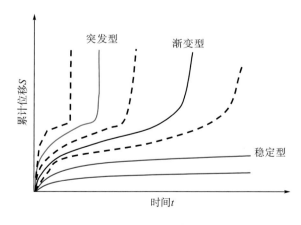

图 12.1　岩土体蠕变曲线簇

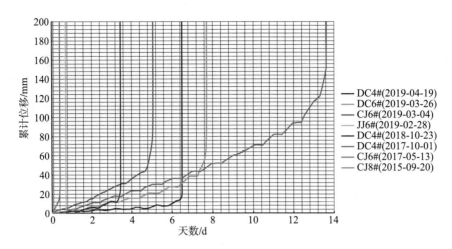

图 12.2　突发型滑坡累计位移-时间曲线存在"突变点"

近年来较多学者从滑坡的运动、水文和气候特征进行监测,开展了滑坡预测和预警研究(Sassa et al.,2009;Chae et al.,2017)。边坡变形的监测技术和方法在保证边坡稳定性、验证支挡措施效果、提高滑坡预警预报水平等方面发挥了重要的作用。目前,滑坡的监测技术已经有了很大的进步,从最早的简易人工监测逐渐发展到现在的全自动实时监测;从传统的地面监测(如 GPS、地面三维激光扫描)发展到低空摄影测量、空中三维激光扫描和深空 PS-InSAR 监测(Yin et al.,2010);从点监测发展到三维立体监测。滑坡的主要监测内容包括变形监测、影响因素监测和前兆异常监测三类。最近,研究人员使用地面全站仪、GPS、地面三维激光扫描、低空无人机摄影、高精度遥感影像和空中 PS-InSAR 等测量工具来监测黄土高原地区滑坡前的变形情况(Bardi et al.,2014)。但是这些监测方法对滑坡进行预警来讲,存在以下不足:①地面激光扫描仪(TLS)或 LiDAR 和全站仪测量不能实现连续监测;②虽然地基合成孔径雷达(ground based synthetic aperture radar,GBSAR)、GPS 和三维激光扫描能够实现定期测量,但是采样频率固定或者采用频率较小,无法监测到突发型滑坡的加速变形阶段;③有的设备能够设置较大采样频率,采集频率过高会导致电池供电不足或者数据的容量过大无法传输,从而较难获取完整的变形时间曲线(Zhu et al.,2017a)。

本章主要探究和具有针对性地建立黄土重大灾害突变临滑前兆信息的获取技术手段和监测技术方法。

12.1　黄土滑坡监测预警基本流程

黑方台基于自适应性裂缝计的实时监测和超前预警流程(图 12.3),主要步骤如下:
(1)通过"天-空-地"三维一体化的技术方法确定潜在的不稳定性斜坡。

图 12.3 突发型黄土滑坡监测预警流程图

(2) 通过对比不同类型的监测设备成果,发现自主研发的自适应智能变频裂缝仪(简称智能裂缝计)能够捕捉到完整的累计位移-时间曲线。智能裂缝计采集变形数据,并通过基于 GPRS 的数据发送模块将数据分别传回接收服务器。

(3) 数据暂存于监测数据接收服务器,通过"多源异构监测数据集成系统"将接收的监测数据集成到数据中心服务器的 Oracle 数据库中。利用"监测数据处理系统"对接收到的数据进行预处理,即利用移动平均值法对数据进行平滑以过滤数据波动和减小误差。"预警计算系统"获取处理好的监测数据,结合预警模型及阈值,计算预警所需要的参数:变形速率、累计位移和所需要发布的预警等级等。

(4) 根据预警等级及其他预警参数,同时结合短信发送规则、短信模板及人员名单,"预警短信发布系统"实时动态生成预警短信,并将预警信息分别发送到不同的对象手中。

12.2　黄土滑坡监测位置选择

对黑方台突发型黄土滑坡的变形监测需要能有效地捕获这类滑坡的变形破坏全过程，因此，监测点位置的确定非常重要。而黑方台面积达 11.5km^2，台塬面积广阔，塬边滑坡发育密集，如何判断滑坡可能发生的位置并布设相应的监测设备也是亟待解决的问题。根据黑方台突发型黄土滑坡的基本特征，这类滑坡主要发生在地下水集中排泄的台塬东侧，其变形破坏呈突发性整体失稳，且主要沿着已有滑坡的后方在前缘渗水较严重的区域反复发生，因此，监测的重点也是主要针对台塬边渗水严重及裂缝发育的区域布设监测点。

为获取黑方台这类突发型黄土滑坡的变形特征，前期通过对整个台塬进行详细调查，划分了突发型黄土滑坡较发育的几个区域，并重点考虑了台塬边渗水严重和已有裂缝发育的地区，采用布设监测木桩进行定期人工测量裂缝发育等便捷监测方式，在整个台塬选取了 113 个典型监测剖面(图 12.4)，布置了 400 余根监测木桩进行人工定期监测(图 12.5)。

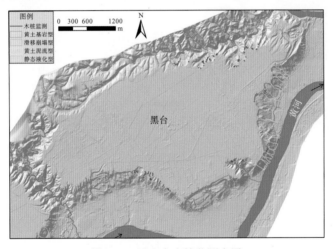

图 12.4　黑方台木桩监测布置

图 12.5　人工定期监测

通过大量的前期人工监测和对台塬新发生滑坡的统计,逐渐摸清了黑方台突发型黄土滑坡发育位置的一般性规律。由于滑坡表现出的渐进后退式特征使这类滑坡总是在已有的突发型黄土滑坡后方继续产生,因此,监测位置主要集中在已发生的突发型黄土滑坡后方。同时,地下水是这类滑坡发生的重要诱发因素,宏观上表现出新滑坡的发生前缘出现有明显的地下水渗出情况(图 12.6)。

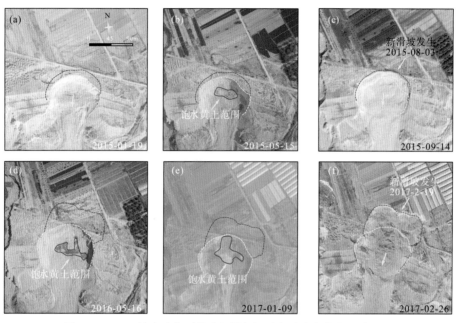

图 12.6　DC3#静态液化型黄土滑坡新滑动与渗水变化的对应关系

根据黑方台突发型黄土滑坡表现出来的发育规律和特征,针对滑坡变形的监测仪器主要布设在地下水渗水强烈的滑坡后缘附近,即布设在突发型黄土滑坡后侧,且与滑坡前缘渗水集中的区域相对应(图 12.7)。

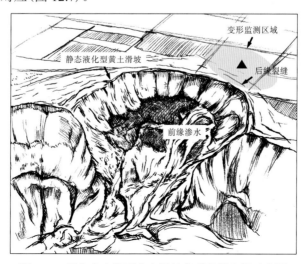

图 12.7　黑方台突发型黄土滑坡变形监测布置示意图

12.3　监测方法和设备布设

12.3.1　监测方法和设备选用

对黑方台突发型黄土滑坡的变形监测需要能有效地捕获这类滑坡变形和破坏的整个过程，需要初步判断潜在的滑坡位置，因此监测点位置的选定非常重要，不然整个监测工作都是徒劳的。据黑方台突发型黄土滑坡基本特征，划分了突发型黄土滑坡较发育的几个区域，监测过程经历以下几个阶段(表 12.1)。

表 12.1　黑方台突发型黄土滑坡监测过程

阶段	时间	监测方法	监测位置	监测成果	不足之处
(1)	2014 年 8 月至 2015 年 8 月	人工定期监测，400 余根木桩和 113 个监测剖面	台塬边渗水严重和已有裂缝发育的地区	前期变形非常缓慢，总变形量一般仅数十毫米[图 12.8(a)]	并未获得这类滑坡的加速变形阶段累计位移-时间曲线特征
(2)	2014 年 12 月至 2017 年 2 月	12 套 GPS 对 8 个典型滑坡进行变形监测	"天-空-地"一体化监测技术甄别出潜在突发型滑坡位置	获取 DC3#滑坡发生前 30min 完整的累计位移-时间曲线[图 12.8(c)]	GPS 30min 采集频率无法满足突发型滑坡采集频率需求
(3)	2015 年 1 月至 2015 年 5 月	3 个潜在的滑坡、安装了 6 套监测设备	"天-空-地"一体化监测技术甄别出潜在突发型滑坡位置	只记录 CJ3#部分的变形累计位移-时间曲线	固定的采集频率，1min 采集一次，功耗太高，无法获取加速阶段完整的累计位移-时间曲线
(4)	2015 年 6 月至今	改进型裂缝计(智能裂缝计)	潜在突发型滑坡	获取第一条完整的突发型黄土滑坡累计位移-时间曲线	只能够采集累计位移

(1)2014 年 8 月至 2015 年 8 月，在台塬边渗水严重和已有裂缝发育的地区布置 400 余根木桩和 113 个典型监测剖面，得知此类滑坡前期变形非常缓慢，持续时间可长达数月以上，总变形量一般仅数十毫米，而滑坡进入加速变形阶段后迅速失稳破坏，人工定期监测并未获得这类滑坡加速变形阶段的位移曲线特征[图 12.8(a)]。

(2)2014 年 12 月至 2017 年 2 月，通过无人机低空摄影测量和现场监测，逐渐甄别出黑方台突发型黄土滑坡潜在的位置。自 2014 年 12 月开始，陆续在黑方台布设了 12 套 GPS 对 8 个典型滑坡进行变形监测。黑方台所采用的 GPS 监测站获取的静态坐标值监测频率最高为 30min 测得一组数据，通过一段时间的变形监测发现，GPS 设备的监测频率过低无法满足捕捉黑方台突发型黄土滑坡加速变形曲线的要求，如 2017 年 2 月 19 日凌晨 3 时 30 分左右 DC3#突发型黄土滑坡的一次滑动[(图 12.8(b)]，但通过对累计位移-时间曲线分析[图 12.8(c)]，滑坡在发生前的半小时内还未产生加速变形，而滑坡在半小时内突然产生滑动，GPS 设备在此期间并未记录到任何变形数据。

(3)2015 年 1 月至 2015 年 5 月，通过 5 个月的木桩监测发现 3 个潜在的滑坡，在这些滑坡顶部安装了 6 套监测设备，裂缝计相对于 GPS 具有价格低廉、安装简便的优势；裂缝计采用固定的采集频率(每 1h 采集一个数据)，仍然无法捕捉到完整的累计位移-时间曲线，如 2015 年 2 月 16 日 CJ3#发生时，裂缝计只记录部分的变形曲线。

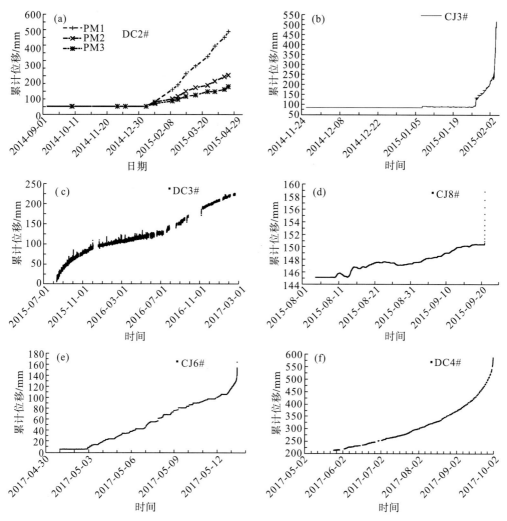

(a)人工木桩测得 DC2#累计位移-时间曲线；(b)传统裂缝计测得 CJ3#累计位移-时间曲线；

(c)GPS 测得 DC3#累计位移-时间曲线；(d)改进型裂缝计测得 CJ8#累计位移-时间曲线；

(e)改进型裂缝计测得 CJ6#累计位移-时间曲线；(f)改进型裂缝计测得 DC4#累计位移-时间曲线

图 12.8　突发型黄土滑坡典型累计位移-时间曲线

(4)2015 年 6 月至今，进一步自主研发了智能裂缝计，主要包括太阳能锂电池供电、智能无线采集终端、小型化高精度裂缝位移传感器(图 12.9)。其中，传感器精度高达±0.5mm，量程为 2000mm；智能无线采集终端内部嵌入具有自主知识产权的自适应调整采样频率的触发采集智能算法，在滑坡裂缝变形缓慢阶段自动以数小时间隔采集和传输裂缝变形量，在滑坡加速变形阶段则自动调整至 1 次/s 进行高频采集与传输，同时避免了长时间高频采集的能耗和传输负荷，也及时有效地捕获滑坡突变阶段的关键变形数据，提升监测设备野外长期工作的适应性、稳健性和可靠性，为滑坡的实时预警提供有力的技术支撑(Zhu et al.，2017a；亓星等，2019)。

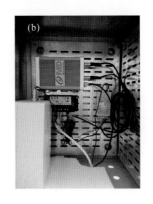

(a)GNSS 外观；(b)GNSS 内部结构

图 12.9　黑方台 GPS 监测站

　　黑方台所采用的 GPS 监测站获取的静态坐标值监测频率最高为 30min 测得一组数据，实际监测频率设置为 30min 监测一次，通过实时解算监测坐标与固定坐标的差值可获得坡体的变形累计值，其监测精度为±5mm。由于每次坐标解算均独立进行，各个数据间没有相互关联，因此获得的变形累计位移数据误差不产生累计，误差始终为±5mm。

　　由于黑方台突发型黄土滑坡表现出很强的突发性，需要能完整捕捉加速变形阶段变形曲线的高频监测仪器设备，同时，滑坡前期变形时间可能持续数十天以上，变形监测设备还需要满足长时间的持续工作和大量数据存储及自动回传的要求，现有采用的 GPS 监测设备受制于解算时间的要求，其监测频率无法再大幅度提高，因此只能采用智能裂缝计监测突发型黄土滑坡的变形。实际应用中发现，常规拉绳式智能裂缝计的自动采集和远程无线实时传输技术已比较成熟，目前其一般只能先设定采样频率进行定频率采集，受限于太阳能供电负荷和数据存储卡的容量，在长期监测的情况下采样频率大多为数十分钟至数小时自动采样一次，无法兼顾长时间采集和短时高频采集的要求，很难有效捕捉这类滑坡的全过程变形数据。因此，成都理工大学地质灾害防治与地质环境保护国家重点实验室自主研发了自适应智能变频裂缝仪专门用于这类突发型黄土滑坡的变形监测(图 12.10)。

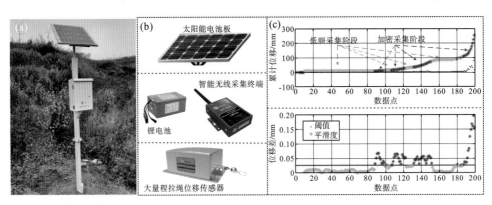

(a)自适应智能变频裂缝仪；(b)一体化自适应智能变频裂缝仪；(c)自适应调整采样频率示意图

图 12.10　自适应智能变频裂缝仪的组成及监测数据

自适应智能变频裂缝仪的布设位置需要根据黑方台突发型黄土滑坡的发育特征确定，根据黑方台突发型黄土滑坡的渐进后退特征和滑坡变形与地下水渗水的关系，自适应智能变频裂缝仪布设在地下水渗水强烈的滑坡后缘的稳定区域，前端固定点设置在塬边变形区域内，通过钢丝绳传递位移，安装过程中需要先整平场地，将拉绳传感器前方与钢丝绳相连，并套入 PVC 套管埋地处理，使钢丝绳在套管内自由移动，防止人为和风雨等气候对拉绳产生扰动影响测量结果。

12.3.2　监测仪器布设

根据黑方台突发型黄土滑坡基本特征,变形监测设备需要布设在典型突发型黄土滑坡的后方，并在台塬中部和塬边布设水位计，监测滑坡变形过程中的地下水变化情况，其余监测设备根据需要布设在台塬上，确保能正常获取相关数据，监测仪器的具体分布如图 12.11、图 12.12 所示。黑方台监测设备数量如表 12.2 所示。

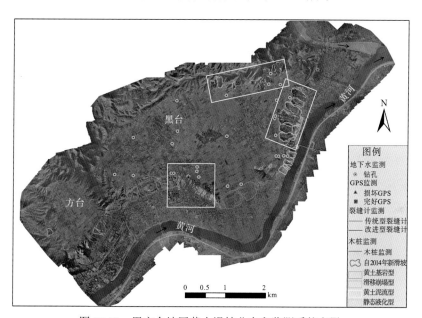

图 12.11　黑方台地区黄土滑坡分布和监测系统布置

表 12.2　黑方台监测设备数量

序号	监测方法和类型	数量
(1)	地下水位监测	10
(2)	人工定期监测	113
(3)	滑坡损坏 GPS	3
(4)	完好 GPS	9
(5)	传统型裂缝计监测	20
(6)	改进型裂缝计监测	24
(7)	雨量计	2

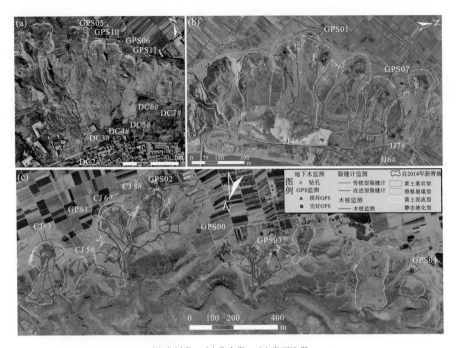

(a)党川段；(b)焦家段；(c)磨石沟段

图 12.12　研究区典型突发型滑坡和监测设备详细布置图

以 CJ8#突发型黄土滑坡为例，该滑坡位于黑台东北侧磨石沟右岸，前期的突发型黄土滑坡在此形成了弧形凹槽，2015 年 3 月 29 日该处又产生了一次滑动，根据调查，滑坡后方逐渐产生新的渗水并饱和底部黄土，因此，在可能再次滑动的新滑坡后方布设了智能裂缝计和 GPS，后续在同一位置附近钻孔布设了自动水位计，获取坡体变形过程中的水位变化情况和变形破坏过程(图 12.13)。

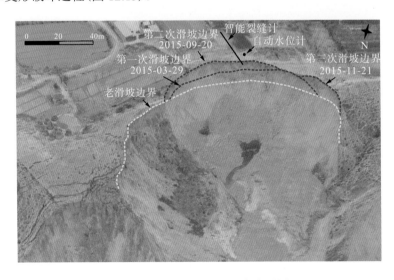

图 12.13　CJ8#滑坡监测设备布置图

12.4　本　章　小　结

通过前期对静态液化型黄土滑坡的调查研究，摸清了这类黄土滑坡的渐进后退式和突发性特点，确定了采用智能裂缝计对这类滑坡进行变形监测的方法，并自主研发了自适应智能变频裂缝仪，监测滑坡变形破坏过程，能根据滑坡的变形自动加密监测，有效捕捉滑坡加速变形阶段的位移增长，解决了低频监测无法捕捉突发性的加速变形过程和高频监测数据难以存储并且供电不足的问题。通过自适应智能变频裂缝仪获取了完整的黑方台突发型黄土滑坡变形曲线，印证了这类滑坡所具有的前期缓慢变形过程和突发性加速变形过程。

第 13 章 黄土滑坡监测预警理论方法

预警是在灾难性事件发生之前采取的行动，允许个人采取行动以避免或减少、阻碍风险(Gasparini 等，2007)。提前期是在合理确定事件发生的时刻与其实际发生时刻之间的时间间隔，目前已采用预警系统来防范某些自然灾害的风险。为了能够较精确地预报滑坡发生的时间，有效的预警模型至关重要(唐亚明等，2012)。一般的滑坡从变形到破坏具有较明显的初始变形、匀速变形、加速变形三阶段变形特征，滑坡进入加速变形后会产生明显的宏观变形破坏和临滑前兆信息，并且滑坡进入加速变形后至滑坡发生具有较长的时间，基于宏观特征和地表位移可以较早地预测滑坡的失稳时间并发出预警(许强，2012)。而黑方台的静态液化型和滑移崩塌型黄土滑坡具有明显的突发性，使滑坡进入加速变形后持续时间非常短，临滑阶段速度较快(许强等，2016a)(图 11.36)，仅仅依据传统的改进切线角法作为预警判据，对这类滑坡进行预警预报，存在漏判和误判的可能。

为了有效地防范突发型黄土滑坡灾害的发生，减小灾害造成的损失，特别是避免重大人员伤亡，有效解决突发型黄土滑坡"什么时间可能发生"的关键问题，更好地实现这类突发型黄土滑坡超前预警，研究团队在黑方台建立野外观测研究基地，通过高精度遥感、低空摄影测量和现场调查发现，归纳突发型滑坡的空间分布规律和发育特征，黑方台地区黄土滑坡主要分布在台塬东侧的焦家区域、陈家区域和台塬南侧的党川区域；自 2014 年以来，黑方台地区发生的黄土滑坡主要具有突发性的滑移崩塌型和静态液化型滑坡；针对目前固定采集频率的监测设备存在无法实现突发型黄土滑坡长期和有效监测的问题，开发了适宜于突发性黄土滑坡监测新技术，构建了天-空-地一体化的监测技术方法，对潜在滑坡进行实时变频监测；同时采用移动平均法和最小二乘法相结合的数据处理方法，分析和总结已有的监测成果，建立具有针对性的速率阈值预警和改进切线角过程预警的综合预警模型；研发地质灾害实时监测预警系统，从而更好地实现突发型黄土滑坡的实时监测和超前预警。

13.1 基于 WebGIS 的黑方台黄土滑坡信息管理系统

利用 ArcGIS 服务器，ArcSDE for Oracle、Oracle 数据库和 ASP 实现计算机系统操作和网络应用。NET 开发技术、集成的实时图形服务和数据服务能力。这种服务模式的特点是平台的细节独立于业务调用程序，构建了跨平台、跨语言的技术层，真正实现了地理信息系统的分布和互操作性要求。系统采用 B/S(浏览器/服务器)结构进行数据共享。用户只需要使用普通的多媒体浏览器来访问信息。数据处理和程序操作主要在服务器端完成，操作结果反馈给用户。成都理工大学地质灾害防治与地质环境保护国家重点实验室开发了一个友好的黑方台黄土滑坡预警系统三维 WebGIS 用户界面(图 13.1)，包括电子地图、图层、数据管理和统计分析(黄健等，2012；何朝阳等，2018)。

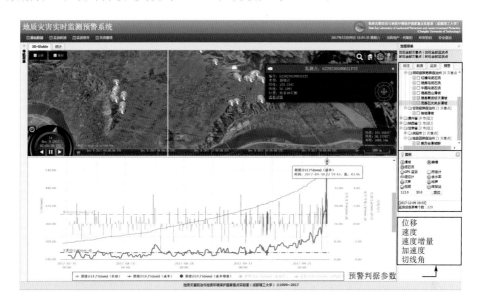

图 13.1　黑方台黄土滑坡预警系统三维 WebGIS 用户界面

13.2　监测数据处理与分析

13.2.1　移动平均法

移动平均法(moving average method, MAM)是根据时间序列资料逐渐推移，依次计算包含一定项数的时序平均数，以反映长期趋势为目的的方法。当时间序列的数值受周期变动和不规则变动的影响，起伏较大，不易显示出发展趋势时，可用移动平均法，消除这些因素的影响，分析、预测序列的长期趋势。设观测序列为 $y_1, y_2, \cdots, y_T$，取移动平均的项数 $N<T$。一次简单移动平均值计算公式:

$$
\begin{aligned}
S_t &= \frac{1}{N}\Big[y_t + y_{t-1} + \cdots + y_{t-(N-2)} + y_{t-(N-1)}\Big] \\
&= \frac{1}{N}\big(y_{t-1} + y_{t-2} + \cdots + y_{t-(N-1)} + y_{t-N}\big) + \frac{1}{N}\big(y_t - y_{t-N}\big) \qquad (t = N+1, N+2, \cdots, T) \quad (13.1) \\
&= S_{t-1} + \frac{1}{N}\big(y_t - y_{t-N}\big)
\end{aligned}
$$

式中，y_t 为 t 时刻的累计位移，N 为移动平均的项数，S_t 为一次移动 N 项数的平均值。S_{t-1} 为移动平均值法平滑处理后的累计位移值，S_{t-N} 为由最新监测数据往前第 N 个累计位移，N 为进行平均处理的监测数据总数。

当预测目标的基本趋势是在某一水平上下波动时,可用一次简单移动平均方法建立预测模型,计算公式:

$$\hat{y}_{t+1} = S_t = \frac{1}{N}(y_t + y_{t-1} \cdots + y_{t-(N-1)}), \qquad t = N, N+1, \cdots, T \tag{13.2}$$

其预测标准差为

$$S = \sqrt{\frac{\sum_{t-(N-1)}^{T}(\hat{y}_t - y_t)^2}{T - N}} \tag{13.3}$$

最近 N 期序列值的平均值作为未来各期的预测结果。关于移动平均法 N 的取值,有如下原则:①一般情况下,$N \in [5,200]$;②历史序列的基本趋势变化不大且序列中随机变动成分较多时,N 的取值应较大一些;③分析有明显波动周期的监测历史数据时,N 应选取周期长度。

滑坡临滑前,分别对已获取的监测曲线 CJ8#[图 12.8(d)]、CJ6#[图 12.8(e)]和 DC4#[图 12.8(f)],进行各自的 23 组模型试验(共计 69 组),取不同的 N 值来比较标准差结果的差异;测试结果表明,处理后的数据预测标准误差 S 大小与 N 的取值呈正线性相关,说明 N 的取值越小越好(图 13.2)。

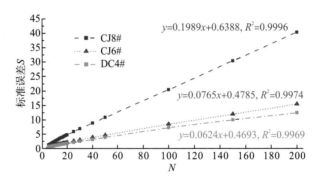

图 13.2　标准误差与 N 取值的关系

同时用变形速率 V 和速率增量 ΔV 来描述滑坡的变形特征。滑坡变形速率 V 通过计算单位时间段 Δt 的位移量 ΔS 确定;滑坡变形的加速度为单位时间内 Δt 变形速率的增量 ΔV,其大小反映了坡体的变形速率发展趋势。加速度大于 0 时,单位时间内的变形速率增量为正值,变形速率变快;加速度小于 0 时,单位时间内的变形速率增量为负值,变形速率减缓;速率增量 ΔV 仅需要比较前后两组变形速率的差值即可确定,相对于加速度计算更为简便,因此,可以采用速率增量 ΔV 来判断滑坡变形趋势。用移动平均法对累计位移-时间曲线进行数据处理的过程如下(表 13.1):

(1)位移不平滑情况下,假设直接利用监测数据对累计位移-时间曲线进行分析,通过获取连续时间 t_1、t_2、t_3 的累计位移值 y_1、y_2、y_3,可计算出两次时间间隔的变形速率 V_2、V_3。位移平滑条件下,通过获取连续时间间隔 T_m、T_{m1}、T_{m2} 的累计位移值 S_m、S_{m1}、S_{m2},

可计算出两次时间间隔的变形速率 V_{m1}、V_{m2}，$m>n+2$，用 ΔV_m 描述速率变化情况。

表 13.1　移动平均法描述滑坡累计位移-时间曲线特征

滑坡特征描述指标	原始数据	第一次 位移平滑	第二次 速率平滑	第三次 速率增量平滑
累计位移	$y_1, y_2, \ldots, y_t$	S_t	—	—
位移变形速率	$V_1 = \dfrac{S_2 - S_1}{t_2 - t_1}$	$V_m = \dfrac{S_{m1} - S_m}{T_{m1} - T_m}$	$V_p = \dfrac{S_p - S_{p-(n-1)}}{t_p - t_{p-(n-1)}}$	—
变形速率增量	$\Delta V_1 = V_2 - V_1$	$\Delta V_m = V_{m1} - V_m$	$\Delta V_p = V_{p+1} - V_p$	$\Delta V_q = \dfrac{S_p + S_{p+1} + \cdots + S_{p+(n-1)}}{n}$

(2)对变形速率进行平滑。由于平滑后的累计位移变形曲线 (S_t) 仍然有一定的误差，变形速度曲线 (V_m) 呈上下波动，因此，当计算滑坡变形速率的时间段较小时计算出的变形速率也会由于误差上下大幅波动。为进一步减小误差，变形速率的计算间隔也采用 N，平滑后得到的变形速率 V_p 为

$$V_p = \frac{S_p - S_{p-(n-1)}}{t_p - t_{p-(n-1)}}, \ p = 2n, 2n+1, \cdots, T \tag{13.4}$$

$$\Delta V_p = V_{p+1} - V_p \tag{13.5}$$

(3)对变形速率增量进行平滑。采用数据预处理方法对累计位移进行平滑后获得的速率增量数据仍然呈较严重的上下波动，特别是加速变形阶段，虽然变形速率有明显增大，但对应的速率增量则仍然剧烈上下波动，无法体现出实际滑坡是否处于加速变形阶段，需采用移动平均值法对增量数据进行平滑处理。平滑项数 N 与累计位移平滑项数相同，平滑后的速率增量 ΔV_q 为

$$\Delta V_q = \frac{S_p + S_{p+1} + \cdots + S_{p+(n-1)}}{n}, q = p+(n-1) = 3n-1, 3n, \cdots, T \tag{13.6}$$

N 值的确定需要考虑平滑后的结果以及 N 值的取值原则。智能裂缝计在匀速变形阶段固定采集频率为 1 次/h，一天记录 24 组累计位移数据，当滑坡处于加速变形阶段时，1s 采集 1 个数据，24 个数据的时间间隔最短仅 24s。因此，综合考虑了智能裂缝计的采集频率、N 值取值原则和平台数据处理效率，对自动位移计获取的累计变形位移、变形速率和变形速率增量按照 $N=24$ 进行平滑处理。

采用 N 取值 24 对第一次捕捉到完整的 CJ8# 黄土滑坡变形曲线进行移动平均法进行平滑处理，得到如下结果：

(1)图 13.3(a)～图 13.3(c)为整个变形过程的曲线对比，在匀速变形阶段可以采用日变形速率(mm/d)；累计位移量波动得到了有效的平滑，更符合实际变形规律[图 13.3(a)]；匀速变形阶段变形速率近 1mm/d，平滑后的累计位移误差也为 1mm/d[图 13.3(b)]，与匀速变形阶段的变形速率大致相同。

（2）在加速变形阶段则自动变为每分钟变形速率（mm/min），对变形速率进行平滑后，变形速率增量变化幅度较小。

（3）图 13.3（d）～（f）为加速变形阶段曲线；采用移动平均值平滑后的速率增量相对于实际变形速率有一定的响应延迟［图 13.3（d）］，由于当滑坡加速变形时 24 组数据最短总间隔时间仅 24s，因此可以忽略平滑后的速率增量有一定延迟的影响。

（4）平滑处理后的速率增量（ΔV_q）不再有较大的波动，能准确判断滑坡的变形速率是增长还是降低，这与实际变形速率能较好地匹配。

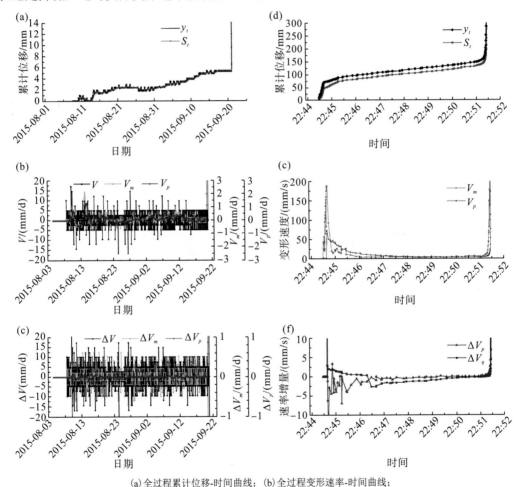

(a) 全过程累计位移-时间曲线；(b) 全过程变形速率-时间曲线；

(c) 全过程变形速率增量-时间曲线；(d) 加速度变形阶段累计位移-时间曲线；

(e) 加速度变形阶段变形速率-时间曲线；(f) 加速度变形阶段变形速率增量-时间曲线

图 13.3　CJ8#滑坡移动平均法滤波后的变形-时间曲线和加速变形阶段变形-时间曲线

13.2.2　最小二乘法

最小二乘法（least squares method, LSM）是获取一切二范数形式目标函数最优解的最基本也是最有效的方法之一，它在数据拟合、函数逼近、参数估计等数据处理模型中被广泛应用。一般情况下，滑坡的变形监测数据采用线性拟合无法达到理想的效果，通常采用多项式进行拟合。

$$L = a_n t^n + a_{n-1} t^{n-1} + L + a_1 t^1 + a_0 \tag{13.7}$$

移动平均法与最小二乘法，在适用范围上、处理效果上不尽相同。最小二乘法可以滤掉异常值、仪器产生的误差等，进行消噪处理，如果原始监测曲线的加速度与速度有明显的增大趋势，最小二乘法就会滤掉重要的变形数据，导致预警失效，这个时候，采用移动平均法进行处理，则可以捕捉到完美的过程曲线，同时也能减小误差带来的影响。

以捕捉到的第一条突发型滑坡 CJ8#累计位移-时间曲线分析，在开始变形阶段和匀速变形阶段使用最小二乘法对监测数据进行滤波处理，在加速变形阶段使用移动平均法对监测数据进行滤波处理，通过图 13.3 和图 13.4 可以看出，两种数据处理方法适用范围不同，通过程序自动计算速率增量、识别滑坡所处的变形阶段，进而选择合适的数据处理方法，两种方法相互结合则可以为后续预警模型计算提供更为准确的数据，提高预警精度。

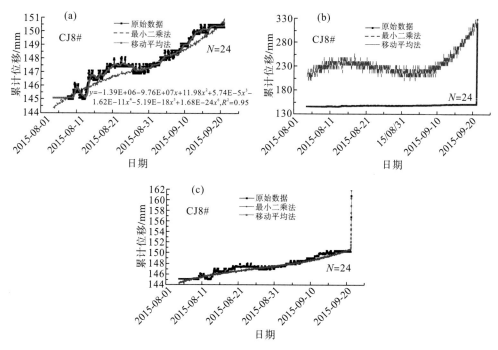

(a)匀速变形阶段对比分析；(b)全变形过程对比分析；(c)融合两种方法的滤波监测数据

图 13.4　黑方台 20#裂缝计监测数据采用最小二乘法和移动平均法的拟合效果

13.3　早期预警判据

为了提高地质灾害实时监测预警系统的效率，数据的自动处理和有效的预警判据是十分必要的。通过收集分析已发生的黄土滑坡完整的累计位移-时间曲线，如 CJ8#滑坡(图 13.3)，滑坡变形演化特征具有较明显的初始变形、等速变形和加速变形三阶段演化过程，其中加速阶段可以细分为初加速阶段、中加速阶段和加加速阶段(临滑阶段)，因此，突发型滑坡预警模型可借鉴早期建立的渐变型滑坡改进切线角预警判据(亓星，2017)。

突发型滑坡进入加速变形后持续时间非常短，临滑阶段速度较快(许强等，2016a)，仅仅依据传统的改进切线角 α 作为预警判据，对这类滑坡进行预警预报，存在漏判和误判的可能(许强等，2008；董文文等，2016)。为弥补"过程预警"方法的不足，在原来渐变型滑坡预警判据的基础上，突发型滑坡预警模型不仅考虑改进切线角 α 的值，同时还需考虑在滑坡初始变形阶段、等速变形阶段和加速变形阶段，变形速率是否大于某一临界值(V_1 < V_2 < V_3)和速率增量指标(ΔV)，来判别斜坡处在不同的变形阶段。其中，V_1 主要识别斜坡开始异常的变形状态，V_2 识别斜坡异常变形是否进入较快阶段，V_3 识别斜坡变形是否超过了一般新裂缝的产生等引起的斜坡短时快速变形。

结合相关模型算法，程序动态判定滑坡的匀速变形速率，进而通过改进切线角模型判定滑坡目前所处的形变阶段和计算切线角值，并将其作为滑坡过程预警的判据。建立变形速率阈值和滑坡演化过程有机结合的综合预警模型，实现对滑坡变形的全面动态实时预警。

13.3.1　变形速率阈值的确定

对于黑方台突发型黄土滑坡，在滑坡进入加速变形阶段后变形速率会突然增大，监测到的变形速率 V_t 明显超过前期获得的平均变形速率 V_0，基于变形速率的阈值预警判据主要是根据监测到的变形速率增大幅度对应发布不同的预警(图13.5)。

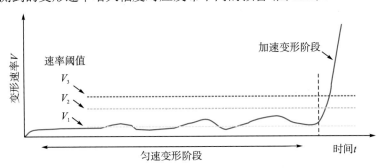

图13.5　黑方台突发型黄土滑坡变形曲线特征

通过布置近30套自适应智能变频裂缝仪监测系统，并于2015年8月获取第一条完整的突发型黄土滑坡监测累计位移-时间曲线，同时获取了 16 条处于蠕变阶段的累计位移-时间曲线(图13.6)，对监测数据进行统计分析，确定以下变形速率阈值，其中典型的监测曲线如图13.7 和图13.8 所示(亓星，2017)。

(1)速度阈值 V_1。当 V_t < V_1 时，斜坡处于初始变形阶段；当变形速率 $V_1 \leqslant V_t$ < V_2，说明斜坡变形速率出现了一定的增长趋势，处于匀速变形阶段，据统计分析初始变形速率 V_t 为 0.5～2.5mm/d，因此设 V_1 为 3mm/d(图13.7 和图13.8)。

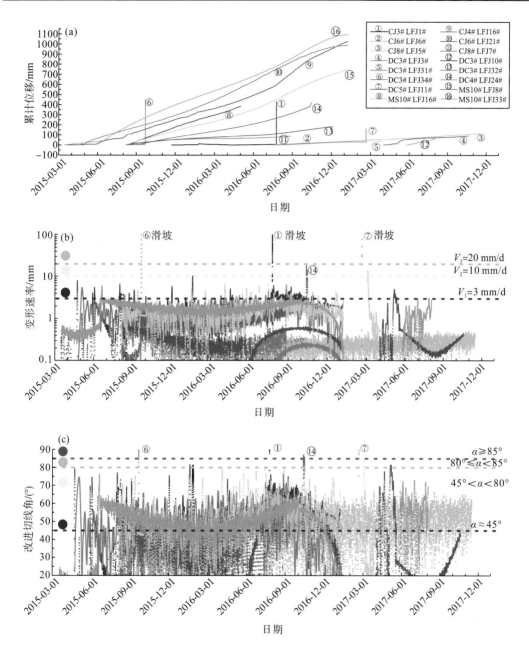

(a)16 条累计位移-时间曲线；(b)16 条典型黄土滑坡的变形速率-时间曲线；

(c)16 条典型黄土滑坡的改进切线角曲线

图 13.6　黑方台 16 条典型黄土滑坡变形曲线

（2）速度阈值 V_2。当 $V_2 \leqslant V_t < V_3$ 时，说明斜坡进入初加速变形阶段，阈值 V_2 需要大于偶然异常变形或者初加速变形所呈现的变形速率，依据对正在变形斜坡和已经发生滑坡的现场监测数据分析，匀速变形速率或者偶然异常变形 V_t 为 2.7~9.6mm/d，因此设 V_1 为 10mm/d（图 13.7 和图 13.8）。

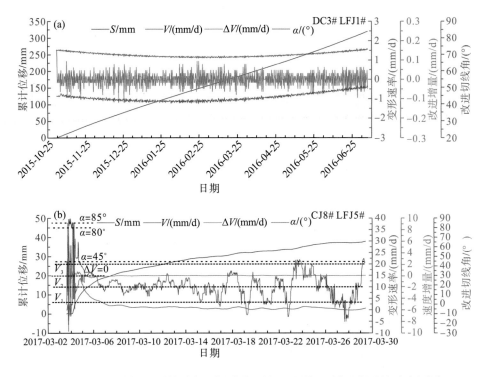

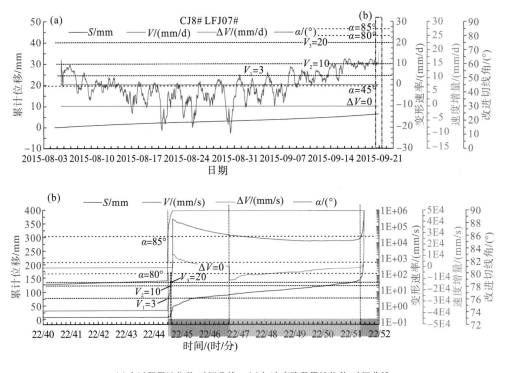

(a)DC3#滑坡 1#裂缝计监测的匀速变形阶段曲线；(b)CJ8#滑坡 5#裂缝计监测的加速阶段曲线

图 13.7 黑方台突发型黄土滑坡典型变形曲线特征

(a)全过程累计位移-时间曲线；(b)加速度阶段累计位移-时间曲线

图 13.8 CJ8#滑坡 7#裂缝计监测的累计位移、切线角、变形速率和变形速率增量变化规律

(3)速度阈值 V_3。当 $V_t \geqslant V_3$ 时，说明斜坡进入中加速阶段和临滑阶段，阈值 V_3 需要大于新增裂缝等因素或者中加速阶段导致滑坡变形速率突增，如 CJ8#滑坡 2017 年 3 月新增多条裂缝，变形速率 V_t 最大达 14mm/d，随着斜坡逐渐稳定，随后变形速率 V_t 逐渐回落至 2mm/d；同时对已发生的滑坡变形曲线进行分析，斜坡变形速率 V_t 超过 20mm/d 后，斜坡可能会朝失稳状态发展，进入临滑变形阶段，直到斜坡破坏，因此设 V_3 为 20mm/d[图 13.7(b) 和图 13.8(b)]。

13.3.2　基于过程预警的判据

单一的变形速率阈值很难对各类不同滑坡变形速率的发展趋势做出准确的判断，特别是滑坡进入中加速阶段和临滑阶段，需要充分考虑滑坡的整个演化过程。

当斜坡处于初始变形或等速变形阶段时，变形速率逐渐减小或趋于一常值；而当斜坡进入加速变形阶段时，变形速率将逐渐增大(Xu et al.，2011c)。显然，针对斜坡累计位移-时间曲线中各阶段的斜率变化特点，采用数学方法来定量判断斜坡的变形阶段。对于某一个渐变型滑坡来说，等速变形阶段的位移速率 V 为一恒定值，可通过对 S-t 坐标系作适当的变换处理，用累计位移 S 除以 V 的办法将 S-t 曲线的纵坐标变换为与横坐标的时间量纲一致，即定义：

$$T(i) = \frac{S(i)}{V} \tag{13.8}$$

但对于突发型滑坡，其前期等速变形阶段速率很小或者阶段划分不明显，无法准确地判断位移速率 V(图 13.6)，可用累计位移-时间曲线的全过程平均速率 B 替代匀速变形阶段的位移速率 V，即定义：

$$B = \frac{S(n) - S(1)}{(t_n - t_1)} \tag{13.9}$$

根据上述内容，斜坡累计位移-时间曲线斜率可通过比例因子 B 转换成 T-t 曲线，其切线角 α_i 可直观地定量表示滑坡变形过程和发育阶段(许强等，2009)，α_i 由下式进行计算：

$$\alpha_i = \arctan\frac{\Delta T}{\Delta t} = \arctan\frac{T(i) - T(i-1)}{t_i - t_{i-1}} = \arctan\frac{S(i) - S(i-1)}{B(t_i - t_{i-1})} = \arctan\frac{V_i}{B} \tag{13.10}$$

综上所述，依据许强等提出的改进切线角模型对滑坡变形阶段的划分(许强等，2009)，基于黑方台发生蠕动变形滑坡和已发生的滑坡的变形速率和改进切线角，确立了不同发育阶段变形速率阈值和改进切线角阈值，建立了如表 13.2 所示的综合预警判据。

表 13.2　基于变形速率阈值和变形过程的综合预警判据

变形阶段			匀速变形阶段	初加速阶段	中加速阶段	临滑阶段
预警指标	第一步	变形速率 V	$V_1 \leqslant V < V_2$	$V_2 \leqslant V < V_3$	$V \geqslant V_3$	
		变形速率增量 ΔV	$\Delta V \approx 0$	$\Delta V > 0$		

续表

变形阶段		匀速变形阶段	初加速阶段	中加速阶段	临滑阶段
第二步	切线角 α	$\alpha \approx 45°$	$45° < \alpha < 80°$	$80° \leqslant \alpha < 85°$	$\alpha \geqslant 85°$
危险性预警级别		注意级	警示级	警戒级	警报级

其中：V_1=3mm/d，V_2=10mm/d，V_3=20mm/d

(1)注意级：$V_1 \leqslant V < V_2$ (V_2=10mm/d) 且 $\alpha \approx 45°$，滑坡变形速率超过第一级阈值 V_1，说明滑坡具有一定的异常变形，但变形速率相对较小，需要注意后续的变形发展情况，定为蓝色预警。

(2)警示级：$V_2 \leqslant V < V_3$ (V_3=20mm/d) 且 $45° < \alpha < 80°$，滑坡改进切线角大于45°但小于80°，同时滑坡变形速率超过第二级阈值 V_2，此时滑坡变形速率明显超过匀速变形阶段，有一定的变形加速迹象，需要重视进一步的变形发展特征，定为黄色预警。

(3)警戒级：$V \geqslant V_3$，$\Delta V > 0$ 且 $80° \leqslant \alpha < 85°$，滑坡改进切线角大于80°但小于85°，同时滑坡变形速率超过第三级阈值 V_3，变形速率增量 ΔV 一直大于0，此时滑坡变形速率非常快，对应采取必要的防范措施，定为橙色预警。

(4)警报级：$V \geqslant V_3$，$\Delta V > 0$ 且 $\alpha \geqslant 85°$，滑坡改进切线角大于85°，同时变形速率超过第三级阈值 V_3 且速率增量 $\Delta V > 0$，此时滑坡具有明显的高速变形速率，且变形速率仍然在不断增大，变形不收敛，符合进入临滑状态的变形特征，需要立即采取避让措施防范滑坡灾害，因此定为红色预警。

13.3　预警信息发布

黑方台基于智能裂缝计的速率阈值综合模型实时预警流程如图13.9所示，主要步骤如下：

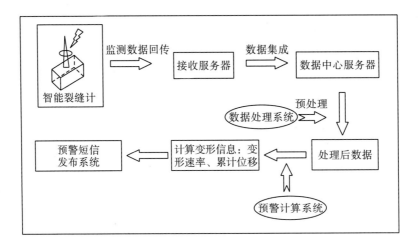

图13.9　黑方台突发型黄土滑坡预警流程图

(1)智能裂缝计采集变形数据,并通过基于 GPRS 的数据发送模块将数据分别传回接收服务器。

(2)数据暂存于监测数据接收服务器,通过"多源异构监测数据集成系统"将接收的监测数据集成到数据中心服务器的 Oracle 数据库中。

(3)利用"监测数据处理系统"对接收到的数据进行预处理,即利用移动平均值法对数据进行平滑以过滤数据波动和减小误差。

(4)"预警计算系统"获取处理好的监测数据,结合预警模型及阈值,计算预警所需要的参数:变形速率、累计位移和所需要发布的预警等级等。

(5)根据预警等级及其他预警参数,同时结合短信发送规则、短信模板及人员名单,"预警短信发布系统"实时动态地生成预警短信,并将预警信息分别发送到不同的对象手中。

实时监测系统的应用过程中,通过预警短信发布系统自动判断并发送信息,当滑坡变形速率达到某一预警级别时,对应发出此级预警信息,当滑坡变形加快时能收到预警级别上升的提醒,变形减缓后能收到解除预警的提醒。具体短信发送分类如图 13.10 所示。

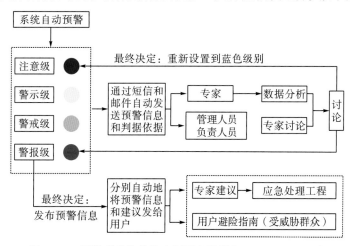

图 13.10　预警系统警报发布规则和流程(Huang et al., 2015)

预警计算系统通过计算确定预警等级,并调用不同等级的预警信息模板动态生成预警信息,然后将预警短信根据预警等级不同发送给不同的人员。所需要通知的人员分为 4 类,即管理人员、值班人员、负责人员和相关领导。管理人员包括维护监测预警系统的技术人员,在出现蓝色预警后需要保证监测仪器正常工作,并随时关注变形的进一步发展;值班人员包括负责监测和巡视的群测群防人员,当变形达到黄色预警后,需要值班人员到现场确认滑坡的宏观变形特征,大致确定滑坡危险范围;负责人员包括现场监测和技术平台负责人员,需要进一步密切关注滑坡的变形发展趋势,并制定滑坡发生的疏散和防范措施,确保滑坡临滑前能有效避让滑坡危害;相关领导是整个现场监测和预警系统的负责领导,当滑坡处于红色预警后,滑坡变形进入临滑状态,这时需要通知相关领导,并组织现场疏散和避让,防范滑坡灾害。

基于不同等级的预警短信模板如表 13.3 所示。

表 13.3 预警信息模板

预警等级	预警信息模板
蓝色预警	[成都理工大学]盐锅峡镇黑方台滑坡(编号 XX)蓝色预警：变形速率 Xmm/d，累计位移 mm。
黄色预警	[成都理工大学]盐锅峡镇黑方台滑坡(编号 XX)黄色预警：变形速率 Xmm/d，累计位移 mm，请注意滑坡发展趋势。
橙色预警	[成都理工大学]盐锅峡镇黑方台滑坡(编号 XX)橙色预警：变形速率 Xmm/d，累计位移 mm，产生滑坡的可能性较大，请做好相关防范措施准备。
红色预警	[成都理工大学]盐锅峡镇黑方台滑坡(编号 XX)红色预警：变形速率 Xmm/d，累计位移 mm。产生滑坡的可能性大，请采取措施防范。

实际应用中，预警短信还需要根据预警级别的变化实时调整短信的预警级别，做到滑坡变形加快时能收到预警级别上升的提醒，变形减缓后能收到解除预警的提醒。具体为通过预警短信发布系统自动判断并发送信息，当滑坡变形速率达到某一预警级别时，对应发出此级预警信息；当变形速率增大或者减小使预警级别产生变化时，及时发布新的预警等级短信，使滑坡的变形预警成为全过程实时跟踪预警。

13.4 早期预警成功示范

13.4.1 黑方台地区成功预警的滑坡

自黑方台变形过程和变形速率阈值综合预警模型建立以来，已对黑方台突发型黄土滑坡实施了 6 次成功预警，分别是 2017 年 5 月 13 日 CJ6-1#滑坡，2017 年 10 月 1 日 DC4#、DC5#和 DC9#滑坡、2019 年 3 月 4 日 CJ6-2#滑坡，2019 年 3 月 26 日 DC6#滑坡、2019 年 4 月 19 日 DC4-3#滑坡和 2019 年 10 月 5 日 DC7#滑坡[图 13.11(a)]。由于这 6 次滑坡的成功预警，未造成人员伤亡和财产损失，保证了 1000 余人的生命财产安全，取得了非常好的经济效益和社会效益(图 13.11)。滑坡细节如表 13.4 所示。

表 13.4 黑方台成功预警突发型黄土滑坡统计

编号	滑坡编号	发生时间	滑坡类型	滑坡体积/万 m³	提前发布预警时间
案例 1	CJ6-1#	2017 年 5 月 13 日	滑移崩塌型	0.06	36min
案例 2	DC4#、DC5#和 DC9#	2017 年 10 月 1 日	静态液化型	31.74	9h
案例 3	CJ6-2#	2019 年 3 月 4 日	滑移崩塌型	0.2	2h
案例 4	DC6#	2019 年 3 月 26 日	滑移崩塌型	2.0	40min
案例 5	DC4-3#	2019 年 4 月 19 日	静态液化型	0.5	18min
案例 6	DC7#	2019 年 10 月 5 日	滑移崩塌型	2.0	32h

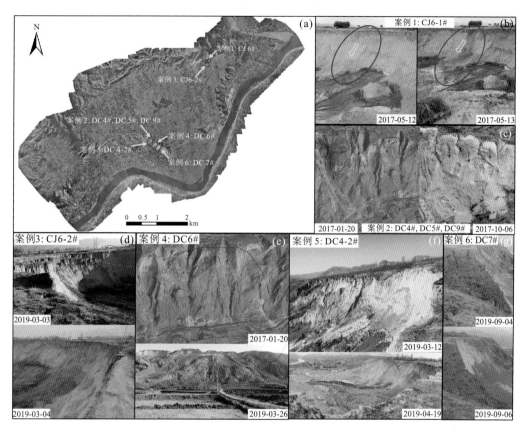

(a) 黄土滑坡早期预警成功位置;(b) 滑移崩塌型 CJ6-1#滑前、滑后照片(拍摄于 2017 年 5 月 12 日和 2017 年 5 月 13 日);(c) 静态液化型 DC4#、DC5#和 DC9#滑前、滑后照片(拍摄于 2017 年 1 月 20 日和 2017 年 10 月 6 日);(d) 滑移崩塌型 CJ6-2#滑前、滑后照片(拍摄于 2019 年 3 月 3 日和 2019 年 3 月 4 日);(e) 滑移崩塌型 DC6#滑前、滑后照片(拍摄于 2017 年 1 月 20 日和 2019 年 3 月 26 日);(f) 静态液化型滑坡 DC4-3#滑前、滑后的照片(拍摄于 2019 年 3 月 12 日和 2019 年 4 月 19 日);(g) 滑移崩塌型滑坡 DC7#滑前、滑后的照片(拍摄于 2019 年 9 月 4 日和 2019 年 9 月 6 日)

图 13.11 自 2017 年以来 6 次成功预警黑方台黄土滑坡分布图

13.4.2 典型滑坡成功预警的实现过程: CJ6#滑坡

CJ6#滑坡位于黑台东北侧磨石沟右岸,滑源区长 116m,宽 165m,为典型的突发型黄土滑坡,该滑坡后壁呈弧形,凹进台塬内,自台塬灌溉以来已发生多次滑动。于 2017 年 2 月在 CJ6#滑坡后方布设了多台智能裂缝计进行位移监测,2017 年 5 月 13 日上午 9:52,CJ6#滑坡后壁产生两处小规模滑动,其中右侧的滑动位于智能裂缝计的监测范围内,滑坡体积约为 600m^3,其中 20#裂缝计成功记录并实时传回 CJ6#累计位移-时间数据。在变形超过红色阈值后,经过专家综合分析,提前 20min 左右发出了预警信息,当地人员迅速采取了相关防范措施,未造成人员伤亡和财产损失(图 13.12)。CJ6#滑坡变形曲线如图 13.13 所示。

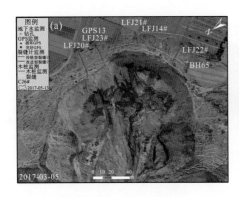

(a)滑前正射影像图；(b)滑后正射影像图

图 13.12　CJ6#滑坡前后地貌图和监测仪器布置(位置见图 13.11)

整个变形监测曲线具有明显的初始变形阶段、等速变形阶段和加速变形阶段,如图 13.13 所示。整个成功预警过程分为以下几个阶段：

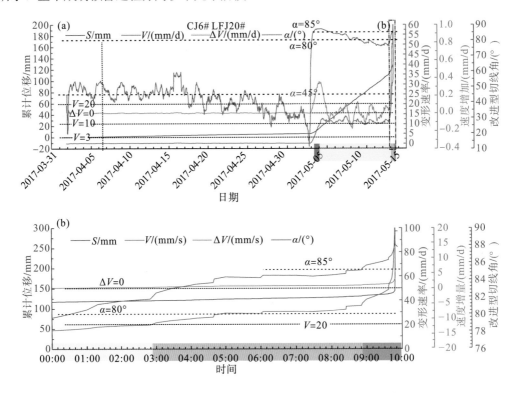

(a)完整阶段累计位移-时间曲线；(b)加速阶段累计位移-时间曲线

图 13.13　陈家沟 CJ6#滑坡基于改进切线角模型的预警

　(1)2017 年 2 月 28 日至 2017 年 5 月 2 日,前两个月滑坡裂缝宽度无明显变化,从 2017 年 4 月 1 日到 2017 年 5 月 2 日累计变形不足 6mm,滑坡处于初始变形阶段。

　(2)从 2017 年 5 月 2 日开始,滑坡后方裂缝宽度开始增大,到 2017 年 5 月 4 日,变形速率超过 3mm/d，预警信息发布系统也及时发送相应等级的蓝色预警信息。

(3)2017 年 5 月 4 日晚 20:00，坡体的变形速率再次缓慢增大，滑坡变形速率也突增至 10mm/d，并在一段时间内上下波动，超过黄色预警阈值 V_2(10mm/d)且变形速率不再收敛，呈一直增大的趋势，滑坡进入初加速阶段，系统发送黄色预警信息。

(4)5 月 13 日 2 时 52 分，变形速率为 21.43mm/d，速度增量 ΔV 大于 0，变形速率超过 20mm/d，切线角 82.46°小于 85°，滑坡进入中加速阶段，系统自动发出橙色预警信息。

(5)5 月 13 日早上 8 时 51 分，变形速率为 35.48mm/d，速度增量 ΔV 大于 0，并且切线角达到 85.07°，滑坡变形进入加加速(临滑)阶段。此后速率增量一直为正，变形速率快速增大，切线角一直增大，通过专家综合分析，在 5 月 13 日 9 时 13 分实时监测系统及时发送了红色预警信息(图 13.14)；在 5 月 13 日 9 时 49 分，切线角达到最大值 89.58°，滑坡失稳。

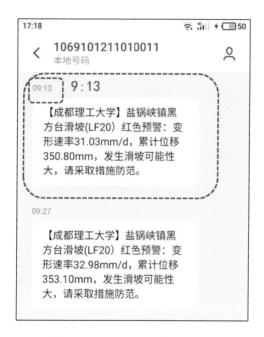

图 13.14　CJ6#滑坡红色预警短信

13.4.3　典型滑坡成功预警的实现过程：DC4#滑坡

DC4#滑坡位于黑方台西南侧黄河边，滑源区长 300m，宽 20m，该滑坡总滑坡体积约为 34 万 m^3(图 13.15)。自 2017 年 8 月底开始，滑坡开始产生变形且变形速率逐渐增大。2017 年 10 月 1 日凌晨 5 时许，DC4#连续产生滑动，滑源区形成了 3 个凹槽，并在滑坡下方形成了面积为 300m^2 的堆积体。LFJ25#裂缝计位于 DC4#后缘，从 2017 年 2 月 28 日开始监测，成功的记录并实时传回 DC4#滑坡的累计位移-时间数据。由于提前成功预警，该滑坡未造成人员伤亡和财产损失(图 13.15)。

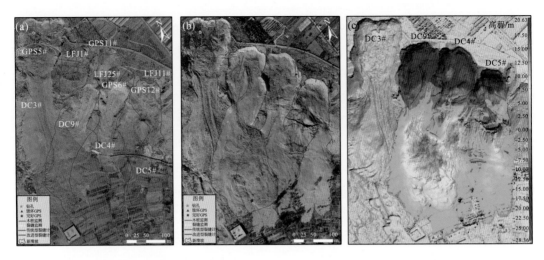

(a)滑前正射影像和监测系统布置；(b)滑后正射影像及监测仪器损坏情况；(c)滑坡前后高程变化。

图 13.15   滑坡前后正射影像、高程变化和现场监测系统布置(位置见图 13.11)

整个变形监测曲线具有明显的初始变形阶段、等速变形阶段和加速变形阶段，如图 13.16
所示。整个成功预警过程分为以下几个阶段：

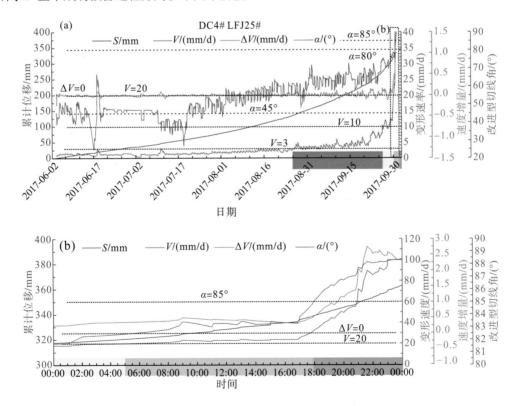

(a)完整监测曲线；(b)中加速阶段和临滑阶段监测曲线(局部放大)

图 13.16   DC4#滑坡累计位移-时间、变形速率、变形速率增量和切线角曲线及预警过程

　　(1)2017 年 8 月 26 日，滑坡变形速率 V 超过一级预警值 V_1(3mm/d)，预警系统发出了注意级预警，并以短信、微信方式将预警信息通知到盐锅峡镇地质灾害应急中心和相关村干部，提醒他们密切关注该滑坡的变形情况。

　　(2)2017 年 9 月 27 日，滑坡变形速率 V 继续增大超过二级预警阈值 V_2（10mm/d），且变形速率仍然在不断加快，变形速率增量始终大于 0mm/d。

　　(3)2017 年 9 月 30 日 05 时变形速率超过三级预警阈值 V_3(20mm/d)，之后速率增量一直为正，此时切线角大于 80° 小于 85°，此时滑坡进入中加速阶段，系统发出橙色预警。

　　(4)2017 年 9 月 30 日 17 时 50 分，监测信息平台通过对该滑坡现场实时监测资料的分析计算，切线角大于 85°，滑坡变形进入加加速(临滑)阶段，此时系统平台自动发出红色预警信息。研究团队立即组织人员对系统自动预警信息进行了会商研判，认为在短时间下滑的可行性极大，于是在 20 时 55 分，以短信、微信和电话方式正式向当地镇政府、镇地质灾害应急中心和村干部发出滑坡红色预警信息(图 13.17)。相关部门收到预警信息后，立即启动应急响应，紧急疏散了滑坡危险区的 20 余户村民；9 月 30 日 23 时 41 分变形速率为99.45mm/d，切线角达到最大值 88.27°，10 月 1 日凌晨 5 时左右，滑坡发生失稳。

图 13.17　紧急会商后发出的红色预警信息

13.5　本 章 小 结

　　滑坡监测预警一直是滑坡灾害研究中的重要问题，基于"天-空-地"一体化监测技术，选取易于产生滑动的区域布设监测仪器并进行针对性的监测。而针对滑坡的变形特征，采用适宜的监测设备并建立有效的多级预警模型，提出基于黄土滑坡变形速率阈值和演化过程有机结合的综合预警模型，成功实现突发型黄土滑坡预警，对突发型滑坡的减灾防灾具有重要意义。

(1)根据突发型黄土滑坡的变形特征,自主研发了自适应智能变频裂缝仪用于这类滑坡的监测,能有效捕获黄土滑坡变形突增时的位移数据。

(2)通过移动平均值法和最小二乘法对监测获得的数据进行平滑处理,再根据突发型黄土滑坡的变形曲线特点,通过调查并结合前期变形数据,以改进切线角和变形速率阈值作为滑坡的预警判据,建立四级预警等级,分别为:①注意级,$V_1 \leqslant V < V_2 (V_2 = 10\text{mm/d})$ 且 $\alpha \approx 45°$;②警示级:$V_2 \leqslant V < V_3 (V_3 = 20\text{mm/d})$ 且 $45° < \alpha < 80°$;③警戒级,$V \geqslant V_3 (V_3 = 20\text{mm/d})$,$\Delta V > 0$ 且 $80° \leqslant \alpha < 85°$;④警报级,$V \geqslant V_3 (V_3 = 20\text{mm/d})$,$\Delta V > 0$ 且 $\alpha \geqslant 85°$。基于预警系统平台实时计算监测数据,根据实际变形速率和改进切线角发布相应等级的预警。

(3)针对黑方台突发型黄土滑坡,基于速率阈值和切线角的预警模型能较好地进行临滑预警,研发了地质灾害实时监测预警系统,对其他地区的滑坡监测预警具有很好的借鉴意义。但也存在一些不足,由于自动位移计属于单点位移监测且只能监测合位移,监测点的布设需要对滑坡区域做出精准的估计,布设点的位置决定了滑坡是否能成功预警,而单点的位移监测由于点位不同也会产生变形速率的差异性,因此,今后也将针对以上问题进行进一步改进,以建立更为可靠的监测预警模型。

第 14 章　黄土滑坡短期临滑预报方法研究

黑方台区域内现有多个村庄，居民密集，人口众多，而台塬边滑坡灾害直接威胁了附近人员的安全。黑方台现有滑坡中，黄土基岩型滑坡受泥岩产状控制且发生频率低，近年来并未造成危害；滑移崩塌型滑坡规模较小，仅发育在台塬西南侧；而黄土泥流型滑坡主要是由于滑坡已被削方后剩余黄土在地下水饱水作用下产生的塑性流动，危害性小；仅有静态液化型黄土滑坡成为台塬最主要的滑坡类型，并且危害性最为严重，因此研究这类滑坡的成因机理并针对性地建立相应的时间预报模型也是避免滑坡造成人员伤亡和减小财产损失的重要方法。

目前，滑坡时间预报经历了长时间的发展，从最早的斋藤模型(Saito，1965)，作图外延法模型(Hoek et al.，1977)，到后续大量学者相继提出的灰色预报模型(陈明东等，1988；孙华芬，2014)、Verhulst 模型(晏同珍，1988)、黄金分割预报法模型(张倬元等，1988)、尖点突变模型及灰色尖点突变模型(秦四清等，1993)、Verhulst 反函数模型(李天斌等，1996)、速度倒数法模型(Segalini et al.，2018)等，预报模型种类繁多，算法各有差异，但在临滑预报方法的应用中发现，即使是相同预报模型，在不同计算区间下得到的时间预报值也会有明显差异，导致时间预报结果难以统一，对滑坡应急抢险、紧急撤离等需要估计较准确滑坡时间的工作增加了很大的困难。

事实上，滑坡预警和时间预报并非两个独立的过程，当滑坡进入加速变形并朝着失稳状态发展时，预警模型需要判断滑坡的危险性，同时预报模型需要准确计算滑坡失稳时间，为针对性的应急处置提供可靠的时间数据，而目前并没有学者结合滑坡预警进行可靠的临滑时间预报研究。

滑坡变形的科学监测预警模型和预报技术方法对有效防止滑坡灾害造成人员伤亡和减小经济损失具有重要意义，滑坡临滑时间预报对于应急抢险和组织撤离具有重要的时间参考价值。本章主要根据黑方台黄土滑坡的变形特征建立针对这类滑坡的短期临滑预报模型。

14.1　基于速度倒数法模型短期时间预报方法

14.1.1　速度倒数法模型在变形曲线上的应用

一般渐变型滑坡的变形具有明显的共性特征，从时间演化规律上看会经历初始变形、匀速变形、加速变形三个阶段，且三阶段间的变化具有一定的过渡性，其加速变形阶段是一个缓慢加速的过程，这与斋藤试验曲线加速变形阶段的曲线特征非常相似，因此大量滑坡的预报也基于斋藤试验曲线建立预报公式(图14.1)。而对于黑方台这类灌溉诱发的突发型黄土滑坡,其变形破坏表现出明显的突发特征。图14.2所示为黑方台CJ8#突发型黄土滑坡的累计位移-时间曲线,其曲线特征与一般滑坡的三阶段演化规律差异较大,前期匀速变形持续时间长,变形缓慢,而当滑坡进入加速变形阶段时变形迅速增大,这使得利用斋藤试验曲线拟合获得的滑坡预报模型无法较好地适用,需要更适合的时间预报方法。

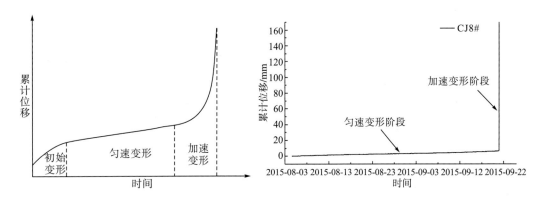

图14.1 斋藤试验曲线   图14.2 黑方台CJ8#突发型黄土滑坡变形曲线

目前,速度倒数法已被应用到崩塌灾害预报中,对突发型灾害变形曲线具有较好的适用性。该方法最早由Voight(1988)提出并建立模型,认为这类突发性的变形曲线受模型参数A、B的影响。当模型参数A、B值越大时曲线越陡峭,当A、B值越小时曲线越平缓。因此,基于速度倒数法,可以通过确定适当的A、B值建立预报模型用于黑方台突发型黄土滑坡的时间预报。

通过对Satio等(1961)的时间与变形速率的对数经验公式进行了验证,建立了位移加速度与速度的关系:

$$\dot{V} = AV^B \tag{14.1}$$

式中,A、B分别为外部条件随时间不变情况下的常量。当$B>1$时,对时间积分,有

$$V = [A(B-1)(T-t) + V_f^{1-B}]^{\frac{1}{(1-B)}} \tag{14.2}$$

式中,V_f为破坏时的速率,其值可为定值或者无穷大值。

式(14.2)可进一步简化为

$$V = [A(B-1)(T-t)]^{\frac{1}{(1-B)}} \tag{14.3}$$

或者

$$\frac{1}{V} = [A(B-1)(T-t)]^{\frac{1}{(B-1)}} \tag{14.4}$$

式中,A是一个正值常量,受曲线形状的影响,A值越小,曲线越平缓;B是一个无因次量,且受加速度变化的影响,加速度越大,B值越大;t是时间变量;T是失稳时间。

A和B是在静态边界条件下材料属性的函数,其中,前人对B值进行了一些研究,发

现 B 值一般为 1.5～2.2，且当 $B>2$ 时，曲线是凸形；当 $B=2$ 时，曲线是直线；当 $B<2$ 时，曲线是凹形，实际应用中 B 值也可能会超出这一范围。

应用速度倒数法建立黑方台突发型黄土滑坡的预报模型具体方法如下：基于式(14.4)，建立速率倒数与时间的关系曲线，并用式(14.4)拟合曲线，求出 A、B 和 t_f 值，并代入式(14.4)，建立预测模型，通过计算不同时间点的变形速率预警值从而建立预报模型。

利用率度倒数法预警模型方程对黑方台突发型黄土滑坡加速变形阶段的变形速率-时间曲线进行拟合，通过拟合后的模型系数分析拟合曲线的特征。拟合数据仅选取加速变形阶段数据，拟合结果如图 14.3 所示，曲线拟合的相关性系数的平方均在 0.75 以上，拟合曲线具有较好的相关性。通过以上分析可知，速率倒数法预警模型可以用于这类具有很强突发性的黄土滑坡变形曲线的时间预报中，针对滑坡进入加速变形阶段后可以进行短期时间预报。

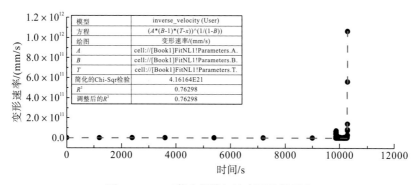

图 14.3　CJ8#黄土滑坡加速变形阶段拟合

14.1.2　基于速率倒数法模型的短期预报方法

根据黑方台突发型黄土滑坡变形曲线特征，滑坡在匀速变形阶段持续时间长，变形速率非常缓慢，而加速变形阶段曲线陡增，其短期时间预报方法首先根据速率倒数法模型，拟合变形曲线确定具体参数，再代入模型方程建立时间预报模型，计算出滑坡的失稳时间。

根据 6.7 节中进行的物理模拟实验获得的滑坡模型累计位移-时间曲线，计算出相应的变形速率，根据第二次滑动期间的变形速率-时间曲线(图 14.4)，利用速率倒数法对第

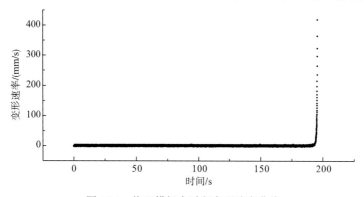

图 14.4　物理模拟全过程变形速率曲线

二次滑动前期匀速变形阶段至刚进入加速变形阶段的变形速率曲线进行拟合,并根据拟合曲线确定滑坡参数 A=0.266,B=1.58,如图 14.5 所示,可见拟合曲线能较好地反映出变形的实际发展趋势。采用前期变形阶段拟合获得的速率倒数模型参数,将其代入后续加速变形阶段的变形速率时间曲线进行拟合, 如图 14.6 所示,拟合曲线与变形曲线相关系数 R^2 为 0.96187,拟合程度很好,可见速度倒数法能很好地模拟出这类滑坡的变形速率时间变化过程。

根据物理模拟实验中的加速变形阶段曲线,计算变形速率的倒数,得到速率倒数-时间曲线。如图 14.7 所示。

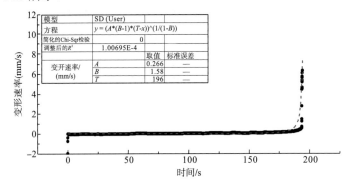

图 14.5　物理模拟前期变形阶段曲线拟合

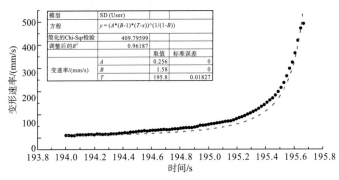

图 14.6　物理模拟加速变形阶段曲线拟合

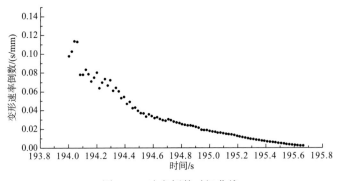

图 14.7　速率倒数时间曲线

根据前人研究对 B 值的定义，一般可以考虑 B 值为线性，即 $B=2$，失稳时间可以由以下公式计算得到：

$$t_{\mathrm{f}} = \frac{1}{AV_0} + t_0 \tag{14.5}$$

式中，V_0 是获得的变形速率值；t_0 是该变形速率所对应的时间点。

若 B 值是采用拟合数据得到的参数，则根据模型变换后得到如下失稳时间预测值计算公式：

$$t_{\mathrm{f}} = \frac{V_0^{1-B}}{A(B-1)} + t_0 \tag{14.6}$$

采用式(14.5)和式(14.6)分别计算得到的物理模拟失稳时间预测值见表 14.1。从计算结果分析，模型计算结果与实际失稳时间有一定误差，但是越临近失稳点，所得结果的误差越小。

表 14.1　B 值不同的情况下滑坡失稳时间预测值

$B=2$	曲线时间点/s	194	194.5	195	195.5
	速率倒数/(s/mm)	0.0980	0.0393	0.0177	0.0047
	计算失稳时间 t_{f}/s	194.369	194.648	195.067	195.518
	误差/s	1.63	1.35	0.93	0.48
B 取拟合值 ($B=1.58$)	曲线时间点/s	194	194.5	195	195.5
	速率倒数/(s/mm)	0.0980	0.0393	0.0177	0.0047
	计算失稳时间 t_{f}/s	195.685	195.491	195.625	195.788
	误差/s	0.31	0.51	0.37	0.21

对比表 14.1 中 B 值不同时计算失稳时间的差异可见，B 值不同时两者的预测值相差比较小，但是预测公式采用拟合值计算的预测结果更为准确一些。同时，随着时间越接近失稳点，代入计算得到的滑坡失稳预测时间也越接近实际。可见，利用拟合获得的参数基于速率倒数法模型可以对黑方台突发型黄土滑坡进行短期时间预报。其中，参数 B 值可以采用拟合获得。

以黑方台 CJ8#突发型黄土滑坡为例，短期时间预报首先根据 CJ8#滑坡的前期匀速变形至刚进入突变加速时的速率时间曲线进行拟合，获得相应的参数。通过参数拟合，得到速率倒数法模型参数 $A=0.133$，$B=1.6$（图 14.8）。随后，将拟合参数代入加速变形曲线中，可见该速率模型与实际变形曲线大致吻合，拟合效果较好（图 14.9）。

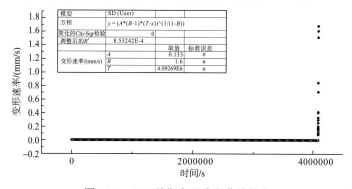

图 14.8　CJ8#前期变形阶段曲线拟合

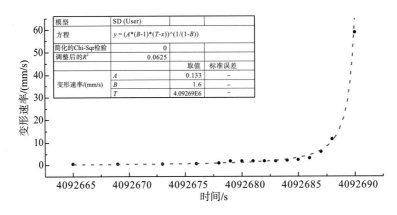

图 14.9　CJ8#加速变形阶段曲线拟合

根据拟合获得的参数，采用公式(14.6)计算滑坡发生的失稳时间，如表 14.2 所示，其中，B=4.7。

表 14.2　CJ8#滑坡失稳时间预测值

曲线时间点/s	速率倒数/(s/mm)	计算失稳时间 t_f/s	误差/s
4092665	2.421	4092686	3.7
4092669	2.342	4092690	0.12
4092678	1.094	4092691	-1.22
4092679	0.554	4092688	2.2

可见，根据基于速率倒数法的短期时间预报方法得到的CJ8#滑坡计算失稳时间与实际失稳时间相差很小，能较为准确地对滑坡发生的时间做出判断，可以较好地应用到这类突发型黄土滑坡的短期时间预报中。

14.2　基于斋藤模型的滑坡临滑时间预报方法改进及应用

本节针对现有滑坡时间预报中计算区间不统一的问题，通过预警切线角模型将不同滑坡变形数据量化，并基于斋藤预报模型提出改进的临滑时间预报方法，为滑坡应急处置提供统一可靠的时间参考。

14.2.1　滑坡临滑时间预报方法的改进

滑坡应急抢险等实际应用中需要快速对滑坡发生时间进行初判，并结合预警等级确定抢险时间和撤离方案。在满足一定准确度的条件下，需要临滑时间预报模型简单易用，而斋藤时间预报模型正好符合这一要求，其早在 1970 年就成功预报了日本高汤山滑坡，具有一定的可行性，且不需第三方软件即可计算预报结果，具体方法为：选取变形曲线中 t_1、t_2、t_3 三个时间节点，确保其时间间隔内的变形量相等，则从 t_3 开始，滑坡发生剩余时间 $T=0.5(t_2-t_1)^2/[(t_2-t_1)-0.5(t_3-t_1)]$ （Saito，1965）。

近年来，通过智能变形监测设备，获取了多个典型滑坡的全过程变形数据，如 2019年 2 月 17 日发生在贵州兴义的龙井村滑坡，2017～2019 年发生在黑方台的多次黄土滑坡，为滑坡时间预报方法的研究提供了良好的数据支持。

14.2.1.1　时间预报计算区间的确定

临滑时间预报是针对滑坡进入加速变形后，对短期内即将发生的滑坡进行时间预报。在实际应用中发现，即使是相同的时间预报方法，由于变形数据计算区间的不同也会导致结果的差异，因此，为避免计算区间差异导致预报时间不一致，影响时间预报的可靠性和稳定性，可尝试建立对各类变形曲线都有普适性的统一变形计算区间。

由于不同类型的滑坡对应的变形曲线也各不相同，无法直接通过时间节点或变形速率确定相同计算区间，但滑坡变形曲线可以通过坐标变换进行无量纲处理，转换为切线角变化曲线(许强等，2009)，使各种滑坡变形曲线可以在相同切线角特征下比较。切线角模型将滑坡变形曲线划分为初始变形、匀速变形和加速变形三阶段，并通过切线角大小反映滑坡危险程度，计算公式为 $\alpha = \arctan(V/V_1)$，式中，V 为滑坡实际变形速率，V_1 为滑坡匀速变形阶段变形速率。当切线角大于 45° 时，认为滑坡进入了加速变形阶段，这一阶段又可细分为初加速(45°～80°)、中加速(80°～85°)、加加速(>85°)变形阶段，切线角越接近 90°，滑坡越接近发生。

以 2017 年 2 月 17 日龙井村滑坡 1#裂缝计获取的精细化变形数据为例，首先计算出对应的滑坡切线角变化特征(图 14.10)，再选取滑坡前 7 天的 2019 年 2 月 10 日 0 时作为起算点，随时间逐渐接近滑坡发生的过程中，不断利用斋藤时间预报模型计算滑坡发生剩余时间，并获取计算剩余时间与实际剩余时间的偏差值(图 14.11 纵坐标)，获取偏差值与滑坡失稳剩余天数的关系。以此类推，得到不同时间起算点对应的预报偏差值与滑坡剩余天数的关系(表 14.3，图 14.11)，分析数据后发现，时间预报的起算点越早，最终计算的临滑时间预报偏差值反而越大。分析预报偏差与切线角的规律发现，滑坡预报时间偏差值随着滑坡的临近而趋于稳定，其在变形切线角超过 75° 以后不再有明显波动，即使计算点达到临滑点，偏差值也不会减小。

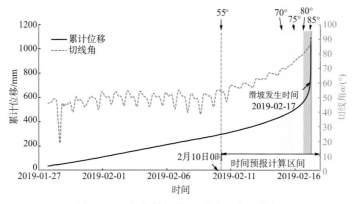

图 14.10　龙井村滑坡 1#裂缝计变形数据

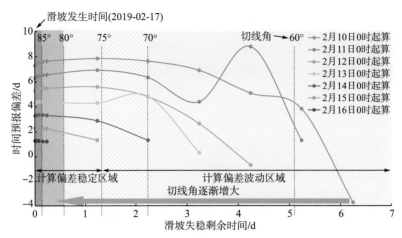

图 14.11   龙井村滑坡 1#裂缝计不同起算点斋藤预报模型偏差特征

表 14.3   龙井村滑坡不同预报时间点对应的预报误差

起算时间点	预报计算时间节点距滑坡发生剩余时间/d	预报偏差/d
2 月 10 日 0 时	6.2	−3.7
	5.2	3.8
	4.2	5.0
	3.2	6.9
	2.2	7.6
	1.2	7.8
	0.2	7.6
2 月 11 日 0 时	5.2	1.3
	4.2	8.8
	3.2	4.3
	2.2	6.3
	1.2	6.9
	0.2	6.5
2 月 12 日 0 时	4.2	−0.7
	3.2	2.6
	2.2	4.8
	1.2	5.5
	0.2	5.4
2 月 13 日 0 时	3.2	0.3
	2.2	4.8
	1.2	4.3
	0.2	4.4
2 月 14 日 0 时	2.2	1.3
	1.2	2.8
	0.2	3.3
2 月 15 日 0 时	1.2	1.3
	0.2	2.2
2 月 16 日 0 时	0.2	1.2

注：正值为滞后，负值为提前。

图 14.11 的趋势说明，时间预报计算区间的起点太早会增大预报偏差值，滑坡进入加速变形时，切线角大于 45°，随着变形逐渐加快，切线角也相应增大，在初加速变形阶段(45°~

80°)的前期,加速变形趋势不明显,且距离滑坡实际发生时间还较长,任何轻微的波动都会导致时间预报产生较大的差异;而计算区间结束点过晚也并不能减小偏差,同时,计算点越晚,滑坡越接近失稳,当切线角超过 80°后,滑坡进入中加速变形阶段,随着切线角继续增大,甚至进入临滑阶段,时间预报提前量越来越小,对于滑坡应急处置工作也越不利。根据龙井村滑坡变形数据发现,当切线角超过 75°后时间预报值基本稳定。

　　为证实时间预报中滑坡变形对应切线角在 70°~75°时,计算的偏差相对稳定且具有普适性,以 2017 年 5 月 13 日发生在甘肃省盐锅峡镇的黑方台 CJ6#黄土滑坡精细变形数据为例进行验证。CJ6#滑坡变形虽然表现出一定的突发性,但通过计算切线角,并采用斋藤预报模型仍然能反映出较明显的规律,即不同起算点进行时间预报计算的偏差在切线角超过 75°以后逐渐稳定(图 14.12)。

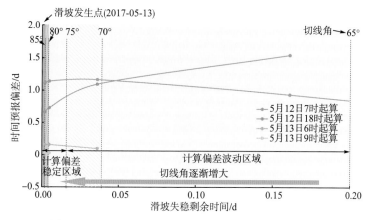

图 14.12　CJ6#滑坡不同起算点斋藤预报模型偏差特征

　　综合考虑滑坡预报偏差的稳定性和起算点的影响,可以以切线角 70°~75°作为滑坡临滑时间预报的计算区间,以此实现不同滑坡变形曲线计算区间的统一,避免计算区间差异导致滑坡时间预报的差异(图 14.13)。

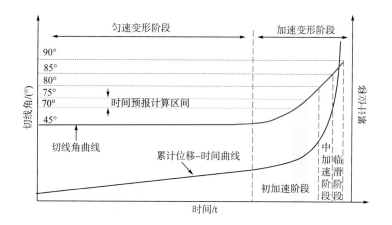

图 14.13　滑坡时间预报计算区间示意图

14.2.1.2　时间预报计算值的修正

在滑坡临滑预报的实际应用中发现,现有滑坡临滑时间预报方法还存在预报时间偏晚的问题,龙井村滑坡前三天利用斋藤模型计算得到的滑坡时间比实际滑坡时间滞后超过3d,而其他临滑时间预报模型计算结果仍然偏晚。分析近年来通过智能裂缝计获取的多个滑坡精细变形曲线后发现,滑坡进入临滑阶段后(亓星,2017),变形速率会在已有加速增长的基础上再次陡增,表现出累计位移曲线明显的上翘特征,与一般临滑预报模型所拟合的光滑曲线不完全相符,使预报时间比实际发生时间偏晚,可能对滑坡应急处置等防灾工作带来潜在威胁。

变形曲线出现明显的陡增,其内在变化体现在变形切线角的迅速增大,切线角的非线性增长导致了滑坡的提前发生。通过模拟滑坡变形时切线角的变化特征发现:当切线角匀速增大时,切线角斜率为常数,此时选取切线角在 70°～75° 内的变形数据进行斋藤时间预报,计算的滑坡失稳时间与实际失稳时间完全一致;而当预报区间的变形切线角加速增大时,其切线角斜率也相应增大,滑坡变形会在逐渐增长的基础上再次加速,使滑坡发生时间提前[图 14.14(a)],表现为切线角的斜率由 α_1 增大至 α_2 时,滑坡发生时间由 t_2 提前至 t_1,两者包含的面积相等,即 $\alpha_2/\alpha_1=t_2/t_1$[图 14.14(b)]。

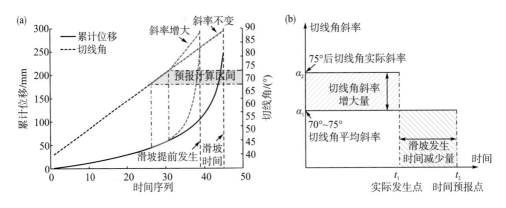

(a)切线角加速增大时,滑坡发生时间提前; (b)切线角斜率变化与滑坡发生时间规律

图 14.14　切线角斜率变化与滑坡发生时间的关系

以贵州龙井村滑坡 1#裂缝计变形和切线角数据为例(图 14.15),采用 70°～75°切线角作为时间预报计算区间,其切线角平均斜率为 5.8,由此计算滑坡在 2.4d 后发生。而切线角 75°至滑坡发生期间的实际平均斜率增大至 11.5,增大了约 1 倍,对应实际滑坡时间为 1.3d 后发生,滑坡发生时间也大致缩短为原预报时间的 1/2。由此发现,滑坡提前发生表现出加速变形阶段中切线角斜率增大的现象,而通过计算切线角斜率增大值在时间上的积分量,可以计算出滑坡实际发生时间相对于预报时间的提前量。

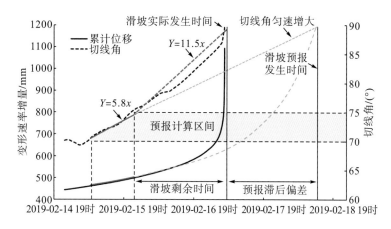

图 14.15　贵州龙井村滑坡斋藤预报时间和滑坡发生时间的关系

分析现有精细化监测获取的大量变形曲线特征发现(亓星，2017)，当切线角从 75°增大至接近 90°期间，变形曲线都存在明显的陡增，表现为切线角的斜率进一步增大，而不同滑坡变形曲线中加速变形阶段相似的特点，使时间提前量可通过大致相同的修正系数确定，在应急抢险等需要快速估计滑坡失稳时间时，其折减值不用精细积分计算切线角斜率增加量与滑坡时间减少量的关系来确定。由此，以贵州龙井村滑坡变形数据为例，根据其切线角斜率增大了 1 倍的规律，定义修正系数值 0.5 作为改进斋藤模型的时间预报修正系数，即以滑坡变形切线角 70°~75°为计算区间计算出滑坡失稳剩余时间，再乘以折减系数 0.5 得到最终滑坡失稳时间。

14.2.2　临滑时间预报方法应用实例

14.2.2.1　贵州兴义龙井村 9 组滑坡

2019 年 2 月 17 日凌晨 5 时 53 分，贵州省黔西南州兴义市龙井村 9 组发生了一起深层顺层岩质滑坡，超过 60 万 m³ 山体失稳破坏，直接威胁了滑坡下游数百人的安危，由于本团队成员提前近 1h 发布了红色预警，结合现场科学管理和处置，该滑坡并未造成人员伤亡和财产损失。

龙井村滑坡为深层顺层岩质滑坡(图 14.16)，2014 年该处曾发生一次小规模滑动，在东侧形成了高约 25m 的垂直临空面，后缘也形成了新的裂缝并不断发展，对滑坡下方 400 余人的生命安全造成了严重威胁。2019 年 1 月起，随着智能化监测设备的布设，滑坡变形过程得到精确掌控(图 14.16)，至 2 月 12 日开始，滑坡出现明显的变形加快趋势(Fan et al.，2019b)。2019 年 2 月 14 日 23 时，变形对应的切线角达到 70°，累计位移为 444.4mm，2 月 15 日 22 时，切线角达到 75°，累计位移 496.9mm。根据改进的斋藤时间预报模型，在变形对应的切线角达到 75°时进行时间预报，预报计算区间为切线角 70°~75°对应的变形量，并将计算值折减 0.5 倍，得到滑坡预报时间为 2019 年 2 月 17 日 2 时 10 分，提前

32h 做出时间预报，与实际滑坡发生时间相差不足 4h，而未折减的原始斋藤时间预报模型计算滑坡发生时间为 2 月 18 日 6 时 20 分，误差超过 24h。

（a）滑坡发生前照片；（b）滑坡发生后照片

图 14.16　龙井村滑坡前后对比

14.2.2.2　甘肃黑方台黄土滑坡

黑方台位于我国西北黄土地区，地处甘肃省永靖县盐锅峡镇，是灌溉诱发的黄土滑坡集中发育区，由于常年灌溉每年在台塬边会产生多次黄土滑坡（亓星，2017）。近年来，结合早期识别工作在可能发生滑坡的区域布设了多个位移监测设备，成功获取了黑方台多次黄土滑坡的完整变形数据（图 14.17）。

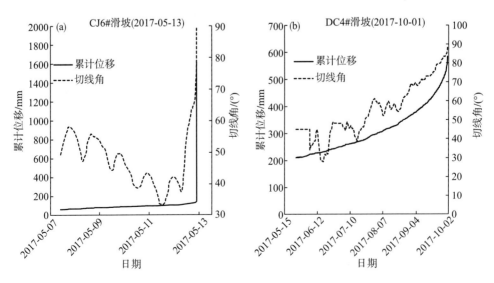

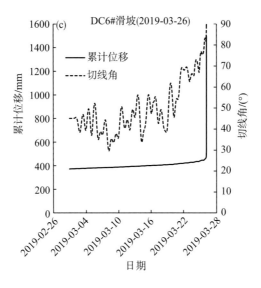

(a) CJ6#滑坡(2017-05-13)；(b) DC4#滑坡(2017-10-01)；(c) DC6#滑坡(2019-03-26)

图 14.17 黑方台多次黄土滑坡变形曲线

CJ6#滑坡位于黑台东北侧磨石沟右岸，为典型的突发型黄土滑坡。2017 年 5 月 13 日，CJ6#滑坡产生了一次滑动，滑坡体积约为 600m³。DC4#滑坡和 DC6#滑坡位于甘肃省永靖县盐锅峡镇黑方台西南侧黄河边，DC4#滑坡自 2017 年 8 月底开始产生变形并逐渐加速，2017 年 10 月 1 日凌晨 5 时许，DC4#滑坡附近连续产生滑动，在滑源区形成了 3 个凹槽，并在滑坡下方形成了超过 300m 长的堆积体。DC6#滑坡也为突发型黄土滑坡，自 2019 年 3 月 24 日后变形开始加快，并于 2019 年 3 月 26 日凌晨产生滑动(亓星，2017)。由于针对几次滑坡都布设了有效的监测设备，并通过完整的滑坡变形数据成功提前预警，并未造成人员伤亡。

分析黑方台数次黄土滑坡的变形数据，以变形对应的切线角在 70°～75°作为计算区间，根据改进的斋藤时间预报模型进行计算并折减 0.5 倍，得到滑坡预报时间和实际发生时间如表 14.4 所示。

表 14.4 改进后的黑方台黄土滑坡临滑时间预报比较

滑坡案例	预报失稳时间	滑坡实际发生时间	预报计算时间节点距滑坡发生剩余时间/小时	预报偏差/小时	未折减原始斋藤模型预报偏差/小时
CJ6#滑坡（2017-05-13）	2017-05-13 9:06	2017-05-13 9:52	0.2	0.8	-1.3
DC4#滑坡（2017-10-01）	2017-10-01 8:01	2017-10-01 5:00	45	-3.0	-51
DC6#滑坡（2019-03-26）	2019-03-27 3:09	2019-03-26 4:59	26.0	-22.2	-70.3

注：负值为预报滞后。

由表 14.4 可见,即使是具有一定突发性的黄土滑坡,改进的斋藤时间预报方法计算的滑坡失稳时间精度均优于改进前,预报偏差值更小,且计算区间的明确使得不同的人采用相同方法计算出的时间预报值基本一致。

由此,本章提出的基于斋藤时间预报模型的滑坡变形临滑时间预报方法具有较强的普适性,可以用于多种类型的滑坡临滑时间预报。在需要精确判断滑坡发生时间时,还可根据变形数据实际切线角的斜率变化量,精确确定出滑坡发生时间的提前量。

14.3　本 章 小 结

通过对黑方台黄土滑坡的变形曲线进行分析,研究基于速率倒数法模型和斋藤模型的短期临滑时间预报方法,并对比这些方法的可靠性和适用性,主要工作和成果如下。

(1)通过对黑方台突发型黄土滑坡的变形曲线进行分析,揭示了这类滑坡所具有的前期缓慢匀速变形和突增式加速变形特征,而基于速率倒数法能较好地拟合出这类滑坡的变形速率曲线;根据黄土滑坡前期匀速变形和刚进入加速变形的速率-时间曲线,利用速率倒数法模型进行拟合,获得该方法的基本模型参数,可以较好地反映滑坡进入加速变形阶段的变化趋势,并计算出相应的失稳时间,以此建立了黑方台突发型黄土滑坡的短期时间预报方法。

(2)针对现有滑坡临滑时间预报模型计算区间不统一导致相同预报方法结果不同的问题,以斋藤时间预报模型为例,通过分析时间预报偏差与选取计算区间的差异规律,提出了以变形切线角 70°～75°作为计算区间,并考虑加速变形阶段切线角斜率不断增大导致滑坡发生时间提前的特点,通过实际斜率与计算区间斜率的比值修正滑坡预报时间,初步确定修正值为 0.5,由此在滑坡应急处置期间可直接采用修正系数对各类变形计算预报时间进行修正。

(3)对贵州龙井村滑坡和甘肃黑方台多个滑坡的精细变形数据进行检验,表明改进后的滑坡临滑时间预报可应用于多种滑坡,预报时间更为精确,且具有一定的普适性。

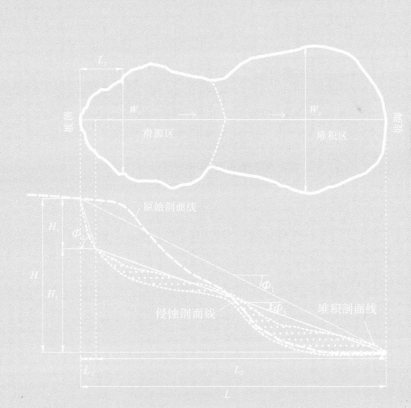

滑源区

堆积区

坡顶

坡脚

原始剖面线

侵蚀剖面线

堆积剖面线

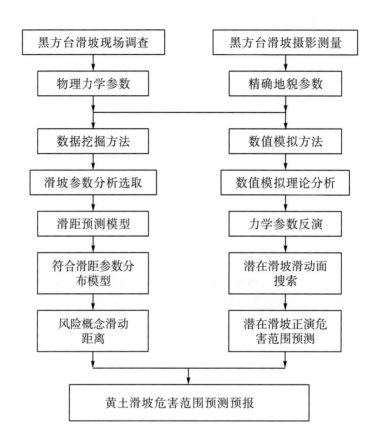

黑方台滑坡现场调查 → 物理力学参数 → 数据挖掘方法 → 滑坡参数分析选取 → 滑距预测模型 → 符合滑距参数分布模型 → 风险概念滑动距离

黑方台滑坡摄影测量 → 精确地貌参数 → 数值模拟方法 → 数值模拟理论分析 → 力学参数反演 → 潜在滑坡滑动面搜索 → 潜在滑坡正演危害范围预测

黄土滑坡危害范围预测预报

第15章 基于数据挖掘方法的黄土滑坡危害范围预测预报

滑坡滑动距离预测的研究一直是滑坡空间研究的主要内容，具有重要的防灾减灾意义。由于滑坡运动机理的复杂性、诱因的多样性和滑体运动轨迹的不确定性，使得其预测预报的研究一直被认为是一项较难的前沿研究课题。现阶段主要的研究方法(如经验统计模型、不同假设条件下的理论推导和模拟模型、数值模拟预测模型)各有各的优势，也各有改进的空间(李骅锦，2017)。

建立滑坡空间危险范围预测预报模型：首先基于现场调查和无人机低空摄影测量，提取黑方台地区的滑坡地貌数据和体积数据，并将研究区滑坡分为黄土内滑坡和黄土基岩滑坡两类；其次基于数据，运用 boosting-tree 方法筛选参数及 7 种主流机器算法分别对两类滑坡的滑动距离(滑距)进行对比训练，选出精度最高的方法建立预测模型；最后将预测所得数据进行 K-S 检验，建立符合常规分布的 VaR 与 TVaR 风险模型，计算得到两类滑坡的风险概率滑动距离，对该区域的风险概率危险范围进行划分，并做出评价进行探讨(李骅锦等，2016a；李骅锦等，2016b；Xu et al.，2017a；李骅锦等，2017)。

15.1 滑坡空间危险范围预测预报模型

滑坡空间危险范围预测预报研究的核心即是滑动距离的研究。基于数据挖掘方法，研究滑坡地貌参数和体积参数与其滑动距离之间数据上的关系，建立滑坡滑动距离的预测模型；另外，将预测得到的滑动距离数据建立滑坡群风险概率滑动距离模型，计算得研究区的滑坡空间危险范围。以甘肃黑方台地区滑坡群为样本，验证该模型方法的准确性和可行性。

滑坡空间危险范围预测模型主要分为两个部分：其一，基于滑坡地貌参数，建立 7 种主流机器学习算法预测模型，筛选得到效果最优的模型，以对滑坡滑距进行预测；其二，引入金融工程风险的概念，对预测得到的滑动距离进行风险计算，得到其风险概率滑距。

15.1.1 多机器算法模型预测滑动距离

针对滑坡滑距，国内外学者做了大量的研究工作，滑坡体积和地形地貌两类因素对滑坡滑动距离的影响得到了广泛认同。研究工作表明，两类因素与滑坡滑距的线性关系并不显著，两者的相关系数均小于 0.8。因此在研究中，引进非线性算法显得十分必要。

作为强大的非线性算法，机器算法模型在该领域充当着极为重要的角色。现阶段，七种主流机器算法如 [classification and regression tree（C&RT），chi.squared automatic interaction detection（CHAID），Boosting Tree，Random Forest，multivariate adaptive regression splines（MAR Splines），Multi.layer perceptron（MLP），support vector machine（SVM）]在诸多领域都发挥着重要的作用（Zoubir et al.，1998；Timmerman et al.，2008；Kaunda，2010；Soykan et al.，2014；Wei et al.，2015；Wu，2015；Zhu et al.，2017b；Li et al.，2018）。

由于滑坡原始地貌参数种类较多，为能提高预测的精度，需筛选出与研究区滑坡滑距关系最为显著的地貌参数作为评价参数。本模型对研究区两类滑坡（黄土内滑坡及黄土基岩滑坡）的地貌参数进行筛选，选出最优预测模型的输入参数。

基于参数筛选计算结果，建立基于 7 种机器算法的滑距预测模型，各方法简介如下：

（1）C&RT 是一种递推式的分类回归树，可从众多的属性变量中选择一个当前的最佳分支变量，即选择能使异质性下降最快的变量，以先验数据推到后验数据。具有自识别，自补偿、短耗时、全局性较好的优势。

（2）CHAID 是一种可产生多分枝的决策树，具有可对目标进行限定的优势。在运算过程中，也可根据显著性确定分支变量和分割值，进而优化树的分枝过程。

（3）Boosting Tree 是一种加权加法模型的逐步更新算法，其加法方向为向前分布算法，其前向分布算法实际上是一个贪心的算法，也就是在每一步求解弱分类器和其参数的时候不去修改之前已经求好的分类器和参数。可提高计算精度。

（4）Random Forest 是一种定义参数步骤简单的算法，可以用来做分类、聚类、回归和生存分析。

（5）MAR Splines 是一种被广泛接受的非参数技术。它在用于估计功能点的预测建模中具有竞争力。多重分段线性回归通过最小二乘法进行操作，并与预测相结合。

（6）MLP 是一种运用较广的神经网络，名为多层感知器。具有高度的并行性、高度的非线性、全局作用及良好的容错性与联想记忆功能的特点，其十分强的自适应、自学习功能人工神经网络可以通过训练和学习来获得网络的权值与结构，呈现出很强的自学习能力和对环境的自适应能力。

（7）SVM 运用较为广泛，其主要思想是建立一个分类超平面作为决策曲面，使得正例和反例之间的隔离边缘被最大化，建立模型对数据进行聚类、分类以及回归。

为对预测结果进行评价，得到最优预测方法。选用以下公式对预测结果进行评价，其中 AE 为绝对误差，MAE 为平均绝对误差，APE 为相对误差绝对值，MAPE 为平均相对误差绝对值，Std_{AE} 为绝对比误差，Std_{APE} 为平均绝对百分比误差。

$$AE = |\hat{y} - y| \tag{15.1}$$

$$MAE = \frac{\sum_{i=1}^{N} AE(i)}{N} \tag{15.2}$$

$$\mathrm{APE} = \left| \frac{\hat{y} - y}{y} \right| \tag{15.3}$$

$$\mathrm{MAPE} = \frac{\displaystyle\sum_{i=1}^{N} \mathrm{APE}(i)}{N} \tag{15.4}$$

$$\mathrm{Std}_{\mathrm{AE}} = \sqrt{\frac{\displaystyle\sum_{i=1}^{N} \left[\mathrm{AE}(i) - \mathrm{MAE}\right]^2}{N-1}} \tag{15.5}$$

$$\mathrm{Std}_{\mathrm{APE}} = \sqrt{\frac{\displaystyle\sum_{i=1}^{N} \left[\mathrm{APE}(i) - \mathrm{MAPE}\right]^2}{N-1}} \tag{15.6}$$

式中，y 为滑动距离；$\hat{y}$ 为滑距预测值；i 指具体滑坡；N 为滑坡数目。

15.1.2　K-S 检验与 VaR（TVaR）计算滑坡危险范围

基于滑距预测结果进行统计分析，计算其概率滑距，以确定滑坡危险范围。因此，统计分析是确定滑坡跳动距离范围的基础。归因于其结构复杂性，不同的滑坡具有不同的统计模式。为研究黑方台两类滑坡的滑动距离的统计特性，选用参数模型。基于跳动距离的连续性的假设来构造参数模型。连续性平等的测试是参数建模的前提。

Kolmogorov-Smirnov（K-S）检验是一种测量分布连续性的非参数方法。K-S 测试的优点是显著的，首先，它不对数据的分布做出假设；其次，它给出了正态检测的图解释。在式（15.7）、式（15.8）中，其测试统计量 D 是经验累积密度函数（cumulative density function，CDF）$F_n(x)$ 和假设累积密度函数 $F^*(x)$ 之间的最大绝对差。

$$D = \max \left| F_n(x) - F^*(x) \right| \tag{15.7}$$

$$f_n(x) = \sum \frac{n_j}{n(c_j - c_{j-1})} \tag{15.8}$$

式中，$f_n(x)$ 为分布概率密度函数；n 为样本数量；j 为一个区间；c_j 和 c_{j-1} 为上限和下限。

基于 K-S 测试的结果，选择 4 种经典参数模型拟合预测的滑动距离：伽马（Gamma）分布，对数正态（Log-normal）分布、指数（Exponential）分布和威布尔（Weibull）分布的概率密度函数，如式（15.9）、式（15.10）、式（15.11）和式（15.12）中表示。基于经典参数估计方法的最大似然估计（maximum likelihood estimatioin，MLE）对研究区滑坡数据进行估计。

$$f(x) = \frac{\left(\dfrac{x}{\theta}\right)^{\alpha} \mathrm{e}^{\frac{-x}{\theta}}}{x\tau(\alpha)} \tag{15.9}$$

$$f(x) = \frac{1}{x\sigma\sqrt{2\pi}} \exp\left(\frac{-z^2}{2}\right) \tag{15.10}$$

$$f(x) = \frac{e^{\frac{-x}{\theta}}}{\theta} \tag{15.11}$$

$$f(x) = \frac{\tau \left(\dfrac{x}{\theta}\right)^{\tau} e^{-\left(\dfrac{x}{\theta^{\tau}}\right)}}{x} \tag{15.12}$$

上式中：α 和 θ 为伽马分布的形状参数及尺度参数；z 和 σ 为对数正态分布的位置参数和尺度参数；θ 为指数分布的率参数；τ 和 θ 为威布尔分布的形态参数及尺度参数；所有参数均是分布模型的评价参数。

拟合参数模型的性能表明滑坡的跳动距离的统计特性。A-D（Anderson-Darling）检验的可靠性在拟合优度测试中被广泛接受。通过式（15.13）完成检验计算，所得检验统计量 A^2 为基于平方差计算的二次类值，较小的 A^2 值表示更好的拟合性能：

$$A^2 = n \int_{u}^{t} \frac{\left[F_n(x) - F^*(x)\right]^2}{F_n(x)\left[1 - F^*(x)\right]} f^*(x)\mathrm{d}x \tag{15.13}$$

式中，$F_n(x)$ 为原始数据累积密度函数；$F^*(x)$ 为拟合累积密度函数；t 和 u 表示正无穷大和负无穷大。

危险范围评价模型的核心为计算概率滑距，同一标准化尺度的各个置信区间所得的滑动距离可为解决该问题提供途径。使用两种危险测量指标，即 VaR [Value-at-Risk，式（15.14）] 和 TvaR [Tail-Value-at-Risk，式（15.15）] 确定滑坡危险范围：

$$\mathrm{VaR}_P(X) = F_X^{-1}(p) \tag{15.14}$$

$$\mathrm{TVaR}_P(X) = \mathrm{VaR}_P(X) + \frac{E[x] - E\left[x^{\mathrm{VaR}_P(x)}\right]}{1 - p} \tag{15.15}$$

式中，x 为统计所得滑坡滑动距离；$X = [x_1, x_2, \cdots, x_n]$；$p$ 为置信度；$F_X^{-1}(p)$ 为累积密度函数的逆函数；$\left[x^{\mathrm{VaR}_P(x)}\right]$ 表示滑距小于风险值的条件均值。

15.2 地貌数据获取方法简介

黑方台地区滑坡主要分为黄土内滑坡与黄土基岩滑坡两类，结合现场调查，选取滑坡体积、滑源区长度、滑源区宽度、滑坡壁高、滑坡落差、滑坡阴影角与黄土厚度 7 类参数评价黄土内滑坡滑距（图 2.2）；选取滑坡体积、滑源区长度、滑源区宽度、滑坡壁高、滑坡落差、滑动方向、基岩倾向、基岩倾角以及滑坡阴影角 9 类参数评价黄土基岩滑坡滑距。

选取得到参数详细解释如下（图 2.2 和表 2.2）：

滑源区长度（L_3）：在滑源区取平行于滑动方向的最大长度，单位 m。

滑源区宽度（W_1）：在滑源区取垂直于滑坡轴长的最大长度，单位 m。

滑坡壁高（H_1）：滑坡坡顶与滑坡剪出口之间的高程之差，单位 m。

滑坡体积(V)：滑坡物源总量，单位 m³。

滑坡落差(H)：滑坡坡顶与滑坡最远到达处之间的高程之差，单位 m。

滑坡阴影角(θ_3)：滑坡最远到达处对滑坡剪出口的仰角，单位(°)。

黄土厚度：滑坡发育处黄土厚度，单位 m。

滑动方向：滑坡主滑方向的方位角，单位(°)。

基岩倾向：黄土基岩滑坡发育处底座基岩岩层产状之倾向，单位(°)。

基岩倾角：黄土基岩滑坡发育处底座基岩岩层产状之倾角，单位(°)。

滑距(L)：滑坡滑动距离，为滑坡剪出口与滑坡最远到达处之间的平面投影距离，单位 m。

15.3　危险范围模型结果及分析

15.3.1　滑距预测模型结果

据上节可知，由于选取参数种类较多，需要对预测模型的参数进行筛选。基于 Boosting Tree 模型，得到地貌数据对滑距的重要性。较高的重要性分数指数表示两者具有较高相关性，选取 80%作为重要性的阈值并应用于选取参数。分析计算结果，滑源区长度、滑源区宽度、滑坡壁高、滑坡体积和滑坡落差作为预测黄土内滑坡滑距的输入参数(表 15.1)。滑源区长度，基岩倾角和滑坡阴影角作为输入参数，用于预测黄土基岩滑坡的滑距(表 15.2)。

表 15.1　黄土内滑坡参数筛选模型计算结果

参数类型	重要度/%
滑源区长度	100
滑源区宽度	92
滑坡壁高	91
滑体体积	84
滑坡落差	84
滑坡阴影角	79
黄土厚度	70

表 15.2　黄土基岩滑坡参数筛选模型计算结果

参数类型	重要度/%
滑源区长度	100
基岩倾角	95
滑坡阴影角	80
滑坡落差	76
滑动方向	76
滑坡体积	74
滑源区宽度	70
滑坡壁高	59
基岩倾向	57

基于选取参数建立七种方法滑距预测模型，建模方式如下式：

$$y_S = f(x_1, x_2, x_3, x_4, x_5) \tag{15.16}$$

$$y_{LB} = f(w_1, w_2, w_3) \tag{15.17}$$

式中，y_S 为黄土内滑坡滑距；y_{LB} 为黄土基岩滑坡滑距；$x_1, \cdots, x_5$ 为黄土内滑坡的滑源区长度、滑源区宽度、滑坡壁高、滑体体积和滑坡落差；$w_1, \cdots, w_3$ 为黄土基岩滑坡的滑动长度，基岩倾角和滑坡阴影角。

在建立预测模型的过程中，选取 38 组黄土内滑坡的地貌数据进行训练，余下的 15 组进行检验；黄土基岩滑坡中，选取 14 组数据进行训练，余下 8 组进行检验。计算精度详见表 15.3 及表 15.4。

一共建立了两类滑坡共计 14 种预测模型，由于篇幅有限，图 15.1 仅展示部分计算结果详情(预测结果最优模型为 MLP)。

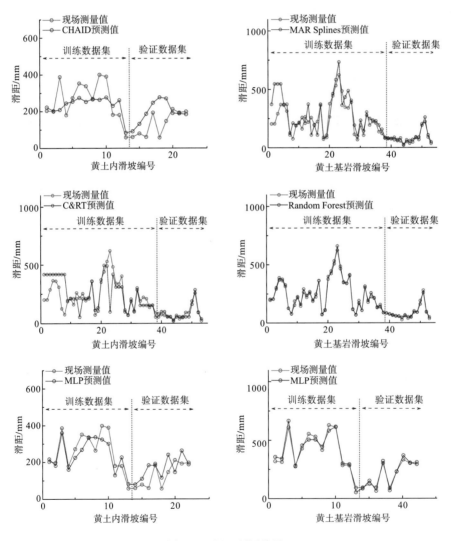

图 15.1   滑距预测结果

表 15.3　黄土内滑坡预测精度

方法	平均绝对误差/%	平均绝对百分比误差/%	平均相对误差绝对值/%
C&RT	15.02	23.15	6.40
CHAID	11.44	17.72	18.20
Boosting Tree	15.56	11.68	14.01
Random Forest	18.86	17.68	13.80
MAR Splines	1.73	1.77	2.42
MLP	1.57	1.17	1.41
SVM	15.04	22.51	21.14

表 15.4　黄土基岩滑坡预测精度

方法	平均绝对误差/%	平均绝对百分比误差/%	平均相对误差绝对值/%
C&RT	15.90	15.57	6.10
CHAID	17.84	13.21	18.84
Boosting Tree	17.74	13.88	15.76
Random Forest	15.78	19.50	17.20
MAR Splines	18.50	15.71	20.36
MLP	4.20	3.62	4.27
SVM	20.72	17.20	27.50

15.3.2　滑距危险范围计算结果

基于预测模型计算结果，选择 MLP 模型计算结果为危险范围计算样本参数，计算其危险范围。

参数分布可以反映滑坡滑距的统计特性。故运用连续性检验及参数分布拟合可对滑坡滑距进行建模分析。为了测试预测的跳动距离的连续性，应用 Kolmogorov-Smirnov（K-S）检验，构造经验累积密度函数与 K-S 累积密度函数拟合曲线进行比较。图 15.2 为在 0.05 显著水平下计算的 K-S 试验曲线，其临界值为 1.36 与 1.83，反映研究区的滑距参数为连续分布参数，且不符合正态分布。

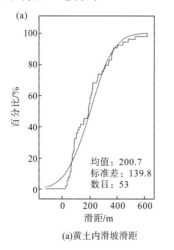
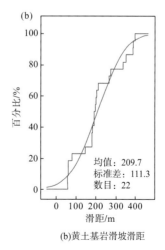

(a)黄土内滑坡滑距　　(b)黄土基岩滑坡滑距

图 15.2　K-S 检验计算结果

注：图中蓝色折线为实际累积密度函数，红色曲线为拟合累积密度函数。

　　由 K-S 检验可知，研究区两类滑坡滑距均为连续分布数据，可对其进行 A-D 检验以验证其最适宜的分布类型判定。四类分布如伽马分布、对数正态分布、指数分布和威布尔分布的拟合情况计算结果见表 15.5。

表 15.5　分布拟合计算结果

滑坡类型	分布类型	A^2	置信度
黄土内滑坡	对数正态分布	0.362	0.040
	指数分布	0.723	0.249
	威布尔分布	0.393	0.250
	伽马分布	0.391	0.250
黄土基岩滑坡	对数正态分布	1.104	0.006
	指数分布	3.172	0.003
	威布尔分布	0.658	0.031
	伽马分布	0.786	0.045

　　由表 15.5 可知，在黄土内滑坡的四类分布中，对数正态分布的返回了最小的 A^2 值；而在黄土基岩滑坡中，威布尔分布返回了最小的 A^2 值。两者的置信度分别为 0.040 与 0.031，均小于 0.05，符合统计学的显著性。所以，以对数正态分布描述黄土内滑坡滑距，用威布尔分布描述黄土基岩滑坡滑距。计算结果见图 15.3。

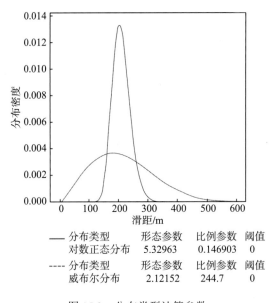

分布类型	形态参数	比例参数	阈值
—— 对数正态分布	5.32963	0.146903	0
---- 威布尔分布	2.12152	244.7	0

图 15.3　分布类型计算参数

　　基于分布函数 VaR 与 TvaR(图 15.4)，可计算研究区滑坡的概率滑距。表 15.6 统计得到在不同置信水平(如 0.95 与 0.99)下的风险滑距计算结果。

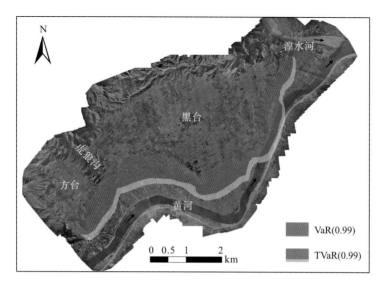

图 15.4　滑坡危险范围计算结果

表 15.6　VaR 与 TVaR 计算结果

滑坡类型	分布类型	VaR (0.95)	VaR (0.99)	TVaR (0.95)	TVaR (0.99)
黄土内滑坡	对数正态分布	474.31	585.33	772.83	794.62
黄土基岩滑坡	威布尔分布	410.43	502.67	627.44	796.48

15.4　本章小结

　　滑坡滑动距离预测的研究一直是滑坡空间研究的主要内容，也是一项较难的前沿研究课题，具有重要的防灾减灾意义。本模型首先基于现场调查和无人机航拍，提取黑方台地区的滑坡地貌数据和体积数据，并将研究区滑坡分为黄土内滑坡和黄土基岩滑坡两类；其次基于数据，运用 Boosting Tree 方法筛选参数及 7 种主流机器算法分别对两类滑坡的滑动距离进行对比训练，选出精度最高的方法建立预测模型；最后将预测所得数据进行 K-S检验，建立符合常规分布的 VaR 与 TVaR 风险模型，计算得到两类滑坡的风险概率滑动距离，对该区域的风险概率危险范围进行划分，并做出评价，进行探讨。

　　通过建模计算，选择滑源区长度、滑源区宽度、滑坡壁高、滑坡体积和滑坡落差作为预测黄土内滑坡滑距的输入参数；选择滑源区纵向长、基岩倾角和滑坡阴影角作为黄土基岩滑坡滑距的输入参数；对比机器算法计算结果可知，MLP 在 7 种数据预测方法中表现最优；通过 K-S 检验与 A-D 检验，选择对数正态分布描述黄土内滑坡滑距，用威布尔分布描述黄土基岩滑坡滑距。建立基于对数正态分布及威布尔分布的 VaR 模型与 TVaR 模型，统计得到在不同置信度的危险范围。该方法科学合理地选择了预测模型，并得到了基于统计学的概率滑距和危险范围。计算结果对工程建设和保险行业具有可参考的价值。

第 16 章　基于数值模拟的黄土滑坡危害范围预测预报

前面部分章节对黑方台黄土滑坡的致灾因素、形成机理、成灾模式以及演化过程等进行了详细研究,已有大量的研究成果,而对黑方台黄土滑坡的滑距预测,可以为该地区的滑坡预警及防控提供科学依据。

本章围绕着滑距预测这一目的,基于黑方台 2015～2017 年发生的 7 起典型黄土滑坡滑前及滑后的地形数据,首先通过离散元数值模拟软件对其中 6 起滑坡进行以参数为变量的系列正交试验,得到各组参数及其对应的模拟形态(滑源区宽度、滑源区长度、滑坡壁高、滑坡落差、滑距、堆积区宽度);其次以此作为样本进行神经网络训练,确定出模拟形态与参数之间的映射关系;然后利用此映射关系得到这 6 起滑坡的最优模拟参数,并以这 6 组最优模拟参数的范围作为该地区黄土滑坡数值模拟参数的取值范围;再接着通过对第 7 个滑坡的正演验证该参数取值范围的可靠性;最后以该取值范围的均值作为参数对 CJ7#潜在滑坡进行滑距预测。

16.1　离散元数值计算方法

目前,离散元的应用程序众多,PFC 离散元程序由于其自身接触算法的局限性导致其计算速率很慢,完全无法满足快速的大型数值模拟工程要求,MatDEM 离散元程序则限制于自身接触模型库的局限性,对于很多接触模型都需要通过自行调试、编程实现,不利于应用。本节采用英国 DEM-Solution 公司开发的 EDEM 软件程序进行数值模拟计算,EDEM 软件程序具有计算速率快、运行内存大、操作便捷、适用性广等优点,可以根据需求自行编制 C++程序,可以通过软件自带的 API 接口进行软件的二次开发。EDEM 软件程序还可与 CFD(Fluent)等流体软件进行多场流固耦合分析。EDEM 软件程序主要由三部分组成:Creater、Simulator 和 Analyst。Creater 是前处理模块,用于几何体的导入和颗粒模型的建立等;Simulator 为求解模块,用于模拟颗粒体系的运动过程;Analyst 是后处理模块,可以进行丰富的结果分析。此外,EDEM 软件程序还有丰富的接触模型及材料模型库供用户选择。EDEM 离散元滑坡模型的建立主要有以下三个步骤:①地形数据获取;②建立滑体及滑床的几何模型;③模型平衡颗粒填充(图 16.1)。

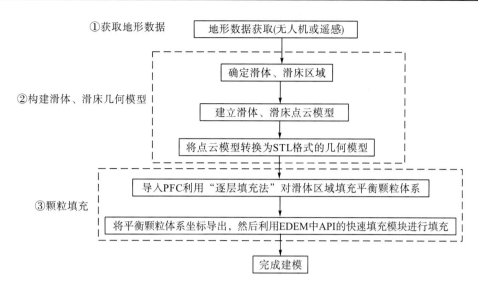

图 16.1 EDEM 离散元滑坡建模流程图

16.1.1 地形数据的获取

滑坡的地形数据一般可以通过遥感或无人机等途径获取,但遥感数据受限于精度问题,往往很多时候精度不能够满足数值计算的需求,随着近年来低空摄影测量技术的不断发展,使得三维空间地形数据的获取变得简单、方便、精确有效且成本低,在地质灾害的调查中得到了广泛的应用,10.2 节对其精度进行了详细分析。

根据获取的多期点云数据统计出 7 个黑方台典型黄土滑坡的形态要素特征如表 16.1 所示。

表 16.1 7 个黑方台典型黄土滑坡形态要素特征统计

地点	发生日期	无人机数据	滑坡体积/m³	h/m	H/m	L_1/m	W_1/m	L_2/m	W_2/m
JJ4#	2015-01-28	2015-01~2015-03	141587.7	30.04	119.64	472.05	199.3	79.5	165.8
DC2#	2015-04-29	2015-01~2015-05	445516.6	48.95	124.85	539.87	187.85	189.39	172.37
DC3-1#	2015-08-03	2015-05~2016-05	35228.52	24.26	108.68	324.95	92.87	36.57	111.66
DC3-2#	2017-02-19	2016-05~2017-02	133185.6	29.88	113.5	380.16	173.05	113.67	120.7
CJ6#	2016-05-03	2015-05~2016-05	32684.84	33.69	74.3	190.66	67.53	107.5	120.38
CJ8-1#	2015-03-29	2015-01~2015-05	35940.74	35.57	69.06	292.74	75.07	107.26	82.83
CJ8-2#	2015-09-20	2015-05~2016-05	16427.13	26.65	49.12	232.41	90	54.34	91.59

16.1.2 滑体及滑床的三维构建

滑坡模型一般由滑体几何和滑床几何组成,所以滑坡的三维数值模拟建模通常需要滑坡前后两期的无人机点云数据,这样才能精确地构建出滑体和滑床,由于无人机获取到的点云数据通常都是杂乱无章的,故在构建模型前需要利用 Surfer 软件对点云进行插值处理。黑方台黄土滑坡物质较为均一，属于黄土层内滑坡，故无须考虑节理裂隙的存在。滑床几何采用固定约束，当颗粒运动超出滑床边界范围时，颗粒将会被删除。

16.1.2.1　滑体的构建

如图 16.2 所示，首先利用 Surfer 软件对无人机点云数据进行插值处理，然后通过 Polywork 点云处理软件对滑坡前后两期的点云进行匹配，分别确定出滑前点云 A 的滑源区和非滑源区，以及滑后点云 B 的滑源区和非滑源区，然后将滑前点云 A 的滑源区部分与滑后点云 B 的滑源区部分进行组合，即可得到封闭滑体的点云，最后将其转换为数值模拟程序所识别的 STL 几何文件，即完成滑体几何的构建。

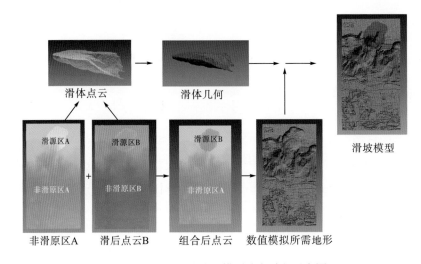

图 16.2　DC2#滑坡地形模型建立过程示意图

16.1.2.2　滑床的构建

滑床的构建则需要滑面点云与流通区的点云进行组合得到，如图 16.2 所示，将滑后点云 B 的滑源区部分与滑前非滑源区 A 点云相互拼接，即得到滑体流通区域所需地形点云，然后将其转换为离散元所需的 STL 几何文件，即完成了滑床几何的构建。

16.1.3　任意几何形状的颗粒快速填充及平衡

滑坡模型建立完成后需要对滑体进行颗粒的填充，对于填充的颗粒体系而言，当颗粒刚度确定后，颗粒间接触力会随着重叠量的增加而增大，此时若颗粒的重叠量过大，会在边界约束或黏结力消失时，颗粒间应变能迅速释放而导致颗粒飞溢、弹开或"颗粒爆炸"等现象，这会掩盖材料变形过程的实际情况，在数值模拟计算中必须要避免，因此，如何建立初始平衡的模型颗粒体系是准确数值模拟的关键。初始平衡颗粒体系的建立方法需要满足如下要求：①颗粒之间要有足够高的接触精度，即要求模型在实现生成颗粒体系的算法时相邻颗粒之间的重叠量要足够的小，因此需要尽可能地提高生成颗粒的算法精度从而减小颗粒间的重叠量；②颗粒体系与边界紧密接触，尽可能实现完全的耦合；③生成的颗粒体系要处于受力平衡状态，即生成的初始构形中，要求每个颗粒所受到的合外力为 0；④适用于任何复杂形状的边界。在实际工程的模拟中，研究对象的形状往往是千差万别的，因此，模型颗粒的生成方法必须能够适用于各种复杂形状的几何边界条件。

　　本节利用 PFC 软件，采用"逐层 brick 填充法"（图 16.3）对滑体进行填充，再结合 EDEM 中 API 开发的快速填充模块对滑体几何进行填充。

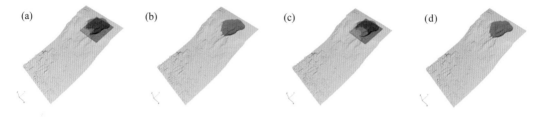

图 16.3　"逐层 brick 填充法"过程示意图

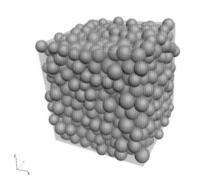

　　PFC 软件中的 brick（块体）是在一个小的周期空间范围内，填充指定粒径、孔隙率的颗粒，然后使其计算至平衡状态，并保存为一个平衡的块体单元文件以便后续随时调用（图 16.4）。在实际的建模中，需要先确定颗粒填充的 X、Y、Z 方向的矩形区域范围，矩形区域需要将滑体几何包括在内，然后根据 Z 值的大小，将矩形区域分为若干层，将每层填充足够数量的 brick，每填充一层后立即删除超出范围的颗粒，再继续下一层的填充，直至模型填充完成，此时的颗粒体系即处于平衡状态，最后将填充完成的颗粒体系坐标

图 16.4　PFC 中 brick（块体）示意图

导出，利用 EDEM 中 API 的快速填充模块对 EDEM 模型中的滑体几何进行快速填充即可完成建模，如图 16.5 所示。

(a) CJ8-1#三维离散元滑坡模型

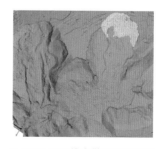

(b) CJ8-2#三维离散元滑坡模型

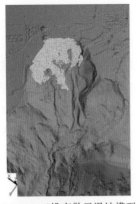 

(c) CJ6#三维离散元滑坡模型　　　　　　　　　　(d) JJ4#三维离散元滑坡模型

(e) DC3-1#三维离散元滑坡模型　　(f) DC3-2#三维离散元滑坡模型　(g) DC2#三维离散元滑坡模型

图 16.5　EDEM 滑坡模型

16.1.4　参数范围的确定

通常，在使用连续介质理论进行计算时，模型中所需的材料力学参数，如黏聚力、内摩擦角、抗拉强度、体积模量、剪切模量等基本都可以通过室内土工实验或由公式换算得到，无须重新进行标定，但对于离散元计算方法而言，由于岩土体的宏观力学参数与数值计算时使用的细观力学参数之间没有良好的对应关系，存在着很高的非线性，两者之间关系无法用简单的数学表达式来表达，故通常需要赋予一系列的细观力学参数进行计算，然后将结果与实际情况进行比对，从中挑选出与实际发生情况最符合的一组细观参数作为最佳标定结果，最后才可应用于其他的模型计算中。由于黄土滑坡的力学参数难以准确获取，细观参数的取值受实际地形影响较大，故需要利用滑坡形态要素特征结合神经网络的方法来实现细观参数的反演分析，在利用滑坡形态要素对黑方台黄土滑坡的细观参数进行反演之前，需要对参数可能的取值范围进行确定，为后面的遍历试验设计提供参考依据。

EDEM 软件程序中需要确定的材料力学参数类型一般分为三种：本征参数、基本接触参数和接触模型参数。

材料的本征参数主要包括：泊松比、剪切模量、弹性模量、密度、粒径、颗粒形态等，这些由材料自身特征参数决定，与外界无关，一般由实验、文献或者材料物性手册直接获取。材料的基本接触参数主要包括：碰撞恢复系数、静摩擦系数和滚动摩擦系数等，是两个材料发生接触时所产生的关系，这三个参数之间的变化较大、无法通过实验直接测得，一般可采用"虚拟实验"进行标定。对于一些特殊的接触模型，还有额外的接触模型参数需要确定，如 JKR 模型的能量密度、Bonding 模型的临界应力等，这些参数的确定通常也是通过"虚拟实验"进行标定。

材料参数范围的确定一般有以下几个步骤：①评估计算量确定粒径；②根据实际标定试验、有关文献或材料物性手册确定颗粒形态、泊松比、杨氏模量、密度等本征参数；③确定剩余待标定的参数变量；④分析获取合理的参数值。

16.1.4.1　评估计算量确定粒径

由于黑方台地区的黄土颗粒粒径差别不大，可采用粒径较为统一的球形颗粒对其进行模拟，在滑坡体积相同的情况下，单个颗粒体积越小，颗粒的数量就会越多，计算运行的速率就会越慢，直接影响数值计算的效率。为定量研究颗粒粒径大小对计算结果及计算效率的影响，以 DC3-1# 为例，选取粒径分别为 0.5~0.7m、0.7~0.9m、0.9~1.1m 的三种粒径对其进行模拟对比，规定总模拟的时间工况为 240s，其他参数取值相同，计算得到的最终堆积结果如图 16.6 所示。

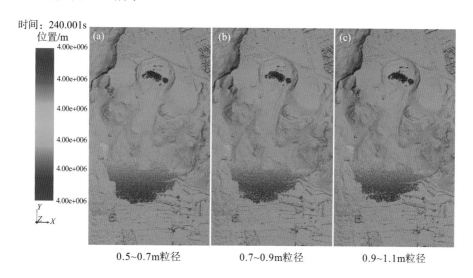

图 16.6　不同粒径的堆积结果对比

从计算结果可以看出，颗粒小的堆积距离较颗粒大的堆积距离远，但差别并不显著，可见颗粒粒径的大小变化对最终的堆积结果影响很小。另外，为研究颗粒数量对计算机运行效率的影响，对三种颗粒数值计算的总耗时进行对比分析，如表 16.2 所示，可知粒径越大，颗粒的数量越多，所需要的计算时间就越多，根据"满足计算机的运行能力下，精度越高越好"的原则，结合黑方台黄土滑坡模型对应的颗粒数量(表16.3)，最终选取颗粒的半径取值范围为 0.5 ～0.7m。

表 16.2　不同粒径下的计算总耗时

颗粒半径/m	颗粒数量/个	计算总耗时/h
0.5～0.7	32375	0.75
0.7～0.9	13886	0.5
0.9～1.1	7236	0.2

表 16.3　不同滑坡模型对应的颗粒数目

滑坡编号	滑坡体积/m³	颗粒数量/个
JJ4#	141587.66	133651
DC2#	445516.56	425012
DC3-1#	35228.52	32375
DC3-2#	133185.61	124994
CJ6#	32684.84	27993
CJ8-1#	35940.74	32868
CJ8-2#	16427.13	14742

16.1.4.2　本征参数的确定

材料的本征参数包括泊松比、弹性模量、密度等，是由材料自身特性决定的，与外界无关。考虑到滑源区与颗粒的接触参数应远低于非滑源区力学参数，故将滑坡模型划分为滑源区和非滑源区进行分别附参，如图 16.7 所示。

图 16.7　滑坡几何分区

由于黑方台地区的材料物质较为均一,结合前人的实验结果及文献(Kang et al.,2018; Qi et al.,2018;Xia et al.,2018),得出黑方台地区的材料本构参数取值如表 16.4～表 16.6 所示。

表 16.4　土体弹性模量参考值

土类	弹性模量/(MN/m²)	土类	弹性模量/(MN/m²)
很软的黏土	0.30～0.35	粉质砂土	7～20
软黏土	2～5	松砂	10～25
中硬黏土	4～8	紧砂	50～80
硬黏土	7～18	紧密砂、卵石	100～200
砂质黏土	30～40		

表 16.5　土体泊松比参考值(顾晓鲁等,1993)

土类	泊松比	土类	泊松比
碎石土	0.15～0.2	砂土	0.2～0.25
粉土	0.25	粉质黏土	0.2～0.35
黏土	0.25～0.42		

表 16.6　材料本征参数取值表

材料	密度/(g/cm³)	弹性模量/(MN/m²)	泊松比
颗粒	1.4	7	0.25
滑源区	1.4	8	0.25
非滑源区	1.4	8	0.25

16.1.4.3　确定剩余待标定的参数变量

在黑方台灌溉诱发型黄土滑坡中,由于底部的黄土长期处于饱水状态,在滑坡发生时往往会出现静态液化的现象,可以认为颗粒与滑源区几何体之间的接触力学参数几乎为零,故选取滑坡颗粒体与滑源区几何体之间的静态摩擦系数、滚动摩擦系数均为 0.01。碰撞恢复系数反映的是材料发生碰撞时的变形恢复能力,由于黑方台地区黄土滑坡均是黄土内滑坡,故认为颗粒与颗粒、颗粒与滑源区几何体、颗粒与非滑源区几何体之间的碰撞恢复系数应该一致,则待标定的参数主要有颗粒与颗粒之间的滚动摩擦系数和静摩擦系数、颗粒与非滑源区几何体之间的滚动摩擦系数和静摩擦系数、模型整体的碰撞恢复系数、JKR 模型的能量密度等 6 个参数。

16.1.4.4　分析获取合理的参数值

为确定出剩余 6 个待标定参数的取值,需要先通过休止角试验和通用 EDMM 材料模

（genetic EDMM material model，GEMM）数据库来确定参数的大致取值范围。由于本节主要是对滑坡运动过程的模拟，故土样主要取自黑方台滑坡堆积区的松散土样，密度为1.39g/cm³，质量含水率为3.4%，试验仪器所用尺寸直径为50mm，高为100mm的标准圆筒柱，根据试验结果可得，黑方台地区黄土的平均休止角约为31°（见图16.8）。

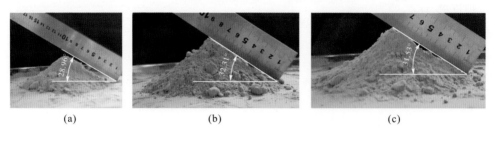

| (a) | (b) | (c) |

图 16.8　休止角试验结果

根据休止角试验的结果，利用 EDEM 软件自身提供的 GEMM 材料数据库为剩余待标定参数提供参考值。GEMM 材料数据库是 DEM Solution 公司根据近十几年的离散元工程经验，然后进行极大量的计算并结合优化算法总结出来的一套材料物性和接触参数选择方法，但它并不能代替我们进行数值模拟计算前的基础实验和标定工作，而是在基础实验和参数标定之前，为我们快速地提供一个最佳的参考值。

GEMM 数据库第一步会根据用户提供的设备和材料尺寸进行计算量的考量，然后确定模型规模［图 16.9（a）］，模拟规模的选择由尺寸系数确定：

$$S_n = D / R \tag{16.1}$$

式中，D 为计算区域的特征尺寸；R 为颗粒的尺寸。当 S_n<100 时为小型，当 100< S_n <1000 时为中型，当 S_n >1000 时为大型。

步骤1

步骤2

步骤3

通用EDEM材料数据库

序号	表面能密度 JKR/(J/m²)	材料颗粒间碰撞恢复系数	材料颗粒间滚动摩擦系数	料颗粒间静摩擦系数	材料颗粒自然堆积休止角/(°)
1	0	0.35	0.05	0.2	31
2	40	0.15	0	0.8	31
3	20	0.55	0	0.92	31
4	0	0.15	0.05	0.2	31
5	20	0.55	0	0.8	31
6	60	0.15	0	1.16	31
7	60	0.15	0	0.8	32
8	0	0.75	0.05	0.2	32
9	0	0.15	0.1	0.2	30
10	0	0.55	0.05	0.2	32

(a) GEMM标定步骤　　　　　　　　　(b) GEMM提供的10组最佳参考值

图 16.9　GEMM 标定步骤和提供的参考值

　　然后 GEMM 材料数据库会继续根据材料的密度和休止角从数据库中筛选出最匹配的 10 组材料接触参数[见图 16.9(b)]。从 10 组最佳的接触参数中可得颗粒与颗粒之间、颗粒与非滑源区几何体之间的滚动摩擦系数、静摩擦系数、模型整体的碰撞恢复系数以及 JKR 模型的能量密度等 6 个参数的大致取值范围,如表 16.7 所示。

　　根据表 16.7 的参数取值范围即可为后续的滑坡形态要素反演分析法的遍历试验设计提供参考依据。

表 16.7　材料接触参数的取值范围

接触类型	碰撞恢复系数	静摩擦系数(S_fric)	滚动摩擦系数(R_fric)	JKR/(J/m^2)
颗粒-颗粒		待定 (0.1~0.5)	待定 (0.01~0.7)	待定 (10~100)
颗粒-滑源区	待定 (0.01~0.3)	0.01	0.01	
颗粒-非滑源区		待定 (0.1~0.5)	待定 (0.01~0.7)	-

16.2　基于神经网络的离散元细观参数反演

　　目前离散元的细观参数主要是通过室内实验的宏观力学参数反演得出,反演方法通常是人工调试确定,由于离散元细观参数与宏观力学参数之间存在着很高的非线性特征,因此该方法具有盲目性大、效率低、可重复性差的缺点,故急需引进一种新的方法对离散元的细观参数进行确定。根据滑坡形态要素特性的参数反分析法与利用常规实验所得的参数在物理意义上有着一定的区别,它综合了岩土性质、地质条件(地形起伏)等因素的影响,是"综合参数"或"等效参数",所以相对而言,利用滑坡形态要素特性反演得到细观参数更具有代表性,因此对于不同的滑坡往往对应的细观参数会有所差别(彭大雷,2018)。为了找到能快速有效地建立起滑坡形态要素特性与离散元细观参数之间的映射关系,本节采用滑坡形态要素反演分析法与神经网络结合的方法,对黑方台黄土滑坡的离散元细观参数进行反演。该方法的主要思路为:细观参数取值范围的确定—遍历实验设计—数值模拟获取样本—神经网络反演,即首先根据实际勘察和室内试验,确定出待反演参数的合理取值范围,然后利用遍历设计的方法在待反演参数 $X=\{x_1, x_2, \cdots, x_n\}$ 的合理取值空间范围内构造出参数的取值组合,通过离散元数值计算方法求解出每一组组合下的滑坡的特征要素组合 $Y=\{y_1, y_2, \cdots, y_n\}$ 的值,选取对应的 $\{Y, X\}$ 组合作为神经网络模型的样本进行训练,进而实现参数的反演标定,最后利用反演得到的参数作为该地区黄土滑坡数值模拟参数的取值范围。

16.2.1　正交试验设计

　　本章已经确定出黑方台黄土滑坡离散元细观参数的大致取值范围,由于实际地质条件的复杂性,依然会存在一些无效值,即滑距完全没有可能达到实际距离的参数,故需要去除这部分参数取值以减少遍历实验的计算量和无效的样本数量，同时还需要对参数的敏感性进行简要的分析，对于敏感性较高的参数应设置较小的变化梯度，而对于敏感性较低的参数则可设置较大的变化梯度。

16.2.1.1　碰撞恢复系数敏感性分析

以 DC3-1#滑坡为例，在碰撞恢复系数可能的取值范围内对其参数敏感性进行分析，仅改变模型的碰撞恢复系数，保持其他的参数取值不变，模型具体取值如下表 16.8 所示。

表 16.8　DC3-1#滑坡参数取值（碰撞恢复系数参数变化）

接触类型	碰撞恢复系数	静摩擦系数(S_fric)	滚动摩擦系数(R_fric)	JKR/(J/m^2)
颗粒-颗粒		0.01	0.01	
颗粒-滑源区	(0.01、0.1、0.2、0.3)	0.01	0.01	10
颗粒-非滑源区		0.5	0.5	

将表 16.8 的参数代入离散元程序中进行计算，其计算结果如图 16.10 所示。

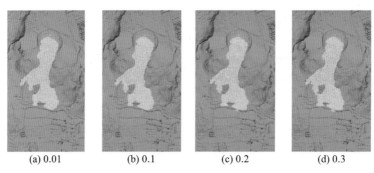

(a) 0.01　　　　(b) 0.1　　　　(c) 0.2　　　　(d) 0.3

图 16.10　碰撞恢复系数敏感性分析

由图 16.10 可知，随着碰撞恢复系数的增大，滑距稍微有所增大，但增大得不明显，滑坡的堆积形态及范围几乎没有发生变化。

16.2.1.2　JKR 表面能密度敏感性分析

对 JKR 表面能密度的参数取值进行分析，其计算参数表如表 16.9 所示。

表 16.9　DC3-1#滑坡参数取值（JKR 表面能密度的参数变化）

接触类型	碰撞恢复系数	静摩擦系数(S_fric)	滚动摩擦系数(R_fric)	JKR/(J/m^2)
颗粒-颗粒		0.01	0.01	(10、100)
颗粒-滑源区	0.01	0.01	0.01	-
颗粒-非滑源区		0.5	0.5	

将参数代入进行计算，其计算结果如图 16.11 所示。

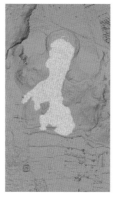 

(a) JKR=10　　　　　　　　(b) JKR=100

图 16.11　表面能密度敏感性分析

由图 16.11 可知，JKR 表面能密度在可能取值范围内发生变化时，对滑坡的滑距、堆积形态及范围等没有显著的影响。

16.2.1.3　单变量摩擦系数敏感性分析

对模型颗粒与颗粒之间参数的敏感性进行分析，仅对颗粒与颗粒之间的静摩擦系数和滚动摩擦系数进行改变，其他参数保持不变，故参数取值如表 16.10 所示。

表 16.10　DC3-1#滑坡参数取值（颗粒-颗粒参数变化）

接触类型	碰撞恢复系数	静摩擦系数(S_fric)	滚动摩擦系数(R_fric)	JKR/(J/m^2)
颗粒-颗粒		(0.05、0.1、0.2、0.3、0.4、0.5)	(0.01、0.05、0.1、0.2、0.3、0.4、0.5)	100
颗粒-滑源区	0.01	0.01	0.01	
颗粒-非滑源区		0.01	0.01	-

将表 16.10 参数代入离散元程序中进行数值计算，由于滚动摩擦角的值不可能大于静摩擦角的值，故得出如图 16.12 所示结果。

由图 16.12 可以看出，红色部分为实际的滑坡堆积边界，黄色部分为数值模拟结果，当仅变化颗粒与颗粒之间的静摩擦系数，保持其他参数不变(纵向对比)时，若静摩擦系数值小于 0.2，则滑距会随着静摩擦系数的增大而减小，滑坡的堆积形态及范围等变化不大；若静摩擦系数值大于 0.2，则随着静摩擦系数的改变，滑坡的滑动距离等几乎没有变化。

当仅变化颗粒与颗粒之间的滚动摩擦系数，保持其他参数不变(横向对比)时，随着滚动摩擦角的增大，滑距会有所减小，滑源区滞留的颗粒会增多，堆积形态及范围等有所减小。

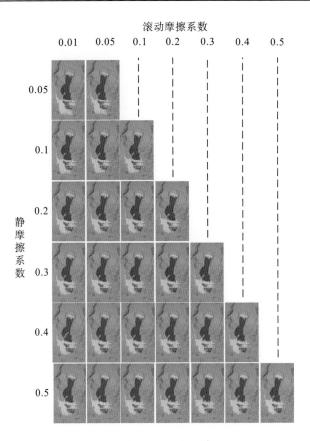

图 16.12　DC3-1#滑坡颗粒与颗粒之间参数敏感性分析

同样，对 DC3-1#滑坡的颗粒与非滑源区几何体之间的参数敏感性进行分析，仅对颗粒与颗粒之间的静摩擦系数和滚动摩擦系数进行改变，其他参数保持不变，其参数取值如表 16.11 所示。

表 16.11　DC3-1#滑坡参数部分改进取值（颗粒-非滑源区参数变化）

接触类型	碰撞恢复系数	静摩擦系数(S_fric)	滚动摩擦系数(R_fric)	JKR/(J/m²)
颗粒-颗粒		0.01	0.01	100
颗粒-滑源区	0.01	0.01	0.01	—
颗粒-非滑源区		(0.05、0.1、0.2、0.3、0.4、0.5)	(0.01、0.05、0.1、0.2、0.3、0.4、0.5)	

将表 16.11 的参数代入数值模拟中计算得出如图 16.13 所示结果。

由图 16.13 可以看出，当仅变化颗粒与非滑源区几何体之间的静摩擦系数，保持其他参数不变(即纵向对比)时，随着静摩擦系数的增大，滑坡的滑距、堆积形态及范围等几乎没有变化；当仅变化颗粒与非滑源几何体之间的滚动摩擦系数，保持其他参数不变(横向对比)时，滚动摩擦系数的增大会使得滑坡距离减小、滑源区的堆积颗粒增加，堆积区的形态和范围也会有所变化。

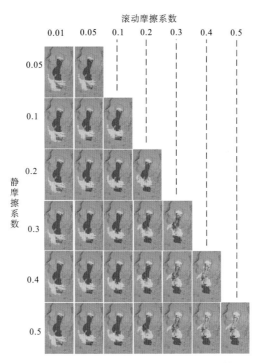

图 16.13　DC3-1#滑坡颗粒与非滑源区几何之间参数敏感性分析

　　为确定不同地段的参数敏感性是否存在差异，对陈家沟的参数敏感性也进行简要分析。其参数变化设置与党川段相同，将滚动模拟系数、静摩擦系数代入数值模拟中对 CJ6#滑坡进行计算分析(图 16.14、图 16.15)。

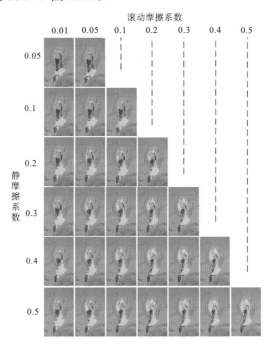

图 16.14　CJ6#滑坡颗粒与颗粒之间参数敏感性分析

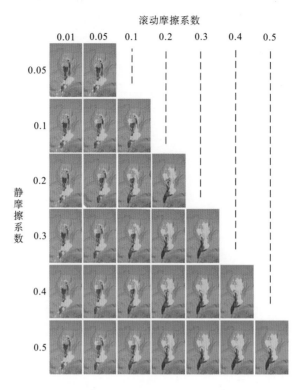

图 16.15　CJ6#滑坡颗粒与非滑源区几何之间参数敏感性分析

由图 16.14、图 16.15 可知，对于陈家沟的参数敏感性与党川段的敏感性有着一样的变化规律，在此不做赘述。

16.2.1.4　多变量摩擦系数敏感性分析

当增大颗粒与颗粒的静摩擦系数至 0.1，滚动摩擦系数为 0.01 时，对颗粒与非滑源几何体的静摩擦系数与滚动摩擦系数的敏感性进行分析，其具体取值如表 16.12 所示。

表 16.12　CJ6#滑坡参数取值（颗粒-颗粒参数增大）

接触类型	碰撞恢复系数	静摩擦系数（S_fric）	滚动摩擦系数（R_fric）	JKR/(J/m^2)
颗粒-颗粒		0.1	0.01	100
颗粒-滑源区	0.01	0.01	0.01	——
颗粒-非滑源区		(0.01、0.05、0.1)	(0.01、0.03、0.05)	

将表 16.12 的参数代入离散元程序中进行数值计算，得出结果如图 16.16 所示。

(a)	(b)	(c)	(d)	(e)
S_fric=0.01	S_fric=0.05	S_fric=0.05	S_fric=0.05	S_fric=0.1
R_fric=0.01	R_fric=0.01	R_fric=0.03	R_fric=0.05	R_fric=0.01

图 16.16　颗粒-颗粒静摩擦系数为 0.1 时，颗粒与非滑源区几何之间参数敏感性分析(以 CJ6#滑坡为例)

由图 16.16 可知，当颗粒与颗粒的静摩擦系数增大至 0.1，滚动摩擦系数为 0.01 时，随着颗粒静摩擦系数与动摩擦系数的增大，滑距会有所减小，滑坡的堆积形态和范围也会有所改变。当颗粒和颗粒、颗粒与非滑源区几何之间的静摩擦系数同时增大时，滑坡的滑距会急剧减小，颗粒和颗粒、颗粒与非滑源区几何之间的静摩擦系数同时达到 0.1 时，即使滚动摩擦系数很小，数值计算得到的结果也会远远小于实际滑距。

综上敏感性分析，模型系统碰撞恢复系数的变化对滑距等有所影响，但影响较小，故可以设置较大的变化梯度；而 JKR 表面能密度对数值模拟的结果几乎没有影响，故将其表面密度能参数设为 100J/m²；当仅改变颗粒与颗粒之间的静摩擦系数时，滑坡的滑距、堆积形态及范围等几乎没有变化，当仅改变颗粒与颗粒之间的滚动摩擦系数时,滑坡滑距、堆积形态及范围等虽然有所变化，但变化量很小，故这两个参数可设置较大的变化梯度；当仅改变颗粒与非滑源区几何体之间的静摩擦系数时，滑距、堆积形态及范围等几乎没有变化，当仅改变颗粒与非滑源区几何体之间的滚动摩擦系数时，对滑距、堆积形态及范围的影响最大，且当颗粒与非滑源区几何体之间的滚动摩擦系数大于 0.1 时，其滑距已经远远小于实际的滑距，故颗粒与非滑源区几何体之间的滚动摩擦系数的取值应小于 0.1，颗粒与非滑源区几何体之间的静摩擦系数变化梯度可适当增大，颗粒与非滑源区几何体之间的滚动摩擦系数应该设置得尽可能小；当同时改变颗粒与颗粒、颗粒与非滑源区几何之间的静摩擦系数时，滑距、堆积形态及范围等会产生急剧的变化，且当颗粒与颗粒、颗粒与非滑源区几何之间的静摩擦系数同时为 0.1 时，滑坡滑距会远远小于实际的滑距范围，故颗粒与颗粒、颗粒与非滑源区几何之间的静摩擦系数同时为 0.1 的可能性很小，所以综合上述分析，最终设计的遍历试验如下表 16.13 所示。

表 16.13　模型最终遍历实验方案

弹性碰撞恢复系数	颗粒-颗粒静摩擦系数	颗粒-颗粒滚动摩擦系数	颗粒-非滑源区静摩擦系数	颗粒-非滑源区滚动摩擦系数	JKR(J/m²)
0.01、0.1、0.4	0.01	0.01	0.01	0.01	100
			0.05	0.01、0.03、0.05	
			0.1	0.01、0.03、0.05、0.07	
			0.3	0.01、0.03、0.05、0.07	
			0.5	0.01、0.03、0.05、0.07	

续表

弹性碰撞恢复系数	颗粒-颗粒静摩擦系数	颗粒-颗粒滚动摩擦系数	颗粒-非滑源区静摩擦系数	颗粒-非滑源区滚动摩擦系数	JKR(J/m²)
0.01、0.1、0.4	0.05	0.01	0.01	0.01	
			0.05	0.01、0.03、0.05	
			0.1	0.01、0.03、0.05、0.07	
			0.3	0.01、0.03、0.05、0.07	
			0.5	0.01、0.03、0.05、0.07	
	0.05	0.05	0.01	0.01	
			0.05	0.01、0.03、0.05	
			0.1	0.01、0.03、0.05、0.07	
			0.3	0.01、0.03、0.05、0.07	
	0.1	0.01	0.01	0.01	
			0.05	0.01、0.03、0.05	
			0.1	0.01	
		0.05	0.01	0.01	
			0.05	0.01、0.03、0.05	
			0.1	0.01	
0.2、0.3、0.4、0.5	0.01、0.05		0.01	0.01	
			0.05	0.01、0.03、0.05	

由表 16.13 可知，每个滑坡需要模拟的个数为 258 个，故 6 个滑坡所需模拟的总个数为 1548 个，其中预留一个滑坡作为神经网络参数反演的验证，为建立起滑坡形态特征要素与细观参数之间的对应关系，需要构建神经网络模型对样本进行训练。

16.2.2　神经网络介绍

神经网络是受生物神经细胞启发而建立起来的一种信息处理算法体系，在无须事先揭晓输入-输出之间映射关系方程式的条件下便能学习并存储它们之间的映射关系，具有很强的处理非线性映射的能力、泛化能力，且具有一定的容错特性和自学习、自组织、自适应能力。一个神经网络模型通常由三个部分组成：模型拓扑结构、激活函数、学习算法。

故本书首先通过大量的数值模拟来产生数据样本，然后利用神经网络模型对数值模拟结果进行训练，建立起离散元数值模拟细观参数与宏观滑坡形态要素特征之间的映射关系，其主要技术路线如图 16.17 所示。

该方法具体步骤如下：

步骤一，在待反演参数 $X=\{x_1, x_2, \cdots, x_n\}$ 的合理取值空间范围内构造出参数的取值组合，然后通过大量的离散元数值计算求解出每一组组合下滑坡的特征要素组合 $Y=\{y_1, y_2, \cdots, y_n\}$ 的值。

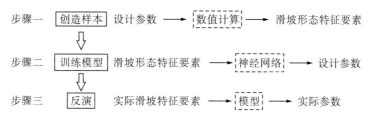

图 16.17　基于神经网络参数反演的技术路线图

步骤二，将数值计算得到的滑坡形态特征要素结果 $Y = \{y_1, y_2, \cdots, y_n\}$ 作为输入，将待反演的细观参数 $X = \{x_1, x_2, \cdots x_n\}$ 作为输出，即 $\{Y, X\}$ 的组合，作为神经网络的样本进行训练，训练出滑坡形态特征要素结果与待反演的细观参数之间的映射关系模型。

步骤三，将实际的滑坡形态要素特征组合输入训练好的模型中，即可得到对应的最佳离散元细观参数。

目前黑方台地区黄土滑坡主要集中在党川段、磨石沟段和焦家段，且每个滑坡地段的岩土性质、地质条件(地形起伏等)都有所不同，具有其独特性。由图 16.18 可知，党川段和焦家段的滑坡流通区域地形均较为平坦，地形地貌条件相似，故可以认为党川段与焦家段的岩土性质及地质条件相同；而陈家沟的滑坡流通区主要处于磨石沟流域内，地形起伏较大，且有滑向转折现象，故不能认为陈家沟的岩土性质及地质条件与其他段的相同，因此在处理样本的特征值时需要额外地添加两列标签信息，即当样本属于样本信息所在区段时，标签值取 1，反之取 0。

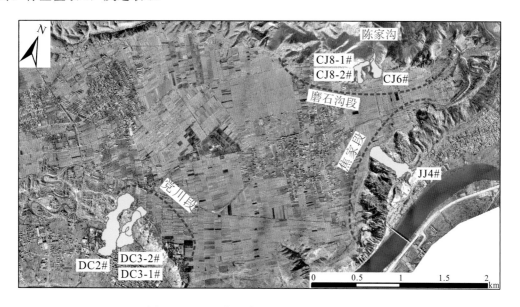

图 16.18　黑方台 7 个典型黄土滑坡空间分布

16.2.3 神经网络模型建立及训练

16.2.3.1 神经网络拓扑结构确定

目前已掌握的黑方台典型黄土滑坡的数值模拟结果有 CJ6#、CJ8-1#、CJ8-2#、JJ4#、DC3-2#、DC3-1# 6 个滑坡，因 DC2#为验证滑坡，故不需要对其进行数值模拟遍历试验，这 7 个滑坡的发生时间及地点如表 16.1 所示，每个滑坡的形态特征要素如图 2.2 所示，主要包括滑源区宽度、滑源区纵向长、滑坡壁高、滑坡落差、滑距、堆积区横向宽以及滑坡体积 7 个部分，加上样本所在地段的额外标签信息，即一个样本的输入特征个数为 9 个，而数值模拟的待反演参数为 5 个，故输出神经元个数为 5 个。对于隐藏层的层数及各层神经元个数的确定主要通过经验及不断调试取得，本节最终采用的隐藏层数为 3 层，每层神经元个数为 18 个，故确定出神经网络拓扑结构如图 16.19 所示。

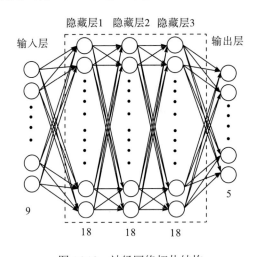

图 16.19　神经网络拓扑结构

16.2.3.2 样本数据处理

在利用样本数据对神经网络进行训练前，需要对样本数据进行划分及处理，由前文可知，样本的总数为 1548 个，剔除掉一些颗粒超出计算区域的样本，剩余有效的样本个数为 1200 个，按 7∶3 的比例将所有样本分为训练集(training sets)和验证集(validation sets)两个部分，故训练集样本个数为 840 个，验证集样本个数为 360 个。

通常，在将数据代入模型进行计算之前，需要对所有的数据进行"归一化"处理，以加快模型的收敛速度，归一化采用最大最小归一法，计算公式如 16.2 式所示：

$$X_{\text{norm}} = \frac{X - X_{\min}}{X_{\max} - X_{\min}} \tag{16.2}$$

16.2.3.3　其他参数确定

在对数据进行"归一化"处理完毕后还需要为模型的权重参数 W 及偏差项参数 B 进行初始化赋值。在赋初始值时，由于权重参数 W 不能设置为零，否则会导致神经网络梯度下降，算法失去作用，故需要对权重参数 W 初始值赋予服从正态分布的标准差为 0.01 的随机值极小值；对于偏差项参数 B 的初始值设置为服从常规正态分布的随机值。

对于神经网络的激活函数选取，本书采用 Relu 激活函数。Relu 激活函数具有更好的计算性能且被应用得最为广泛，故隐藏层各个神经元的激活函数均采用 Relu 函数，学习率 α 采用 0.00001，训练集的损失函数采用平方差损失函数，正则化系数选用 1，测试集需要将正则项去除，对于优化器(Optimizer)算法的选择主要采用 Adam 算法。

16.2.3.4　开始训练

本节基于 Python 编程语言，利用 TensorFlow 深度学习框架实现神经网络模型的建立及训练。TensorFlow 深度学习框架是由 Google Brain 团队开发的，是将复杂的数据结构传输至人工智能神经网中进行分析和处理的系统，支持在 Windows、Linux、Mac 甚至手机移动设备等各种平台上运行。此外，TensorFlow 深度学习框架还提供了非常丰富的深度学习相关的 API 及算法库，可以说是目前深度学习 API 及算法库最全的深度学习框架(代码见附录)

16.2.4　模型结果

将模型训练过程中训练集及测试集所对应的损失函数值输出，其结果如图 16.20 所示。

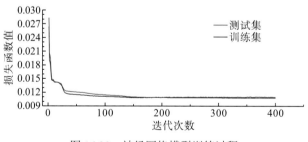

图 16.20　神经网络模型训练过程

由图 16.20 可知，在训练初期，随着迭代次数的增加，模型的训练误差和测试误差同步减小，说明模型正在不断地学习，测试误差值要略大于训练误差，随着迭代次数的继续增加，训练误差和测试集误差趋于稳定，说明模型已经达到收敛状态，且未出现过拟合现象。

此时模型的绝对平均误差为 0.00964，均方差为 0.000109，R^2 为 0.724。说明模型具有一定的准确性及较好的相关性，将表 16.1 中的 6 个典型黄土滑坡形态要素信息输入模型中，即可得到各滑坡对应的 5 个最优待标定参数如表 16.14 所示。

表 16.14 神经网络模型反演细观参数值

滑坡编号	弹性碰撞恢复系数	颗粒-颗粒静摩擦系数	颗粒-颗粒滚动摩擦系数	颗粒-非滑源区静摩擦系数	颗粒-非滑源区滚动摩擦系数
JJ4#	0.03	0.07	0.02	0.07	0.07
DC3-1#	0.19	0.05	0.02	0.16	0.05
DC3-2#	0.35	0.03	0.03	0.18	0.07
CJ6#	0.16	0.07	0.03	0.02	0.03
CJ8-1#	0.11	0.05	0.05	0.01	0.01
CJ8-2#	0.25	0.19	0.07	0.06	0.05

为验证模型得到的参数实际效果,将表 16.3 中神经网络确定的细观参数及表 16.4、表 16.5 中已确定的本征参数等代入数值模拟中重新计算,得到对应的 6 个滑坡数值模拟结果如图 16.21 所示。

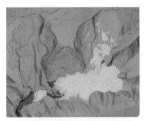

(a) CJ8-1#滑坡三维离散元模拟结果   (b) CJ8-2#滑坡三维离散元模拟结果

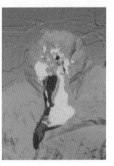

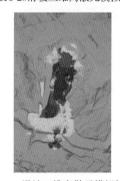

(c) CJ6#滑坡三维离散元模拟结果   (d) JJ4#滑坡三维离散元模拟结果

(e) DC3-1#滑坡三维离散元模拟结果   (f) DC3-2#滑坡三维离散元模拟结果

图 16.21 离散元模拟结果(红色为实际滑坡堆积范围)

从图 16.21 可以看出，将神经网络反演出来的细观参数代入数值模拟计算后其结果与实际情况较为吻合，证明了该神经网络模型具有反映出黑方台地区黄土滑坡形态要素特征与对应的细观参数之间映射关系的能力，且具有一定的准确性和可行性，为今后黑方台地区黄土滑坡的离散元参数标定提供了快速准确的方法。根据这 6 个黑方台典型黄土滑坡反演得到的参数，可以得出黑方台黄土滑坡的参数取值范围，由于陈家沟滑坡的流通区位于磨石沟段内，地形地质条件等与其他地段有所不同，故将黑方台黄土滑坡的参数分为陈家沟与非陈家沟两个部分，其取值范围见表 16.15 所示。

表 16.15　黑方台黄土滑坡参数取值范围

滑坡所处地段	弹性碰撞恢复系数	颗粒-颗粒静摩擦系数	颗粒-颗粒滚动摩擦系数	颗粒-非滑源区静摩擦系数	颗粒-非滑源区滚动摩擦系数
非陈家沟	0.03~0.35	0.03~0.07	0.02~0.03	0.07~0.18	0.05~0.07
陈家沟	0.11~0.25	0.05~0.19	0.03~0.07	0.01~0.06	0.01~0.05

为验证该参数范围的可靠性，利用 DC2#滑坡对以上的参数取值范围进行验证，取非陈家沟的各参数的最大值、最小值以及平均值对 DC2#滑坡进行数值模拟计算，由于弹性恢复系数越大滑坡运动的距离越远，故弹性恢复系数的最大值应为最不利于滑坡运动的值，即为 0.03，故最终 DC2#滑坡具体参数取值见表 16.16 所示。

表 16.16　DC2#滑坡参数取值

参数取值	弹性碰撞恢复系数	颗粒-颗粒静摩擦系数	颗粒-颗粒滚动摩擦系数	颗粒-非滑源区静摩擦系数	颗粒-非滑源区滚动摩擦系数
最大值	0.03	0.07	0.03	0.18	0.07
平均值	0.19	0.05	0.023	0.12	0.06
最小值	0.35	0.03	0.02	0.07	0.05

将表 16.16 中的参数代入离散元数值模拟程序中进行计算，即可得到不同参数下 DC2#滑坡的模拟结果（图 16.22）。由图 16.22 可知，当参数取最大值时，滑坡的滑距略小于实际的发生距离；当参数取平均值时，滑坡的滑距与实际发生滑坡时大致相等；当参数取最小值时，滑坡的滑距略大于实际的发生距离。综上所述，将得到的黑方台滑坡参数取值范围代入 DC2#滑坡进行计算后，其计算结果包含了滑坡实际发生的情况，即验证了黑方台黄土滑坡参数取值范围的可靠性及可行性，避免了相同地质条件边坡模拟时，人工标定力学参数所带来的复杂性和随机性。

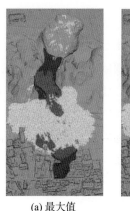

(a) 最大值　　　　　　(b) 平均值　　　　　　(c) 最小值

图 16.22　取值范围内 DC2#滑坡离散元模拟结果

16.3　黑方台黄土滑坡滑距预测研究

　　滑坡范围及滑面深度的确定是滑坡滑距预测中一个至关重要的环节,通常滑坡的范围及滑面的深度可以通过地面调查、钻探等手段确定,但是黑方台灌溉诱发型黄土滑坡往往具有很强的流态性、突发性,潜在滑动面处于饱水的黄土层下,使得滑面的深度难以通过钻探确定。故本节通过无人机影像,结合现场调查等,提出一种基于"限定后缘"的有限元强度折减法对黑方台黄土滑坡的潜在滑动面深度进行搜索,并构建出潜在三维滑面,最后利用前文通过神经网络反演得出的离散元细观参数对 CJ7#滑坡进行滑距及运动过程的预测分析,以期为黑方台地区黄土滑坡滑距预测提供一种新的研究思路。

16.3.1　潜在滑面搜索

　　近年来,随着计算机仿真技术的高速发展,有限元强度折减法被广泛应用于边坡的稳定性分析,边坡稳定性分析主要是为了解决潜在滑面搜索和斜坡安全系数两个关键问题(Kim et al.,1997)。有限元强度折减法的原理是通过将边坡原始的黏聚力 c 及内摩擦角 ϕ 同时除上一个折减系数 K,然后通过不断地增大 K 值的大小,反复计算分析直至边坡达到临界破坏状态,此时斜坡对应的折减系数 K_s 即为该边坡的稳定性系数,对应的破坏面即为原斜坡的潜在滑面。

$$\left.\begin{array}{l} c_i = c/K_i \\ \tan\phi_i = \tan\phi/K_i \end{array}\right\} \tag{16.3}$$

式中,c、ϕ 为原始斜坡的黏聚力、内摩擦角;K_i 为第 i 次折减系数;c_i、ϕ_i 为经第 i 次折减后的黏聚力、内摩擦角。

　　黑方台灌溉诱发型滑坡在失稳破坏时存在明显的孔隙水压力激增、有效应力降至几乎为零、静态液化等特征,表现出很强的突发性(许强等,2016a;许强等,2016b;张一希等，2018）。黄土静态液化的形成机理大多学者偏向于认为是由于土体蠕动产生剪缩，导致孔隙水压力激增，饱水黄土层发生静态液化，最终导致滑坡整体失稳。因此，对于黑方台地区灌溉诱发型黄土滑坡的滑面搜索，用常规的有限元强度折减法无法得出正确结果，这是由于在有限元强度折减法中无法模拟出孔隙水压力剧增、有效应力骤降的现象，同时，这也是利用常规稳定性计算方法对黑方台灌溉诱发型黄土滑坡进行计算时往往出现计算结果偏高的原因（Lade，1992）。目前对于静态液化失稳判据大多数学者偏向于利用二阶功理论对其进行判断，但由于二阶功理论的复杂性，通常需要使用特殊的数值处理方法进行处理才能应用于数值计算中，否则很容易出现数值计算错误而终止、计算结果发散等现象，因此没有被广泛地应用（黄茂松等，2014）。

为了简便、快速、准确地搜索出黑方台灌溉诱发型黄土滑坡的滑动面，本节基于 FLAC 有限差分程序，提出了一种基于"限定后缘"的有限元强度折减法对潜在滑面进行搜索，关于 FLAC 有限差分程序的原理及应用介绍很多学者已经做了大量的工作（孙书伟，2011），由于篇幅有限，故在此不做赘述。以 2019 年 2 月的 JJ6#滑坡为例，对其潜在滑动面的搜索过程及方法进行说明，其具体建模过程、参数选取及边界条件的设定如下。

16.3.1.1　模型的建立及边界条件

通过无人机影像图及差分数据，可作出 2019 年 2 月 28 日 JJ6#滑坡的纵剖面，滑坡前后的地形、后缘边界、水位线及各层组成物质厚度（图 16.23），利用 Rhino 软件，按 1∶1 的比例建立 JJ6#滑坡的假三维模型（图 16.24），模型底部 X 方向宽 263m，

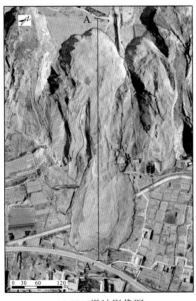
(a) JJ6#滑坡影像图

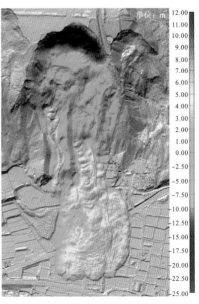
(b) JJ6#滑坡纵剖面图

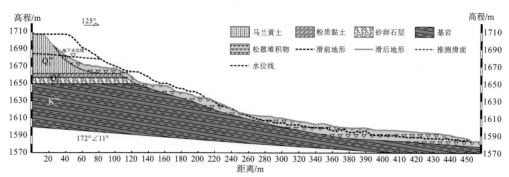

(c) JJ6#滑坡A-A′纵剖面图

图 16.23　黑方台 JJ6#滑坡

Z 方向高 103m，Y 方向向内延长 3m，结合计算机的计算能力及精度要求，对模型进行网格划分，网格采用四面体网格，最大边长为 4m，一共 17570 个网格，5804 个节点，该模型主要分为天然黄土层、饱和黄土层、粉质黏土层、砂卵石层、泥岩层和黄土滑坡松散堆积层 6 个部分。对模型的边界进行设定，固定模型底部 X、Y 和 Z 方向的位移，固定模型左右边界 X 方向的位移，由于本节主要是对假三维模型的数值进行分析，故还需固定 Y 方向上的所有位移，模型判断收敛的条件采用系统默认值，即当 ratio<10^{-5} 时认为模型达到平衡状态，ratio 为所有网格点的平均不平衡力除以所有网格点的平均应力。由于粉质黏土层属于隔水层，将地下水位以下至粉质黏土层的孔隙水压力考虑为静水压力，故模型的静孔隙水压力分布如图 16.25 所示。

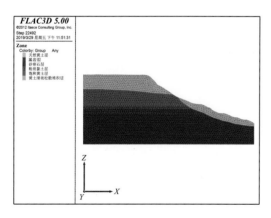

图 16.24　JJ6#滑坡模型构建

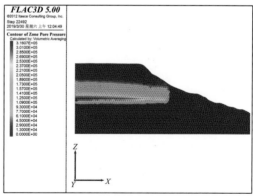

图 16.25　JJ6#滑坡孔隙水压力分布

　　由于滑坡的模型材料均属于可变形体，有着明显的弹塑性特征，故模型材料的本构模型均采用经典的摩尔-库仑弹塑性模型，模型的力学参数可以通过土工实验并结合前人研究获取（王思源，2013；宋登艳，2014；李姝，2016；张一希等，2018），其中体积模量和剪切模量可由弹性模量和剪切模量按下式换算得出：

$$K = \frac{E}{3(1-2\nu)} \qquad (16.4)$$

$$G = \frac{E}{2(1+\nu)} \qquad (16.5)$$

式中，K 为体积模量；G 为剪切模量；E 为弹性模量；ν 为泊松比。

故模型最终确定各层的岩土体参数取值见表 16.17。

表 16.17　黑方台各岩层物理力学参数

地层	K/Pa	G/Pa	ρ/(kg/m³)	C/(kPa)	ϕ/(°)	ψ/(°)	σ_t/(kPa)
天然黄土层	4×10^6	8×10^6	1480	25	35	25	5
饱和黄土层	2.5×10^6	4×10^6	1950	5	31	2	2
粉质黏土层	3×10^6	4.9×10^6	1963	40	28	10	15
砂卵石层	4×10^7	5×10^7	2046	2	46	35	13
泥岩层	2.4×10^9	8.8×10^9	2068	41	25	25	25
黄土滑坡松散堆积层	2.5×10^6	4×10^6	1400	3	25	18	0

16.3.1.2　"限定后缘"强度折减法

在利用有限元强度折减法进行计算之前有一个需要明确的关键性问题，即有限元数值分析中滑移破坏面的判据，目前判断破坏面的标准主要有三点(郑颖人等，2004)：①最大剪应变增量贯通区域；②塑性变形区域；③斜坡体位移出现大变形区域。由于最大剪应变增量贯通区域通常是剪切破坏带，只能大致估计出滑面的位置，因此利用最大剪应变作为滑坡面的判断时，精度太低，不能满足要求。而对于塑性变形区域，赵尚毅等(2005)、郑颖人等(2005)认为塑性区的贯通并不意味着边坡的破坏，这是边坡破坏的必要不充分条件，还需要进一步查看是否有塑性流动的边界条件再加以判断(赵尚毅等，2005；郑颖人等，2005)。常规的位移法搜索斜坡破坏面时通常以斜坡中位移量出现突变点的连线作为滑面的划分，Lin 等(2009)基于斜坡的变形机理，认为滑坡发生滑移破坏时，滑面的位移是相等的，斜坡模型滑面的划分判据应选取位移为某一个值的等值线作为依据，并论证了该方法的可行性及精确性(Lin et al.，2009)。在黑方台灌溉诱发型黄土滑坡中，由于底部饱和黄土往往出现静态液化现象的特殊性，故其滑移面所对应的位移等值线应以实际发生后缘边界所对应的数值计算位移量为准。

所以"限定后缘"强度折减法的基本原理是：先通过强度折减使模型达到临界平衡状态，然后在限定滑坡后缘边界的基础上，通过记录模型达到临界状态时的后缘位移量，以该位移量的等值线作为滑坡滑面的划分，此时得到的位移等值线即为该斜坡以"限定后缘"为界发生破坏时所潜在的滑面，其计算流程图如图 16.26 所示。

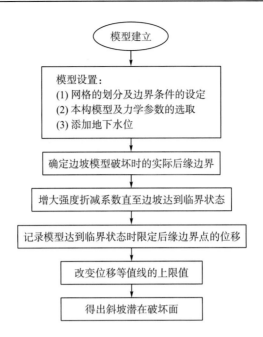

图 16.26 "限定后缘"强度折减法计算流程图

利用该方法对 JJ6#滑坡的滑面进行搜索,在进行"限定后缘"强度折减法数值计算前,首先需要先消除模型自重应力下的位移以及由于地下水作用产生的沉降位移的影响,模型在施加重力后的位移云图如图 16.27(a)所示。黄土具有很强的压缩性,在自重应力条件下的压缩变形量最大可达 1.7m,模型在施加孔隙水压力后,由于有效应力下降,导致模型产生沉降位移,最大沉降位移量约为 0.5m,位移最大量出现在斜坡前缘,如图 16.27(b)所示。

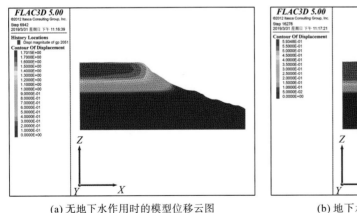

(a) 无地下水作用时的模型位移云图　　　　　　(b) 地下水作用时的模型位移云图

图 16.27 JJ6#滑坡地下水作用前后位移云图

然后利用强度折减法对模型进行计算分析,采用 solve fos 命令计算直至模型达到临界破坏状态,记录限制后缘边界点的位移如图 16.28(a)所示,当斜坡达到极限平衡状态时后缘的位移量为 3.4m，将 3.4m 作为最大位移量代入模型中，得到 3.4m 的位移等值线如图 16.28(b)所示，红色部分为位移量大于 3.4m 的部分，即滑体部分，其他位移量小于 3.4m 的部分为未失稳部分，3.4m 的位移等值线即为该滑坡在此"限定后缘"边界下的潜在破坏面。

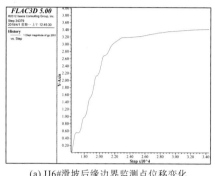
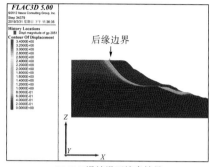

(a) JJ6#滑坡后缘边界监测点位移变化　　　　　　(b) JJ6#滑坡滑面搜索结果

图 16.28　JJ6#滑坡滑面搜索过程

为验证"限定后缘"强度折减法的实用性及准确性，利用同样的方法对 2015 年 1 月 JJ4#滑坡以及 2017 年 10 月 DC9#滑坡进行滑面搜索计算，其搜索计算过程如图 16.29、图 16.30 所示。由图可知，JJ4#滑坡以及 DC9#滑坡达到极限平衡状态时限定后缘边界的位移量分别为 0.6m、1.32m，将其分别代入对应的滑坡模型作为位移等值线上限值，此时最大位移等值线所处的位置即为滑坡在限定后缘边界破坏时潜在滑面的划分。

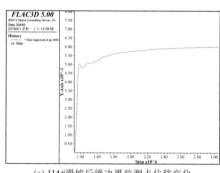
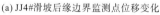
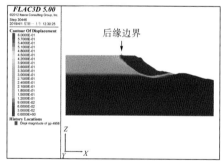

(a) JJ4#滑坡后缘边界监测点位移变化　　　　　　(b) JJ4#滑坡滑面搜索结果

图 16.29　JJ4#滑坡滑面搜索过程

根据现场的实地调查及前人的研究，做出 JJ6#、JJ4#以及 DC9#滑坡的剖面，如图 16.31～图 16.33 所示。其中，滑面的位置主要通过滑坡发生后的后壁形态推测得出，通过实际发生的滑面形态与利用"限定后缘"强度折减法搜索得到的滑面形态对比可知。在已知滑坡后缘的条件下，利用"限定后缘"强度折减法搜索出来的滑面形态与实际情况十分吻合，灌溉诱发型黄土滑坡基本沿着饱和黄土与粉质黏土的分界线附近剪出(谷天峰等，2015)，这证明了"限定后缘"强度折减法对黑方台黄土滑坡潜在滑动面搜索的可行性和准确性，同时在一定程度上减少了人工推测滑面深度所造成的误差。

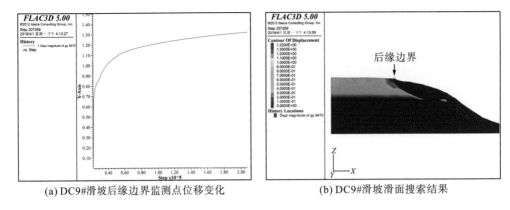

(a) DC9#滑坡后缘边界监测点位移变化 　　　(b) DC9#滑坡滑面搜索结果

图 16.30　DC9#滑坡滑面搜索过程

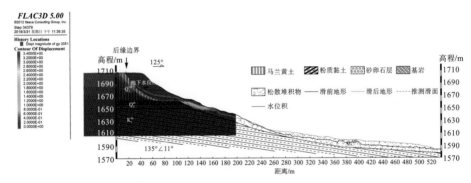

图 16.31　"限定后缘"强度折减法计算结果对比——JJ6#［地质剖面如图 16.23（c）所示］

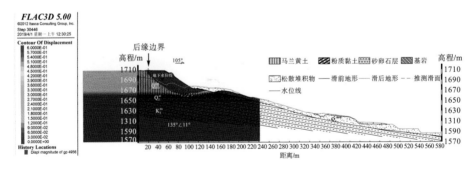

图 16.32　"限定后缘"强度折减法计算结果对比——JJ4#［地质剖面如图 11.35（e）所示］

　　对图 16.31～图 16.33 进一步分析发现，在 JJ4#和 DC9#滑坡后缘的非滑体部分出现了较大的位移量，即位移量与对应的最大位移等值线的值很接近，代表着在 JJ4#和 DC9#滑坡发生后后缘会出现比较大的变形迹象，通过现场调查及无人机的正射影像证实，在这三个滑坡发生后 DC9#滑坡的变形迹象最明显，其次是 JJ4#滑坡，而 JJ6#滑坡的变形迹象最弱，这与利用"限定后缘"强度折减法的数值分析结果相符。如图 16.34 所示，其中 DC9#滑坡发生后后缘坡体的变形量最大，接近 1.32m 的最大位移等值线，说明 DC9#滑坡在 2017 年 10 月发生以后坡体后缘局部处于不稳定状态，故在 2019 年 DC9#滑坡再次发生局部的滑塌,滑塌范围如图 16.34(d)所示,与数值模拟得到的危险范围基本一致,验证了"限定后缘"强度折减法在对滑面搜索以及危险区域识别上具有良好的可行性、适用性和准确性。

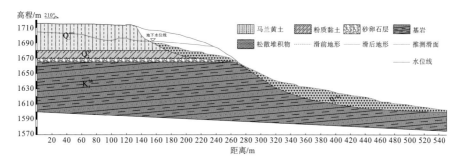

(a)DC9#滑坡剖面图

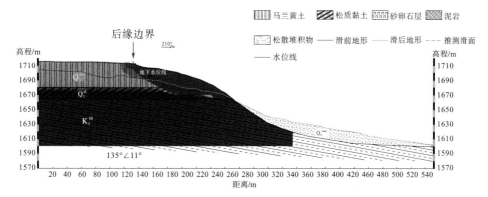

(b)DC9#滑坡搜索结果验证

图 16.33　"限定后缘"强度折减法计算结果对比——DC9#

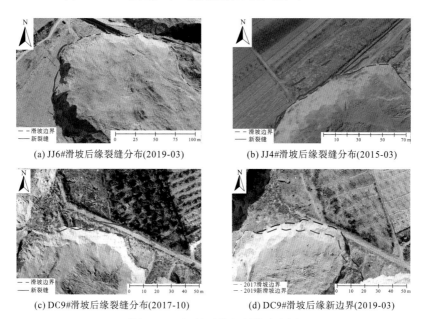

(a)JJ6#滑坡后缘裂缝分布(2019-03)　　　　(b)JJ4#滑坡后缘裂缝分布(2015-03)

(c)DC9#滑坡后缘裂缝分布(2017-10)　　　　(d)DC9#滑坡后缘新边界(2019-03)

图 16.34　滑坡后缘新裂缝分布图

16.3.2　滑体模型构建

由上文可知,在利用"限定后缘"强度折减法对滑坡的深度进行搜索前,需要先确定的一个关键性问题,即滑坡可能发生的后缘边界,这将直接影响到滑面搜索的准确性和可靠性。根据众多学者的研究(许领等,2009;王思源,2013;亓星,2017;彭大雷,2018)并结合现场的实际调查发现,黑方台地区裂缝及土洞的分布与滑坡的发生区域存在一定的联系,黄土滑坡多以裂缝、土洞、串珠状落水洞等作为控制性边界(邹锡云等,2018),如2015年4月发生的DC2#滑坡、2015年8月发生的DC3-1#滑坡以及2017年2月发生的DC3-2#等(彭大雷,2018),故通常可将滑坡后缘发育的新裂缝、落水洞等作为下一次新滑坡发生的后缘边界。通过现场的调查可知,目前CJ7#滑坡后缘已经出现了大量的张拉裂缝及落水洞,在空间分布上CJ7#滑坡属于"滑坡空区"范围内(彭大雷,2018),且通过现场高密度电法探知地下水位已经抬高至距离地表15m,极有可能再次发生滑坡,故利用无人机影像,结合现场的实际调查推测出CJ7#滑坡后缘边界如图16.35所示,对该滑坡的三条纵剖面利用"限定后缘"强度折减法对潜在滑面进行搜索,为后续构建三维模型提供数据依据,其搜索结果如图16.36所示。

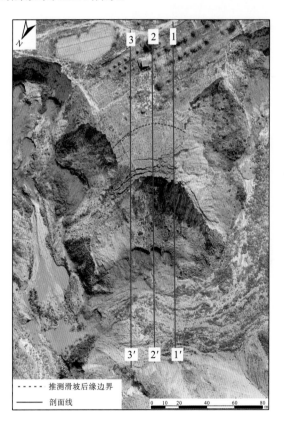

图16.35　CJ7#滑坡预测后缘及剖面分布

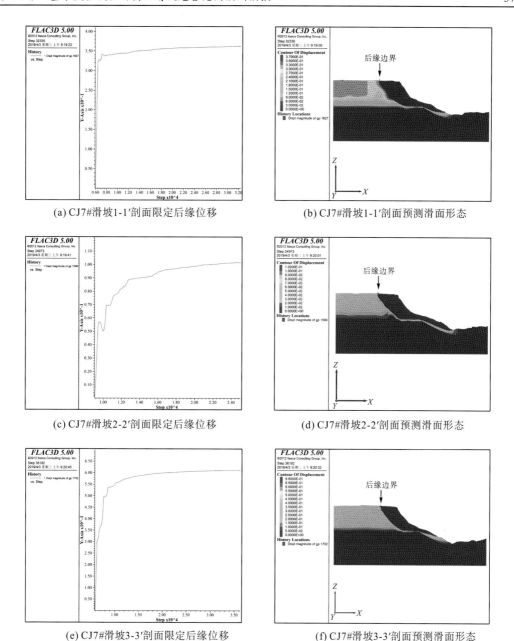

(a) CJ7#滑坡1-1′剖面限定后缘位移　　　　(b) CJ7#滑坡1-1′剖面预测滑面形态

(c) CJ7#滑坡2-2′剖面限定后缘位移　　　　(d) CJ7#滑坡2-2′剖面预测滑面形态

(e) CJ7#滑坡3-3′剖面限定后缘位移　　　　(f) CJ7#滑坡3-3′剖面预测滑面形态

图 16.36　CJ7#滑坡潜在滑面搜索结果

根据以上得到的滑面搜索结果,结合无人机的地表点云数据以及圈定的滑坡后缘边界,即可利用 ItscaCAD 地质建模软件实现滑面的三维构建。ItscaCAD 是由 Itasca 公司推出的一款专门针对地质体非连续性和不确定性开发的三维地质建模软件,其主要优势在于它采用的插值算法是基于离散数学理论的 DSI 平滑插值法,区别于其他任何建模技术,突破了任意复杂地质模型快速建立的技术瓶颈,具有单一界面的建模流程、操作简便等优点。以 CJ7#滑坡为例,对具体的三维构建过程进行说明,主要分为以下几步:

（1）数据的准备。各剖面滑面搜索结果（图片格式）、地表点云数据或 ply、stl 等地形几何文件、圈定的滑坡后缘边界线。

（2）地表模型的建立。利用地表点云，采用 ItscaCAD 软件中的单一界面方式进行建模（如图 16.37），该方法的操作原理是不断地加密指定区域的网格，然后通过 DSI 插值法使曲面上的网格点尽可能地逼近地表点云数据，从而实现三维模型的快速建立，如图 16.38 所示，为建立出来的 CJ7#滑坡地表几何模型。

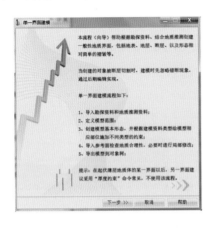

图 16.37　ItscaCAD 单一界面建模

图 16.38　CJ7#滑坡三维地表模型

（3）数据的匹配：由于 ItscaCAD 软件提供了利用自定义剖面将物探信息导入模型中进行快速建模的方法，故无须将"限定后缘"强度折减法的计算结果以数据的形式导出，利用数值分析的结果图片即可完成模型的建立。如图 16.39 所示，将三个剖面搜索的潜在滑面结果按照实际位置和比例导入模型中进行空间匹配，然后在二维的工作平面上利用线段对潜在滑面线进行矢量化处理，如图 16.40 所示。

图 16.39　物探方式导入结果照片

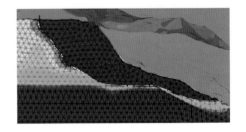

图 16.40　潜在滑面矢量化

（4）滑坡体约束构建。利用后缘边界和前缘剪出口的位置，结合地形特征，推测出滑坡左右边界并连成封闭的曲线，然后将潜在滑面线和滑坡边界线转换成点集文件作为精确的约束条件（100%满足），如图 16.41 所示。

（5）潜在滑动曲面生成。通过指定需要构建滑体的区域范围，再次利用单一界面建模方式，不断地加密区域内网格，最后采用 DSI 平滑插值法创建出潜在的滑动曲面，如图 16.42 所示。

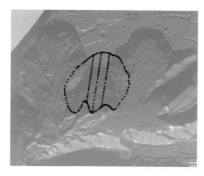
图 16.41　精确约束点构建

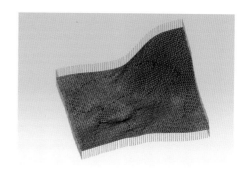
图 16.42　潜在滑动曲面

（6）三维滑体构建。利用布尔差值运算将生成的潜在滑动曲面多余的部分删除，然后将其点云坐标导出，再利用滑坡模型的构建方法对 CJ7#滑坡进行建模、颗粒填充以及参数赋值等，最终的建立的 CJ7#滑坡三维离散元滑坡模型如图 16.43 所示。CJ7#滑坡模型体积约为 10.172 万 m³，滑源区宽度为 121m，纵向长为 116m，滑体最高点与最低点的高差近 40m，填充的颗粒数为 95034 个。

(a) CJ7#滑坡潜在滑体几何模型

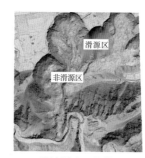
(b) CJ7#滑坡滑床几何模型

(c) CJ7#滑坡颗粒填充模型

图 16.43　CJ7#滑坡三维离散元滑坡模型

16.3.3　滑坡滑距

黑方台黄土滑坡离散元细观力学参数的取值范围，对于相同地段而言，其对应的细观力学参数差异性不大，因此可根据表 16.3 中陈家沟已发生滑坡的细观参数取均值作为 CJ7#滑坡数值计算所需细观参数，其具体的参数取值见表 16.18。

表 16.18　神经网络模型预测细观参数值

滑坡编号	弹性碰撞恢复系数	颗粒-颗粒静摩擦系数	颗粒-颗粒滚动摩擦系数	颗粒-非滑源区静摩擦系数	颗粒-非滑源区滚动摩擦系数
CJ7#	0.17	0.1	0.05	0.03	0.03

将表 16.18 中的参数组合代入离散元数值模型进行计算，得到 CJ7#滑坡不同时刻对应的数值模拟结果如图 16.44 所示。

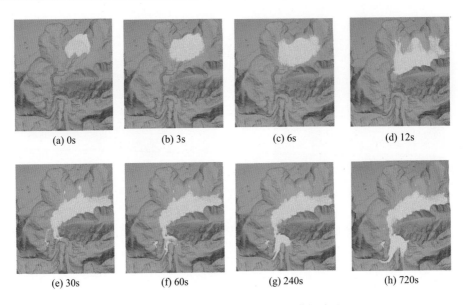

(a) 0s   (b) 3s   (c) 6s   (d) 12s

(e) 30s   (f) 60s   (g) 240s   (h) 720s

图 16.44   CJ7#滑坡不同时刻数值模拟结果

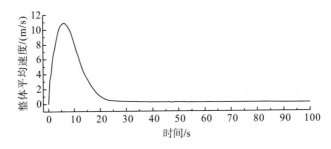

图 16.45   CJ7#滑坡整体平均速率

根据图 16.44 及图 16.45 可知，CJ7#滑坡的滑动主要集中在前 20s 的时间内，具有历时短、速率大的特点；在第 6s 的时刻滑坡整体平均速率达到最大值，为 11m/s，故此时 CJ7#滑坡整体具有最大的动能，破坏力最强；随后滑坡由于对面山体的阻挡作用，开始进入减速阶段，在 20s 以后滑坡的整体平均位移速率开始趋于平衡并接近零值。由不同时刻滑坡对应的数值模拟结果可以看出，CJ7#滑坡在向前滑动时由于受到山体阻挡的影响，开始向磨石沟的上游及下游滑动。向磨石沟上游滑动的滑体由于地形因素的影响，在重力势能的作用下速率不断地减小并最终堆积于沟道内；向磨石沟下游滑动的滑体，由于运动过程中的能量消耗作用，运动速率逐渐减少，但在滑体继续向下游沟道滑动的过程中，磨石沟会出现沟道的转折，且转折点的高差近 30m，所以导致滑到转折点处速率已经接近于零的滑体因重力的作用再次向前滑动，而原本堆积稳定的滑体也因失去了前面的阻挡而向下产生缓慢地流动，最终在沟道转折点的底部产生堆积，其最终的堆积形态如图 16.44 中 720s 时刻的模拟结果所示，由此可得 CJ7#滑坡发生滑动后的滑距应为 380m，其堆积的最大宽度为 97m，滑坡前缘剪出口与滑坡堆积最前缘的高差为 59m，最大的堆积厚度为 10m。

16.4　本　章　小　结

本章以黑方台地区的黄土滑坡作为研究对象,通过利用遍历试验、离散元、神经网络及有限元等方法及手段,围绕着滑距预测这一目的,完成了数值模拟方法及材料本构模型的选取,离散元模型的颗粒快速平衡填充,参数范围的确定及遍历试验的设计,能反映滑坡形态要素特征与离散元细观参数之间的映射关系的神经网络模型的建立、黑方台黄土滑坡参数取值范围的确定,快速、简便地搜索潜在滑面,潜在滑体、离散元滑距预测技术方法的构建。

在通过对离散元法中 6 个待标定参数的敏感性进行简要分析,确定出 JRK 模型的表面密度能应为 $100J/m^2$,然后根据敏感性大的参数设置较小变化梯度,敏感性小的参数设置较大变化梯度的原则进行遍历试验设计,通过 6 起滑坡共 1548 次的数值计算,得到了不同参数下所对应的模拟形态,进而建立了能反映出黑方台地区黄土模拟形态与细观参数之间映射关系的神经网络模型,模型的绝对平均误差为 0.00964,均方差为 0.000109, R^2 为 0.724,实现了 6 起典型黄土滑坡细观参数的反演,确定出黑方台地区的细观参数取值范围,并通过第 7 个滑坡的正演结果,验证了该参数取值范围的可靠性和准确性,避免了相同地质条件下人工标定参数所带来的复杂性和随机性;提出"限定后缘"强度折减法对黑方台灌溉诱发型黄土滑坡的滑面进行搜索,并以此位移等值线作为潜在滑面划分的依据,通过 2019 年 3 月 JJ6#滑坡、2015 年 1 月 JJ4#及 2017 年 10 月 DC9#滑坡的滑面搜索,验证了"限定后缘"强度折减法的可行性、适用性和准确性,为简便、快速、准确地搜索出黑方台地区灌溉诱发型黄土滑坡的潜在滑面提供了一种新的思路。

展望:虽然本章对数值模拟及神经网络的研究做了大量的工作,但依然存在一些不足有待今后进一步的研究及完善。尽管本章中提出的"限定后缘"强度折减法能简便、快速地实现黑方台灌溉诱发型黄土滑坡潜在滑面的搜索,但是由于目前确定滑坡潜在后缘边界的方法主要是通过裂缝及落水洞的分布等确定,具有一定的局限性,故对于潜在滑面的搜索方法有待继续深入研究及完善;同时由于数值模拟和本构模型本身的局限性,很难使模拟的结果与实际的情况完全吻合,只能达到一定程度的吻合,所以在离散元数值模拟方法与本构模型方面依然有待进一步深入的研究。

参 考 文 献

郗慧，武俊杰，邓津，2011. 黄土状盐渍土洗盐前后物理力学性质的变化[J]. 冰川冻土，33(04)：796-800.

曹从伍，许强，彭大雷，等，2016. 基于物理模拟实验的黑方台黄土滑坡破坏机理研究[J]. 水文地质工程地质，43(04)：72-77.

曹从伍，许强，亓星，等，2017. 黄土填方边坡物理模拟过程中微结构变形破坏特征[J]. 科学技术与工程，17(33)：225-231.

陈吉锋，2010. 陇中盆地晚上新世以来地貌发育模式研究[D]. 兰州：兰州大学.

陈明东，王兰生. 1988 边坡变形破坏的灰色预报方法[C]. 成都：全国第三次工程地质大会，8.

董文文，朱鸿鹄，孙义杰，等，2016. 边坡变形监测技术现状及新进展[J]. 工程地质学报，24(6)：1088-1095.

董秀军，许强，唐川，等，2015. 滑坡位移-时间曲线特征的物理模拟试验研究[J]. 工程地质学报，23(3)：401-407.

段钊，李文可，王启耀，2015. 泾河下游台塬区黄土滑坡类型与时空分布规律[J]. 西安科技大学学报，35(03)：369-375.

段钊，彭建兵，冷艳秋，2016. 泾阳南塬 Q_2 黄土物理力学特性[J]. 长安大学学报(自然科学版)，36(05)：60-66+109.

段钊，赵法锁，陈新建，2012. 陕北黄土高原区崩塌发育类型及影响因素分析——以吴起县为例[J]. 自然灾害学报，21(06)：142-149.

高国瑞，1979. 兰州黄土显微结构和湿陷机理的探讨[J]. 兰州大学学报(02)：123-134.

工程地质手册编委会，2007. 工程地质手册[M]. 4 版. 北京：中国建筑工业出版社.

龚涛，1997. 近景摄影测量控制点布设方案的研究[J]. 西南交通大学学报，32(03)：98-103.

谷天峰，朱立峰，胡炜，等，2015. 灌溉引起地下水位上升对斜坡稳定性的影响——以甘肃黑方台为例[J]. 现代地质，29(02)：408-413.

顾晓鲁，钱鸿缙，刘惠珊. 1993. 地基与基础[M]. 2 版. 北京：中国建筑工业出版社.

郭鹏，2019. 黑方台农作物分区种植对地下水分布特征及滑坡灾害影响的研究[D]. 成都：成都理工大学.

郭玉文，加藤诚，宋菲，等，2004. 黄土高原黄土团粒组成及其与碳酸钙关系的研究[J]. 土壤学报，41(03)：362-368+493-494.

郭玉文，张玉龙，党秀丽，等，2008. 由灌溉引起的黄土湿陷过程中碳酸钙行为研究[J]. 土壤学报，45(06)：1034-1039.

何朝阳，许强，巨能攀，等，2018. 基于降雨过程自动识别的泥石流实时预警技术[J]. 工程地质学报，26(3)：703-710.

何蕾，文宝萍，2014. 灌溉溶滤对西北地区红层风化泥岩不排水抗剪强度的影响[J]. 水文地质工程地质，41(03)：47-52.

胡广韬，文宝萍，赵法锁，1991. 铜川市缓动式低速滑坡的动态规律[J]. 中国地质灾害与防治学报(04)：36-46.

胡广韬，赵法锁，文宝萍，1992. 铜川市缓动式低速滑坡的滑移动力学机理[J]. 长安大学学报(地球科学版)(03)：58-65.

黄健，巨能攀，何朝阳，等，2012. 基于 WebGIS 的汶川地震次生地质灾害信息管理系统[J]. 山地学报，30(03)：355-360.

黄茂松，曲勰，吕玺琳，2014. 基于状态相关本构模型的松砂静态液化失稳数值分析[J]. 岩石力学与工程学报，33(07)：1479-1487.

黄强兵，康孝森，王启耀，等，2016. 山西吕梁黄土崩滑类型及发育规律[J]. 工程地质学报，24(01)：64-72.

蒋弥，丁晓利，何秀凤，等，2016. 基于快速分布式目标探测的时序雷达干涉测量方法：以 Lost Hills 油藏区为例[J]. 地球物理学报，59(10)：3592-3603.

巨袁臻，许强，彭大雷，等，2017. 黑方台焦家 4 号黄土滑坡发育特征及滑动机理[J]. 人民长江，48(11)：62-67+91.

李保雄，王得楷，张世武，1991. 永靖黑方台灌区黄土沉陷灾害、土体工程地质性质变异初步研究[J]. 甘肃科学(甘肃省科学院学报)(02)：57-66.

李滨,2009. 多级旋转型黄土滑坡形成演化机理研究[D]. 西安:长安大学.

李昊,2012. 三维高密度电阻率法数值及物理模拟实验研究[D]. 长春:吉林大学.

李骅锦,2017. 数据挖掘在滑坡泥石流预测评价中的应用[D]. 成都:成都理工大学.

李骅锦,许强,何雨森,等,2016a. 甘肃黑方台滑坡滑距参数的 BP 神经网络模型[J]. 水文地质工程地质,43(04):141-146+152.

李骅锦,许强,何雨森,等,2016b. WA联合 ELM 与 OSELM 的滑坡位移预测模型[J]. 工程地质学报,24(5):721-731.

李骅锦,许强,何雨森,等,2017. 基于核密度估计与 VaR 的甘肃黑方台地区滑坡影响范围估计模型[J]. 长江科学院院报,34:1-5.

李瑞娥,徐郝明,王娟娟,2009. 黄土滑坡滑带土的特点——以天水椒树湾滑坡为例[J]. 煤田地质与勘探,37(01):43-47.

李姝,2016. 甘肃黑方台地下水长期作用对黄土强度影响的试验研究[D]. 成都:成都理工大学.

李姝,许强,张立展,等,2017. 黑方台地区黄土强度弱化的浸水时效特征与机制分析[J]. 岩土力学,38(07):2043-2048+2058.

李姝,张立展,许强,等,2015. 基于环剪试验的黄土完全软化强度研究[J]. 人民长江(21):84-87.

李天斌,陈明东,1996. 滑坡时间预报的费尔哈斯反函数模型法[J]. 地质灾害与环境保护(03):13-17+29.

李同录,龙建辉,李新生,2007. 黄土滑坡发育类型及其空间预测方法[J]. 工程地质学报,15(04):500-505.

李为乐,许强,陆会燕,等,2019. 大型岩质滑坡形变历史回溯及其启示[J]. 武汉大学学报(信息科学版),44(07):1043-1053.

李秀珍,2010. 潜在滑坡的早期稳定性快速判识方法研究[D]. 成都:西南交通大学.

李志强,许强,李姝,等,2017. 按主成分分析法研究黄土灌溉区水-岩(土)相互作用[J]. 科学技术与工程,17(23):161-167.

蔺晓燕,2013. 甘肃黑方台灌区黄土滑坡—泥流形成机理研究[D]. 西安:长安大学.

刘东生.1985. 黄土与环境[M]. 北京:科学出版社.

刘祖典,郭增玉,李靖,1994. 黄土高陡边坡的失稳机理和锚固措施[J]. 人民黄河(04):38-41.

马建全,2012. 黑方台灌区台缘黄土滑坡稳定性研究[D]. 长春:吉林大学.

毛佳睿,2017. 黄土崩塌形成机理及其稳定性计算方法[D]. 贵阳:贵州大学.

庞忠和,黄天明,杨硕,等,2018. 包气带在干旱半干旱地区地下水补给研究中的应用[J]. 工程地质学报,26(01):51-61.

彭大雷,2018. 黄土滑坡潜在隐患早期识别研究——以甘肃黑方台为例[D]. 成都:成都理工大学.

彭大雷,许强,董秀军,等,2017a. 无人机低空摄影测量在黄土滑坡调查评估中的应用[J]. 地球科学进展,32(3):319-330.

彭大雷,许强,董秀军,等,2017b. 基于高精度低空摄影测量的黄土滑坡精细测绘[J]. 工程地质学报,25(2):424-435.

彭建兵,林鸿州,王启耀,等,2014. 黄土地质灾害研究中的关键问题与创新思路[J]. 工程地质学报,22(4):684-691.

亓星,2017. 突发型黄土滑坡监测预警研究——以甘肃黑方台黄土滑坡为例[D]. 成都:成都理工大学.

亓星,许强,李斌,等,2016. 甘肃黑方台黄土滑坡地表水入渗机制初步研究[J]. 工程地质学报,24(03):418-424.

亓星,许强,彭大雷,等,2017. 地下水诱发渐进后退式黄土滑坡成因机理研究-以甘肃黑方台灌溉型黄土滑坡为例[J]. 工程地质学报,25(1):147-153.

亓星,许强,赵宽耀,等,2018. 甘肃黑方台灌溉与地下水位响应规律分析[J]. 水利水电技术,49(09):205-209.

亓星,朱星,修德皓,等,2019. 智能变频位移计在突发型黄土滑坡中的应用——以甘肃黑方台黄土滑坡为例[J]. 水利水电技术,50(05):190-195.

强菲,李萍,李同录,2014. 黄土完全软化强度与残余强度的对比试验研究[J]. 工程地质学报,22(05):832-838.

秦四清,张悼元.1993. 非线性工程地质学导引[M]. 成都:西南交通大学出版社.

沈珠江,邓刚,2004. 黏土干湿循环中裂缝演变过程的数值模拟[J]. 岩土力学(S2):1-6+12.

史绪国,张路,许强,等,2019. 黄土台源滑坡变形的时序 InSAR 监测分析[J]. 武汉大学学报(信息科学版),44(07):1027-1034.

宋登艳,2014. 灌溉诱发型黄土滑坡离心模型实验和数值分析[D]. 西安:长安大学.

苏立君，张宜健，王铁行，2014. 不同粒径级砂土渗透特性试验研究[J]. 岩土力学，35(05)：1289-1294.

孙华芬，2014. 尖山磷矿边坡监测及预测预报研究[D]. 昆明：昆明理工大学.

孙萍萍，张茂省，朱立峰，等，2013. 黄土湿陷典型案例及相关问题[J]. 地质通报，32(06)：847-851.

孙书伟，2011. FLAC3D 在岩土工程中的应用[M]. 北京：中国水利水电出版社.

孙涛，洪勇，栾茂田，等，2009. 采用环剪仪对超固结黏土抗剪强度特性的研究[J]. 岩土力学，30(07)：2000-2004+2010.

唐亚明，冯卫，李政国，2015. 黄土滑塌研究进展[J]. 地球科学进展，30(01)：26-36.

唐亚明，薛强，毕俊擘，等，2013. 降雨入渗诱发黄土滑塌的模式及临界值初探[J]. 地质论评，59(01)：97-106.

唐亚明，张茂省，薛强，等，2012. 滑坡监测预警国内外研究现状及评述[J]. 地质论评，58(3)：533-541.

童立强，涂杰楠，裴丽鑫，等，2018. 雅鲁藏布江加拉白垒峰色东普流域频繁发生碎屑流事件初步探讨[J]. 工程地质学报，26(06)：1552-1561.

王根龙，张茂省，苏天明，等，2011. 黄土崩塌破坏模式及离散元数值模拟分析[J]. 工程地质学报，19(04)：541-549.

王家鼎，惠泱河，2001. 黑方台台缘灌溉水诱发黄土滑坡群的系统分析[J]. 水土保持通报，21(03)：10-13+51.

王家鼎，惠泱河，2002. 黄土地区灌溉水诱发滑坡群的研究[J]. 地理科学，22(03)：305-310.

王家鼎，张倬元. 1999. 典型高速黄土滑坡群的系统工程地质研究[M]. 成都：四川科学技术出版社.

王念秦，杨盼盼，王得楷，等，2017. 盐锅峡黑方台黄土塬塬坡地下水浸润带研究[J]. 西安科技大学学报，37(01)：51-56.

王念秦，张倬元，2005. 黄土滑坡研究[M]. 兰州：兰州大学出版社.

王顺，项伟，崔德山，等，2012. 不同环剪方式下滑带土残余强度试验研究[J]. 岩土力学，33(10)：2967-2972.

王思源，2013. 黑方台黄土斜坡变形过程数值模拟[D]. 兰州：兰州大学.

王炜，2014. 重塑黄土残余强度的环剪试验研究[D]. 杨凌：西北农林科技大学.

王炜，刘景泰，王晓雯，2014. 高效液相色谱-电感耦合等离子体质谱联用测水中有机汞[J]. 中国环境监测，30(06)：148-152.

王永焱，1987. 中国黄土区第四纪古气候变化[J]. 中国科学(B辑 化学 生物学 农学 医学 地学)(10)：1099-1106.

王永焱，吴在宝，岳乐平，1978. 兰州黄土的生成时代及结构特征[J]. 西北大学学报(自然科学版)(02)：3-29+161.

王志荣，王念秦，2004a. 黄土滑坡研究现状综述[J]. 中国水土保持(11)：20-22+50.

王志荣，吴玮江，周自强，2004b. 甘肃黄土台塬区农业过量灌溉引起的滑坡灾害[J]. 中国地质灾害与防治学报，15(03)：47-50+58.

吴玮江，王念秦，2002. 黄土滑坡的基本类型与活动特征[J]. 中国地质灾害与防治学报，13(02)：38-42.

吴玮江，王念秦，2006. 甘肃滑坡灾害[M]. 兰州：兰州大学出版社.

武彩霞，戴福初，闵弘，等，2011. 台塬塬顶裂缝对黄土斜坡水文响应的影响[J]. 吉林大学学报(地球科学版)，41(05)：1512-1519.

许领，戴福初，邝国麟，等，2008. 黑方台黄土滑坡类型与发育规律[J]. 山地学报，26(03)：364-371.

许领，戴福初，邝国麟，等，2009. 台缘裂缝发育特征、成因机制及其对黄土滑坡的意义[J]. 地质论评，55(01)：85-90.

许领，戴福初，闵弘，等，2010. 泾阳南塬黄土滑坡类型与发育特征[J]. 地球科学-中国地质大学学报，35(1)：155-160.

许强，2012. 滑坡的变形破坏行为与内在机理[J]. 工程地质学报，20(2)：145-151.

许强，曾裕平，钱江澎，等，2009. 一种改进的切线角及对应的滑坡预警判据[J]. 地质通报，28(4)：501-505.

许强，董秀军，李为乐，2019a. 基于天-空-地一体化的重大地质灾害隐患早期识别与监测预警[J]. 武汉大学学报(信息科学版)，44(07)：957-966.

许强，黄润秋，李秀珍，2004. 滑坡时间预测预报研究进展[J]. 地球科学进展，19(3)：478-483.

许强，李为乐，董秀军，等，2017. 四川茂县叠溪镇新磨村滑坡特征与成因机制初步研究[J]. 岩石力学与工程学报，36(11)：

2612-2628.

许强, 彭大雷, 李为乐, 等, 2016a. 溃散性滑坡成因机理初探[J]. 西南交通大学学报, 51(5): 995-1004.

许强, 彭大雷, 亓星, 等, 2016b. 2015年4.29甘肃黑方台党川2#滑坡基本特征与成因机理研究[J]. 工程地质学报, 24(02): 167-180.

许强, 亓星, 修德皓, 等, 2019b. 突发型黄土滑坡的临界水位研究——以甘肃黑方台黄土滑坡为例[J]. 水利学报, 50(03): 315-322.

许强, 汤明高, 黄润秋, 2015. 大型滑坡监测预警与应急处置[M]. 北京: 科学出版社.

许强, 汤明高, 徐开祥, 等, 2008. 滑坡时空演化规律及预警预报研究[J]. 岩石力学与工程学报, 27(6): 1104-1112.

许强, 郑光, 李为乐, 等, 2018. 2018年10月和11月金沙江白格两次滑坡-堰塞堵江事件分析研究[J]. 工程地质学报, 26(6): 1534-1551.

闫志为, 2008. 硫酸根离子对方解石和白云石溶解度的影响[J]. 中国岩溶(01): 24-31.

闫志为, 张志卫, 2009. 氯化物对方解石和白云石矿物溶解度的影响[J]. 水文地质工程地质, 36(01): 113-118.

颜亚盟, 张仂, 2014. 硫酸钙在盐水中的溶解度及溶度积实验研究[J]. 盐业与化工, 43(11): 27-30.

晏同珍. 1988 滑坡动态规律及预测应用[C]. 成都: 全国第三次工程地质大会, 7.

杨帆, 2017. 西部山区大型滑坡分类及识别图谱初步研究[D]. 成都: 成都理工大学.

叶万军, 董西好, 杨更社, 等, 2013. 倾倒型黄土崩塌稳定性判据及其影响范围研究[J]. 岩土力学, 34(S2): 242-246+251.

张茂省, 2013. 引水灌区黄土地质灾害成因机制与防控技术——以黄河三峡库区甘肃黑方台移民灌区为例[J]. 地质通报, 32(06): 833-839.

张茂省, 程秀娟, 董英, 等, 2013. 冻结滞水效应及其促滑机理——以甘肃黑方台地区为例[J]. 地质通报, 32(06): 852-860.

张茂省, 校培喜, 魏兴丽, 2006. 延安市宝塔区崩滑地质灾害发育特征与分布规律初探[J]. 水文地质工程地质(06): 72-74+79.

张茂省, 朱立峰, 胡炜, 2017. 灌溉引起的地质环境变化与黄土地质灾害——以甘肃黑方台区为例[M]. 北京: 科学出版社.

张先林, 2019. 高密度电法在黑方台地下水系统探究中的应用研究[D]. 成都: 成都理工大学.

张先林, 许强, 彭大雷, 等, 2017. 高密度电法在黑方台地下水探测中的应用[J]. 地球物理学进展, 32(04): 1862-1867.

张先林, 许强, 彭大雷, 等, 2019. 基于三维高密度电法的黄土灌溉水入渗方式研究[J]. 地球物理学进展, 34(02): 840-848.

张亚伟, 严加永, 张昆, 等, 2015. 分布式三维电法研究进展[J]. 地球物理学进展, 30(04): 1959-1970.

张一希, 2019. 黄土静态液化影响因素的试验研究[D]. 成都: 成都理工大学.

张一希, 许强, 刘方洲, 等, 2018. 不同地区饱和原状黄土静态液化特性试验研究[J]. 地质科技情报, 37(05): 229-233.

张永双, 曲永新, 2005. 陕北晋西砂黄土的胶结物与胶结作用研究[J]. 工程地质学报, 13(01): 18-28.

张倬元, 黄润秋. 1988 岩体失稳前系统的线性和非线性状态及破坏时间预报的"黄金分割数"法[C]. 成都: 全国第三次工程地质大会, 9.

张宗祜, 2000. 中国黄土[M]. 石家庄: 河北教育出版社.

赵超英, 刘晓杰, 张勤, 等, 2019. 甘肃黑方台黄土滑坡InSAR识别、监测与失稳模式研究[J]. 武汉大学学报(信息科学版), 44(07): 996-1007.

赵宽耀, 许强, 张先林, 等, 2018. 黑方台浅层黄土渗透特性对比试验研究[J]. 工程地质学报, 26(02): 459-466.

赵尚毅, 郑颖人, 张玉芳, 2005. 极限分析有限元法讲座——Ⅱ有限元强度折减法中边坡失稳的判据探讨[J]. 岩土力学(02): 332-336.

赵彦旭, 张虎元, 吕擎峰, 等, 2010. 压实黄土非饱和渗透系数试验研究[J]. 岩土力学(06): 1809-1812.

郑颖人, 赵尚毅, 2004. 有限元强度折减法在土坡与岩坡中的应用[J]. 岩石力学与工程学报(19): 3381-3388.

郑颖人，赵尚毅，孔位学，等，2005. 极限分析有限元法讲座——Ⅰ岩土工程极限分析有限元法[J]. 岩土力学(01)：163-168.

周飞，2015. 甘肃省黑方台黄土斜坡变形特征与滑坡机理研究[D]. 成都：成都理工大学.

周飞，许强，巨袁臻，等，2017. 黑方台黄土斜坡变形破坏机理研究[J]. 水文地质工程地质，44(01)：157-163.

周跃峰，龚壁卫，胡波，等，2014. 牵引式滑坡演化模式研究[J]. 岩土工程学报，36(10)：1855-1862.

周跃峰，谭国焕，甄伟文，等，2013. 非饱和渗流分析在 FLAC3D 中的实现和应用[J]. 长江科学院院报，30(02)：57-61.

周自强，李保雄，王志荣，2007. 兰州文昌阁黄土—基岩滑坡临滑预报[J]. 兰州大学学报(自然科学版)，43(01)：11-14.

朱建群，2007. 含细粒砂土的强度特征与稳态性状研究[D]. 武汉：中国科学院研究生院(武汉岩土力学研究所).

邹锡云，许强，彭大雷，等，2018. 黑方台典型黄土洞穴形成的影响因素[J]. 科学技术与工程，18(28)：58-64.

Abdelmajid Y, 2012. Investigation and Comparison of 3D Laser Scanning Software Packages[D]. Stockholm, Sweden：Royal Institute of Technology (KTH).

Bardi F, Frodella W, Ciampalini A, et al., 2014. Integration between ground based and satellite SAR data in landslide mapping：The San Fratello case study[J]. Geomorphology，223：45-60.

Bayat H, Sedaghat A, Safari Sinegani A A, et al., 2015. Investigating the relationship between unsaturated hydraulic conductivity curve and confined compression curve[J]. Journal of Hydrology，522：353-368.

Besl P J, McKay N D, 1992. A method for registration of 3-D shapes[J]. IEEE Transactions on Pattern Analysis and Machine Intelligence，14(2)：239-256.

Blackburn W H, 1976. Factors influencing infiltration and sediment production of semiarid rangelands in nevada[J]. Water Resources Research，11(6)：929-937.

Bobei D C, Lo S R, Wanatowski D, et al., 2009. Modified state parameter for characterizing static liquefaction of sand with fines[J]. Canadian Geotechnical Journal，46(3)：281-295.

Casagrande A, 1958. Notes on the design of the liquid limit device[J]. Géotechnique，2(8)：84-91.

Chae B, Park H, Catani F, et al., 2017. Landslide prediction, monitoring and early warning：a concise review of state-of-the-art[J]. Geosciences Journal，21(6)：1033-1070.

Chen Y, Medioni G, 1994. Surface Description of Objects from Multiple Range Images[C]. USA：Proceeding of IEEE Conference on Computer Vision and Pattern Recognition，Seattle：

Cui S H, Pei X J, Wu H Y, et al., 2018. Centrifuge model test of an irrigation-induced loess landslide in the Heifangtai loess platform, Northwest China[J]. Journal of Mountain Science，15(1)：130-143.

Dai K R, Xu Q, Li Z H, et al., 2019. Post-disaster assessment of 2017 catastrophic Xinmo landslide (China) by spaceborne SAR interferometry[J]. Landslides，16(6)：1189-1199.

Davis W M, 1899. The geographical cycle[J]. The Geographical Journal，14(5)：481-504.

Dong J, Liao M S, Xu Q, et al., 2018a. Detection and displacement characterization of landslides using multi-temporal satellite SAR interferometry：a case study of Danba County in the Dadu River Basin[J]. Engineering Geology，240：95-109.

Dong J, Zhang L, Tang M G, et al., 2018b. Mapping landslide surface displacements with time series SAR interferometry by combining persistent and distributed scatterers：a case study of Jiaju landslide in Danba, China[J]. Remote Sensing of Environment，205：180-198.

Dong Y, Zhang M S, Liu J, et al., 2014. Loess Landslides Respond to Groundwater Level Change in Heifangtai, Gansu Province[C]. Landslide Science for a Safer Geoenvironment.Springer International Publishing：227-231.

Dvigalo V N, Melekestsev I V, 2009. The geological and geomorphic impact of catastrophic landslides in the Geyser Valley of

Kamchatka: aerial photogrammetry[J]. Journal of Volcanology and Seismology, 3(5): 314-325.

Fan X M, Xu Q, Alonso-Rodriguez A, et al., 2019a. Successive landsliding and damming of the Jinsha River in eastern Tibet, China: prime investigation, early warning, and emergency response[J]. Landslides, 16(5): 1003-1020.

Fan X M, Xu Q, Liu J, et al., 2019b. Successful early warning and emergency response of a disastrous rockslide in Guizhou province, China[J]. DOI 10.1007/s 10346-019-01269-6.

Fan X M, Xu Q, Scaringi G, et al., 2017. A chemo-mechanical insight into the failure mechanism of frequently occurred landslides in the Loess Plateau, Gansu Province, China[J]. Engineering Geology, 228: 337-345.

Fernández T, Pérez J L, Cardenal J, et al., 2016. Analysis of landslide evolution affecting olive groves using UAV and photogrammetric techniques[J]. Remote Sensing, 8(10): 837.

Ferretti A, Fumagalli A, Novali F, et al., 2011. A new algorithm for processing interferometric data-stacks: squee SAR[J]. IEEE Transactions on Geoscience and Remote Sensing, 49(9): 3460-3470.

Fredlund D G, Xing A Q, Huan S Y, 1994. Predicting the permeability function for unsaturated soils using the soil-water characteristic curve[J]. Canadian Geotechnical Journal, 31: 533-546.

Gu T F, Zhang M S, Wang J D, et al., 2019. The effect of irrigation on slope stability in the Heifangtai Platform, Gansu Province, China[J]. Engineering Geology, 248: 346-356.

Gvirtzman H, Shalev E, Dahan O, et al., 2008. Large-scale infiltration experiments into unsaturated stratified loess sediments: Monitoring and modeling[J]. Journal of Hydrology, 349(1-2): 214-229.

Hoek E, Bray J W. 1977. Rock Slope Engineering[M]. London: SPringer.

Hooper A, 2008. A multi-temporal InSAR method incorporating both persistent scatterer and small baseline approaches[J]. Geophysical Research Letters, 35(16).

Hou X K, Vanapalli S K, Li T L, 2018. Water infiltration characteristics in loess associated with irrigation activities and its influence on the slope stability in Heifangtai loess highland, China[J]. Engineering Geology, 234: 27-37.

Hsieh Y C, Chan Y C, Hu J C, 2016. Digital elevation model differencing and error estimation from multiple sources: a case study from the Meiyuan shan landslide in Taiwan[J]. Remote Sensing, 8(3): 199.

Huang J, Huang R Q, Ju N P, et al., 2015. 3D WebGIS-based platform for debris flow early warning: A case study[J]. Engineering Geology, 197: 57-66.

Huang T M, Pang Z H, 2011. Estimating groundwater recharge following land-use change using chloride mass balance of soil profiles: a case study at Guyuan and Xifeng in the Loess Plateau of China[J]. Hydrogeology Journal, 19(1): 177-186.

Huang T M, Pang Z H, Yuan L J, 2013. Nitrate in groundwater and the unsaturated zone in (semi)arid northern China: baseline and factors controlling its transport and fate[J]. Environmental Earth Sciences, 70(1): 145-156.

Hungr O, Leroueil S, Picarelli L, 2014. The Varnes classification of landslide types, an update[J]. Landslides, 11(2): 167-194.

Indrawan I G B, Rahardjo H, Leong E C, et al., 2012. Field instrumentation for monitoring of water, heat and gas transfers through unsaturated soils[J]. Engineering Geology, 151: 24-36.

Jiang M, Ding X L, Hanssen R F, et al., 2015. Fast statistically homogeneous pixel selection for covariance matrix estimation for multitemporal InSAR[J]. IEEE Transactions on Geoscience and Remote Sensing, 53(3): 1213-1224.

Jiang Y, Chen W W, Wang G H, et al., 2017. Influence of initial dry density and water content on the soil-water characteristic curve and suction stress of a reconstituted loess soil[J]. Bulletin of Engineering Geology and the Environment, 76(3): 1085-1095.

Kamai T, 1998. Monitoring the process of ground failure in repeated landslides and associated stability assessments[J]. Engineering

Geology, 50(1): 71-84.

Kang C, Zhang F Y, Pan F Z, et al., 2018. Characteristics and dynamic runout analyses of 1983 Saleshan landslide[J]. Engineering Geology, 243: 181-195.

Kaunda R B, 2010. A linear regression framework for predicting subsurface geometries and displacement rates in deep-seated, slow-moving landslides[J]. Engineering Geology, 114(1-2): 1-9.

Kim J Y, Lee S R, 1997. An improved search strategy for the critical slip surface using finite element stress fields[J]. Computers and Geotechnics, 21(4): 295-313.

Lade P V, 1992. Static instability and liquefaction of loose fine sandy slopes[J]. Journal of Geotechnical and Geoenvironmental Engineering, 118(1): 51-71.

Legros F, 2002. The mobility of long-runout landslides[J]. Engineering Geology, 63(3-4): 301-331.

Leong E C, Rahardjo H, 1997. Permeability functions for unsaturated soils[J]. Journal of Geotechnical and Geoenvironmental Engineering, 123(12): 1118-1126.

Leprince S, Barbot S, Ayoub F, et al., 2007. Automatic and precise orthorectification, coregistration and subpixel correlation of satellite images, application to ground deformation measurements[J]. IEEE Transactions on Geoscience and Remote Sensing, 45(6): 1529-1558.

Leprince S, Berthier E, Ayoub F, et al., 2008. Monitoring earth surface dynamics with optical imagery[J]. Earth & Space Science News, 89: 1-2.

Li C, Yao D, Wang Z, et al., 2016a. Model test on rainfall-induced loess-mudstone interfacial landslides in Qingshuihe, China[J]. Environmental Earth Sciences, 75(9): 835-852.

Li H J, Xu Q, He Y S, et al., 2018. Prediction of landslide displacement with an ensemble-based extreme learning machine and copula models[J]. Landslides, 15(10): 2047-2059.

Li M H, Zhang L, Dong J, et al., 2019. Characterization of pre- and post-failure displacements of the Huangnibazi landslide in Li county with multi-source satellite observations[J]. Engineering Geology, 257: 105140.

Li P, Li T L, Vanapalli S K, 2016b. Influence of environmental factors on the wetting front depth: a case study in the Loess Plateau[J]. Engineering Geology, 214: 1-10.

Li Q, Xing H L, 2016c. A new method for determining the equivalent permeability of a cleat dominated coal sample[J]. Journal of Natural Gas Science and Engineering, 34: 280-290.

Liao M S, Jiang H J, Wang Y, et al., 2013. Improved topographic mapping through high-resolution SAR interferometry with atmospheric effect removal[J]. ISPRS Journal of Photogrammetry and Remote Sensing, 80: 72-79.

Lin H, Cao P, Gong F Q, et al., 2009. Directly searching method for slip plane and its influential factors based on critical state of slope[J]. Journal of Central South University of Technology, 16(1): 131-135.

Ling C P, Xu Q, Zhang Q, et al., 2016. Application of electrical resistivity tomography for investigating the internal structure of a translational landslide and characterizing its groundwater circulation (Kualiangzi landslide, Southwest China)[J]. Journal of Applied Geophysics, 131: 154-162.

Liu F Z, Xu Q, Zhang Y X, et al., 2019a. State-dependent flow instability of a silty loess[J]. Géotechnique Letters, 9(1): 22-27.

Liu X J, Zhao C Y, Zhang Q, et al., 2018. Multi-temporal loess landslide inventory mapping with C-, X- and L-band SAR datasets: a case study of Heifangtai loess landslides, China[J]. Remote Sensing, 10(11): 1756.

Liu X J, Zhao C Y, Zhang Q, et al., 2019b. Heifangtai loess landslide type and failure mode analysis with ascending and descending

Spot-mode TerraSAR-X datasets[J]. DOI 10.1007/S 10346-019-01265-W.

Loke M H, Barker R D, 1996. Rapid least-squares inversion of apparent resistivity pseudosections by a quasi-Newton methodl[J]. Geophysical Prospecting, 44(1): 131-152.

Lombardi L, Nocentini M, Frodella W, et al., 2017. The Calatabiano landslide (southern Italy): preliminary GB-InSAR monitoring data and remote 3D mapping[J]. Landslides, 14(2): 685-696.

Lucieer A, Jong S M D, Turner D, 2014. Mapping landslide displacements using structure from motion (SfM) and image correlation of multi-temporal UAV photography[J]. Progress in Physical Geography: Earth and Environment, 38(1): 97-116.

Meng Q K, Xu Q, Wang B C, et al., 2019. Monitoring the regional deformation of loess landslides on the Heifangtai terrace using the Sentinel-1 time series interferometry technique[J]. DOI 10.1007/S 11069-019-03703-3.

Meng X M, Derbyshire E, Zhang S, 2009. Application of GIS and Remote Sensing to Slope Instability Assessment in Loess Terrain As a Means of Documentation, Analysis and Forecasting[M]. London: Geological Society Publishing House.

Ouyang C J, Zhao W, Xu Q, et al., 2018. Failure mechanisms and characteristics of the 2016 catastrophic rockslide at Su village, Lishui, China[J]. Landslides, 15(7): 1391-1400.

Pan P, Shang Y Q, Lü Q, et al., 2019. Periodic recurrence and scale-expansion mechanism of loess landslides caused by groundwater seepage and erosion[J]. Bulletin of Engineering Geology and the Environment, 78(2): 1143-1155.

Peng D L, Xu Q, Liu F Z, et al., 2018a. Distribution and failure modes of the landslides in Heitai terrace, China[J]. Engineering Geology, 236: 97-110.

Peng D L, Xu Q, Qi X, et al., 2016. Study on early recognition of loess landslides based on field investigation[J]. International Journal of Geohazards and Environment, 2(2): 35-52.

Peng D L, Xu Q, Zhang X L, et al., 2019a. Hydrological response of loess slopes with reference to widespread landslide events in the Heifangtai terrace, NW China[J]. Journal of Asian Earth Sciences, 171: 259-276.

Peng J B, Ma P H, Wang Q Y, et al., 2018b. Interaction between landsliding materials and the underlying erodible bed in a loess flowslide[J]. Engineering Geology, 234: 38-49.

Peng J B, Qi S W, Williams A, et al., 2018c. Preface to the special issue on "Loess engineering properties and loess geohazards" [J]. Engineering Geology, 236: 1-3.

Peng J B, Wang S K, Wang Q Y, et al., 2019b. Distribution and genetic types of loess landslides in China[J]. Journal of Asian Earth Sciences, 170: 329-350.

Poulos S J, 1981. The steady state of deformation[J]. Journal of the Geotechnical Engineering, 107(5): 553-562.

Poulos S J, Castro G, France J W, 1985. Liquefaction evaluation procedure[J]. Journal of Geotechnical Engineering, 11(6): 772-792.

Prokešová R, Kardoš M, Medve ová A, 2010. Landslide dynamics from high-resolution aerial photographs: a case study from the Western Carpathians, Slovakia[J]. Geomorphology, 115(1-2): 90-101.

Qi X, Xu Q, Liu F Z, 2018. Analysis of retrogressive loess flowslides in Heifangtai, China[J]. Engineering Geology, 236: 119-128.

Roscoe K H, Schofield A N, Wroth C P, 1958. On the yielding of soils[J]. Géotechnique, 8(1): 22-53.

Saito M. 1965. Forecasting the time of occurrence of a slope failure[C]. Proceedings of the 6th International Conference on Soil Mechanics and Foundation Engineering, Montreal, Canada, No.6, pp.537-541.

Saito M, Uezawa H. 1961. Failure of soil due to creep[C]. Proceedings of the 5th International Conference on Soil Mechanics and Foundation Engineering, Montreal, Canada, Vol.1, pp.315-318.

Schofield M A, Wroth C P, 1968. Critical State Soil Mechanics[M]. London: McGraw-Hill.

Segalini A, Valletta A, Carri A, 2018. Landslide time-of-failure forecast and alert threshold assessment: a generalized criterion[J]. Engineering Geology, 245: 72-80.

Shi X G, Xu Q, Zhang L, et al., 2019. Surface displacements of the Heifangtai terrace in Northwest China measured by X and C-band InSAR observations[J]. Engineering Geology, 259: 105181.

Shi X G, Zhang L, Balz T, et al., 2015. Landslide deformation monitoring using point-like target offset tracking with multi-mode high-resolution TerraSAR-X data[J]. ISPRS Journal of Photogrammetry and Remote Sensing, 105: 128-140.

Shi X G, Zhang L, Tang M G, et al., 2017. Investigating a reservoir bank slope displacement history with multi-frequency satellite SAR data[J]. Landslides, 14(6): 1961-1973.

Shi X G, Zhang L, Zhou C, et al., 2018. Retrieval of time series three-dimensional landslide surface displacements from multi-angular SAR observations[J]. Landslides, 15(5): 1015-1027.

Soykan C U, Eguchi T, Kohin S, et al., 2014. Prediction of fishing effort distributions using boosted regression trees[J]. Ecological Applications, 24(1): 71-83.

Sun J Z, 1988. Environmental geology in loess areas of China[J]. Environmental Geology and Water Sciences, 12(1): 49-61.

Tang M G, Xu Q, Yang H, et al., 2019. Activity law and hydraulics mechanism of landslides with different sliding surface and permeability in the Three Gorges Reservoir Area, China[J]. Engineering Geology, 260: 105212.

Timmerman M E, Ter Braak C J F, 2008. Bootstrap confidence intervals for principal response curves[J]. Computational Statistics & Data Analysis, 52(4): 1837-1849.

Tiwari B, Tuladhar G R, Marui H, 2005. Variation in Residual Shear Strength of the Soil with the Salinity of Pore Fluid[J]. Journal of Geotechnical and Geoenvironmental Engineering, 131(12): 1445-1456.

Tu X B, Kwong A K L, Dai F C, et al., 2009. Field monitoring of rainfall infiltration in a loess slope and analysis of failure mechanism of rainfall-induced landslides[J]. Engineering Geology, 105(1-2): 134-150.

Turner D, Lucieer A, de Jong S, 2015. Time series analysis of landslide dynamics using an unmanned aerial vehicle (UAV)[J]. Remote Sensing, 7(2): 1736-1757.

van Genuchten M T, 1980. A closed-form equation for predicting the hydraulic conductivity of unsaturated soils[J]. Soil Science Society of America Journal, 44(5): 892-898.

Voight B, 1988. A method for prediction of volcanic eruptions[J]. Nature, 332: 125-130.

Wang J J, Huang Y F, Long H Y, et al., 2017a. Simulations of water movement and solute transport through different soil texture configurations under negative-pressure irrigation[J]. Hydrological Processes, 31(14): 2599-2612.

Wang T, Perissin D, Rocca F, et al., 2011. Three Gorges Dam stability monitoring with time-series InSAR image analysis[J]. Science China Earth Sciences, 54(5): 720-732.

Wang Z C, Xie Y L, Qiu J L, et al., 2017b. Field experiment on soaking characteristics of collapsible loess[J]. Advances in Materials Science and Engineering, 2017: 1-17.

Wang Z L, Dafalias Y F, Li X S, et al., 2002. State pressure index for modeling sand behavior[J]. Journal of Geotechnical and Geoenvironmental Engineering, 128(6): 511-519.

Wasowski J, Bovenga F, 2014. Investigating landslides and unstable slopes with satellite multi temporal interferometry: current issues and future perspectives[J]. Engineering Geology, 174: 103-138.

Wei X P, Kusiak A, Li M Y, et al., 2015. Multi-objective optimization of the HVAC (heating, ventilation, and air conditioning) system performance[J]. Energy, 83: 294-306.

Wen B P, He L, 2012. Influence of lixiviation by irrigation water on residual shear strength of weathered red mudstone in Northwest China: implication for its role in landslides' reactivation[J]. Engineering Geology, 151: 56-63.

Wu L Z, Li B, Huang R Q, et al., 2017. Experimental study and modeling of shear rheology in sandstone with non-persistent joints[J]. Engineering Geology, 222: 201-211.

Wu X Z, 2015. Development of fragility functions for slope instability analysis[J]. Landslides, 12(1): 165-175.

Xia X L, Liang Q H, 2018. A new depth-averaged model for flow-like landslides over complex terrains with curvatures and steep slopes[J]. Engineering Geology, 234: 174-191.

Xing H L, 2014. Finite element simulation of transient geothermal flow in extremely heterogeneous fractured porous media[J]. Journal of Geochemical Exploration, 144: 168-178.

Xu L, Coop M R, 2016. Influence of structure on the behavior of a saturated clayey loess[J]. Canadian Geotechnical Journal, 53(6): 1026-1037.

Xu L, Coop M R, Zhang M S, et al., 2018. The mechanics of a saturated silty loess and implications for landslides[J]. Engineering Geology, 236: 29-42.

Xu L, Dai F C, Kwong A K L, et al., 2009. Application of IKONOS image in detection of loess landslide at Heifangtai Loess Plateau, China[J]. Journal of Remote Sensing, 13(4): 723-728.

Xu L, Dai F C, Tham L G, et al., 2011a. Landslides in the Transitional Slopes between a Loess Platform and River Terrace, Northwest China[J]. Environmental & Engineering Geoscience, 17(3): 267-279.

Xu L, Dai F C, Tham L G, et al., 2011b. Field testing of irrigation effects on the stability of a cliff edge in loess, North-West China[J]. Engineering Geology, 120(1-4): 10-17.

Xu L, Dai F C, Tu X B, et al., 2014. Landslides in a loess platform, North-West China[J]. Landslides, 11(6): 993-1005.

Xu L, Yan D D, 2019. The groundwater responses to loess flowslides in the Heifangtai platform[J]. Bulletin of Engineering Geology and the Environment, 78(7): 4931-4944.

Xu Q, Li H J, He Y S, et al., 2017a. Comparison of data-driven models of loess landslide runout distance estimation[J]. Bulletin of Engineering Geology and the Environment, 78(2): 1281-1294.

Xu Q, Peng D L, Li W L, et al., 2017b. The catastrophic landfill flowslide at Hongao dumpsite on 20 December 2015 in Shenzhen, China[J]. Natural Hazards and Earth System Sciences, 17(2): 277-290.

Xu Q, Yuan Y, Zeng Y P, et al., 2011c. Some new pre-warning criteria for creep slope failure[J]. Science China Technological Sciences, 54(S1): 210-220.

Yi J, Xing H L, 2017. Pore-scale simulation of effects of coal wettability on bubble-water flow in coal cleats using lattice Boltzmann method[J]. Chemical Engineering Science, 161: 57-66.

Yin Y P, Zheng W M, Liu Y P, et al., 2010. Integration of GPS with InSAR to monitoring of the Jiaju landslide in Sichuan, China[J]. Landslides, 7(3): 359-365.

Zhang C L, Li T L, Li P, 2014. Rainfall infiltration in Chinese loess by in situ observation[J]. Journal of Hydrologic Engineering, 19(9): 06014002.

Zhang F Y, Liu G, Chen W W, et al., 2010. Engineering geology and stability of the Jishixia landslide, Yellow River, China[J]. Bulletin of Engineering Geology and the Environment, 69(1): 99-103.

Zhang F Y, Wang G H, 2017. Effect of irrigation-induced densification on the post-failure behavior of loess flowslides occurring on the Heifangtai area, Gansu, China[J]. Engineering Geology

Zhang S, Pei X J, Wang S Y, et al., 2019. Centrifuge model testing of a loess landslide induced by rising groundwater in Northwest China[J]. Engineering Geology, 259: 105170.

Zhang S, Zhang L M, Li X Y, et al., 2018. Physical vulnerability models for assessing building damage by debris flows[J]. Engineering Geology, 247: 145-158.

Zhang Z Y, 1994. Iterative point matching for registration of free-form curves and surfaces[J]. International Journal of Computer Vision, 13(2): 119-152.

Zhou Y F, Tham L G, Yan W M, et al., 2014. The mechanism of soil failures along cracks subjected to water infiltration[J]. Computers and Geotechnics, 55: 330-341.

Zhu X, Xu Q, Qi X, et al., 2017a. A Self-adaptive Data Acquisition Technique and Its Application in Landslide Monitoring. Switzerland: 71-78.

Zhu X, Xu Q, Tang M G, et al., 2017b. Comparison of two optimized machine learning models for predicting displacement of rainfall-induced landslide: a case study in Sichuan Province, China[J]. Engineering Geology, 218: 213-222.

Zhuang J Q, Peng J B, 2014. A coupled slope cutting—a prolonged rainfall-induced loess landslide: a 17 October 2011 case study[J]. Bulletin of Engineering Geology and the Environment, 73(4): 997-1011.

Zoubir A M, Boashash B, 1998. The bootstrap and its application in signal processing[J]. IEEE Signal Processing Magazine, 15(1): 55-76.

附　　录

利用 TensorFlow 实现神经网络构建及训练过程的代码

```
#代入数据库
import tensorflow as tf
import numpy as np
import pandas as pd
from sklearn import preprocessing
from sklearn.model_selection import train_test_split
from sklearn.metrics import mean_absolute_error
from sklearn.metrics import mean_squared_error
from sklearn.metrics import r2_score
#数据的读取，处理及划分
cj6 = pd.read_csv('cj6_deal_n.csv')
cj8_1 = pd.read_csv('cj8_1_deal_n.csv')
cj8_2 = pd.read_csv('cj8_2_deal_n.csv')
dc2 = pd.read_csv('dc2_deal_n.csv')
dc3_1 = pd.read_csv('dc3_1_deal_n.csv')
dc3_2 = pd.read_csv('dc3_2_deal_n.csv')
jj4 = pd.read_csv('jj4_deal_n.csv')
#数据拼接
data= pd.concat([cj6，cj8_1，cj8_2，dc2，dc3_1，dc3_2，jj4]，axis = 0)
#数据划分，测试集为 30%，训练集为 70%
x，y = data.ix[:，5:]，data.ix[:，:5]
x_train1，x_test1，y_train1，y_test1 = train_test_split(x，y，test_size=0.3，random_state=1)
#数据归一化
x_scaler = preprocessing.StandardScaler().fit(x_train1)
x_train2 = x_scaler.transform(x_train1)
x_test2 = x_scaler.transform(x_test1)
x_train = pd.DataFrame(x_train2)
x_test = pd.DataFrame(x_test2)
y_scaler = preprocessing.StandardScaler().fit(y_train1)
y_train2 = y_scaler.transform(y_train1)
y_test2 = y_scaler.transform(y_test1)
y_train= pd.DataFrame(y_train2)
y_test= pd.DataFrame(y_test2)
# 定义参数
n_hidden_1 = 18      #第一层神经元
n_hidden_2 = 18      #第二层神经元
n_hidden_3 = 18      #第三层神经元
n_input = 9        #输入特征参数个数
n_output = 5       #输出结果参数个数
# 定义变量
xs = tf.placeholder("float"，[None，n_input])
ys = tf.placeholder("float"，[None，n_output])
predi_xs = tf.placeholder("float"，[None，n_input])
predi_ys = tf.placeholder("float"，[None，n_output])
# 初始化权重和偏置参数
stddev = 0.01
weights = {
    'w1': tf.Variable(tf.random_normal([n_input，n_hidden_1]，stddev=stddev)*0.01),
    'w2': tf.Variable(tf.random_normal([n_hidden_1，n_hidden_2]，stddev=stddev)*0.01),
    'w3': tf.Variable(tf.random_normal([n_hidden_2，n_hidden_3]，stddev=stddev)*0.01),
    'out': tf.Variable(tf.random_normal([n_hidden_3，n_output]，stddev=stddev)*0.01)
}
biases = {
```

```
            'b1': tf.Variable(tf.random_normal([n_hidden_1])),
            'b2': tf.Variable(tf.random_normal([n_hidden_2])),
            'b3': tf.Variable(tf.random_normal([n_hidden_3])),
            'out': tf.Variable(tf.random_normal([n_output]))
}

#搭建神经网络
def multilayer_perceptron(_X, _weights, _biases):
        layer_1 = tf.nn.relu(tf.add(tf.matmul(_X, _weights['w1']), _biases['b1']))
        layer_2 = tf.nn.relu(tf.add(tf.matmul(layer_1, _weights['w2']), _biases['b2']))
        layer_3 = tf.nn.relu(tf.add(tf.matmul(layer_2, _weights['w3']), _biases['b3']))
        return (tf.matmul(layer_3, _weights['out']) + _biases['out'])
#预测值
pred = multilayer_perceptron(xs, weights, biases)
pred_test=multilayer_perceptron(predi_xs, weights, biases)
#正则化
tf.add_to_collection(tf.GraphKeys.WEIGHTS, weights['w1'])
tf.add_to_collection(tf.GraphKeys.WEIGHTS, weights['w2'])
tf.add_to_collection(tf.GraphKeys.WEIGHTS, weights['w3'])
tf.add_to_collection(tf.GraphKeys.WEIGHTS, weights['out'])
regularizer = tf.contrib.layers.l2_regularizer(scale=1/840)
reg_term = tf.contrib.layers.apply_regularization(regularizer)
#代价函数
cost = tf.reduce_mean(tf.square(ys-pred))+reg_term
test_cost =    tf.reduce_mean(tf.square(predi_ys-pred_test))
#学习算法
train_step = tf.train.AdamOptimizer(0.00001).minimize(cost)
#初始化
init = tf.global_variables_initializer()
sess = tf.Session()
sess.run(init)
#开始训练
for i in range(200000):
  sess.run(train_step, feed_dict={xs: x_train, ys: y_train})
  if i % 500 == 0:
    print(sess.run(cost, feed_dict={xs: x_train, ys: y_train}), sess.run(test_cost, feed_dict={predi_xs:x_test, predi_ys: y_test}))
#输出测试集预测结果，反正则化
prediction_value_test = sess.run(pred_test, feed_dict={predi_xs:x_test})
origin_data_test = y_scaler.inverse_transform(prediction_value_test)
y_test_R= pd.DataFrame(origin_data_test)
y_test_R
#模型评价，输出模型的绝对平均误差，均方差，和R平方值
print(mean_absolute_error(y_test_R, y_test1), mean_squared_error(y_test_R, y_test1), r2_score(y_test_R, y_test1))
```